아인슈타인
육아법

아인슈타인 육아법

원제 : 아인슈타인은 그림 암기카드를 사용한 적이 없다
Einstein Never Used Flash Cards

우리의 아이들은 어떻게 참된 학습을 하는가
왜 그들은 암기보다 놀이를 해야 하는가

캐시 허쉬 파섹 Kathy Hirsh Pasek
로버타 미치닉 골린코프 Roberta Michick Golinkoff
이화정 옮김

너럭바위

수 상

추 천 사

"부모들은 무엇을 해야 하는지 혹은 하지 말아야 하는지 알기를 열망한다. 존경받는 저명한 두 학자가 꺼내 놓는 주옥같은 육아정보로서 자녀들의 감추어진 재능을 개발하고 발전시키는 것을 돕기 위한 귀중한 조언과 정보를 제공하는 책이다."

— 린다 에이커 돌로 Linda Acredolo, 캘리포니아 대학교 심리학 박사.
『아기의 몸짓과 아기의 마음 Baby Signs and Baby Mind』의 저자.

"부모들은 유아시절이 배움의 시기인 것을 알면서도 그것이 진정 무엇을 의미하는지는 명확히 알지 못합니다. 이 책은 과학과 상업적 광고 사이의 실질적인 차이를 인지하게 도와주며, 아이들에게 배움이 어떻게 일어나는지 분명하고 흥미롭게 설명하고 있습니다. 모든 부모와 조부모, 교사, 보육자, 소아과 의사, 정책입안자들, 그리고 아이들의 미래에 대해 관심을 가지고 걱정하는 모든 사람들이 반드시 읽어봐야 할 책입니다."

— 엘렌 갈린스키 Ellen Galinsky,
뉴욕시 가족과 일 협회 the Families and Work Institute in New York City 창업자 · 회장

"보석처럼 가치 있는 책이다! 저자는 아이의 발달에 있어서 최근의 과도한 주장들에 대해 시기적절하고 훨씬 더 필요로 하는 개선방안을 제시해주고 있다. 부모들과 보육자들과 정책입안자들이 반드시 읽어봐야 할 책이다."

— 로스 D.파크 Ross D. Parke, 아동발달연구회 Society for Research in Child Development 회장 역임, 캘리포니아 대학교 가족학연구센터 Center for Family Studies 이사.
『나쁜 아빠 Throwaway Dads』의 저자.

"아기들에게 읽고 쓰는 것 등을 가르치기 위한 그림암기카드, 복잡한 장난감, 컴퓨터 프로그램들을 사는데 돈을 낭비하지 마세요. 이 책에서의 조언들은 당신이 장난감 가게에서 구입할 수 있는 어떠한 것보다 훨씬 더 당신의 아이들을 행복하고, 건강하고, 현명하게 자라게 만들어 줄 것입니다. 현대의 부모들이 무엇을 빼앗긴 채 살아가고 있는지를 알려주고, 더욱 필요하고 가치 있는 것이 무엇인지를 일깨워 주는 책입니다."

— 로렌스 스테인버그 Laurence Steinberg, 템플대학교 심리학과 교수.
『당신과 당신의 사춘기 아이 You and Your Adolescent』의 저자.

"쉽게 읽을 수 있는 이 책은 그 가치가 매우 두드러집니다. 현대의 부모들은 스트레스 속에 살아가고 있습니다. 눈사태처럼 쏟아져 내리는 정보들 속에서 살고 있습니다. 하지만 누구 말을 믿어야 할까요? 이 책은 이정표가 되어 줌과 동시에 과장과 사실을 구분해 줍니다. 또한 아이의 발달과 학습에 대한 과학적 발견을 쉽고도 정확하게 설명하고 있습니다. 그리고 부모들에게 "자신을 믿으세요." 라고 말하고 있으며, 아이들이 자신의 잠재력을 최대한으로 이끌어내기 위해 정말로 필요한 것이 무엇인지(놀이), 그리고 무엇을 하지 말아야 할 것인지(그림암기카드 같은 교육)를 가르쳐 주고 있습니다. 많은 부모들이 책에 담겨 있는 자세한 정보들에 관해 물어왔듯이, 상당히 매혹적이며 현대의 부모들에게 시기적절한 책입니다."

– 앤드류 N. 멜쵸프Andrew N. Meltzoff, 워싱턴 대학교 마음·두뇌
그리고 학습을 위한 센터Center for Mind, Brain and Learning이사.

"수십 년간 진전되어온 연구 성과들의 검토를 토대로, 저자는 매스미디어에서 보고되는 아이들의 학습 촉진 효과들을 논박하고 있다. 그와 더불어 그럴듯하게 포장된 교육 프로그램을 통한 학습이 아닌, 스스로 의구심을 가지고 혼자 탐구할 수 있도록(아인슈타인을 포함한 지능적으로 뛰어난 많은 사람들이 그랬듯이) 내버려 둘 것을 권장하고 있다. 부모들은 개별적인 발달분야들(산수, 읽기, 말하기, 과학, 자기정체성의 인지, 사회적 사교 기술들)에 대해 더 깊이 이해할 수 있고 과학적 검증을 바탕으로 어떤 것들이 아이들이 학습하고 성장하는 것을 돕는지 알 수 있다. 매우 추천하는 바이다."

– Library Journal

"이 책 덕분에 0~3살의 마법과도 같은 학습의 시기가 주는 스트레스로부터 고통을 받고 있는 어떠한 엄마라도 안도의 한숨을 내 쉴 수 있게 되었습니다. 저자이자 발달심리학자이기도 한 두 엄마는 과대포장 된 유아교육을 파헤쳐서, 왜 당신이 긴장을 풀고 아이들이 그들만의 어린 시절을 되찾아 마음을 성장시키는 최고의 방법인지를 설명해주고 있습니다."

– 육아잡지 『Parenting』

"부모들은 이 책을 통해서 자신들과 아이들을 긴장감으로부터 완전하게 구원해주고 조화로운 삶을 영위하게 해주는 매우 소중한 메시지들을 찾을 수 있을 것이다."

– Publishers Weekly

▌목 차 ▌

한국어판을 내면서

우리가 이 책원제목 Einstein Never Used Flash Cards을 처음 썼을 때, 자녀를 키우는 많은 가정들이 곤경에 처해 있다는 사실을 알고 있었습니다. 부모들과 보육자들은 대중이 몰고 가는 생각의 방향에 따라, 자신이 돌보는 아이들에게도 전자 장난감, 영상물, 그리고 두뇌를 발달시킬 특별한 경험들을 제공해야 한다는 부담이 무척 컸습니다. 그러나 아이들의 두뇌발달은 많은 부모들이 자신도 모르게 제공하는 일상적인 양육을 아이들이 경험하면서 아무 문제없이 저절로 진행된다는 고마운 사실을 부모들은 확인할 필요가 있었습니다. 슈퍼마켓에 함께 가는 것만으로 아무런 노력 없이 멋진 교육이 될 수 있고, 심지어는 병원에 함께 가는 것이 인간의 신체라든지 생물학에 관해 훌륭한 대화를 나누게 하는 도약의 발판이 될 수 있습니다. 부모들과 보육자들로부터 일반적으로 얻은 견해를 떠난 이 책의 메시지가 얼마나 중대한지 재차 확인하게 되었습니다. 아이들에게 무엇이 최선이며, 우리들이 소위 말하는 '특별한 비용부담 없이도 똑똑하고 적응을 잘하는 아이들'로 키우기 위해 은행 예금을 인출하지 않아도 된다는 판단을 이 책이 더욱 분명히 해주므로, 많은 부모들은 어깨의 무거운 짐을 내려놓은 듯하게 되었습니다.

부모들이 직접 쓴 의견들은 이를 증명해 주고 있습니다. 아마존 웹사이트amazone.com—에 부모들이 올린 글을 인용해 보겠습니다.

"이 책은 제가 항상 느꼈던 것이 옳다는 사실을 확인시켜 주었습니다. 그것은 바로 아이들을 일상적인 활동에 참여시키는 일입니다."

"아이들을 즐겁게 해주려 노력하거나, '수준을 높여주는' 학원에 신청하거나, 혹은 개인교사를 고용할 필요도 없습니다."

"저는 제가 우리 아기를 위해 너무 아무것도 하지 않고 있는 것은 아닌지 걱정스러웠습니다. 낮에 종종 함께 앉아서 놀아줄 때면, 제가 옆에 있어도 대부분의 시간을 아이는 혼자 놀았습니다. 우리는 알파벳 연습을 하지도 않고, 그림암기카드를 이용하지도 않고, '교육적인' 영상물을 보여주기 보다는 블록을 가지고 놀게 하는 쪽을 선호합니다. 그럼에도 불구하고, 지금은 24개월 된 우리 아이는, 어휘력이 풍부하고, 완전한 문장을 말할 수 있고, 열까지 셀 수 있고, 저를 위해 멋진 이야기들을 만들어내며, 장난감 트럭과 기차를 가지고 노는 것을 매우 좋아합니다."

"아이들에게 말을 건네고, 아이들이 자연스럽게 습득하는 것들을 보강하고, 또 아이들과 함께 시간을 보내야 합니다."

"아이들은 놀이와 개방적이며 체계적이지 않은 활동들을 통해 자연스럽게 배움을 얻습니다."

이 책이 소개된 이후로 아이들의 양육과정에서 많은 변화가 일어났기에, 아이들 양육과정에서 그리고 즐거운 상호작용 속에서 자연스럽게 제공되는 경험들이 아이들로 하여금 자신의 잠재력을 온전히 일깨울 수 있게 하는 방법임을 이제는 부모들이 알게 되었기에 더 이상 이 책이 필요치 않게 되었다고 말할 수 있다면 얼마나 좋을까요? 그러나 그 반대로 가정들이 받고 있는 스트레스는 더 심해졌을 뿐입니다.

부모들은 어떤 대학도 자신의 아이들을 불합격시킬 수 없도록, 또 어떤 고용자도 자신의 아이들을 놓치고 싶지 않도록 할 수 있을 정도의 경험을 아이들에게 쌓게 해야 한다는 불안감에 휩싸여 있습니다. 또한 불행하게도 교육관련 상품의 시장은 나날이 번창하고 있어 부모들은 아이들의 싹트기 시작하는 지적 발달에 연료를 공급하기 위해 무조건 사고 또 사야 한다는 강박관념을 갖고 있습니다. 전자책들이 시장을 점령함에 따라, 부모와 아이들이 서로 껴안고 재잘거리는 이야기 시간으로 얻게 되는 좋은 영향은 아마도 감소될 것입니다. 사이버 개구쟁이들의 컴퓨터 학원에 다니는 죠니Johnny는 정말 세상에 태어난 첫해에 손가락을 빨며 동시에 마우스 다루는 법을 알아야만 할까요? 심지어는 사회성을 지도해주는 학원까지 포함되어, 그 어느 때 보다도 더 많은 어린이 학원들이 판을 치고 있습니다. 그런데 유감스럽게도, 아이들에게 많은 투자를 하고 있는 부모들과 그 관련자들이야말로 이 책이 꼭 필요하다는 것을 말씀드리고 싶습니다. 최신 연구 데이터들은 우리가 처음부터 이 책에 포함시켰던 연구 결과가 사실임을 더욱 입증해주고 있고, 부모들에게 긴장을 풀도록 격려할 수 있는 더 많은 자료들을 제공해주고 있습니다. 뉴욕타임스New York Times는 유아원에 다니는 자녀들에게 연필 잡는 법을 가르쳐주는 치료전문가occupational therapist를 고용한 부모의 이야기를 신기까지 하였습니다.

우리에게는 아인슈타인Einstein의 메시지가 필요합니다. 부모들은 이러한 치료전문가를 고용하지 않아도 된다는 사실을 알아야만 합니다. 아이에게 그저 연필이나 크레용, 그리고 낙서할 종이를 주는 것만으로도 아이들은 휘갈기며 낙서를 하고, 또 그렇게 종이 위에 생긴 흔적들이 의미를 낳는다는 사실을 연필을 잡는 방법과 함께 자연스럽게 배우게 됩니다. 과도한 스케줄에 시달리는 아이들은 이런 것들을 스스로 습득할 수 있는 혼자만의 시간이 부족합니다.

우리는 이 책을 읽는 한국의 부모들과 보육자들이 자신감을 얻기를 바랍니다. 여러분 자신이 바로 자녀들의 최고로 가치 있는 '장난감'입니다. 함께 이야기를 나누고, 놀고, 동네를 산책하는 일이 바로 여러분의 아이들이 똑똑해지고 행복해지기 위해 필요한 것입니다. 돈은 저축하시고 아이와 함께 블록으로 탑을 쌓으십시오. 동물원에 가서 놀라운 동물들을 보며 경탄하십시오. 애완동물가게에 놀러가 강아지들과 물고기들을 구경하십시오. 여러분이 자녀들과 함께 그들의 어린 시절을 즐기는 동안 여러분의 가정생활 또한 더욱 행복해질 것입니다.

10월 26일, 2011년

Kathy Hirsh Pasek, Temple University
Roberta Michnick Golinkoff, University of Delaware

부모들과 교육자들이 피곤하고 기진맥진한 것은 전혀 놀랄만한 일이 아닙니다. 우리들은 다음 세대들을 어떻게 양육하고 교육해야 하는지에 대해 정신없이 이어져 나오는 문화적 억측들 속에 붙들려 있습니다. 빠를수록 좋다고, 빠른 속도에 맞추어 교육받을 수 있도록 밀고 나가야 한다고 합니다. 우리 아이들 삶의 매 순간을 가치 있게 보내야 한다고, 우리 아이들은 마치 빈 방과도 같아서 그들의 실내 장식가 역할을 맡고 있는 어른들이 그 방들을 가득 채워줘야 한다고 합니다. 아이들과 아이들이 배우는 방법에 대한 이러한 억측들은, 아이들이 어떻게 자라고 배우는지 유아 발달 전문가들이 연구소와 대학에서 연구하여 밝혀낸 메시지들과 상충합니다. 이 책은 과학자의 시각으로 본 발달에 대해 이야기합니다. 따라서 조급한 아이들뿐만 아니라, 조급한 부모들과 교사들에게도 해결책을 제공해줍니다.

이 책의 씨앗은 터프츠대학교Tufts University의 데이빗 엘킨드David Elkind교수가 자신의 명저인 재촉당한 아이The Hurried Child에 대한 강의를 하러 필라델피아Philadelphia에 왔던 1980년대 중순에 처음으로 심어졌습니다. 엘킨드 교수는, 부모들이 해야 할 일을 적은 리스트에 아이들의 두뇌 발달을 적어넣어야 한다고 알려져 있던 이른바 '두뇌의 시대'보다 훨씬 전부터 이미 무엇이 문제인지 잘 파악하고 있었습니다. 컴퓨터 공학부터 시작해서 요리 레슨, 축구에까지 이르는 어른들 위주의 활동들을 보기 좋게 개조한 것을 유아원 아이들이 참여하고 베이비갭Baby Gap 복장을 걸치기 시작하는 것을 보며 그는 아이들이 성인화되어 가는 것을 우려했습니다. 그의 적신호는 부모들이 컴퓨터 키보드를 단 두 번 누르는 것만으로 인터넷에서 자녀양육에 대한 빠른 조언을 얻게 되기도 전에 나타났습니다. 나캐시는 해버포드대학Haverford College에서 '재촉 당한 아이들'에 대한 연구를 하는 조교수였는데, 엘킨드 교수가 순회강연을 하고 있던 중에 그를 초대할 수 있게 되어 매우 기뻤습니다. 나 역시 두 어린 아이들, 네 살이었던 죠시Josh, 그리고 두 살이었던 벤지Benj의 엄마였습니다. 아이들과 함께 쉬는 시간을 가져야 한다는, 그리고 노는 시간을 더 즐겨야 한다는 엘킨드 교수의 말이 이론적으로는 옳다는 것을 알고는 있었지만, 조급한 부모들의 고통 또한 느꼈습니다. 친구들이 어린 아이들을 위한 새로운 미술 학원이라든지 또 다른 축구 교실에 대해 이야기해줄 때마다, 내 자식들이 성공을 향한 세찬 세상의 움직임 속에서 뒤처지면 어떻게 하나 걱정이 되었습니다.

　발달 심리학자로써, 나는 현대 부모와 아이의 곤경에 대한 엘킨드 교수의 말이 옳다는 사실을 알고 있었습니다. 그럼에도 불구하고 내 아이들을 너무 멀리, 그리고 너무 빠르게 밀고 나아가고 싶은 유혹을 뿌리치기 위해서는 내가 가지고 있는 지식을 총동원해야 했습니다. 유아발달을 나의 지침으로 삼고, 아이들을 놀게 했습니다. 그리고 16년이 지난 지금, 나의 첫째 아들과 둘째 아들이(지금 나에게는 세 명의 아들이 있습니다) 모두 자신이 원하는 대학에 들어갔으며, 그들이 행복하고, 지적이며, 매우 창의적인 이들이라는 것을 기쁘게 말할 수 있습니다.

　그와 동시에, 나로버타는 델라웨어 대학University of Delaware의 교수이면서 두 아이를 키우고 있었습니다. 죠디Jordy, 조단Jordan의 애칭는 아홉 살 이었고 앨리슨Alison은 다섯 살 이었습니다. 제 아들이 사립학교에 입학하기 위한 면접을 보았고 제가 아이에게 읽기를 가르치지 않은 탓에 면접에서 떨어진 것은 아닌지 자책하던 일이 기억납니다. 하지만 아이는 네 살이었습니다!

발달심리학자인 제가 더 잘 알아야 했음에도 불구하고 조급해 하는 문화는 제게 영향력을 미친것이었습니다. 그럼에도 불구하고 아이들을 다그치는 것은 역효과를 낳아 배우는 것을 두려워하는 아이들을 배출해낸다는 사실 때문에 그러한 문화를 참고 견뎌냈습니다. 우리가 하는 일 없이 집에 있는 것은 아닙니다. 음악 클래스와 종교적 학습은 적당량 하고 있었지만, 아이들의 소중한 자유 시간을 빼앗지 않도록 그 외의 과외활동에는 제한을 두었습니다.

한 컨트리클럽에서 진행하는 여자아이들 위주의 사교댄스 수업에 제 아이들을 보내라는 권유를 받았을 때, 저는 경각심을 가졌습니다. 그러나 "사양하겠습니다."라고 말하는 것은 쉽지 않았습니다. 그 초대는 유혹적이었습니다! 그리고 저의 친구들 중 대다수의 아이들이 참여하고 있었습니다. 하지만, 제가 제 아이들에게서 배워온 것처럼(지금은 스무 살, 그리고 스물네 살), 그들은 집에서, 그리고 또래들과의 자유 시간을 소중히 여겼습니다. 최근에, 제 딸이 쑥스러워하며, 어린 시절에 손가락들을 가지고 각각 역할을 가진 가족이라 상상하며 놀이를 즐겼다는 말을 하였습니다. 아이는 그 놀이를 매우 좋아하였습니다. 제 아들은 부엌을 개조하기 전에 있었던 보조계단을 참으로 좋아하였는데, 숨바꼭질을 하기에 안성맞춤이었기 때문이었습니다. 그리고 우리가 배달 받았던 가전제품 상자를 자기들만의 숨는 곳으로 만들어 그 속에서 놀던 일을 아이들 둘 다 기억하고 있습니다. 그 댄스 수업들, 그리고 어른스럽게 이성을 대하는 방법을 배우지 않았다고 해서 이 아이들이 뭔가 놓치기라도 했을까요? 폭스트롯fox-trot이나 박스스텝box step을 잘 못한다고 해서 사회적으로 고통 받기라도 했을까요? 그러지 않았을 것입니다. 제 아들은 아이비리그 대학을 졸업하였고, 이미 비영리 교사양성 프로그램Teach for America의 멤버로써 사회에 기여하고 있습니다. 비교적 괜찮은 대학에서 아직 수학중인 제 딸은, 성폭행위기 상담 센터rape crisis center에서 봉사활동 업무를 분담하고 있습니다. 둘다 다정하고, 행복하며, 재능이 뛰어난 아이들 입니다.

우리가 여러분께 이런 것들을 이야기하는 이유는, 아이들이 어떻게 자라고 발달하는지 이해하도록 교육받은 우리마저도, 우리 자신과 우리 아이들을 위한 균형을 구축하는 일에 있어 의심을 가졌었기 때문입니다. 자신의 '직감'을 따라 다른 모든 아이들이 하고 있는 과외 활동들에 "아니요"라고 말할 때 여러분이 혼자가 아니라는 것을 알게 되시기를 바라는 마음으로 이런 이야기들을 하는 것입니다. 여러분의 아이들이 나이가 들었을 때, 그들 또한 뒤돌아보며 자신과 자신의 발달에 있어 친구들, 그리고 가족과 함께 나눈 시간이 얼마나 소중했었는지, 그리고 그 시간들이 자신을 얼마나 행복하게 해줬는지 얘기할 수 있기를 바라기 때문입니다.

왜 이 책을 꼭 읽어봐야 할까요?

이 책의 각 장들은 부모들, 전문직 종사자들, 그리고 정책 입안자들과 함께 유아발달에 대한 놀랄만한 이야기를 나누고자 쓰였습니다. 지난 40년 동안 아기들과 어린 아이들에 대한 과학적 연구들이 엄청나게 쏟아져 나왔으며, 우리는 전 세계에 퍼져있는 동료들과 함께 이 혁명에 가담할 수 있는 특권을 얻었습니다. 각각 이 연구 분야에서 25년 이상 종사한 과학자로써, 그리고 부모로써, 우리는 아이들과 부모들이 자신들의 삶을 돌려받을 수 있도록 진정으로 돕고 싶습니다. 아이들이 어떻게 발달하는지 여러분이 알게 되어 과학적 증거에 기반을 둔 지혜로운 판단을 하고, 그러고 나서 여러분의 지식을 집에서, 학교에서, 그리고 아이들을 위한 정책 안에서 응용하기를 바랍니다.

대중 매체가 유아발달에 대한 연구에 대해 보도하는 내용의 대부분은 단지 티끌만큼 작은 부분적인 과학적 진실을 포함하고 있을 뿐입니다. 뉴스 내용들과 선전들은 부모들에게 장난감들이 더 나은 두뇌를 만들며 아기들과 어린 아이들은 수학 천재들이라 알려주고 있습니다. 여기에서 우리는 이러한 기록들을 바로잡고 싶습니다. 여러분이 학술잡지의 연구 내용을 가정 안에서 응용하게 되는 과정을 돕는 동시에 아이들의 배움이란 정말로 어떤 것인지에 대한 지식들을 체계화할 것입니다. '학습찬스'와 아이들의 '숨은 재능 확인하기'라는 섹션이 갖춰져 있어, 여러분들은 이 책을 통해 어린 천재들을 만들어내려는 유혹을 떨쳐낼 수 있는 자유의지를 갖게 될 것이며, 자식을 행복하고, 건강하고, 지적인 아이들로 키우도록 보다 나은 준비를 갖출 수 있게 해줄 것입니다.

우리는 누구일까요?

캐시 허쉬 파섹Kathy Hirsh-Pasek은 필라델피아Philadelphia의 펜실베이니아 대학University of Pennsylvania에서 박사학위를 받았습니다. 필라델피아에 위치한 템플 대학Temple University의 교수이자, 템플 대학 유아 연구소의 책임자입니다. 로버타 미치닉 골린코프Roberta Michnick Golinkoff는 뉴욕New York의 이타카Ithaca에 위치한 코넬 대학Cornell University에서 박사학위를 받았으며, 뉴어크Newark의 델라웨어 대학University of Delaware에서 유아 언어 프로젝트의 감독을 맡고 있습니다. 우리는 모두 국제적으로 잘 알려진 학자들이며, 1980년부터 연구에 함께 임하고 있습니다. 서로에게 있어 최고의 경청자와 양육 조언자 역할을 하는 것 이외에도, 우리는 총 10권의 책들과 80개 이상의 논문들을 전문 저널에 쓰고 편집하였습니다. 같은 분야의 동료들과 함께, 우리는 인간개발이 이루어지는 놀라운 과정을 발견해나가고 있습니다.

우리는 전 세계에서 열리는 전문가들의 회의를 통해 유아발달의 다양한 측면에 대한 우리들의 견해를 나눴습니다. 연방정부의 보조금을 통해 국민들 세금을 연구비로 지급받았기에, 우리는 부모들, 그리고 전문가들과 우리의 노력의 결과를 나눔으로써 그 은혜를 갚기로 다짐하였습니다. 우리는 아이들이 세 살이 되기까지 언어를 배우는 신비하고 위대한 과정을 함께 연구합니다. 이 전에 집필했던 책인 "아이는 어떻게 말을 배울까 How Babies Talk"는, 이 주제를 향한 우리의 열정에 워낙 강한 전염성이 있어서인지, 4개 국어로 번역이 되었습니다.

앞서 언급한 바와 같이, 우리는 마치 제한된, 대체로 짧은 시간을 최대한 활용해야 하는 것처럼 느끼는 조급한 부모들의 기분을 이해할 수 있습니다. 우리가 자식을 키울 때, 우리 역시 끝없이 수위를 높여오는 스트레스를 경험하였습니다. 어쩔 때는 스케줄을 무리하게 짜는 실수를 범했으며, 우리의 행동에 의해 결과적으로는 누가 항상 시달리게 되는지 깨닫게 되었습니다. 우리 아이들은 짜증스러웠고, 피곤했으며, 스트레스를 받았던 것입니다. 육아는 어려운 일입니다. 오히려 직장에 다니는 것이 더 수월하다는 생각을 자주 했습니다! 우리는 우리 아이들과 그림 암기카드 flash cards를 사용하지 않았음에도 불구하고, 다섯 명 모두 배변훈련이 되었고, 읽고 쓸 줄 알며, 배우는 것을 매우 좋아합니다.

우리는 또한 호평을 받고 있는 육아에 관한 여러 책들의 저자이자 템플 대학에서 학생들을 가르치고 있는 심리학자, 다이안 아이어 Diane Eyer 박사와 협력했습니다. 그녀의 책 '엄마의 죄책감 Mother guilt'과 '엄마와 아기의 유대감 Mother-Infant Bonding'은 뉴욕타임즈 New York Times의 서평란에서 호평을 받았습니다. 다이안의 도움은 우리가 여러분과 공유하고 싶었던 연구 내용들을 끌어 모으고, 우리의 글이 항상 읽기 쉽고 재미있도록 하는 데에 중요한 역할을 하였습니다.

경고 신호를 넘어서서

엘킨드 박사와 다른 많은 이들이 경고음을 울렸습니다. 많은 전문가들이 빨리빨리 진행되는 오늘날의 세상 속에서 아이들과 부모들이 받는 지나친 스트레스에 대해 이야기하고 글을 썼습니다. 이 책은 경고음을 울리는 것 이상의 일을 합니다. 바로 해결책 제시입니다. 과학자들이 수집한 지능발달과 사회발달에 대한 증거들을 검토해보면, 여러분도 어째서 '놀이 = 배움'인지 깨닫게 될 것입니다. 여러분은 여러분의 자식들의 능력에 대해, 그리고 그들이 진정으로 필요로 하는 것들에 대해 더욱 깊이, 그리고 감사하는 마음으로 그들을 새롭고 신나는 방식을 통해 볼 수 있게 될 것입니다.

이 책은 일반적인 육아책이 아닙니다. 아기를 언제 트림시켜야 하는지, 언제부터 배변훈련을 시켜야 하는지, 또는 여러분의 유아원생 아이를 어떻게 교육시켜야 하는지 알려주지 않습니다. 대신 여러분과 여러분의 가족에게 더욱 균형 잡힌 삶을 만들어갈 수 있는 힘을 제공할 것입니다. 이 책에서 우리가 여러분께 전달하는 정보는 미디어의 과대 홍보와 전문 마케팅을 통해 여과된 것이 아닌, 연구실에서부터 바로 여러분의 거실과 교실로 건너가는 것입니다. 유아발달 전문가들이 진정으로 말하고자 하는 것들을 더 잘 이해함으로써, 여러분은 이 주제에 관한 앞으로의 언론 보도들을 비판적인 눈으로 읽을 만반의 태세를 갖추게 될 것입니다. 무엇보다도, 여러분은 차세대를 양육하고 교육하며, 자신감을 가지고 앞으로 나아갈 준비를 갖추게 될 것입니다.

1 장

혼란에 빠진 현대의 부모들

어느 토요일 아침, 임신 6개월째에 접어드는 펠리샤 몬타나 Felicia Montana 는 이제 곧 필요하게 될 아기용품들을 사기 위해 친구들과 백화점을 찾았습니다. 그러나 그녀가 아기용품 대신 얻게 된 것은 '현대 육아 과학'에 대한 집중 교육이었습니다.

이 교육은 쇼핑을 시작하기에 적합한 곳으로 보이는 무지개 색 간판의 어느 가게 안에서 시작되었습니다. 실제로 그 가게의 이름도 '올바른 출발 The Right Start'이었습니다. 펠리샤는 "바로 저게 우리 아기에게 필요한 거야."라고 생각하며 친구들과 안으로 들어갔습니다. 하지만 다시 나올 때에는 도대체 자신이 무엇을 원하는지 모르게 되어버렸습니다.

펠리샤는 요새 사람들의 '꼭 가져야만 하는' 기저귀 가방, 유모차, 그리고 카시트와 같은 아기용품들이 옛날 기준의 그것에 비해 훨씬 별나다는 것을 금새 알아차렸습니다. '아기에게 새로운 지식을 전달하는 가장 좋은 방법'을 제안하는데 앞장에는 그림이, 뒷장에는 단어가 쓰여 있는 그림암기카드[1]를 꼭 사야만 하는 걸까요? 만약 그렇다면, 어느 암기장이 더 효과적일까요? '베이비 듀리틀 Baby Dolittle'의 동물그림 암기장이 좋을까요, 아니면 '베이비 웹스터 Baby Webster'의 단어 암기장이 좋을까요?

육아 선배인 그녀의 친구들은 각자 자신의 아기들에게는 특별한 취향이 있다고 굳게 믿고 있었습니다. "제레미 Jeremy는 생후 18개월에 벌써 모든 동물을 알고 있었어." 안나 Anna가 자랑하였습니다.

"앨리스Alice는 '웹스터'를 더 좋아했어. 17개월에 꽤 어려운 단어를 말할 수 있게 되었다구." 에리카Erica도 지지 않고 말했습니다.

하지만 일단 사기로 결심을 했다고 칩시다. 도대체 어떤 종류를 사야 하는 걸까요? '언어, 음악, 문학, 그리고 미술 문화의 특별한 소개'를 제공하는 베이비 아인슈타인Baby Einstein, 베이비 셰익스피어Baby Shakespeare, 혹은 베이비 반 고흐Baby Van Gogh 비디오테이프? 아니면 세 가지 모두 필요할까요? '6개월에서 36개월 사이'에 아기의 좌뇌와 우뇌를 모두 발달시키도록 만들어진 '똑똑한 아기Brainy Baby'비디오2)는 또 어떨까요?

펠리샤에게 이 모든 제품들은 아기의 발달을 향상시킨다는 굳은 약속을 해주는 듯 보였습니다. 그리고 또 한편으로는 이것들을 사지 않을 경우, 불길한 결말이 올지도 모른다는 무언의 암시를 받았습니다. 어찌 되었든 간에 이것들은 아기들에게 '학문적, 직업적으로 뛰어날 수 있게 해주는 우수한 지능'을 선사해 준다고 말하고 있습니다. 아무튼 육아라는 것 자체가 결국은 자기 자식에게 최대한의 이로운 것을 주기 위한 것 아니겠습니까?

다시 펠리샤가 백화점 안으로 들어갔을 때, 그녀는 너무도 신경이 곤두서 있었고 자신감도 뒤흔들린 상태였습니다. 그리고 서점에 도착하면 이보다 더 마음이 혼란스러워질 것 같았습니다.

펠리샤의 남편 스티브Steve 는 육아서적을 몇 권 사 달라고 부탁했습니다. 아이를 키우는 데 있어서 아내의 좋은 파트너가 될 수 있게끔 육아에 관해 잘 알아두고 싶었기 때문입니다.

서점에 들어서자마자 그녀는 육아분야로 가서 손이 가장 먼저 닿은 책을 들어 올렸습니다. 『출산 이전의 육아Prenatal Parenting』란 책은 태아 학습의 길잡이가 되어준다는 책으로 '두뇌 건축가 되기becoming a brain architect'3) 라는 내용이 포함되어 있었습니다.

펠리샤는 빽빽이 찬 책장에 책을 살짝 내려놓고는 이마에 손을 얹으며 욱신거리는 머리로 곰곰이 생각해보았습니다.

태아 학습? 두뇌 건축가? 이것이 지금 예비 부모들이 진정 걱정해야 하는 거란 말이야? 펠리샤는 아기의 지능 발달에 대해 점점 불안해졌습니다. 아기는 아직 세상에 나오지도 않았는데 말이죠!

재촉당하는 유년기

펠리샤가 이제야 알게 되었듯이, 학급에서 가장 재능 있는 아이로 키우기 위한 경쟁은 아기 침대 속에서보다도 일찍, 이제는 심지어 엄마의 자궁 속에서부터 시작됩니다. 잡지에 쓰인 기사들은 예비 부모들에게 임신 중에 특정 운동을 하면 아기의 지능이 높아진다는 희망을 주며 유혹하고, 다음 페이지에서는 태어나지도 않은 아기에게 들려줄 외국어 동영상 교재를 사도록 재촉하는 선전을 합니다. 만약 아직 자궁 안에 둥둥 떠 있는 태아에게 광섬유를 이용한 학습 강의를 들려줄 수 있다는 사실을 접한다고 해도 많은 부모들은 전혀 놀라지 않을 것입니다! 다행스럽게도 우리는 아직 그 정도까지는 오지 않았습니다. 적어도 아직까지는 말이죠.

일단 아기들이 태어나고 나면, 아기들에게 최대한 빠른 시간 안에 어른만큼의 능력을 갖추도록 독촉하는 압박은 정도를 더해갑니다. 읽는 방법과 덧셈 뺄셈을 빠르게 익히도록 재촉하고, 벌써 세상을 뜬 지 오래된 작곡가의 얼굴을 알아맞히는 애매한 과제 등, 아직 몇 년이나 지나서야 필요하게 될 정보(혹은 필요하지 않게 될지도 모르는)에 숙달되도록 자극합니다.

유아 교육 산업은 자식을 잘되게 하는 데에 열성적인, 그리고 수용력이 풍부한 부모 청중들을 찾아냈습니다. 한 설문조사에서는 65퍼센트의 부모들이 2살짜리 아기들의 지적 능력 발달을 돕는 데에 있어 그림 암기카드를 사용하는 것이 '매우 효과적'이라고 믿고 있다는 결과[4]가 나왔습니다. 또한, 설문에 응답한 부모들 중 3분의 1이 모차르트를 틀어줌으로써 아기의 두뇌 발달이 향상된다고 믿고 있었습니다.

아기 교육용 장난감 산업의 규모가 10억 달러에 도달한 것으로 미루어 보아, 부모들이 장난감 회사들의 광고 선전 마케팅에 귀 기울여온 것이 틀림없습니다. 실제로도 사업이 너무도 잘되어, 2001년도에 디즈니^{Disney}가 매입한 베이비 아인슈타인^{Baby Einstein}과 같은 회사에서는 이제 세 살에서 다섯 살까지의 아이들을 겨냥한 '리틀 아인슈타인^{Little Einstein}'이 포함된 여러 가지 제품 라인들을 확장시키고 있습니다.[5]

강압적인 광고 선전 효과는 심지어 전혀 무관할 것 같은 청중들에게까지 침투되었습니다. 샌프란시스코에 사는 두 살 배기와 갓 태어난 아기의 엄마 다이안^{Diane}은, 양로원에 있는 자신의 할머니가 모차르트와 바흐의 음악이 흘러나오는 모빌을 보내왔다며 이렇게 말하였습니다. "내 아기가 반에서 일등하기를 원하신다는 거예요!"

이 아기들은 자라날수록 바이올린, 승마, 학원, 과외 등을 포함한 더욱 광범하고 비싼 교육을 받게 될 것입니다.

쉴 새 없이 질주하는^{ROADRUNNER} 사회 : 더 빠르게, 더 월등히, 더 많이

TV에서는 옛날 아기들과 어린아이들은 뭔가 배울 수 있는 기회가 생기면 자신의 호기심과 가족의 작은 도움을 동원하여 상상의 황금시대를 펼쳐나갔었지만 요즘 세상의 아이들에게는 이렇게 독립적으로 배움을 얻는 것이 더 이상 충분하지 않다는 유행성 광고를 하고 있습니다.

하지만, 이 어린 것들은 단지 현대의 빠르고 경쟁적인 사회의 가장 어린 실습생에 불과합니다. 어른들은 고용인의 라이벌보다 더 많이 일하고 더 효율적으로 일하기를 강요받고 있습니다. 우리는 전자레인지로 데운 인스턴트 음식을 먹고, 눈 깜빡 할 사이에 지나가버리고 마는 휴가 일자에 맞추어 여가를 계획합니다. 어른들은 빠른 시간 안에 더 많은 일을 하는 것이 남보다 월등하다는 광고를 접하며 그에 맞는 속도를 자신의 아이들에게 그대로 물려줍니다.

전형적인 미국인 가족의 일상 중 하루를 들여다보기로 합시다. 가상의 스미스Smiths라는 사람의 가족을 예로 들어봅시다. 학교 교사인 마리 스미스Marie Smiths는 매일 아침 6시에 기상합니다. 다음 한 시간 동안 그녀는 열한 살 게리와 세 살짜리 제시카Jessica에게 옷을 입히고, 아침 식사를 만들고, 집안일을 하고, 몇 분 동안의 TV 뉴스 시청을 마친 후에 제시카를 어린이 집에 태워다 줄 것입니다. 그녀의 남편 브라이언Brian이 아들 게리Gerry를 농구 연습장인 멕더넬 더글라스McDonnell Douglas에 오전 6시 20분까지 내려주고 바로 회사에 가면, 마리가 7시 35분에 게리를 데리러 갑니다. 그리고는 그녀가 유치원생들을 가르치고 게리가 5학년으로 있는 학교로 함께 걸어갑니다.

퇴근 후, 마리는 오후 5시에 학원에 있는 게리와 어린이집에 있는 제시카를 데리러 갑니다. 그녀는 시장에 가서 장을 보고, 그 곳에서 종종 포스터 보드나 알록달록한 머쉬멜로 같은 게리의 학교 숙제에 필요로 할 용품들을 찾아봅니다. 저녁 6시에 그녀는 저녁 식사 준비를 멈추고 게리를 축구라든지 교회 청년회라든지 기타 레슨에 차로 태워다 줍니다. 마지막으로, 모두가 함께 저녁 식사를 하기 위해 브라이언이 게리를 태우고 최소한 시간이나 운전을 해서 집에 도착한 저녁 7시 30분에서야 이 모든 압박에 끝이 납니다.

불행한 것은 이와 같은 정신없는 일과가 이례적이지 않고 일반화 되어 있다는 점입니다. 요즘 시대의 가정에서 볼 수 있는 역사적인 변화로, 맞벌이 부부가 급증한 것을 꼽을 수 있습니다. 1975년에는, 6세 이하의 아이를 가진 엄마들 중 34퍼센트가 직장에 나갔습니다. 1999년에 이 숫자는 거의 두 배로 늘어나 직장을 가진 엄마들은 61퍼센트에 이르렀고, 이 중 꽤 많은 이들이 갓난아기의 엄마였습니다. 아빠들 역시 100년이 넘도록 집 밖에서 일을 해 왔습니다. 그러나 사회는 이제 맞벌이 부부에게 그냥 일하는 것뿐만 아니라, 더 많은 시간을 투자하도록 요구하고 있습니다.

사실 상, 미국인들은 현재 일본을 포함한 세계의 그 누구보다도 일을 많이 하고 있습니다. 1997년, 국제 노동 기구에서 연구한 결과[6]에 따르면 엄마들이 일주일에 41시간씩 일을 한 반면에 아빠들은 평균 51시간을 일하였다고 합니다.

설문 조사 참여 대상 중 25퍼센트가 직장에서의 일의 무게 때문에 가족을 위한 시간이 전혀 없다고 대답한 것[7]은 그리 놀랄만한 일이 아닙니다. 하지만 시간 사용 연구 결과에 의하면, 사실은 엄마들이 각자의 아이와 보내는 시간의 양은 50년 전과 비교했을 때[8] 전혀 변하지 않았습니다. 변한 점이 있다면, 부모가 아이들과 있는 시간동안 대표적으로 무엇을 하느냐는 것입니다. 요즘은 과외 활동 장소에서 또 다른 과외 활동 장소로 아이들과 함께 옮겨 다니는 시간이 늘어가는 추세입니다. 대부분의 시간 부모들은 아이들을 데리고 과외 활동에 가기 위해 함께 차 안에 있거나, 아이들을 사이드라인 밖에서 응원하고 지도하는 "축구코치 엄마아빠"와 같은 역할을 맡습니다.

이것이 바로 '양질良質의 시간quality time,70년대에 만들어진 용어'이라는 사고[9]에 바람을 불어넣었습니다. '많은 시간'을 함께 보내기엔 그에 따른 희생이 너무 크므로 부모들은 '양질의 시간'이라는 개념을 시급히 받아들였습니다. 엄마 아빠들은 자신들의 아이를 '철저한 아이(매 순간이 효율적으로 계획되어있는 듯 보이는)'로 만듦으로써 함께 하는 '양질의 시간'을 최대화합니다.

불행히도 우리는 삶의 가장 큰 즐거움 중 하나가 되어야 하는 육아를 그리 즐거워하지 않습니다. 그리고 곧 언급하게 되겠지만, 이러한 강제적 활동과 학습 등으로 꾸며진 분위기도 우리의 아이들에게 좋지 않은 건 마찬가지입니다. 최근 뉴스위크Newsweek잡지 기사에서는, 네 명의 자녀를 둔 엄마가 아이들을 과외 활동에 차로 태우고 다니는데 시간을 너무 많이 쓰기 때문에 이제 한 살 된 그녀의 아기는 거의 미니밴 안에서 키우는 것이나 마찬가지라고 한탄했다고 합니다. "아이가 밴 바깥에 있을 때에는, 왠지 모르게 좀 혼란스러워 하는 것 같아 보여요."라고 그녀가 설명했습니다.[10]

가족들은 모두 그들의 아이들을 자극시키는 데에만 너무 많은 시간을 투자하기 때문에, 서로를 그저 즐기기만 하는 시간은 점점 더 없어지고 있는 것처럼 보입니다. 뉴저지New Jersey에 있는 릿지우드Ridgewood라는 한 마을에서 한겨울 저녁을 '가족의 밤'으로 선정한 것[11]도 아마 그리 놀라운 일이 아닐 것입니다. 교직원들의 도움으로, 이 마을은 이 날 오로지 부모와 아이들이 함께 시간을 보낼 수 있도록 체육 활동과 학교 숙제, 개인 레슨, 그리고 심지어는 종교적 수업까지 모두 취소시켰습니다.

성장 발달을 위한 경쟁 - 언제부터 시작되었을까요?

더 어린 나이에 똑똑한 아이를 만들기 위한 경쟁이 어떻게 시작되었는지 이해하려면, 과거를 거슬러 올라가 육아에 대한 부모들의 자세가 어떠했는지 간단히 살펴보는 것이 도움이 됩니다. 19세기 초까지만 해도 유년 시기는 성인기와 별도의 시기로 인지되지 않았습니다. 실제로, 그 시기의 수공예품들을 보면 어린 아이들이 작은 어른과 같은 옷을 입고 있음을 알 수 있습니다. 프랑스 철학자 장자크 루소Jean-Jacques Rousseau[12]의 문학작품들이 우리들이 유아시대를 보는 관념을 영원히 바꿔놓았습니다. 그가 쓴 불후의 명작 '에밀Emil'에서 그는 "유년 시기 아이들은 그들만의 보고 생각하고 느끼는 방법이 있는데, 그 안에 성인들의 것을 끼워 맞추려고 노력하는 것처럼 바보 같은 짓은 없다."고 썼습니다. 이 관점은 노동력이 현장에서 공장으로 이동되는 움직임과 맞물려져, 청년들이 사회 일터로 진출할 수 있도록 준비시켜주는 대중 교육을 도래하게 했습니다.[13]

19세기 말에 창조된 유아심리와 더불어, 아이들도 연구될 수 있고 발달될 수 있다는 사상이 생기기 시작했습니다.[14] 1940년대에는 유아에 대한 과학적 연구 보고서가 과다 발표되기도 했습니다. 그리고 1947년에 출간된 유명한 책인 『아기와 어린이 돌보기Baby and Child Care』의 저자 벤자민 스팩Benjamin Spok박사는, 아이들을 철저한 계획에 따라 돌보는 방법을 부모들에게 제공하기 위해 분석적인 관찰과 상식을 이용했습니다.[15] 이리하여 전문가의 조언을 받는 산업이 탄생했습니다.

제 2차 세계대전 이후 리벳공Riveter인 로지Rosi*가 공장에서 가정으로 돌아왔을 때, 그녀는 모성이라는 것을 특별한 지식과 훈련이 필요한 아주 가치 있는 일로 여겨야만 한다는 것을 느꼈습니다.[16] 부모들은 아이들을 어떻게 키워야 하는지 유아 발달 전문가들에게 묻고 의지하기 시작했습니다. 놀랍게도 실제로 1950년, 백악관 회의에 참석한 전문가들은 부모들이 너무 전문가들의 의견에만 의지하게 되었다며 걱정하기도 했습니다. 1970년 초, 맞벌이 부부들이 증가하고 유아 발달에 대한 정보가 폭발적으

---

* Rosi the Rivetter : 2차세계대전 당시 군수 공장에서 일하던 미국 여성을 묘사한 당시의 문화적 상징. 페미니즘과 여성의 경제력을 상징하기도 한다. - 옮긴이

로 늘어나면서, 부모들은 자신이 아이들과 함께 하는 모든 시간을 매우 소중하게 보내는 그런 존재가 되길 원하게 되었습니다. 가족과의 시간이 점차 줄어드는 것을 느끼며, 어떻게 하면 자식의 앞날에 대비하여 잘 준비시킬 수 있는지 배우기 위하여 유아 발달 전문가들을 찾았습니다.

유아 발달 촉진의 영향에 대한 초기 의혹은(마치 "일찍 익는 과일이 일찍 썩는다."는 미국 속담과 같은) 완벽한 보증서들에 의해 잊혀져버렸습니다. 예를 들어 켄 아담스Ken Adams의 『당신 아이의 천재성을 끌어내라Bring Out the Genius in Your Child』[17]라든지 마릴리 로빈 버튼Marilee Robin Button, 수잔 지 맥도날드Susan G. Mac Donald, 그리고 수잔 밀러Susan Miller의 『뛰어난 유아원생이 되는 365가지 방법365 Ways to a Smarter Preschooler』[18]과 같은 책들은 동네 서점에서 익히 볼 수 있는 풍경으로 자리 잡았습니다. 아이들의 지적 발달 전략에 대한 관심의 집중은 이미 제어할 수 없을 정도가 되어버렸습니다. 아이러니하게도 우리는 아이들에게서 어린 시절을 빼앗고 작은 어른들처럼 대하던 과거로 돌아가고 있는 것을 발견할 수 있습니다.

아이들에 대한 이러한 위협에 대한 경고는 학문적인 분야뿐만이 아니라 그 이외의 분야에서도 흘러나왔습니다. 터프트Tufts University대학의 유아 발달 교수이자 1980년의 불후의 명작 『재촉당한 아이The Hurried Child』"[19]의 저자인 데이빗 엘킨드David Elkind와 같은 작가들이 글을 쓰기 시작했습니다. 더욱 최근에는, 일리노이 주립대학Illinois University의 로라 버크Laura Berk교수가 『아이들의 마음 깨우기Awakening Children's Mind』[20]라는 멋진 책을 문학세계에 들여 놓았고, 랄프 스코엔스타인Ralph Scoenstein은 『나의 아이는 우등생, 당신의 아이는 열등생My Kid's an Honor Student, Your Kid's a Loser』[21]으로 유머 가득한 일화를 독자들에게 내놓았습니다. 하지만 이런 경고들에 부모들과 선생님들은 어떤 대응을 할 수 있을까요? 우리들은 전문가들이 우려하는 문제점을 어떻게 바꿔나갈 수 있을까요? 상황을 정확하게 인지하는 것만이 해결책을 찾는 첫걸음입니다. 2000년 여름, 유아 연구의 연례 국제회의 International Conference for Infancy Studies에서 많은 유아 발달 심리학자들이 단체를 이루어 이러한 늘어만 가는 위기 상황에 대응하고 있다고 발표했습니다. 유아의 특성과 새로 밝혀진 유아원생들의 재능에 대한 산더미 같은 연구들이 오히려 오역되고 오용되고 있던 것입니다. 과학적 연구를 위해 인간의 정신세계가 어떻게 작동하는지 밝히고자 하는 목적을 가졌던 연구가, 보통 아기를 슈퍼아기로 개조해 주는 것을 약속하는 상품으로 사용되고 있었던 것입니다.

학업성취에 대한 숭배 - 잃어버린 어린 시절

갈수록 가속화되는 기회들과 활동들에 아이들을 참여시키지 않기를 바라는 부모들은 대부분 이러한 새로운 육아 풍조 속에서 초조함을 느낍니다. 육아 자체가 점점 더 경쟁적이 되면서, 많은 부모들은 자신의 아이들이 될 수 있는 한 모든 기회를 이용하는 특권을 놓침으로 인해서 남들보다 뒤쳐질까봐 걱정하게 됩니다.

우리 부부의 지인 중 하나가 유치원을 운영하기 위하여 곧 교외에 있는 아리조나Arizona의 턱슨Tucson으로 이사 가게 되었습니다. 그녀가 현재 재직 중인 학교에는 아이들의 흥미를 불러일으키고 학습보다는 체험을 하게 해주는 이른바 '발현적 교육과정emergent curriculum'이라는 것이 있습니다. "지금 있는 학교에서 학부모들을 견학시켜줄 때 나는 우리 학교에서는 시험이라든지 직접적인 기술교육을 하지 않는다고 얘기하는데, 그러면 학부모들은 자신의 아이들이 초등학교에 입학할 시기에 맞춰 준비가 되어있겠냐고 물어봐. 나는 아이들에게 상상하고 탐구할 수 있는 기회가 주어질 것이기 때문에 물론 준비가 되어있을 거라고 설명하지." 그녀는 이렇게 덧붙였습니다. "학부모들은 그 당시에는 그걸로 충분하다고 얘기하고는, 나중에 다시 와서 '왜 아이들이 컴퓨터를 사용하지 않는거죠? 왜 책을 읽지 않죠?' 하고 묻는 거야. 교육자로서 나는 블록 놀이야말로 문학이나 수학, 그리고 다른 형태의 어떠한 학습이라도 배워갈 수 있는 진정한 기초가 된다는 것을 알아. 그런데 학부모들이 다시 돌아와서는 '아이들이 놀고 있잖아요. 나는 내 아이가 공부하기를 원해요!' 라고 하는 거야."

그녀는 굳은 믿음에도 불구하고, 자신의 아이들을 키우는 방법에 대해 상당한 부담마저 느끼게 되어버렸습니다. "내가 가는 곳 주변의 학부모들은 아이들에게 엄청난 스트레스를 주는 굉장히 극성스럽고 유별난 사람들이지." 그녀가 설명했습니다. "이런 극성을 자제하는 것이 좋다는 건 알아. 하지만 만약 모든 이들의 아이들이 4살이 채 되기 전에 바이올린을 켜기 시작한다면, 나는 과연 나와 남편이 한 결정을 의심해보지 않을 수 있을까?"

또 다른 지인인 9살 아들과 7살 딸을 가진 엄마는, 최근 샌디에고^{San Diego}의 새로 개발된 부유한 지역으로 이사 가서 체험한 주변 학부모들의 경쟁 수준에 대해 설명하였습니다. "다섯 살에서 열두 살 사이의 아이들의 반 이상이 방과 후 과외를 받아요. 성적을 올리기 위해서가 아니라, 다른 아이들보다 더 빠른 진도로 배우게 하기 위해서예요."

이러한 학부모들의 열성을 바탕으로 하여, 원래는 SAT와 ACT등, 중고등학생들의 대입시험 준비를 도와주는 목적으로 교육과정을 진행하던 캐플란^{Kaplan}이나 프린스톤 리뷰^{Prinstone Review}와 같은 입시교육 회사들이 이제는 유치원에 갓 입학한 아이들을 겨냥한 교육 과정까지 범위를 확장시키고 있습니다. 이 교육 자료들은 오늘날 공립학교에서 조지 부시 전 대통령의 '단 한명의 아이도 뒤처지지 않는 사회를 위한 법'의 일부로 실행하고 있는 연례 시험에서의 성적을 향상시키는 데에 초점을 두었습니다.

더욱이 저자인 우리들은 유아 발달 전문가로서, 자신의 아이들에게 뭔가 문제가 있어서가 아니라, 단지 아이의 영재성을 확인 받고 싶어서 아이큐 검사를 원하는 학부모들로부터 끊임없는 전화를 받습니다. 아이들의 지능 문제는 최신 유행에 뒤지지 않으려고 허세 부리는 학부모들에게 신형 자동차나 가전제품을 소유해야 하는 부담과 더불어, 또 하나의 스트레스로 자리 잡았습니다.

만약 부모들이 근심걱정 없는 아이들의 세상에 속한 그 작고 느린 걸음에 맞추어 걷는 정서적 만족감을 박탈당한다면, 그 대가는 아이들이 치르게 됩니다. 우리들은 현대 부모들의 어깨를 짓누르는 가공할만한 부담감에 의하여 생긴 비참한 부작용으로, 방어적인 육아 세계로 들어섰습니다. 우리는 우리 아이들이 지능적으로 너무나도 뛰어나, 어느 대학이라도 감히 이들을 낙제시키지 못하며 어떠한 회사라도 이들을 놓치려 하지 않을 정도가 되기를 원하게 되었습니다.

단지 두 글자의 무력한 단어가 되어버린 '놀이'는 도대체 어디로 사라진 것일까요? 1981년에는 초등학생 연령의 아동에게 하루의 40퍼센트 정도가 놀기 위한 시간으로 열려 있었습니다. 1997년이 되어서는 이 놀기 위한 시간이 25퍼센트로 줄어들었고, 더 나아가 40퍼센트의 미국 학군에서는 학교들의 휴식 시간 *recess time*을 없애기까지 했습니다.[22]

넘치는 스케줄로 인한 압박과 더불어 아이들은 관례적으로 어느 특정 학년에 배워야 했던 기술을, 이제는 일 년 더 일찍 배워놓아야 하는 새로운 방식의 지나친 '선행학습'으로 인해 수난을 겪고 있습니다. 예를 들어, 읽는 방법은 보통 1학년에 소개되어 왔습니다. 이제는 점점 더 많은 유치원과 유아원에서 이것을 가르치고 있습니다. 그리고 유아원과 유치원에서 아이들이 놀이를 통해 배우고 사회성을 키우는 게 더 유익하다는 것에 대해 유아 전문가들이 동의함에도 불구하고, 다수의 학군에서는 읽기를 유치원에 입학하기 위한 필수 조건으로 삼는 것을 고려하고 있습니다.

이에 따른 당연한 결과로, 우리의 아이들은 과도한 우울증과 불안감으로 괴로워하고 있습니다. 미국 소아 청소년 정신의학 아카데미The American Academy of Child and Adolescent Psychiatry는 "미국에서 '심각한 수준'의 우울증 증세를 겪고 있는 소아 청소년은 삼백사십만 명, 또는 어린이들 전체의 5퍼센트"라고 밝혔습니다. 그리고 가끔은 이 우울증이 죽음을 초래하기도 합니다. 1980년에서 1997년 사이에 발생한 10세~14세 아이들의 자살률은 놀랍게도 109퍼센트나 증가했습니다.[23]

더 나아가 아이들의 불안감의 정도는 1950년대부터 무서운 속도로 증가하였고, 그 중 9세 미만의 아이들도 이제는 불안해하는 증세를 경험하고 있습니다. 한 연구 결과에 의하면, 늘어나고 있는 학교 시험과 성적에 대한 부모들의 지나치게 높은 기대치로 인한 시험 불안증을 겪고 있는 아이들이 급증하고 있다고 합니다. 이러한 불안 증세가 학습의 과정과 결과에 장애물이 되는 것은 말할 것도 없습니다.[24] 다른 종류의 불안증으로는 부모와 아이 사이의 친밀한 접촉의 결여와 관련이 있는데, 아이들은 가족과 시간을 함께 보냄으로써 심리적 안정감을 얻는다고 합니다. 이러한 불안증은 범죄, 이혼, 폭력 등, 증가하는 환경적 위협과도 연결되어 있습니다.[25]

심리학자들은 어린아이들 사이에서, 특히 학교 공포증과 같은 증세와 그로 인한 신체적 증상을 호소하는 경우가 늘어가고 있음을 발견하였습니다. UCLA의 소아 심리학과의 학장이며 심리학자인 잭 웨터 박사Dr. Jack Wetter는 다음과 같이 말하였습니다. "나는 어린 아이들이 놀 시간이 전혀 없을 정도로 학습 일정이 짜여 있는 것을 보곤 합니다. 3월 중순에는 사립학교 합격 결과가 나오는데, 누구라도 아이들의 긴장 상태를 느낄 수 있을 정도에요. 조그마한 아이들이 나의 사무실로 와서, '제가 컬쏘프 Carlthorp 학교로부터 불합격 통보를 받았어요.'라고 말합니다."[26)]

치료 전문가들은 부모의 육아에 대한 불안증이 아이들에게 그대로 전달된다는 것을 이미 오래진부더 알고 있습니다. 부모들은 아이들의 과외 학습의 양과 질을 늘이기 위해 시간과 돈을 바치는 동시에, 그 '투자'에 대한 보답을 기대하게 됩니다. 그리고 아이들에게 있어서는, 끊임없는 실패에 대한 두려움이 배우는 경험과 결부되어 있을지도 모릅니다. 그들의 관심은 아이들이 경험해야 하는 것들이나 필요한 것들이 아닌, 오로지 시험 성적이나 시 낭송회와 같은 결과에 초점이 맞춰져 있습니다. 아이는 "이 모든 과외를 받아야 하는 것은 나에게 무슨 문제가 있어서가 아닐까?" 하고 의심할 지도 모릅니다. 주입식 교육 역시 아이들에게 배우는 것은 호기심과 탐구로부터 자연히 얻게 되는 것이 아니라 하기 싫은 일을 억지로 해야 하는 것으로 인식됩니다.

이러한 결과에 대한 숭배가 가져오는 또 다른 문제점으로는, 아이들의 아이큐 발달에 너무 많은 중점을 두게 되어 그만큼 중요한 또 다른 측면들이 완전히 무시되어 진다는 것입니다. 예일대학교 Yale University 유아 연구 센터에 있는 사회적, 정서적 학습을 위한 공동 연구회 Collaborative for Social and Emotional Learning 의 공동 창설자인 심리학자 다니엘 골맨 Dr. Goleman 은 그의 혁신적인 책, 『감성지능 : 왜 EQ가 IQ보다 더 중요한가. Emotional Intelligence: Why it can matter more then IQ 』에서 'EQ'에 대해 이야기를 합니다.

골맨 박사는 이해력을 돕기 위해 인간의 능력의 중심에 감성을 놓고 설명합니다. 높은 IQ를 가진 사람들이 허둥대고 적당한 IQ를 가진 사람들이 놀랍게도 일을 성공시킬 때, 그럴 수 있게 하는 결정적인 요인이 바로 '감성지능 EQ'이라고 지적합니다. 이것에는 자제심, 열성과 끈기, 그리고 하고자 하는 의욕이 모두 포함됩니다.

아인슈타인 육아법

이 감성지능은 의지력과 성격을 좌우하기도 합니다. 충동적인 사람, 다시 말해 자제력이 약한 사람은 도덕적으로 옳지 않은 행동들을 할 수 있습니다. 감성지능의 또 다른 중요한 특징은 타인에 대한 동정심인데, 예를 들어 상대방의 감정을 이해하거나 공감하는 능력, 그리고 올바른 이유로 적절한 시간에 적당히 화를 낼 수 있는 능력을 말합니다.

이 감성지능에 대한 개념이 아이들과 부모들에게 주는 의의는, 가족 간의 관계에서 오는 즐거움이 아이들의 인생에 가장 훌륭한 출발의 기초가 되게 해 준다는 것입니다. 단순히 아이들과 함께 놀거나 세상 돌아가는 일에 대해 이야기를 하는 것과 같은 시간을 즐기는 것만으로도 그들의 마음과 감정의 발달을 위해 부모가 할 수 있는 최선의 일을 하는 것입니다.

똑똑한 아이로 키우는 더 나은 방법

데이빗 엘킨드David Elkind교수는 그의 책 『재촉당한 아이The hurried Child』에 이렇게 쓰고 있습니다. "전형적인 미국인들의 삶의 방식에 절대적으로 필요한 어린 시절의 개념은, 우리 자신들에 의하여 멸종 위기에 처해있습니다. 오늘날의 아이들은 당황스러울 만큼 급한 사회적 변화와 지속적으로 높아져만 가는 기대치에 의한 극도의 스트레스에 그들의 의지와는 상관없이 저항할 수 없는 희생양이 되어버렸습니다."[27]

유아 발달 전문가들로써, 우리는 아이들 마음을 덮어씌운 불안감이 지배하고 있는 이 사회에 대해 걱정하고 있습니다. 물론 우리 모두는 자식이 학업에 적극적이고 학교생활도 잘 해나가기를 바라고 있지만, 그렇다고 해서 갓난아기들에게 두뇌발달 체조를 시킬 필요는 없습니다. 아이들의 두뇌 능력을 높이기 위해 스트레스를 주는 것은 위험합니다. 이는 사회적, 감정적, 그리고 인지 발달에 절대적으로 필요한 어린 시절의 모습들을 서서히 손상시키기 때문입니다.

우리는 아이들이 다른 사람에 의해 짜인 스케줄에 맞추어 움직이며 즐거워하게 함으로써, 자신만의 놀이를 개발하고 이 세상을 즐겁게 살아가기 위해 필요한 통제력과 독립심을 배우고 느낄 수 있는 기쁨을 아이들로부터 박탈하고 있습니다. 놀이, 즐거움, 천진난만함과 같은 개념들은 잊혀지고 무시되어 가고 있습니다. 아무것도 하지 않아도 되고, 자신을 돌아볼 수 있는 시간도 가지며, 우리가 온전히 우리 자신의 것이 될 수 있는 소요逍遙,downtime할 수 있는 시간이라는 개념은 왠지 오늘날의 학업 성취에 대한 숭배에 역행하는 것처럼 보입니다.

부모들 역시 아이들을 발달시키기 위한 유혹적인 시간 속에서 함께 속도를 내느라 중요한 기회를 잃습니다. 아이의 지능 발달은 놀라운 과정을 통해서 진행됩니다. 생각한다는 것은 인간에게 있어서 핵심적인 부분으로, 아이들을 통해 이러한 발달을 목격할 수 있다는 것이 놀라운 일임에도 불구하고 많은 부모들이 학업 성취에 대한 강한 집착 때문에 이러한 특별한 기회를 놓치고 맙니다.

실제로, 의학연구소의 국가 조사 위원회National Research Council of the Institute of Medicine에서 넓은 범위에 걸쳐 진행한 연구 보고서 "신경세포에서 주변환경까지From Neurons to Neighborhoods"[28]에 따르면, "잘 반응해주고 관심을 많이 기울여주는 부모나 양육자와 함께일 때" 지성과 감성이 건강하게 발달한다고 합니다. 당신과 아이들이 그저 마음 편히 행동하며 함께 설거지를 하고 있을 때, 사실 당신은 매우 중요한 상호 작용을 하고 있는 것입니다. 아이들과 그때그때 하는 평상시의 대화로 당신은 아이들에게 이 세상과 자기 자신에 대해 가르치고 있습니다. 부모들은 아이들이 그 날 있었던 일들에 대해 설명하고 작은 좌절감이나 혼란스러웠던 감정을 해결할 수 있도록 도와줍니다. 또한 부모들은 어느 정도의 정보는 넣어주고, 가령 공포영화나 TV에 나오는 저녁 뉴스와 같은 어린 아이가 감당할 수 없는 것들은 막아주는 '필터' 역할도 합니다. 그 결과, 아이들은 자기 자신의 가치와 재능을 깨달을 수 있게 됩니다.

아이들과 소통하는 것만으로 우리는 의식적으로 노력하지 않고도 아이들의 생각하는 방법과 기술 또한 향상시켜 줍니다. 대화 속에서 부모들은 자연스럽게 아이들이 하루 일과를 작은 일화들로 이야기할 수 있도록 이끌어 줍니다. 이렇게 함으로써 아이들이 자신의 삶에 대한 이야기를 재구성해서 설명할 수 있도록 도와주는데, 이러한 놀이는 앞으로 학교 교육에서 기대하게 될 매우 가치 있는 기술입니다. "무슨 일이 있었는가?"를 설명하는 것은 아이의 기억력을 단련시키고 일상의 사건들 속에서 '대본'을 찾아볼 수 있게끔 돕습니다. 또한 아이들이 경험을 이해하고 표현할 수 있도록 돕습니다. 다시 말하자면, 일종의 놀이를 통해 생각하고 배우며, 어휘력을 높여가는 것입니다.

캐시 허쉬 파섹Kathy Hirsh-Pasek의 연구 결과에 따르면, 부모들에 의해 놀이와 발견에 중점을 두는 전통적인 유치원이 아닌 '학구적인' 유치원에 보내어지는 아이들에게 장기적은 물론이고, 단기적으로도 교육상의 이점이 없다고 합니다. 그들이 초등학교 일학년이 된 무렵, 학구적 교육을 받은 아이들과 전혀 받지 않은 아이들 사이의 지적 능력 차이를 연구 상으로 구분할 수 없었습니다. 단, 한가지의 다른 점이 있기는 했습니다. 학구적인 환경 속에 있었던 아이들이 그렇지 않았던 그룹의 아이들에 비해 더 불안해하고 덜 창의적이라는 것입니다. 또 다른 연구는 단도직입적 교육을 강조하는 유치원의 아이들이 아이 중심적 학습법으로 접근하는 유치원의 아이들에 비해 스트레스가 크다는 사실을 발견했습니다.[29] 어째서일까요? 어쩌면 노는 경험을 빼앗겼기 때문일지도 모릅니다. 어쩌면 무작위한 것들을 외우도록 강요받았기 때문일지도 모릅니다. 이 두 가지의 공통적인 점은, 준비가 안 된 상태에서 아이들이 공부에 대한 스트레스를 받으면 그들은 이미 실패자가 되어버린다는 것입니다.

이 책을 통해 우리는 아이들을 돌보는 어른들이 학업 성취의 숭배로부터 벗어나기를 바랍니다. 우리의 목표는 부모들, 신생님들, 그리고 정책 입안자들에게 일반적인 용어로 설명이 가능한 일련의 개념들을 제시하는 것입니다. 그리하여 그들이 아이들 교육에 관한 중요한 문제점들을 더 의미 있는 방향으로 토의할 수 있기를 바랍니다. 또한 아이들의 수용능력에 관해 엄청난 기대를 하게 되는 강력한 유행에 대항하여, 갈수록 더 어린 나이에 더 많은 것을 달성하도록 아이들을 독촉해야 할 것만 같은 의무감의 거센 파도에 맞서 헤엄치게 하는 것입니다.

이러한 지식으로 무장하고 나면, 그들은 그제야 아이들의 재능과 자연스러운 학습 패턴을 조화시킬 수 있게 되고 아이들이 독립된 정보들만 외우는 것이 아니라 진정한 지식을 쌓아올릴 수 있도록 지도를 할 수 있는 기회를 매일 찾아낼 수 있을 것입니다.

새로운 육아 주문 : 깊이 생각하기REFLECT, 참아내기RESIST, 다시 중심잡기RE-CENTER

우리는 부모들, 교육자들, 그리고 정책 입안자들이 육아에 관한 무서운 소용돌이 같은 조언들을 이겨내게 해주고 그들을 안전하게 인도해줄 주문이 필요하다는 것에 동의합니다. 그들은 우리가 옹호하고 있는 균형을 이루게 할 방법이 필요합니다. 하나의 방법을 우리는 새로운 '알파벳 R로 시작하는 세 가지 단어Three R's'로 시작해보기를 권유합니다. 그것은 바로 깊이 생각하기Reflect, 참아내기Resist, 다시 중심잡기Re-center입니다. 방법은 다음과 같습니다.

다음에 당신이 육아 잡지에서 자극적인 제목을 접하거나, 아니면 모임에서나 토크쇼에서 유아 발달에 관한 가장 최신 정보에 대해 듣는다면, 극도로 흥분하여 연필을 움켜쥐고 당신이 무엇을 바꿔야 하는지, 어디에 가서 무엇을 사야 하는지, 아니면 바쁜 스케줄이나 활동 계획에 무엇을 끼워 맞춰야 하는지에 대해 황급히 메모를 하는 행동을 중단해야 합니다. 그 대신 시간을 갖고 다음과 같이 해봅시다.

깊이 생각하기Reflect : 대중 매체들이 불어대는 피리 소리에 뛰어들어 장단을 맞추는 것이 당신이 해야 하는 일인지, 그리고 현대 문화가 부모들에게 짊어지게 하는 스트레스를 당신 삶에서도 끝없이 계속되게 하는 것은 아닌지 잘 생각해보십시오. 자신에게 이렇게 물어보십시오. "이 경험/수업/훈련/활동들이 내 아이의 어디에도 구속되지 않아야 할 놀이시간을 더욱 감소시키고, 억지로 발을 질질 끌며 차에 타고 내리고, 돈을 지불해야 하는, 그럴만한 가치가 있는 것인가?" 가끔씩은 이렇게 곰곰이 생각해보는 것이 다음 단계인 참아내기Resist로 이끌어줄 수 있을 것입니다.

참아내기Resist : 이 단계에서의 '참아냄'은 대담하고 용감해야 하는 멋진 행동입니다. 이는 열광하는 무리 속에 휩쓸려가는 자기 자신을 구원하는 것을 말합니다. 또한 다시 시간을 천천히 흐르게 하는 것을 뜻합니다. 그것은 낸시 레이건Nancy Reagan이 주장한 "딱 잘라 '아니오'라고 말하세요."* 를 행동에 옮기는 것을 뜻합니다. 그리고 이렇게 저항할 때에는, 이 책에 제시되어 있는 과학적 근거를 바탕으로 하길 바랍니다. 이 근거들은 우리에게 '모자라는 것이 더 나을 수 있다 less can be more'는 것을 알려줍니다. 아

---

* Nancy Reagan: 미국 40대 대통령 로널드 레이건(Ronald Reagan)의 영부인으로, 마약 퇴치 캠페인의 슬로건으로 "just say 'no'"를 사용하였다. −옮긴이

이들을 '성인화'시키고 가속화 시키는 것은 바람직한 선택도 아닐 뿐더러, 아이들의 자유까지 앗아가는 것이라는 것을 알려줍니다. 행복하고, 정서적으로 안정되고, 그리고 영리하기 위해서 우리의 아이들은 모든 수업을 다 참석하지 않아도 되고 모두 다 교육용 장난감을 소유하고 있지 않아도 된다는 것을 알려줍니다. 그럼에도 불구하고, 우리는 참아내는 것이 처음에는 당신에게 죄책감을 느끼게 할 것이라는 것을 알고 있습니다. 바로 그렇기 때문에 당신은 다음의 단계를 거쳐야 합니다.

다시 중심잡기Re-center : 다시 중심을 잡는다는 것은, 자기 자신이 내린 결정, 즉 어린 시절의 진정한 핵심은 놀이이며 학구적인 공부가 아니라는 것에 대해 확신을 갖고 자신을 안심 시키는 것을 뜻합니다. 결국, 아이들이 배움을 얻을 수 있는 최고의 방법은 놀이를 통해서입니다. 처음에는 당신이 내린 결정이 어느 정도의 죄책감과 불안감을 준다고 하더라도, 당신은 이것이 자식을 위한 최선의 방법이라는 것을 알 것입니다. 다시 중심을 찾는 가장 좋은 방법은 아이와 함께 놀아주는 것입니다. 당신이 놀이에 참여하고 아이의 시야를 넓히는 것을 도울 때 기쁨과 흥분으로 가득 찬 아이의 얼굴을 보게 될 것입니다.

깊이 생각하고 참아내고 다시 중심을 잡는 능력이 바로 이 책을 읽은 성과일 것입니다. 이러한 새로운 방법은 당신이 흔히 다른 부모들이나 전문가들을 위한 책들에서 찾아볼 수 있는 것과는 무언가 다른, 이 글을 쓰고 있는 우리가 입증할 수 있는 '육아'라고 일컫는 바로 그것입니다. 이렇게 입증할 수 있는 육아는 당신과 당신의 아이들을 자동차에 태워 모든 수업활동 하나하나에 달려가는 일로부터 해방시켜줍니다. 아이들이 어떠한 방법을 통해 배움을 얻는지를 발견한 '과학'으로부터 나온 이 수단은,

당신이 자신과 아이들에게 무엇이 최선의 길인지 직접 결정할 수 있도록 당신을 자유롭게 해줄 것입니다.

우리가 골칫거리들을 안고 있는 부모들에게 전할 희소식은 이것입니다. 아이들은 당연히 부모와 소통하는 시간을 가져야만 합니다(선생님들과 보육 전문가들과도 마찬가지입니다). 연구 결과는 "일상에서 일어나는 의미 있는 사건들 안에서 어른과 아이의 상호 작용이 정상적으로 이루어졌을 때 아이의 지능이 눈을 뜬다." 는 것을 나타내고 있습니다. 하지만 현대의 부모들은 아이들에게 필요한 발달 단계의 언저리까지만 손쉽게 도달하게 하는, 하지만 결코 그 이상은 뛰어넘게 할 수 없는 수업들을 통해 그릇된 자만으로 가득 찬 학생들을 양성해 낼 뿐입니다. 놀기 좋은 환경과 자연적인 학습의 기회들이야말로 아이들의 행복과 건강한 감성과 총명한 두뇌를 약속해 주고, 만족감으로 충만한 부모가 되게 해 주는 열쇠입니다.

당신이 책장을 넘기며 발견하게 될 것들

이 책에서 우리는 당신에게 과학적 조사 결과들을 바탕으로 한, 실질적이고 습관적으로 행할 수 있는 제안들을 합니다. 예를 들자면 이런 육아의 이론들이 정말 맞는지를 확인하기 위해 당신이 아이와 함께 하는 게임이나 실험들 속에서 어떤 면을 주목하고 관찰해야 하는지와 같은 것이 될 것입니다. 당신은 우리가 자주 사용하는 '가상의 일화'에 참여하고 있다는 것을 발견하게 될 지도 모릅니다. 왜냐하면 이러한 일들은 우리 자신, 우리의 친구들, 그리고 우리가 관찰해온 사람들의 삶에서 일어나는 흔히 있을 수 있는 사건들의 재구성이기 때문입니다. 따라서 당신이 만약 어떤 글을 읽으면서 옆집에 사는 이웃에 대한 이야기라는 생각이 들어 "내가 아는 사람들의 이야기군!"이라고 말하는 자신을 발견한다 해도, 그것은 단지 우리들의 삶의 모습이 비슷한 행태를 띄기 때문인 것입니다.

'학습찬스'라는 섹션에서 우리는 일상 속의 평범한 경험들이 어떻게 배움의 기회를 주는지를 알아봅니다. '숨은 재능 확인하기'라는 다른 섹션은 당신을 가정을 연구하는 연구자가 되게 하여 아이들의 놀라운 소질들을 재발견할 수 있게 해줍니다. 우리가 우리 아이들의 행동을 관찰하는 더 좋은 관찰자가 되고 나면, 우리는 언제 아이들이 우리의 가르침으로부터 가장 많은 이익을 얻을 수 있는지 알 수 있게 됩니다. 각 장은 재미있고 비용이 많이 들지 않는 활동들과, 부모와 선생님과 아이에게 이미 지나치게 지워져 있던 불필요한 스트레스를 덜어줌과 동시에 아이들의 발달을 촉진하는 체험적인 생각의 주제들을 제안할 것입니다.

읽고 쓰기, 혹은 산술능력과 같은 하나하나의 재능에 대해 설명하는 단원들은, 아이가 한 어떠한 행동으로 인해 당신이 특정 단원을 읽어야 될 필요를 느낀다면, 해당되는 단원을 중심으로 읽어나가면 될 것입니다. 하지만 모든 단원들은 이 책의 중심적인 주제인 '놀이'에 초점을 맞춘 제 9장으로 집약이 됩니다. 놀이는 곧 배움이며, 놀이를 통하여 우리는 아이들에게 온전한 어린 시절을 누리게 할 수 있습니다. 마지막 장은 이 모든 내용을 요약하고, 육아 스트레스를 받는 현대의 부모들에게 살아가면서 지켜야 할 수칙과 같은 형식의 해답을 줄 것입니다.

이 모든 것이 어떻게 이루어질까요? 기초단계의 산수 능력 학습을 예로 들어 봅시다. 새로운 교육 기술들 중 많은 수가 TV나 컴퓨터를 이용할 것을 권장합니다. 갓난아기를 위한 동영상들과 유치원생들을 대화식으로 산수 게임에 끌어들이면서 동시에 컴퓨터에 대해 가르쳐주는 수많은 컴퓨터 게임이 있습니다. 그렇지만 수많은 연구에 따르면, 숫자를 배우는 최고의 방법은 사물을 만지고 느끼며 배우는 것이라고 합니다. 쌓아 올린 블록들 위에 또 하나의 블록을 얹으며 무너지기 전까지 몇 개를 더 쌓아 올릴 수 있는지 관찰하는 것이 바로 수학입니다. 'War'와 같은 카드게임*을 하는 것도 더할 나위 없이 좋은 수학 교육의 방법입니다. 반드시 '교육적'이어야 한다는 걱정은 버리십시오. 수학에 관한 흥미는 매우 중요한 요인이며, 이를 따라가다 보면, 당신과의 놀이는 아이들의 수학적 학습과 호기심을 불러일으킬 것입니다.

이 책은 당신의 세상을 보는 관점 또한 변하게 할 것입니다. 당신이 바라보는 어떠한 것에도 배움의 기회가 있습니다. 건물에서 직사각형을 볼 수 있고 도로 표지판에서 다각형들을 찾을 수 있듯이, 숫자는 삶의 모든 곳에서 나타납니다. 우리가 감자튀김을 아이들과 똑같이 나누었을 때나 식탁 위에 모두가 먹을 수 있을 만큼 충분한 양의 케이크가 남아있는지를 확인할 때, 우리는 수학을 하고 있습니다. 식탁에 앉은 한 사람 한 사람을 위해 냅킨을 배치할 때, 우리는 '1대 1의 대응'을 하고 있는 것입니다. 책을 제자리에 꽂아놓을 때, 우리는 종류에 따라 분류하고 있습니다. 아이들이 세상을 보는 방법으로 우리도 세상을 인지할 필요가 있습니다. 자연스러운 기회들을 포착하여 아이들의 학습을 도와야 합니다.

우리가 사교적인 기회, 그리고 학습의 기회들을 찾아내는 것처럼 이 세상을 성숙하게 받아들인다면, 우리는 아이들의 성장을 도울 것입니다.

유아에게 암기카드를 사용하고 영아에게 모차르트를 강요하는 것과 같은 지나친 행태들은 비디오테이프를 재생시키지 않고 빠르게 앞으로 감는 것과 다를 바 없습니다. 아이들을 빠르게 감는다는 것은 그들의 배우고 싶은 자연적인 욕망을 잃게 하는 반면, 불안하고, 우울하고, 불행한 아

---

* 두 사람이 포커카드로 하는 게임. 카드를 나눠가진 후 한 장씩 카드를 뒤집어 높은 수가 나오는 사람이 뒤집은 카드들을 가지는 게임으로, 모든 카드를 가지면 이기는 게임. 특별한 전략을 필요로 하지 않는 아동용 카드게임. ―옮긴이

이가 되게 할 위험을 높이는 것을 뜻합니다.

어린 시절은 오로지 발견하는 시기입니다. 아이들이 자신과 자신의 능력에 대해 배우는 때입니다. 이 발견들은 잘 짜인 수업 내용 중에도 없고, TV 안이나 컴퓨터 화면에서도 이루어지지 않습니다.

우리가 여러분을 위해 이 책 속에 모아놓은 이 지식들은 수천 명의 과학자들이 공동 연구를 한 것입니다. 이 분들은 당신의 아이들이 자라는 이 세상을 더 좋은 곳으로 만들기 위해 인생을 바쳐왔습니다. 당신 아이가 더 축복받고 미래의 아인슈타인이 되기 위해서 당신은 덜 고민해야 한다는 것을 우리는 하나 된 목소리로 강력히 권고합니다. 당신은 우리가 알게 된 것들을 즐겁게 배울 수 있을 것입니다. 이 지식은 당신으로 하여금 아이들의 어린 시절을 되찾을 수 있게 해줄 것이고, 동시에 지적이고, 행복하고, 건강한 감성을 지닌 성인이 될 준비를 갖추게 해줄 것입니다.

2 장

머리 좋은 아기

아기들은 배울 준비를
어떻게 하는가?

"이건 사실이야," 마르다[Martha]가 설명합니다. "모든 제품에 그렇게 쓰여 있어. 클래식 음악은 두뇌 발달을 촉진 시킨다구." 해롤드[Herold]가 맞장구를 칩니다. "우리는 모두 자식의 삶에 도움이 되는 것은 뭐든지 누리게 해주고 싶어 하잖아. 만약 아이들의 두뇌 발달을 지금 자극함으로써 이 복잡한 세상을 헤쳐 나갈 수 있게 도움을 줄 수 있다면, 기꺼이 그렇게 하겠어."

해롤드[Herold]와 마르다 구드윈[Martha Goodwin]은 딸 브렌다[Brenda]가 태어난 직후에 두뇌와 음악의 관계에 대하여 배웠습니다. 마르다는 우연히 비디오 가게에서 만화로 그려진 두 명의 아기 천재들이 나와서 자신들이 어떻게 아주 영리해졌는지 설명하는 「아기 천재 : 모차르트와 친구들[Baby Genius: Mozart and Friends]」이라는 비디오를 접했습니다. 이 비디오에서 어린 사내 아이 해리슨[Harrison]은 이렇게 설명합니다. "몇몇 종류의 클래식 음악은 아기의 두뇌를 더 빨리 발달하게 한다고 증명됐어. 이건 과학적인 사실이야. 음악은 아기를 더 영리하게 만들 수가 있다구." 만화속의 또 다른 아이, 사샤[Sasha]라는 어린 여자 아이는, 아기의 두뇌는 세 살이 되면 완전히 발달 되고 그 나이 전에 보고 듣는 모든 것들이 아기의 발달하는 두뇌에 영향을 미친다고 시청자에게 말합니다. 구드윈 부부는 막 임신했을 무렵부터, 이들이 아기의 두뇌를 설계하고 구성하는 '건축가'가 되어야 한다는 가르침을 받았습니다.[30]

두 번째 아이를 가졌을 때, 해롤드와 마르다는 함께 소파에 바싹 달라 붙어서 손으로 들어 올릴 수 있는 스피커를 마르다의 배꼽 위에 얹고는 했습니다. 그들은 음악 교육자이자 작가인 돈 캠벨Don Campbell이 내놓은 CD와 24페이지의 책, 『사랑에 관한 음악, 클래식 음악, 그리고 당신과 당신의 태어나지 않은 아이의 유대를 향상시키기 위한 창의적인 연습Love Chord, Classical Music, and Creative Exercise to Enhance the Bond with Your Unborn Child』을 이용했습니다. 그들은 이제 캠벨의 『아이들을 위한 모차르트 효과: 긴장을 풀고, 상상을 하고, 그림을 그려라The Mozart Effect for Children: Relax, Daydream, and Draw』를 포함하여, 아기들과 어린이들을 겨냥한 6개로 구성된 새로운 클래식 음악 CD를 이용합니다. 구드윈 부부는 마르다가 임신 초기였을 때 이러한 육아 지식에 대해 모르고 있었던 탓에 태아기 교육 단계를 빼먹어버린 그들의 첫 아기인 브렌다에 대해 걱정하고 있었습니다.

캠벨은 자신의 책에서 독자에게 이런 질문을 합니다. "음악이 여러분의 아이를 더 영리하게 만들 수 있을까요?" 그리고는 대답합니다. "확실히 음악은 아기 두뇌의 신경단위 연결 수를 늘릴 수 있고, 그럼으로써 언어 능력을 북돋아…" 또한 이렇게 주장합니다. "최신 연구에 의하면, 태아에게 음악을 들려주는 실험 프로그램에 참여한 엄마들의 아기는 시각적 탐지 능력, 눈과 손의 협조적 움직임, 그리고 다른 긍정적인 행동 발달이 빠르다는 것을 알아내었습니다."[31] 이런 문구들로 인해, 구드윈 부부가 더 나은 아이의 두뇌를 만드는데 있어서 모차르트 음악을 트는 것이 절대적으로 필요하다고 믿는 것은 어쩌면 당연합니다.

하지만 정녕 모차르트를 듣는 것이 인간을 더욱 영리하게 만들어 줄까요? 더 높은 IQ로 살아갈 준비를 시켜줄까요? 과학적 증거는 다음과 같은 명확한 답을 제시합니다. "결코 그렇지 않습니다. 클래식 음악을 일찍 듣는다고 해서 당신이 원하는 식으로 아이들을 더 영리할 수 있게 두뇌를 발달시키지 않습니다." 도대체 왜 누군가는 이렇게 믿고 있었던 것일까요? 여기에는 흥미로운 사연이 있습니다.

모차르트 효과Mozart Effect라는 것에 대한 역사는 위스콘신 대학University of Wisconsin의 오시코시Oshkosh캠퍼스에서 프랜시스 로스쳐Francis Rauscher교수와 그녀의 동료들이 실시한 한 연구 결과가 1993년에 출간되면서 시작되었습니다.[32] 연구에 따르면 10분간 모차르트 소나타를 들은 후에 대학생들이 지능을 요구하는 테스트 중 하나에서 차도를 보였다고 합니다. 로스쳐 교수는 그녀의 학생들 중 79명을 실험에 참가하게 하였습니다. 그녀는 스탠포드 비넷식Stanford-Binet 지능 검사법 중의 작은 일부를 학생들이 모차르트를 듣기 전과 후에 테스트해 보았습니다. 그들은 이러한 '공간적 추리 작업'을 단 몇 분 만에 완료했습니다.

시험지에 지폐의 윤곽이 그려져 있는 것을 상상해 보십시오. 두 번째 윤곽에서 지폐는 반으로 접혀있어 정사각형이 되었습니다. 세 번째 윤곽에서는 아래쪽 두 모서리가 접혔기 때문에 이제는 남자 넥타이의 끝부분처럼 보입니다. 시험 문제는 당신이 다시 한 번 이 지폐를 접으면 어떠한 모양이 될지에 대해서 묻고, 선택할 수 있도록 다섯 개의 도형을 보여줍니다. 이 종이 접기 작업은 당신의 '공간적 추리 능력'을 시험합니다. 로스쳐 교수는 그녀의 학생들이 D Major, K 448로 두 대의 피아노가 연주한 모차르트 소나타를 8분 24초 동안 경청한 직후에 같은 시험에서 9~10점이 높은 점수를 획득한 것을 발견했습니다. 이 효과는 겨우 10분에서 15분 동안만 지속되었습니다. 하지만 변화가 있긴 있었던 것입니다. 모차르트를 듣고 10분이라는 시간 내에 지능 검사의 한 부분에서 공간적 추리 능력이 향상되었던 것입니다. 로스쳐 교수는 연구팀의 조심스러운 발견이 왜곡되는 일이 없도록 주의했습니다. 그러나 매스미디어는 이 연구 결과를 포착하였고, 모차르트 효과라는 신조어와 빨리 영리해지는 방법이라는 개념을 만들어 날아올랐습니다. 로스쳐 교수는 이 실험을 몇 번이나 실행했고, 매번 모차르트를 들은 그룹이 아무것도 듣지 않았던 그룹보다 실력이 좋았습니다.

흥미롭게 들리는 것은 사실입니다. 하지만 이 실험의 발견은 1999년에 공식적으로 논박되었습니다. 네이쳐Nature와 심리 과학Psychological Science이라는 두 개의 일류 과학 정기 간행물 논고의 저자들은 로스쳐 교수의 발견을 재현할 수가 없었습니다.[33] 모차르트를 듣는 것이 아무것도 안 듣거나 필립 글래스Philip Glass의 음악(다소 비선율적이며 반복적인 음악)들을 듣는 것보다는 듣는 사람의 기분에 영향을 미칠 수는 있겠지만, 전체적인 IQ에는 영향을 주지 못한다는 것입니다. 로이스 헤트랜드Lois Hetland교수의 유명한 한 논문에, 하버드Harvard대학의 프로젝트 제로Project Zero에서 성인 4,564명의 참가자들을 대상으로 67번의 모차르트 효과 실험을 실시하였습니다. 그녀는 매우 제한된 부분의 공간적 능력 (종이 접기 과제)에서 단 몇 명 정도가 일시적인 모차르트 효과를 보였다고 기록하였습니다. 그렇지만 그녀는 다음과 같이 결론지었습니다. "음악에 의한 성인들의 공간과 시간상의 능력의 일시적 향상 효과는, 아이들을 클래식 음악에 노출시키는 것이 그들의 지적 능력이나 학구적 성취 능력, 심지어는 장기적인 공간적 추리 능력을 끌어올린다는 결론을 끌어내지 않습니다."

그렇다면 우리는 어떻게, 아무리 잘 보아주려 해도 별로 신통치 않은 이 모차르트 효과의 연구 결과로부터 뇌세포가 자극되기 위해서는 모든 아기들이 클래식 음악의 선율에 경청해야 한다는 믿음을 얻게 되었을까요? 이제 곧 읽게 되겠지만, 모차르트 효과는 더 나은 두뇌를 만들기 위한 더욱 거대한 신화적인 믿음들의 일부분일 뿐입니다. 이 믿음들은 우리가 사는 사회전체에 침투되어 있습니다.

지금까지의 소문 :
좋은 부모들이 그릇된 믿음들을 접한 경우

두뇌 발달에 대한 무엇보다 중요한 두 가지 믿음은 실질적으로는 오히려 아이들의 양육을 방해하고 있는지도 모릅니다. **첫 번째 믿음은 부모들은 자식의 지성과 소질을 잘 반죽하여 조각할 책임이 있는 두뇌 조각가라는 것입니다.** 부모들은, 실제로 몇 백만 년의 진화에 의해 프로그램 된 아이들의 두뇌 발달이 단지 한 세대 안에 자신이 마련해주는 특정 교육을 통하여 바뀔 수 있다는 이야기를 듣습니다. 마치 두뇌가 자연과 신에 의해 창조된 총체적인 계획을 따르는 하나의 기관이라기보다 오히려 몇 덩어리의 찰흙에 가까운 것처럼 말입니다. 이 믿음은 우리 아이들이 얼마나 영리해지는가는 오로지 부모에게만 달렸다고 납득 시킵니다.

구드윈 부부를 잡고 있는 또 다른 믿음은 **과학적 연구가 더 나은 두뇌를 만들기 위한 설계도를 우리에게 제시한다는 것입니다.** 과학에 사로잡혀 있는 현대 문화에서, 우리는 두뇌 작용에 대한 아주 작은 증거들을 모아, 인간들의 습성이 보이는 무수한 성향들을 추정하여 설명합니다. 단 하나의 문제가 있다면, 매우 제한적인 연구 결과들을 광범위한 현상들에 적용시킬 수 있는 근거가 없다는 것입니다.

우리는 예전에도 이러한 두뇌에 관한 믿음들을 몇 가지 들은 적이 있습니다. 우리의 우측 뇌보다 좌측 뇌가 더 발달했는지, 혹은 그 반대인지에 대한 연구 조사를 기억하십니까? 몇 십 년 전에 과학은 특정 기능에 한해서 뇌가 오른쪽 보다는 왼쪽을 더 쓰는 것으로 보인다는 것을 알리기 시작했습니다. 하지만 과학자들이 더 깊이 연구한 결과, 한쪽 뇌에 중심적으로 작용하는 것으로 보이던 기능들이 사실은 다른 한쪽과의 상호 작용에 달려있었다는 것을 발견했습니다. 따라서, 우리는 우뇌형 인간도 좌뇌형 인간도 아닌, 양쪽 다인 것입니다. 우리가 하는 모든 행동은 양쪽을 다 이용하는 것입니다.

어떻게 알 수 있을까요? 많은 뇌반구에 대한 연구는 인간이 어떻게 언어를 배우는가를 이해하기 위해 집중되어 있습니다. 갓난아이는 태어나서부터 주변의 대화를 들으며 소리를 낼 준비를 하는데, 이때 우뇌보다 좌뇌에 더욱 큰 전기적인 두뇌 활동을 보이며 뇌의 기능적인 분화가 시작됩니다. 그럼에도 불구하고, 언어와 문법이 대부분의 사람들의 좌뇌에 집중되는 반면, 은유나 유머를 이해하는 것은 우뇌를 필요로 합니다. 미디어는 관련 산업들을 위해 이 복잡한 발견들을 단지 좌뇌는 '논리적'이고 우뇌는 '창의적'이라는 주장으로 바꿔놓았고, 부모들은 이러한 여론조작의 피해자들이 된 것입니다.

성실한 부모로서, 구드윈 부부는 가장 최근의 집중적인 연구로부터 온 과학적 결과로서 아기에게 인생의 '결정적인' 첫 해에 클래식 음악을 틀어주는 것이 최고의 출발점을 선사하는 것이라고 믿고 있습니다. 만약 그렇게 하지 않는다면, 그들은 자식의 지능 발달을 영원히 손상시킬지도 모른다고 생각합니다.

헤롤드와 마르다는 이 신화적인 믿음을 성실히 받아들였습니다. 그들은 좋은 부모들이기 때문이죠.. 그들은 아기 용품 가게에서 상품 포장을 읽어보는 것뿐만 아니라 우리의 가속화 된 사회에 존재하는 과대광고들에 둘러싸여 살고 있습니다.

과대 광고의 유래

거의 모든 소위 앞서간다는 사람들이 유년기의 조기 교육의 중요성을 강조하고 있는 가운데 우리들이 마음 놓고 있기란 쉽지 않은 일입니다. 1996년, 조기 유아 발달과 학습에 관한 백악관 회의에서 힐러리 클린턴은 조기 교육이 두뇌의 발달에 있어서 매우 절박한 일이라고 주장했습니다. "어린 아이의 조기 경험들, 부모나 돌보는 사람들과의 관계, 보이는 것들과 소리와 냄새와 느낌들과의 만남, 반드시 만나게 될 시련들과 같은 것들을 통해 그들의 두뇌는 형성됩니다."

정치인들은 교육적 지출에 관한 캠페인을 지지해야 했으므로, 빠른 속도로 발달하는 유아들의 두뇌를 위한 '결정적인 시기'에 나타나는 제한된 '기회의 창'에 대해 이야기하는 연구원들을 끌어 모았습니다. 백악관에서 열린 조기 경험에 관한 한 회의에서 양전자 방사 단층 촬영 스캔PET을 이용한 두뇌 발달에 관한 최초의 연구들 중 몇 가지를 출간한 미시간 대학University of Michigan의 연구원 해리 츄가니 박사Harry Chugani, MD는 유아의 조기 경험에 관해 다음과 같은 이야기를 했습니다. "영유아기의 시기에, 아이의 두뇌가 어떻게 형성될 지 결정하는 특별한 기회가 있습니다."[34] 그는 몇 가지의 '결정적인 시기', 또는 두뇌 발달에 특정 자극이 반드시 필요한 시기에 대해 설명하였습니다. "두 살은 시력의 결정적인 시기입니다. 만약 아이에게 지독한 백내장이 있는데 그것이 두 살 즈음이 되기 전에 제거되지 않는다면 너무 늦습니다. 시각피질*은 다른 기능에 할당될 것이고 백내장이 나중에 제거된다고 하더라도 아이는 앞을 보지 못하게 될 것입니다."

---

* 대뇌피질 내에서 직접 시각 정보처리에 관여하는 후두엽에 위치하는 영역 -옮긴이

츄가니 박사는 "습관적인 두뇌 사용으로 인해 특정 단계에까지 이른 뇌신경다발들은 튼튼하게 형성이 되는 반면, 그렇지 못한 부분들은 더 연약해져서 손상되기 쉬울 것입니다. 따라서 영유아기야말로 두뇌가 어떻게 형성될 것인지 결정할 수 있는 유일한 기회인 것입니다."라고 주장했습니다. 그는 인간의 많은 기능들이 발달하는 시점이 특정 기간에 집중되어 있다는 주장으로, 두뇌를 조직해내는 인간의 능력에 대한 양극단의 그림을 그렸습니다.

그러나 교육적 소비를 위해 과학상의 이론적 해석들을 찾아내고, 구드윈 부부와 같은 부모들을 잘못 인도하는 이들은 단지 정책 입안가들 뿐만은 아니었습니다.

아기 용품 마켓의 경영자들은 아기의 두뇌를 관리해야 할 필요성에 대한 광고를 이용해서 부모들을 맹목적으로 만들 수 있다는 것을 알게 됐습니다. 『똑똑한 아이로 키워라』와 같은 육아 잡지Parents 표지가 등장하면서, 바쁜 부모들을 위해 '모든 아기들에게 5분만 투자하면 되는 두뇌발달 방법'을 제안했습니다. 물론 매스미디어의 목적은 정확히 고발하자면 우리들의 관심을 끌어 더 많은 구매를 하게 만드는 것이었습니다. 연구가 대중지에 소개될 때, 종종 첫 해가 더 중요하다는 급박감을 느끼게 하여 우리로 하여금 더 많은 잡지를 사게 합니다. 이를테면 뉴스위크Newsweek 잡지의 한 기사는 아기 두뇌의 신경단위를 어떤 부분은 이미 내장되어 있고 또 어떤 부분은 아직 소프트웨어를 로드 하지 않은 컴퓨터 칩에 비유했습니다.[35] 그 다음에 이 '비어있는' 신경단위에 대해 추측하기를, "만약 신경단위가 사용되고 나면, 그것들은 다른 신경 단위들과 이어짐으로써 두뇌회로와 통합됩니다. **만약 사용되지 않는다면, 그 신경세포들은 죽을 수 있습니다.** (부모 독자들이 이 문구를 접했을 때 급격한 불안감으로 강력히 흔들리게 하는 말들을 이용한 역설이 추가되어 있습니다!) 어떻게 두뇌 회로를 배선할지, 어느 신경단위가 사용될 지를 결정하는 것은 영유아시절의 경험들입니다. 어느 키보드 버튼을 누르는지에 따라, 즉 아이가 어떤 경험을 가지고 있는지에 따라 아이가 똑똑하게 자랄 것인지 둔하게 자랄 것인지가 결정됩니다."라고 기재하였습니다.

이러한 발표들은 부모들에게 어마어마한 스트레스를 줍니다. 자연히, 그들은 이제 자식의 두뇌에 발생하고 있는 결정적인 발달과정의 프로그래머가 되어야 한다는 사실을 깨닫고 당황하게 됩니다. 부모들이 이렇게 복잡하고 연약한 아기 두뇌 시스템에 대해 무엇을 해야 할지 어떻게 알 수 있을까요? 당연히 육아 마케팅은 매우 기쁜 마음으로 답변들을 제공합니다. 장난감, 게임, 수업 과정, 학습 용품, 이야기 동화와 유아식에 이르는 거의 모든 제품들이 아기의 두뇌 발달을 돕도록 '과학적'으로 디자인되어 있는 것처럼 보입니다.

하지만 고맙게도, 증거들을 자세히 살펴보면, 부모들이 너무 지나친 부담을 갖지 않아도 될 듯합니다. 나중에 더 이야기하겠지만, 몇 백만 년의 진화는 혼자의 힘으로 배우기를 좋아하는 아이들을 만들어 냈습니다. 이것이 바로 자연이 우리의 생존을 보장해 준 방법입니다. 인류는 지식이라는 나무로부터 열매를 먹어왔고, 계속해서 맛있는 열매를 찾아 먹으려고 합니다. 이건 태어나면서부터 가지고 있는 본능입니다. 즉, 강제로 먹일 필요가 없다는 것입니다. 극도로 고립되어 있거나 지나치게 가난하지 않은 이상, 가족과 아이들이 있는 자연스러운 일상적인 환경이야말로 튼튼한 두뇌 발달을 진전시킵니다. 자신들과의 시간을 즐기고, 함께 놀아주고, 현재의 환경을 탐구할 때 지도와 제안을 해주는 애정 깊은 부모를 둔 아이들은 건강하고, 정서적으로 안정되며, 심리적으로 진보되는 것입니다.

우리의 연구 결과를 같이 나누어 봅시다. 그러면 당신이 왜 안심하고 두뇌 설계는 자연에 맡겨둔 채 당신의 아기와 놀아도 되는지 이해하게 될 것입니다. 우리들의 이야기가 전개되면서 당신은 아기들을 '교육'시키기 위해 힘들게 모은 돈을 쓰지 않아도 된다는 것을 알게 될 것입니다.

두뇌의 발달과정 : 기본 원리

과대광고로부터 자신을 보호할 최고의 방법은 두뇌와 그 기능들에 대한 지식을 갖는 것입니다. 이것을 여행에 비유해 설명하기 위해서, 우리가 마치 우주 왕복선을 타고 지구 둘레를 선회하듯이 두뇌 주변을 둘러본다고 상상을 해 봅시다. 이렇게 함으로써 우리는 두뇌가 생각하는 방식의 여러 측면들과 연관된 주요 구조를 관찰할 수 있을 것입니다. 우리는 특히 우리의 두뇌 전체를 둘러싼, 거의 두뇌의 80% 가량의 용량을 차지하는 대뇌 피질이라 불리는 거대한 대륙에 대해 흥미를 갖게 될 것입니다. 조기 교육에 관한 대부분의 연구들이 본질적으로는 회백질인 이 두뇌의 표피층에 초점을 맞추고 있습니다. 이곳은 마치 하나의 대륙이 네 개의 국가로 나뉘어져 있는 것과 같습니다. 자율적인 움직임과 생각에 영향을 미치는 전두엽, 시각의 후두엽, 청각의 측두엽, 그리고 촉감과 같은 육체의 감각을 전달하는 두정엽이 그것들입니다.

지구가 동반구와 서반구로 나뉘어져 있는 것과 같이, 대뇌 피질도 좌뇌와 우뇌로 나뉘어져 있습니다. 뇌기능의 편재화偏在化, Lateralization라는 전문어는 좌뇌, 또는 우뇌가 특정기능에 전문적인 역할을 하는 것을 말합니다. 예를 들어, 대부분의 사람들의 언어와 문법은 좌뇌에 집중되어 있는 경향이 있습니다.

더 자세한 관찰을 위해 두뇌 속으로 접근해서, 신경계의 배선 연결을 하고 정보 전달을 담당하고 있는 800억 개의 신경 세포들 중 하나인 신경

단위세포, 뉴런^{Neuron} 위에 가볍게 착륙해봅시다. 뉴런은 1000억 개의 글리아^{神經膠,glial}세포들로부터 영양분을 공급받고, 활동 제어를 받는 등의 도움을 받습니다. 뉴런은 대륙 위에 흐르는 강물과도 닮아서, 사람들과 뱃짐들을 한 지역에서 다른 지역으로 실어 나를 수 있게 합니다. 즉, 두뇌 속 각각의 뉴런들이 정보를 실어 나릅니다.

각 신경단위는 세포체로 둘러싸여 있는 작은 세포핵^{Nucleus}으로부터 시작됩니다. 그 세포체에서는 두 종류의 줄기가 뻗어 나오는데, 우리가 탄 우주선의 착륙바퀴가 이 줄기들 중 수상돌기^{Dendrite}라 불리는 몇 개의 줄기와 엉키어버립니다. 들어오는 정보를 수취하는 것이 이들의 기능인데, 이것은 우리를 긴 축색돌기^{Axon}를 통과시켜서 시냅스^{Synaps}들 사이로 내보

■ 두뇌와 각종 엽 ^{lobe}

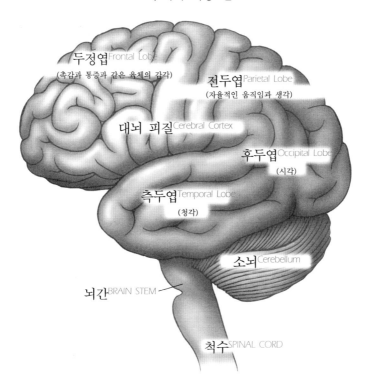

두정엽^{Frontal Lobe}
(촉감과 통증과 같은 육체의 감각)

전두엽^{Parietal Lobe}
(자율적인 움직임과 생각)

대뇌 피질^{Cerebral Cortex}

후두엽^{Occipital Lobe}
(시각)

측두엽^{Temporal Lobe}
(청각)

소뇌^{Cerebellum}

뇌간^{BRAIN STEM}

척수^{SPINAL CORD}

내고, 그 다음 차례로 엉키어 있는 수상돌기에 도착하기까지 우리가 무엇을 전달하고 있는지 충분히 파악하고 싶어 합니다. 마치 보안 검사를 받는 것과도 같은 것입니다.

우리 우주선이 자장가 "자장자장 우리아가"를 화물처럼 운송하고 있다고 상상해봅시다. 우리는 보안 검사를 마치고 번개 같은 속도로 축색돌기를 따라 쏟아져 나아갑니다. 지방 세포로 이루어져 있는 수초Myelin Sheath는 강둑처럼 수상돌기를 에워싸서, 우리가 시냅스 말단에서 다음 뉴런으로 튕겨나갈 때까지 계속해서 진행할 수 있게 도와줍니다. 그리고는 시냅스Synaps라 불리는 운송구역을 통과하게 됩니다. 다양한 신경 전달 화학 물질

■ 신경단위Neuron의 정보 처리 과정

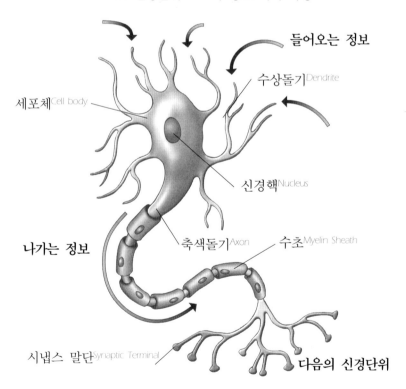

들어오는 정보

수상돌기Dendrite

세포체Cell body

신경핵Nucleus

나가는 정보

축색돌기Axon

수초Myelin Sheath

시냅스 말단Synaptic Terminal

다음의 신경단위

아인슈타인 육아법

들이 우리를 이 구역 위를 지나 다음으로 엉키어 있는 수상돌기까지 운반해주고, 그런 식으로 이 구역 전체를 도는 것입니다. 최초의 탐험가들처럼, 우리는 이제 이 자장가를 위한 첫 번째 두뇌 여행을 마쳤습니다. 다음번에 우리가 같은 자장가로 두뇌의 항로를 통과할 때에는, 우리가 이미 하얀 표시들을 남겨뒀기 때문에 우리의 우주선은 조금 더 쉽게 항해할 수 있습니다. 두뇌는 "자장자장 우리아가"를 기억하는 것입니다. 성공! 하지만 이 모든 일들이 어떻게 일어날까요? 그리고 우리는 여행을 계속하는 동안 두뇌 기능에 대해 무엇을 배울 수 있을까요?

두뇌가 크다고 무조건 좋은 것은 아닙니다

버클리Berkely에 있는 캘리포니아 대학University of California의 신경 생물학 교수인 칼라 샷즈Cala Shatz는, 두뇌의 신경 세포를 복잡한 전화기 시스템에 비유합니다.

> …그것은 화학적 신호와 전기적 신호를 결합하여 다른 뇌 세포들과 소통한다. 그리하여 연결이 되었을 때, 전화기 한 대가 울릴 수도, 10,000대가 울릴 수도 있다. 두뇌는 모두 합쳐 백 조(兆)번의 연결보다 더 많은 수의 통신망을 만들어 내야 한다. 더 놀라운 사실은, 우리가 집에 전화했을 때 다른 번호가 아닌 바로 우리 집에 연결이 되도록 접속도가 매우 정확해야 한다는 것이다. 얼마나 복잡한 일인지 설명하자면, 눈 한쪽 당 약 백만 개의 연결 부분이 있고, 각 연결 부분들의 도달 가능한 도착지는 약 2백만 개에 이른다. 그럼에도 불구하고, 100보다 적은 수의 접속이 이 어마어마한 숫자의 도착지 주소들로부터 선택되는데, 이 과정을 '시냅스 형성synaptogenesis'이라고 부른다.[36]

그래서 이 시냅스 형성이라는 것이 뭐가 어떻다는 말일까요? 정책 입안가의 보좌관들은 우리들로 하여금 시냅스^{신경 세포간의 접합부}는 유아기에 빠르고 격렬하게 발달하기 때문에, 그것들을 가능한 한 많이 보유하기를 원하도록 만들고 있습니다. 더 많은 것이, 더 큰 것이 좋습니다. 그렇지 않은가요? 그렇다면 자연은 왜 이 소중한 시냅스 사이의 연결부를 부분적으로 잘라내는 것을 통해 두뇌의 불필요한 부분들을 제거하는 것일까요? 그것은 좌회전을 할지 우회전을 할지 결정하려고 500개의 연결부를 가지고 있는 것은 효율적이지 않기 때문입니다. 두뇌는 빠르고 정확해지기 위해 불필요한 가지를 쳐내고 싶어 합니다.

연결부는 매우 빠르게 형성되기 때문에 아이들이 세 살이 될 무렵에 그들은 그들이 어른이 되었을 때 필요한 양보다 두 배나 더 많은 시냅스를 보유하고 있습니다. 이 수백 조 가량의 시냅스는 아직 어른보다 훨씬 작은 크기의 공간 속에서 경쟁합니다. 세 살이 될 무렵, 어린 아이는 자신의 소아과 의사선생님보다 아마도 두 배 이상 활발한 두뇌를 가지고 있을 것입니다.[37] 만약 아이들이 어른이 되었을 때 가지고 있게 될 양보다 많은 시냅스를 가지고 있다면, 몇 백 조 가량의 넘쳐나는 연결부들은 자라나면서 어떻게 되는 걸까요? 정답은 아이들이 자라면서 이 부분들이 떨어져 나가는데, 이는 마치 뱀이 더 큰 몸에 자신을 맞추기 위해 허물을 벗는 것과 비슷합니다. 두뇌도 다른 많은 '기관'과 같은 이유로 소형화 됩니다. 능률적인 통신망을 통해 그들은 더 효율적으로 활동할 수 있습니다. 불필요한 가지를 치는 것은 자연스러운 발달입니다. 이 개선은 매우 긍정적인 것입니다. 실제로, 약체증후군^{弱體 症候群, Fragile X Syndrome}이라는 유전학적인 기형에서 나타나는 정신 지체, 학습 장애, 주의 산만 등의 현상이 이러한 두뇌 시냅스의 가지치기가 부족한 것과 연관이 있습니다.

어린 아이들에게 있는 대뇌 피질 시냅스의 약 40퍼센트가 어른이 되면서 제거됩니다.[38] 두뇌와 몸의 정상적이고 건강한 발달을 위해 가지치기가 필요하기 때문에, '정상적인' 수준의 시냅스 감소의 한계를 결정하기 위해 시냅스 제거 범위는 신중히 연구되어오고 있습니다.

두뇌는 어느 연결 부분을 제거하고 또 어느 부분을 보존할지 어떻게 알 수 있을까요? 시냅스는 자극을 받을 때마다, 갓난아기일 때부터 몇 년 후까지, 더 튼튼해지고 더 좋은 탄력성을 갖게 됩니다. 자주 쓰인 것일수록 살아남는 경향이 있으며 몇 번 쓰이지 않은 것들은 사라집니다. 이런 식으로, 어린 아이의 처음 몇 년간의 경험들은 두뇌의 영구적인 회로에 실제로 영향을 미치는 것입니다.[39] 하지만 과학자들은, 발달 과정의 처음부터 끝까지 두뇌는 새로운 시냅스를 만들어내면서 아직 존재하는 것들은 더 힘이 강해지게 하고, 자주 쓰이지 않는 것들은 제거한다고 보도하고 있습니다. 만약 두뇌에 관한 이 연구 결과가 일정하고 반복적인 패턴을 보인다면, 사람이 살아가는 동안 두뇌는 항상 자라고 변화한다고 얘기할 수 있습니다.

시냅스 형성 과정에 반복적인 패턴이 있다는 것을 보인 첫 번째 연구자들 중 한명이 시카고 대학University of Chicago의 소아신경과 피터 하튼로셔 Peter Huttenlocher 교수입니다. 그는 시냅스의 빠른 분열 증식과 과잉생산, 그에 따라 결국에는 전체적인 시냅스 수를 성인 수준에 맞게 내려주는 시냅스 가지치기 단계가 인간의 대뇌 피질이 가진 특징이라는 제시를 했습니다. 하튼로셔 교수는 일일이 세포의 수를 세어봄으로써 이러한 발견을 하게 되었습니다.

그는 서로 다른 기능을 가진 두뇌의 각 부분들이 다른 시간대에 발달하는 듯 보인다는 것을 알게 되었습니다.[40] 걱정 많은 부모들이 특별한 관심을 가지는 부분에 대해 말하자면, 시냅스는 환경의 자극 없이도 두뇌의 많은 부분에서 자랍니다. 예를 들면 막 태어난 생쥐는 눈을 뜨기도 전에 생쥐의 생리적 시간대에 따라 시냅스의 수가 증가합니다.

더욱이, 과잉 자극이 항상 좋은 것만은 아닙니다. "더 많은 것이 항상 좋지만은 않다."라는 예는 신생아실의 환경을 살펴보는 것이 좋은 사례가 될 듯합니다. 널리 퍼져가고 있는 더 많은 자극을 더 빨리 시작할수록 좋다는 문화적 가설로 인해, 신생아실은 밝은 전등과 부드럽지만 자극성 있는 소리들로 가득했었습니다. 하지만 과학자들은 얼마 지나지 않아 신생아실의 소리들과 전등 빛이 사실은 주의력 결핍 장애와 과다 행동 장애에 영향을 미쳤다는 사실을 알게 되었습니다.[41] 따라서 이제 신생아실들은 자연이 이 아기들로 하여금 경험하게 하고자 한 어둡고 감싸져 있던 자궁이라는 곳의 환경을 닮게 하도록 어둡고 온화해졌습니다.

많은 자극을 주는 환경과 두뇌 발달

만약 두뇌 시냅스의 발달과 가지치기가 유아기에 저절로 잘 진행되고 있다면, 두뇌를 더 좋게 한다는 가설은 어디에서 온 것일까요? 마켓 경영자들이 우리를 떠밀어 이 모든 교육용 제품들로 아기들의 삶에 '많은 자극'을 주게 하려고 이용하는 과학적인 근거는 무엇일까요? 동물들의 두뇌에 대한 연구(특히 생쥐를 대상으로 한)는 많은 자극을 주는 환경이 더 크고 나은 두뇌를 만든다는 결과를 보였습니다. 그럼에도, 곧 알게 되겠지만, 이 연구는 자극이 많은 것이 인간의 두뇌 발달에 필수적이라는 결과를 만들기 위해 잘못 해석된 것입니다.

생쥐를 더 똑똑하게 만드는 방법 :
이 이론이 우리 아이들에게도 통할까요?

자극이 풍부한 환경에 대한 개념을 가장 잘 이해하려면 캐나다 몬트리올Montreal에 위치한 맥길 대학McGill University의 도날드 헤브Donald Hebb 교수의 최신 작업을 참고하시기 바랍니다.[42] 약 50년 전, 헤브 교수는 몇 마리의 생쥐를 집에 가지고 와 그의 아이들에게 애완동물로 키우게 했습니다. 자유분방한 집이었기 때문에 생쥐들은 매우 자유로웠습니다. 하지만 헤브 교수는 생쥐들을 그의 연구실에 가끔 데리고 갔고, 연구실에서 길러진 생쥐들에 비해 미로 속을 더 빨리 통과하고 학습 중에 실수를 덜 한다는 사실을 발견했습니다. 애완용으로 길러진 생쥐들은 '자극이 풍부한 환경'에서 자란 것으로 간주되었습니다.

1960년대에는 버클리에 위치한 캘리포니아 대학University of California의 심리학 교수인 마크 R. 로젠즈위그Mark R. Rosenzweig가 자극이 풍부한 환경에서 자란 생쥐들이 생쥐우리 안에서 홀로 길러진 생쥐들에 비해 더 무거운 두뇌와 특정 두뇌 부위에서 더 두꺼운 두뇌 피질을 갖고 있다는 발견을 나타내는 발표를 하기 시작했습니다.[43] 1970년대에는 어바나 샴페인Urbana-Champaign에 위치한 일리노아 대학University of Illinois 심리학과의 윌리엄 그리노우William Greenough 교수가 생쥐들의 다른 환경 요소가 어떻게 그들의 행동이나 두뇌 발달에 영향을 미치는지에 대한 연구를 계속하였습니다. 전형적인 예로, 그는 세 가지의 다른 상황을 설정하였습니다. 독방 같은 작은 우리 속의 생쥐 한 마리, 다른 몇 마리의 생쥐들과 같이 넓은 우리 속에서 사는 생쥐, 그리고 디즈니랜드처럼 장난감들과 미끄럼틀과 쳇바퀴들이 있는 곳에서 다른 생쥐들과 같이 사는 생쥐. 짐작할 수 있듯이, 디즈니랜드 생쥐들의 두뇌 속에 더 많은 시냅스가 있었고(고립되었던 생쥐들에 비해 20~25퍼센트 더 높은 시냅스와 뉴런의 비율), 따라서 그들은 미로를 더 빠르고 효과적으로 달리는 법을 배웠습니다.[44]

로젠위그 연구는 어린이들의 두뇌를 더 크게 만드는 것에 열광하도록 자극한 주요 증거들 중 하나입니다. 사람들은 만약 자극적인 환경 속의 생쥐들이 외부 자극이 거의 없는 환경의 생쥐들보다 나았다면, 당연히 자극이 많은 환경 속의 인간들도 *보통* 환경 속의 인간들의 능력을 능가할 것이라고 추측하였습니다. 하지만 이 가설은 두 가지 방법으로 분석할 수 있습니다. 첫째, 독방과 같은 작고 지루한 우리 안에서 자란 생쥐들을 아이들의 삶(최악의 빈곤 상태를 제외한)과 동등하다고 볼 수 없습니다. 다시 말해, 사람들은 자기 자식을 옷장 안에 가두어 키우는 대신, 충분히 많은 사람들과 장난감들과 집들이 있는 자연적인 세계에서 키웁니다. 이 가설의 두 번째 결함으로는, 격리된 환경의 생쥐들이 자극이 많은 환경으로 옮겨지는 것은 인간을 둘러싼 보통 환경이 자극적인 환경으로 바뀌는 것과는 엄연히 다르다는 것입니다. 게다가, 어린 아이들에게 자극적인 환경보다 자연적인 환경이 더 유익할 수 있습니다. 실제로, 다른 발견들에 비해 훨씬 덜 보도되긴 했지만, 로젠위그 교수는 유용한 관찰을 한 가지 더 하였습니다. 자연에 남겨졌던 생쥐들이 최고의 두뇌를 가졌었다는 것입니다. 이 생쥐들은 자신들을 둘러싼 세계의 풍경들과 소리들과 냄새들로부터 자극이 되었던 것입니다. 그들은 흰개미들과 거미들과 고양이들을 만났습니다. 그들은 집단으로 몰려다녔고, 지도자와 짝을 선택하였으며, 이와 벼룩들을 상대하였고, 아마도 때때로 흥겨워 떠들며 놀기까지 했을 것입니다. 다시 말해, 그들의 '자연적인' 환경은 이 생쥐들의 두뇌에 있어서 최고의 조건이었던 것입니다. 심지어 연구자들이 생쥐 우리에 만들어 놓았던 디즈니랜드보다도 훌륭했습니다.

그리노우 교수와 그의 동료들은 두뇌 발달의 상당량이 사실은 자율에 의한 자유로운 경험에 의해 일어난다는 점을 지적하였습니다.[45] 앞서 언급하였듯이, 생쥐를 대상으로 한 실험에서 빠른 시냅스의 형성은, 예를 들자면, 출생 후 약 이틀 후에 시각피질에서부터 시작되며, 생후 3주정도 될 때까지 급속도로 증가합니다. 이 급속한 시냅스 형성은 동물이 자신을

둘러싼 환경으로부터 아무런 감각적인 자극을 받기 전에 시작됩니다.[46]
시각을 위한 시냅스는 어째서 신생의 존재가 눈을 떠보기도 전에 급속히 자라는 걸까요?

해답은 우리를 조기 교육에 대한 논쟁의 핵심으로 데려다 줍니다. 인생의 초기에 발생하는 두뇌의 결정적인 발달과정은 유전적으로 자연스럽게 이루어지도록 프로그램 되어있습니다. 우리의 시각, 언어, 그리고 어쩌면 운동 능력까지도, 모두 유전적인 본능이 관장을 해온 기능들입니다. 그리노우 교수는 이것을 '예측된 경험 experience-expectant'이라고 부릅니다. 몇 백만년의 진화의 결과로, 두뇌는 보고, 듣고, 손발을 움직이는 경험을 예측하게 됨으로써 그저 즐겁게 기능하게 되고, 또 자신의 환경 속에서 이러한 경험들을 가지면서 정상적으로 발달하게 되는 것입니다. 이러한 경험들이 극도로 결핍되어 있지 않은 이상, 두뇌는 자신을 본능적으로 키워 나갑니다. 두뇌는 어린 생쥐 또는 어린 아이를 위해 경험들을 하나씩 제자리에 심어주는 태아기의 두뇌 건축사들에게 의지하지 않습니다.

물론, 당신이 배울 수 있는 모든 것들이 경험과 기대의 범주에 들어맞지는 않습니다. 두뇌는 자신이 글 읽기, 체스, 또는 컴퓨터 게임을 접하게 될 것이라는 것을 예측하지 못합니다. 이러한 문화적 습득은 우리들의 삶을 통하여 두뇌가 우연히 알게 되도록 디자인되어 있습니다. 이것을 '의존적 경험 experience-dependent'이라 부릅니다.[47] 명확히 말해, 인간은 이러한 후천적인 능력들이 없어도 생존할 수 있지만, 예측된 경험에 의한 선천적인 능력을 발달시키지 않고는 생존할 수 없습니다. 그렇지만 예측된 경험에 의한 능력과 달리, 의존적 경험에 의한 능력은 유아기의 조기 교육에 의해서는 전혀 형성되지 않습니다. 그것은 우리의 특유한 문화적 경험들에 의존합니다. 의존적 경험에 의한 습득은 인생을 사는 동안 계속되며, 새로운 두뇌 발달을 촉진하며, 이미 존재하는 모든 개인들의 다양한 두뇌 구조를 다듬어줍니다.

일상적이고 평범한 경험들, 또는 적성에 맞는 일을 하는 것, 이런 것들이 모두 예측된 경험에 의한 두뇌 발달에 필요한 것들입니다. 물론, 부모나 교육자로써 당신은 볼 수 있는 능력이나 걷는 능력 등의 예측된 경험에 의한 발달을 촉진시키기 위한 당신의 역할에 대해서는 그다지 염려하지 않지만, 글 읽기나 체스와 같은 의존적 경험에 의한 행위에 대해서는 불안해할지도 모릅니다. 다행스럽게도, 대부분의 의존적 경험에 의한 행위들은 아이들의 발달에 있어서 넓은 기회의 창을 가지고 있습니다. 무슨 뜻인가 하면, 생후 첫 3년 동안, 심지어 첫 5년까지도 그것들을 배우지 않아도 된다는 것입니다. 만일 배울 수 있는 최상의 기회의 창이 있다고 하더라도, 그 창은 유아기를 훨씬 뛰어넘을 만큼이나 범위가 넓습니다. 하튼로서 교수는, "제2외국어나 음악을 가르치는 것은 낮은 학년을 포함한 (5세에서 10세까지) 높은 적응성을 지닌 이른 시기에 시작한다면 더욱 효과적이다."라고 기재합니다. 따라서 우리는 음악과 언어 교육을 아기침대에서까지 서둘러 할 필요가 없는 것입니다.

성급한 조기 교육에 대한 더 강력한 논쟁은 신경학상의 '과밀crowding현상'이라는 잠재적인 문제에서 비롯됩니다.[48] 그렇다면 과밀현상이란 무엇일까요? 이것은 두뇌 속에서 정보가 시냅스의 접속과 충돌할 때를 말합니다. 당신이 영화관에서 표를 사려고 기다리는데 줄이 두 줄로 나뉘어있다고 상상해봅시다. 그리고 얼마 후 매니저가 나와서 두 줄을 한 줄로 만든다고 가정해 봅시다. 당신이 있던 줄은 점점 더 붐비게 되고 당신은 표를 사는데 더 오랜 시간이 걸리게 됩니다. 신경학상의 과밀현상도 마찬가지입니다. 하튼로서 교수가 말하는 바와 같이, "사람들의 매우 의욕적인 초기 자극과 학습 프로그램들은 과밀현상으로 발전될 수 있으며, 결과적으로 청년기와 성인이 된 시기에 가질 창의력에 필요한 수많은 두뇌 구역의 수와 크기가 일찍이 줄어들 수 있다는 가능성을 염두에 둬야 합니다." 너무 과한 조기 교육은 실제로 훗날의 지능에 있어서 이익보다는 장애가 될 수 있다는 것입니다.[49] 하튼로셔 교수는 두뇌의 초기 과밀현상을 예방 하기 위해 "알버트 아인슈타인Albert Einstein이 어린 시절에는 오히려 평범한 학생이었다는 것은 우연이 아니다."라고 인정하였습니다.

지금쯤 우리는 당신이 조기 자극과 두뇌를 형성시키는 장난감들에 아 이들을 노출시키는 일이 더욱 큰 두뇌를 만드는 엄청나게 많은 양의 시냅 스의 접속을 만들 가망이 없다는 사실을 납득하셨기를 바랍니다. 하지만 확실히, 당신은 생후 첫 몇 년 동안이 두뇌 발달에 있어 중대하다는 정보 는 얻었습니다. 당신의 아이들이 더 많은 시냅스의 접속과 더 큰 두뇌를 갖지 못했다고 하더라도, 생후 3년 동안에 일어나는 기회의 창을 당신은 놓치고 싶지 않겠지요? 이러한 '결정적인 시기'라는 가정은 어쩌면 상업 계에서 가장 자주 우리 눈앞에 일어나는 논쟁일지도 모릅니다. 심리학 교 수인 에드워드 지글러Edward Zigler와 그의 예일대학 동료들이 지적한 바에 의하면, "…매스미디어가 넌지시 묘사하는 결정적인, 혹은 민감한 학습 시기는 부모들로 하여금 음악 교육과, 수학 게임, 또는 외국어 레슨과 같 은 것들을 아기 놀이 울타리 속이나 아기 침대에서까지 실행해야 한다는 염려를 하게 만듭니다."[50]

생후 3년, 그리고 '결정적인 시기'의 이론

'결정적인 시기Critical period'는 생물학으로부터 가져온 개념입니다. 발달 에 있어서 중요한 진전이 발생되는 시간의 창이며, 시작되는 시기와 끝나 는 시기가 정해져 있습니다. 이 개념을 설명하기 위해, 1960년대 초기에 임산부들의 입덧을 완화시키기 위해 처방된 탈리도마이드^{thalidomide}라는 신경 안정제를 사용한 여자의 비극적인 사건을 살펴봅시다. 만약 임산부가 이 약을 임신 후 26일째에 복용하였다면, 태아는 팔의 발달에 손상을 입었을 것이고, 이 아이는 끝부분이 잘린 상태의 팔을 가지고 태어났을 것입니다. 만약 이보다 이틀만 더 기다렸다가 약을 복용했다면, 태아의 팔은 자랐을지도 모르지만, 팔꿈치 길이를 넘기지는 못했을 것입니다. 이 아이는 이 발달 시기를 절대로 훗날 되찾을 수 없습니다. 이 시기는 태아의 발달에 결정적인 시기(임계기^{臨界機})였던 것입니다. 인간에게는, 임계기의 손상은 다시는 회복할 수 없는 결과를 초래할 정도의 극심한 것입니다. 이는 태아를 해치는 약물의 복용과도 같은 것입니다.

생물학적 발달에서 임계기는 확실히 존재합니다. 그러나 많은 이들이 임계기는 심리학적 발달에서도 효과를 발휘한다며 논쟁하고 있습니다. 지니^{Genie}의 충격적인 사건을 살펴보기로 합시다. "13세의 소녀, 유아기 때부터 갇혀 살다." 이것은 1970년 11월 17일 로스앤젤레스 타임즈$^{Los\ Angeles\ Times}$의 큰 기사 제목이었습니다. 생후 20개월부터 작은 침실에 갇혀 살아온 13세 소녀의 끔찍한 이야기였습니다. 소녀는 그 작은 방에서 유아용 변기 의자에 묶여 있었고, 방문은 부모가 소녀에게 음식을 먹일 때에만 열렸습니다. 13년이 지나 거의 장님에 가까운 소녀의 엄마가 실수로 사회복지 단체에 그녀를 데리고 갔을 때, 소녀는 작고, 허약하고, 영양실조에 걸려 있었습니다. 그 후 다양한 범위에 걸친 치료와 교육을 받은 후에도 4년 후의 지니의 언어 능력은 여전히 극히 제한적이었습니다. 소녀는 다섯 살 아이 수준의 단어들을 알고 있었지만, 결코 문법을 효과적으로 사용할 수는 없었습니다. 지니의 경우는 결핍 상태의 극단적인 예입니다. 이 사건은 특히 언어를 배우는 데에 있어서 만일 수용적인 시기에 언어에 노출되는 기회를 놓치게 된다면, 다시는 충분한 언어 능력을 되찾을 수도,

발달시킬 수도 없다는 것을 전달하는 것으로 보입니다. 물론, 임계기의 개념을 묘사하는 모든 사건들이 항상 이토록 극단적인 결핍 상태와 관련이 있는 것은 아닙니다.

뉴욕에 있는 로체스터 대학University of Rochester의 엘리사 뉴포트Elissa Newport 교수는 미국식 수화 사용자들의 언어 능력에 대해 연구하였습니다.[51] 이들 중 몇 명은 어린 시절부터 부모에게 수화를 배웠습니다. 다른 이들은 12세나 13세가 되어 학교에 다닐 때까지 수화에 노출되지 않았습니다. 뉴포트 교수는 유아기에 수화에 노출되지 않았던 아이들은 더 일찍 수화를 배운 아이들의 능력을 따라올 수 없었다는 사실을 발견했습니다. 그들이 30년 동안이나 이 언어를 사용하였음에도 불구하고 말입니다.

뉴포트 교수의 연구는 스탠포드 대학Stanford University의 켄지 하쿠타Kenji Hakuta 교수와 캐나다의 토론토Toronto에 있는 요크 대학York University의 엘렌 비알리스톡Ellen Bialystok 교수와 에드워드 와일리Edward Wiley 교수에 의해 진행된 제 2 외국어 습득에 대한 또 다른 흥미로운 연구에 의해 보강되었습니다.[52] 그들은 스페인 또는 중국 출신의 2백3십만 명의 이민자들의 응답을 간청하여, 영어 능력을 숙달시키는 데에 있어서 이민한 나이에 의한 차이가 있었는지에 대해 질문하였습니다. 이에 교수들은 모든 나이에 걸쳐, 미국에 더 일찍 도착한 이민자들이 더 늦게 도착한 이들에 비해 더 나은 언어 능력을 가지고 있다는 사실을 발견했습니다. 하지만 그들은 새로운 언어를 배울 수 없는 '임계기'의 나이는 없다고 말합니다. 더 명확히 말하자면, 만약 여러분이 오늘 루마니아로 이사를 간다면, 하루 더 일찍 루마니아 말에 노출되지 않았다고 하더라도 여러분은 이 새로운 언어를 배울 수가 있습니다.

종합해보면, 이 연구들을 통해 세 가지의 중요한 결론에 도달할 수 있습니다. 첫째, 언어와 같은 특정 행동에는 더 수용적이고 덜 수용적인 시기가 있는 것으로 보입니다. 이렇게 수용적인 시기가 있는 행동들은 대부분 인종들의 삶에 없어서는 안 되는 예측된 경험의 행동들입니다. 따라서 언어 교육과 시각 교육visual learning은 '임계기'를 가진 행동일 가능성이 큽니다.

두 번째 결론이자 매우 중요한 것은, 30세보다 세 살짜리가 더 낫기는 하지만, 이러한 행동들을 배우는 데에 있어 어떤 시점이 오면 별안간 끝나버리는 '임계기'는 없는 것으로 보이고 있다는 점입니다. 즉, 언어 습득의 창은 생후 3년이 지났다고 해서 철컥 닫혀버리지 않습니다. 적어도 사춘기 전까지, 그리고 삶의 특정 시나리오 속에서는 열려 있는 것으로 보입니다. 네브라스카 대학University of Nebraska의 로스 톰슨Ross Thompson 교수와 미네소타 대학University of Minnesota의 찰스 넬슨Charles Nelson 교수는 다음과 같이 말했습니다. "조기 경험을 위한 기회의 창은 높은 지능과 성격보다는 기본적인 감각과 운동 신경 역량을 발달시키는데 더 많이 영향을 미치며, 이러한 기회의 창들의 대부분은 발달과 함께 서서히 닫히게 됩니다."[53]

끝으로 세 번째 결론은, 이러한 수용적인 학습 기간은 체스나 기계체조와 같은 의존적 경험을 통한 학습과정에는 전혀 나타나지 않는 것으로 보인다는 것입니다. 진화의 과정을 통해 인간의 기본적인 행동들을 아이들이 습득하는데 이러한 수용적인 기간이 있다고 해서 아이가 배울 수 있는 모든 것에 반드시 임계기가 있을 거라고 일반화 할 수는 결코 없습니다. 사실 이런 이야기는 허무맹랑한 것입니다. 학습을 서두를 때, 우리는 흔히 아이에게 조금이라도 이해가 가도록 가르치려고 하지만, 그런 것들은 사실 더 나이 들어서 배우는 게 좋습니다.

뉴저지New Jersey에 있는 프린스톤Princeton의 교육 평가원의 수석 과학자인 어빙 사이젤Irving Sigel 교수는 다음과 같이 기재하였습니다. "…이렇게 이른 시기에 개념과 기능을 가르치는 것은 매우 시간이 많이 소요되는 일이다. 왜냐하면 무턱대고 외운다고 해도 이해 과정이 동반되지 않는 학습 경험은 훨씬 더 어려운 과정이기 때문이다."[54] 다시 말해, 작곡가의 얼굴과 이름을 (놀랍게도, 이런 그림 암기 카드들도 있습니다) 외우는 것은 이 정보를 자신이 알고 있는 의미 있는 말들과 연결시킬 수 없는 아장아장 걷는 아기들이나 유아원 아동들에게는 쓸데없는 경험들인 것입니다. 색채 이름이나 숫자에 대한 그림 암기 카드들마저도 아이의 일상적인 경험들의 일부가 아닌 이상, 능력을 쌓아올리지 못합니다. 더군다나, 이러한 조기 교육 경험들이 두뇌를 개선시킨다는 증거는 어디에도 없습니다.

자, 과연 생후 3년이 배움의 황금 시기일까요? 아이들을 미래의 천재가 되도록 채비할 수 있게 해주는 빠른 두뇌 발달의 임계기일까요? 이 질문의 간단한 대답은 "아니다."입니다. 만약 아이들이 정상적으로 자라고 있다면, 사물들과 건물들이 가득하고, 자신을 사랑해주고 말을 걸어주는 사람들이 있는 일상적인 환경 속에서 두뇌는 혼자서도 잘 발달해나갈 것입니다. 부모들은 아이들 두뇌의 **조각가**도 아닐 뿐더러, 임계기동안 시냅스의 접속들을 일으키도록 어떤 **특정 종류의 경험들**을 하게 할지 결정할 권한도 없습니다.

긴장을 푸시기 바랍니다! 언어를 배우는 것과 같은 기본적인 행동도 긴 시간에 걸쳐 습득할 수 있습니다. 결국 당신의 아이는 국제적 경쟁사회에서 조금의 이익도 놓치지 않을 것입니다. 당신이 제2외국어를 구사하는 가정부를 아이가 두 살 때 고용하든지 다섯 살 때 고용하든지 간에, 당신의 아이는 어쨌거나 제2 외국어를 배우게 될 것입니다. 사실상, 이 언어에 처음 노출되는 시기가 여덟 살이나 아홉 살이 된다고 해도, 아마도 아이는 장래에 아무런 손실이 없을 것입니다.

생후 3년 안에 모든 것을 배워야 한다는 말은 전혀 사실이 아닙니다.

미주리Missouri주의 세인트루이스St. Louis에 있는 맥도넬 재단McDonnell Foundation의 회장인 존 브루어John Bruer 교수는 이것을 '생후 3년에 대한 신화적인 믿음The Myth of the First Three Years'이라고 일컫고 있습니다.[55] 그는 이제 교범이 되어버린 그의 같은 제목의 책에서, 우리는 어린 두뇌를 발달시키기 위해 환경을 과도하게 자극적으로 만들 필요가 없다고 주장합니다.

이어서 그는 더 나은 두뇌를 위해 더 나은 환경을 만드는 것을 정당화하기 위해 임계기를 끌어 들일 수는 없다고 말합니다. 우리는 아이들 두뇌의 건축가가 아니기 때문에, 어떠한 정보를 입력시켜야 하는지 고뇌하지 않아도 되는 것입니다. 고맙게도, 몇 백 만년 동안의 진화는 우리를 위해 두뇌 발달을 책임져주었고, 그렇기 때문에 우리는 한 세대 안에 이 발달의 과정을 바꿔놓기는 힘들 것입니다.

가정에서 직접 실천할 수 있는 몇 가지 과제들

이제 우리는 아이들의 두뇌가 어떻게 발달하는지에 대한 과학적 근거들을 확인했고 이에 따라 몇 가지 실천할 수 있는 과제가 생겼습니다. 한 가지는 주의사항이고 나머지 것들은 당신이 세상을 다르게 보고 자식의 두뇌 발달을 더 자연적인 방법으로 자극할 수 있는 길을 제공해 줄 것입니다.

소비자들은 조심하십시오! 최신의 번지르르한 상품들에 나와 있는 아기의 두뇌 발달을 강화시킨다는 메시지들에 속지 마십시오. 성인들에게 상품들을 팔기 위한 선전에 섹시 컨셉을 이용하듯이, 마케팅 담당자들은 두뇌 발달에 대한 것이 부모들에게 잘 팔린다는 것을 생각해냈습니다. 그러나 특정 교육 프로그램들, 방식들, 또는 기법들이 두뇌 발달에 효과적이라는 증거는 어디에도 없습니다.

예를 들면, 모차르트를 듣는 것이 아이에게 나쁘지는 않습니다. 다시 말하면, 만약 당신이 모차르트를 좋아한다면, 그것을 켜놓고 아이에게 들려주는 것은 해롭지 않습니다. 하지만 자장가를 불러주거나, 사이먼과 가펑클Simon and Garfunkel이나, 인디고 걸즈Indigo Girls나, 그 밖에 당신이 좋아하는 다른 어떤 밴드를 들려줘도 괜찮습니다. 음악은 굉장히 멋진 것이라는 사실은 틀림없습니다. 그렇지만 연구에 의한 증거들은 모차르트나, 마돈나Madinna, 마마 카스Mama Cass를 듣는 것은 당신의 아이를 수학 천재나 신예 건축사로 만들어주지도 않을 뿐더러, 전체적인 지능을 높여주지도 않을 것이라 알려줍니다.

장난감에서 벗어나 생각의 틀을 넓히십시오. 아이들은 두뇌를 형성시킨다는 엄청난 주장을 하는 자칭 '최첨단 기술을 사용한' 기구가 들어있는 환상적인 **장난감**을 사줄 때보다 함께 놀아줄 때 더 많은 것을 배웁니다. 그렇다면 노는 시간을 적절히 사용할 수 있는 방법은 무엇일까요? 당신의 아이들로부터 힌트를 얻으십시오. 아이들이 무엇에 흥미를 보이는지 알아내기 위해 시간을 투자함으로써, 당신은 아이들을 지속적으로 자극시키는 많은 자연적인 기회들이 제공되는 환경을 새로운 시각으로 보게 될 것입니다. 그리고 나서 당신은 이 기회들을 토대로 더욱 풍부한 환경을 만들 수 있을 것입니다.

쎄세미스트리트Sesame에서 바니Barney 나 텔레토비Teletubbies로 전환하십시오. 우리는 쎄세미스트리트를 좋아하기는 하지만, 바니나 텔레토비와 같은 느린 움직임과 반복성의 프로그램들에도 교훈들이 있습니다. 이를테면 유명한 블루스클루스_Blue's Clues_ 쇼의 개발자들은 각 에피소드가 최대한으로 아이들의 마음을 끌 수 있게 하기 위하여 실제로 아이들이 어떤 것을 선호하는지 연구하였습니다. 그들은 아이들이 반복성을 좋아한다는 것을 알아냈습니다. 우리들에게는 괴로운 경험이 될 수도 있지만, 아이들은 매일 밤 같은 이야기를 듣고 또 듣고 싶어 합니다(수많은 어른들이 이야기 도중에 잠들어버리곤 하지요). 아이들은 예측할 수 있는 반복적인 형식을 좋아하며, 볼 때마다 무언가 새로운 것을 발견합니다. 더 나아가, 최신 연구에서는 제한된 (하루에 한 시간) 교육용 텔레비전은 실제로 아이들에게 도움이 되고, 이 이점은 훗날 아이들이 학교에 입학했을 때 읽기와 수학 능력에서 나타나게 된다고 합니다.

여러분이 해야 할 일은 다음과 같습니다. 자식과 함께 교육 방송을 시청하고, 그들이 무엇을 좋아하는지 관찰하십시오. 조사에 따르면 부모가 아이들과 나란히 텔레비전을 볼 때 아이들은 더 많을 것을 얻는다고 합니다. 당신의 아이는 그 방송에서 무엇을 흥미진진하다고 느꼈나요? 그것을 아이의 호기심을 구축시키는 데에 이용하십시오. 가능하다면 그 주제에 맞는 어린이용 도서관 책들을 대여하십시오. 이 관심사는 아이가 이야기하기 좋아하는 대화거리의 소재를 만들어줄 수도 있습니다.

'암기'에서 맥락을 이해하는 '배움'으로 전환하십시오. 만약 갓난아기들과, 유아들과, 유치원 아동들의 학습과 두뇌 발달을 진심으로 진척시키고 싶다면, 우리는 반드시 그림 암기카드를 통해서가 아닌 맥락의 이해를 통한 배움을 얻을 수 있도록 아이들을 도와야 합니다. 흔히 진정한 학습인 것처럼 잘못 인식되어 있는 '암기'로는 소용이 없습니다. '천재'아기의 한 예를 들어보겠습니다. 이 아이는 자신의 어머니에 의해 엄청난 지적인 능력을 가진 아이로 크게 선전이 되었습니다. 세 번째 생일이 갓 지난 시기에 벌써 많은 단어들을 읽을 수 있는 아이. 그 어머니는 이웃에 사는 심리학자에게 아이의 학구적인 재능을 확인해 달라는 부탁을 했고, 그 심리학자는 공교롭게도 나, 캐시 허쉬 파섹이었습니다. 그 아이는 도착했을 때, 나에게 말하기와 글 읽기 능력을 보여줬고, 그의 어머니가 그에게 각 단어를 읽도록 진행하였습니다(책, 신발, 컵… 목록은 계속되었습니다). 뽐내기가 끝난 후, 나는 박수를 보내고 아이에게 '색상, 소리, 채널'과 같은 익숙한 단어들이 큰 글자들로 쓰여 있는 나의 텔레비전으로 가보도록 부탁하였습니다. 나는 그것들을 읽어보라고 공손히 부탁하였습니다. 어쨌든, 진정으로 읽을 줄 아는 아이라면 어떠한 새 단어라도 읽을 수 있어야 합니다. 전혀 말이 되지 않는 'thurld'라는 글을 당신이 읽을 수 있는 까닭은 당신이 글자의 소리를 알고 또 어떻게 그것들을 결합시키는지 알기 때문입니다. 그러나 아이는 배치된 것들을 보고는 몹시 당황한 나머지 도망쳐버렸고, 장기 자랑은 끝이 나버렸습니다. 아이는 아마도 글자 모양을 보고 단어 외우는 방법을 배웠었던 것 같지만(예를 들자면, 'bal'은 두 개의 긴 글자가 있다는 식으로), 실제로 읽는 방법을 배운 것은 아니었습니다.

아이들이 학교에 입학하기 전에 글을 읽게 하려고 스트레스를 줄 필요는 없습니다. 하지만 아이들이 시리얼 박스나 거리 표지판에 뭐라고 쓰여 있는지 물을 때 기꺼이 읽어준다면, 우리는 읽는 것은 재미있고 유용하다는 것을 은연중에 가르쳐주는 것입니다. 이것이 바로 맥락 속에서 뭔가를 배우는 것입니다. '읽기' 자체는 단지 암기이며, 글을 읽어내는 행위 그 이상의 가치는 별로 없습니다. 이와 같이, 시장에 나와 있는 몇몇의 그럴 듯하게 만든 도구들이며 장치들은 아이들이 재주를 부릴 수 있게 하는 훌륭한 기회들을 제공하지만, 참된 배움을 이끌어 내지는 못합니다. 배움은 총체적인 상황 속에 일어날 때 언제나 더 효능이 있고 오래 갑니다.

현장학습을 계획하십시오 — 당신의 뒷마당으로. 색다른 장소나 비싼 유원지로 놀러가는 것은 멋진 일이지만, 두뇌를 형성시키기 위해 거기까지 갈 필요는 없습니다. 우리는 바람에 날리는 풀잎들, 집을 짓는 개미들, 바로 이 밑에 있는 흙먼지 속에서 삶을 꾸려나가는 것들의 기적을 목격할 수 있는 뒷마당에서 놀라운 자극을 얻을 수 있습니다. 영화 『아이들이 줄었어요. Honey, I Shrunk the Kids』는 우리가 알아채지 못하는 숨겨진 경이로운 삶을 그리고 있습니다. 아이들에게 마당은 떠들썩한 활기와, 과학 학습과, 물리 학습, 그리고 자연과 색상에 관한 학습의 세계입니다.

집의 뒷마당에 있는 동안, 당신은 당신의 네 살과 다섯 살짜리 아이들에게 개미처럼 작아진다면 어떨지 상상하도록 함으로써 창의력을 자극시킬 수 있습니다. 무엇이 달라 보일까? 무슨 소리가 들릴까? 무엇이 무서울까? 아이들은 자신이 혼자가 아니라는 것을 느끼기 위해 흔히 다른 사람들은 무엇을 두려워하는지 상상하기를 좋아합니다.

이런 맥락으로, 뒷마당의 음악소리가 과연 들리는지 물어보십시오. 음악을 연주하는 악기는 막대기로 만들어졌는지, 돌로 만들어졌는지. 나뭇잎 사이로 바람이 부는 소리와 빗방울이 떨어지는 리듬 소리는? 돗자리를 가지고 나와 눈을 감고 누워보십시오. 무엇이 들리나요? 바람 속에서 나뭇잎이 살랑살랑 소리 내는 것이 들리나요? 벌이 윙윙거리는 소리는? 자동차가 삐걱거리는 소리는? 천둥소리가 내는 북소리는? 박새들과 뻐꾹새들의 지저귀는 소리는? 두 살배기 아이들까지도 이 놀이를 좋아합니다.

동물들과 벌레들이 당신의 마당에서는 어디에 살고 있나요? 각 생물의 집을 찾아보십시오. 마리 앤 호버맨Mary Anne Hoberman이 쓴 훌륭한 책 『나를 위한 나의 집A House Is a House for Me』[56]에서 저자는 우리에게 꿀벌이 사는 집과 새가 사는 집에 대해 생각해 보라고 합니다. 동물들은 집을 어떻게 지을까요? 우리의 네 살, 다섯 살짜리 아이들도 새의 둥지를 지을 수 있을까요? 이 아이들은 자신들이 본 뭔가를 우리가 글로 써볼 수 있도록 이야기해주고 싶어 할까요? 아이들은 우리가 컴퓨터에 그들의 이야기를 입력하는 것을 보면서 이야기하기를 좋아합니다. "어빙Irving이라는 이름의 개미에 대해서, 그리고 그 개미가 숲 속에서 어떻게 친구 리비Libby를 만나게 되는지 함께 이야기를 만들어 봐요, 네?" 뒷마당의 이곳저곳에서는 아무리 작은 것일지라도 몇 시간 동안의 즐거운 일들과 놀이가 있습니다. 그리고 만약 당신의 뒷마당에서 이만큼의 즐거움을 찾을 수 있다면, 동물원 또는 아이들 전용 박물관에 갔을 때 맞닥뜨릴 활기 넘치는 상황을 상상해 보십시오.

시내 쇼핑몰을 테니스 공으로 바꾸십시오. 물론 백화점이 우리에게는 재미있지만, 아이들에게는 와글거리기만 하는 매우 혼란스러운 곳입니다. 모든 사람들이 당신 위로 우뚝 서있고, 소리들과 색상들이 정신없이 지나쳐가고, 부모가 당신보다는 자신의 친구들에게 더 흥미를 보이는 그런 세계에 있다면 어떨지 한번 상상해보십시오. 백화점을 제외할 특별한 이유는 없지만, 우리는 종종 우리를 항상 둘러싸고 있는 일상적인 사물들로 무엇을 할 수 있는지를 깨닫지 못합니다. 더 나아가, 백화점까지 가는 동안 자동차 안에서 무엇을 합니까? 그때가 바로 어린이 음악을 틀어놓고 따라 부를 수 있는 멋진 기회입니다. 만약 아이가 조금 컸다면, '무엇인지 맞춰보기 게임I spy game'*을 할 수 있습니다. "알아냈다…강아지!" "알아냈다…경찰관 아저씨!" 저런, 엄마가 자동차 속도를 줄여야겠네요.

집에서는 거실의 카펫 위에서 단지 공을 앞뒤로 굴리는 것만으로도 당신의 어린 아이에게 아주 재미있는 놀이가 될 수 있습니다. 다른 사람 가까이에 멈추게 하려면 어떻게 굴려야 할까요? 얼마나 세게 밀어야 할까

---

* I spy game; 일종의 수수께끼. 문제를 내는 사람이 특정 사물을 상상하고 약간의 힌트(예를 들어 색깔 등)를 주면 응답자는 추측을 하고 알아맞히는 게임 - 옮긴이

요? 어떤 각도를 써야 할까요? 공이 굴러가다가 다른 사물을 치고 갈까요? 이것은 물리와 수학 개념이 주입된 최고의 예측된 경험들로 싸여진 배움을 무료로 하는 것입니다. 그리고 공의 가격 이외에는 한 푼도 들지 않습니다.

또, 백화점에서 교육용 장난감에 돈을 써버리기 전에, 당신의 아기를 활기 띠게 하는 집안의 모든 물건들을 생각해보십시오. 크고 작은 냄비들과 플라스틱 용기들은 부엌 속의 큰 즐거움이며, 나무 숟가락과 함께 멋진 음악을 만들어 냅니다(조용한 휴식 시간을 선사하진 않겠지만 말이죠). 그 옆에 있는 세탁물 바구니는 기어들어갔다가 나왔다가 하기에 안성맞춤이고, 또한 전기제품들이 들어있던 커다란 상자들도 마찬가지입니다. 아이들은 무언가의 속으로 밑으로 숨어들어가는 것과 안으로 밖으로 기어오르는 것을 매우 좋아합니다. 몇 개의 의자들 위에 이불을 덮어씌워서 만든 이불 요새, 그리고 상상 놀이에 참여해서 당신과 함께 만든 할머니네 집 등은 당신과 아이들이 몇 시간 동안이나 즐거운 놀이를 할 수 있게 할 것입니다. 안쪽에 베개와 몇 개의 동물 인형들과 책들을 더해서 친구 집을 만들 수도 있고 유치원 교실을 만들 수도 있습니다. 그리고 아기들은 서랍들을 뒤져서 물건 꺼내기를 무척이나 좋아하는데 그 이유는 안에 뭐가 있는지 보고 확인하기 위해서입니다. 아랫단 서랍장을 하나 정해서 정기적으로 내용물들을 바꿔놓는 것도 좋을 것입니다. 여기엔 아기가 물건들을 헤집고 놀면서 멋진 시간을 보낼 수 있을만한 놀랍고 재미있는 것들로 가득 채우십시오(동물 인형, 책, 자동차, 가족사진, 등등). 평범한 물건을 관찰하는 아이의 능력을 절대로 과소평가하지 마십시오. 아이들에게는, 그것들은 전혀 평범하지 않은 것입니다. 그리고 이러한 모든 경험들은 무료이며 즐거우며 교육적인 뭔가를 해야만 한다는 구속으로부터 자유롭게 할 뿐만 아니라 무엇보다도 보다 나은 아이들의 두뇌를 형성시킵니다.

3 장

숫자 가지고 놀기

아이들은 수의 개념을
어떻게 익히는가?

두 살짜리 제스Jess의 엄마 에이미Amy는 신문을 펴고 "아기들은 덧셈과 뺄셈을 할 수 있습니다."라는 큰 제목을 발견했을 때 망연자실하였습니다. 제스는 열까지 셀 수 있는데, 에이미는 그것도 큰 성과라고 생각하고 있었습니다. 그러나 만약 조그마한 5개월짜리 아기들이 덧셈과 뺄셈을 할 수 있다면, 제스는 분명 뒤처져 있는 것입니다!

바로 그 날, 에이미는 백화점으로 뛰어가 제스가 덧셈 뺄셈을 배우게 할 수 있는 그림들이 그려진 암기 카드들을 구매했습니다. 스트레스를 받기 시작한 것입니다! 제스가 유아원에 다니기 시작했을 때 혼자만 산수를 못하는 상황에 대한 공포감에 말입니다.

에이미가 읽은 신문 표제에 어느 정도 일리는 있습니다. 이 사건은 수습할 수 없을 만큼 통제를 벗어나 매스미디어의 과대 선전들과 유아 마케팅 담당자들의 든든한 버팀목이 되어버린 유명한 연구에 의해 시작되었습니다. 여러분은 시장에 어린 아이들의 수학적 발달 능력을 끌어올려준다는 장난감들이 있는 것을 목격했을 것입니다. 부모들은 이제 막 걸음마를 시작한 아기들이 산수를 배울 수 있고, 또 배워야 한다고 믿도록 유도되어왔습니다. 그러나 이번 장에서 알게 되겠지만, 실제로 산수를 하는 것과 단지 양의 차이를 이해한다거나 숫자 1부터 10까지 외울 수 있는 것에는 엄연한 차이가 있습니다.

아이들은 기초적인 산수 개념에 대해 본질적으로 흥미를 가질 준비가 되어있는 것처럼 보이지만, 사실 그들의 이해력은 연속적인 사건들에 의해 발달되며, 이러한 과정을 건너뛰려고 하는 것은 시간 낭비일 뿐만 아니라 아이들에게 있어서 좌절감을 느끼는 경험이 될 뿐입니다. 아이들은 덧셈과 뺄셈을 배우기 전에, 먼저 반드시 숫자의 기본 원리와 일련의 수에 대한 개념을 이해해야 합니다. 그리고 이러한 개념들을 배울 수 있는 최고의 방법은 세상에 있는 사물들을 가지고 놀고 연구하면서 저절로 습득하는 것입니다.

두 개의 연구 – 두 개의 서로 다른 결과

아기들이 덧셈과 뺄셈을 할 수 있다는 잘못된 생각을 불어넣은 연구는 1990년대에 예일 대학Yale University의 심리학 교수인 카렌 윈Karen Wynn에 의해 진행되었습니다.[57] 그녀는 덧셈과 뺄셈의 기초라고 할 수 있는 것들에 대해 아기들이 얼만큼 알고 있는지 알아내는 것에 흥미를 가졌습니다.

윈 교수는 실험에서 먼저 5개월 된 아기에게 미키마우스 인형이 작은 받침대 위에 앉아있는 것을 보여줬습니다. 인형에 대한 아기의 관심이 멀어지기 시작하면, 실험을 도와주는 학생은 받침대 밑에서부터 가리개 천을 올려 인형이 완전히 가려지게 하였습니다. 다음으로, 사람의 팔이 뻗어 나와 다른 두 번째 미키마우스 인형을 스크린 뒤에 놓는 것을 아기가 보게 됩니다. 논리적으로 가리개 천 뒤에는 두 개의 미키마우스 인형들이 있어야 합니다. 윈 교수가 탐구하던 문제는 아기가 이것을 알아챌 수 있는지 없는지에 대해서였습니다. 아기들은 1 + 1 = 2라는 것을 이해했을까요?

스크린이 내려왔을 때, 어떤 경우에는 인형이 단 한 개만 남아있었습니다. 이것을 바로 **불가능한 상황**(Impossible Condition)이라고 합니다. 윈 교수는 이러한 상황을 마주한 아기들과 두 개의 인형들을 본, 즉 **예측된 상황** (Expected Condition)을 본 아기들의 반응을 비교하였습니다. 아기들이 불가능한 상황을 더 길게 본 것과 얼굴에 놀라움이 어려 있었다는 사실을 미루어 보아, 연구원들은 아기들이 '덧셈'을 할 수 있다고 결론지었습니다.

아기들이 '뺄셈'을 할 수 있는지 보기 위해, 두 개의 인형으로 시작하여 하나를 치워놓는 반대 방법의 연구가 실행되었습니다. 이번에도, 아기들은 불가능한 상황에서 놀라움을 표현함으로써, 뺄셈에 대한 기초적인 이해를 은연중 나타내었습니다.

이제 여러분은 아기들이 덧셈과 뺄셈을 할 수 있다는 개념을 왜 과학자들과 뉴스들이 포착하였는지 알 수 있을 것입니다. 아기들은 확실히 숫자에 대해, 아니면 최소한 자신들이 '본 것들'의 양에 대해 무엇인가를 알고 있었습니다. 그들은 심지어 양이 어떻게 바뀌었는지도 이해하였습니다. 그러나 이 사실에 대해서 너무 흥분하기 전에, 붉은 털 원숭이들도 가지(eggplants)(원숭이들이 미키마우스 인형보다 훨씬 더 흥미를 보이는 것)를 이용한 유사한 실험에서 불가능한 상황이 보여 졌을 때 같은 반응을 보였다는 사실을 참고하십시오.[58] 더 나아가, 우리는 이것이 진정 우리가 이해하는 덧셈 뺄셈과 같은 종류의 것인지 반드시 의심해봐야 합니다. 이 문제에 대한 해답은 더 복잡한 것으로 밝혀지고 있습니다.

인터넷에 시카고 대학(University of Chicago) 심리학과의 자넬렌 하튼로셔 (Janellen Huttenlocher) 교수를 검색해 보십시오.[59] 그녀와 동료들은 2세부터 4세까지의 유아들이 '덧셈'과 '뺄셈'을 얼마나 잘하는지 연구하고 있습니다. 물론 연구원들은 덧셈과 뺄셈의 공식이 그려진 그림 암기카드를 사용하지 않습니다. 그들은 말 그대로 아이들이 이해할 수 있는, 손으로 잡고 다룰 수 있는 입체적인 사물들을 사용합니다. 한 연구원이 2살 반인 아만다

Amanda가 '3 더하기 1'을 계산할 수 있는지를 관찰합니다. 연구원은 건너편에 앉아 있는 아만다에게 세 개의 빨간 블록들을 보여줍니다. 아만다는 연구원이 이내 큰 상자로 블록들을 덮는 모습을 골똘히 봅니다. 아만다가 이 놀이를 이해하고 있는지 확인하기 위해, 아만다에게 다른 블록들을 이용해서 연구원이 블록 몇 개를 상자 아래에 숨겼는지 보여 달라고 합니다. 아만다는 기꺼이 부탁을 들어줍니다. 자기 쪽의 테이블 위에 세 개의 블록을 한 줄로 늘어뜨려 놓습니다. 원래 숨겨져 있던 블록들을 그대로 둔 채, 연구원은 이제 또 하나의 블록을 상자 밑에 넣으며 아만다에게 묻습니다. "네가 가지고 있는 것들을 내 것처럼 보이게 할 수 있니?" 아만다가 해야 하는 것은 단지 블록을 하나 더 집어 블록들 위에 얹어서 총 네 개의 블록들을 만들면 됩니다. 아이는 성공할까요? 이번에는 아닙니다. 아이는 한 개가 아닌 두 개의 블록을 집습니다. 두 살 반의 나이로는, 이러한 문제들에 대해 정답을 잘 맞지지 못합니다. 1년 후에 아이는, 1 + 1 = 2 또는 3 - 1 =2와 같은 작은 숫자들로 계산을 할 수 있게 될 것입니다. 그리고 아이의 세 살 후반기에는, 2 + 2= 4와 같은 큰 숫자들을 이용한 과제까지도 정확히 계산할 수 있게 될 것입니다.

조금 혼란스러우신가요? 아마도 그럴 것입니다. 생후 5개월 된 아기가 윈 교수의 연구소에서 미키마우스 실험을 통과하고는 도대체 왜 훗날 두 살 반이 되었을 때 하튼로서 교수가 낸 비슷한 과제에서 낙제하게 된 것일까요? 답은, 아기들은 오직 원시적인 숫자 개념, 즉 양에 대한 기초적인 감각만을 가지고 있고, 우리가 덧셈과 뺄셈을 말할 때 생각하는 종류의 산수에 대한 인식은 없는 것입니다. 생후 5개월 된 데릭Derrick의 반응은 실로 감탄할만한 것이었습니다. 하지만 몇 명의 과학자들은 데릭이 실제로 하고 있던 것은 양을 인식하는 것, 다시 말해 더 있거나 덜 있는 것을 인식하는 것이었을 뿐, 뭔가가 두 개 있다거나 네 개 있다거나 하는 정확한 양은 이해하지 못했을 거라고 믿고 있습니다. 후자의 능력은 아이의 발달과 함께 나타나게 됩니다.

수에 대한 감각은 산수와는 별개입니다

'교육 대통령education president' 조지 부시George W. Bush는 미국의 모든 어린이들이 초등학교에 입학할 무렵에는 '배울 준비'가 되어있어야 한다고 천명했습니다. 하지만 이것은 실제로 어떤 뜻일까요? 많은 사람들이 유아교육 프로그램이나 유치원에 등록되어 있는 어린 아이들은 반드시 산수 실력을 발달시켜야 한다고 믿고 있습니다. 아이들은 정확히 무엇을 알고 있어야 할까요? 현재의 기준으로는 3~4세 아이들이 10까지 셀 줄 알고 숫자들의 이름을 알고 있어야 합니다. 이런 것들이 중요한 능력이기는 해도, 단지 수학적 빙산의 일각을 보여줄 뿐이며 자연적으로 성숙되고 있는 아이들의 계산 능력은 고려하지 못하고 있습니다. 숫자를 셀 수 있다고 해서 산수를 아는 걸까요?

세기가 바뀔 즈음의 숫자의 '천재'였던 클레버 한스Clever Hans에 대한 이야기가 이 문제를 설명하는 데 도움을 줍니다.[60] 클레버 한스는 말馬 이었는데, 더하기, 빼기, 곱하기, 그리고 나누기를 할 수 있다고 이 말의 조련사는 주장하였습니다. 예를 들어 "한스, 2 더하기 2는 뭐지?"와 같은 산수 문제를 냈을 때, 말은 앞발로 땅을 가볍게 두드려 정답을 맞혔습니다. 심리학자 오스카 펑스트Oskar Pfungst가 한스의 눈을 가리기 전까지 거짓은 탄로나지 않았습니다. 말은 주인을 볼 수 없게 되자, 정답을 맞힐 수가 없었습니다. 펑스트는 한스가 산수를 푸는 것이 아니라, 주인이 보내는 비언어적인 암호를 읽고 있었다는 것을 알아챘습니다. 주인은 문제를 주면서 앞으로 몸을 숙였고, 말이 발을 땅에 두드릴 때 서서히 몸을 바로 세웠습니다. 한스가 정답에 가까워졌을 때, 주인은 마치 "바로 그거야!"라고 말하는 듯이 몸을 똑바로 곧추세웠습니다. 한스가 가진 진정한 능력인 주인의 비언어적 신호를 읽어내는 능력은 주인에게 인정을 받지 못했습니다. 그 조련사는 대중들을 감쪽같이 속인 것이 들통 난 사실에 대한 두려움으로 자살을 택했습니다. 사회적인 의미에서 클레버 한스는 더할 나위 없이 똑똑했습니다. 하지만 실질적으로는 산수에 대해서 아무것도 알지 못했습니다.

클레버 한스 이야기는 우리에게 아이들의 능력에 대해서 무엇을 말해줄까요? 바로 아이들은 정답을 맞히든지 맞히지 못하든지 간에, 우리와 같은 방법으로 과제에 접근하지 않을 수 있다는 것입니다. 우리가 제시하는 문제의 해답을 찾는 아이들의 능력은 클레버 한스를 능가합니다. 그들은 종종 무언가를 줄줄이 외우는 것에 뛰어납니다. 이를테면 자동차 이름, 신체 부위, 알파벳(대개 'L-M-N-O-P'를 한 글자처럼 외웁니다), 그리고 물론, 숫자까지도 말입니다. 이러한 이유 때문에, 숫자를 차례대로 암송할 수 있다고 해서 아이가 산수에 대해 뭔가를 알고 있다는 뜻은 아닙니다. 실제로, 상자 아래에 세 가지 물건이 들어있다는 것을 안다고 해도 이 아이들이 세 개는 두 개보다 많고 네 개보다 적다는 것을 알고 있다고는 말할 수 없습니다. 어쩌면 아이들은 특정 색상의 이름이 '파랑'인 것처럼 셋을 세 개의 물건의 '이름'으로 외우고 있는지도 모릅니다. 아이들은 그림 암기카드의 두 개의 점을 보고 적합한 답을 외치도록 배우고 있지만, 그들이 '둘'의 의미를 이해하고 있는지는 확실하지 않습니다.

이 논쟁 안에서, 여러분은 아이들의 산수 능력이 얕고 피상적이라고 결론을 지을지도 모릅니다. 아이들이 인위적으로 명령에 응답하도록 강요된 상황에서는 그렇지만, 사실은 그것이 다는 아닙니다. 과학자들은 아기들의 조기적인 숫자 개념에 대해 꽤 많은 발견을 했습니다. 아직 학교에 입학하지 않은 아이들에 대해서도 말입니다. 그들의 가장 중요한 발견들 중 하나는 태생과 상관없이 전 세계의 어린이들의 모든 수학적 능력 습득의 기초는 유아기와 어린 시절에 형성된다는 것입니다. 사실 우리는 아이들이 본능적으로 숫자 개념을 배우도록 프로그램 되었다고 믿고 있습니다.

본능에 의해 어느 정도의 기반이 마련되어 있지 않다면 어떻게 사람이 이 세상에서 숫자와 대면할 수 있을지 상상하기 힘듭니다. 숫자는 어디에나 있지만, 어디에서도 찾을 수 없습니다. 숫자는 물리적 형태가 부여되어 있지만 추상적이며, 실제로 존재하지는 않습니다. 음식의 수, 위협을 가하는 개체의 수, 구애를 하는 개체의 수 등에 대한 인식정도가 생존에 있어서 중요하다고 가정할 때, 우리가 일상에서 맞닥뜨리는 매우 복잡한 양과 숫자의 개념에 대해 감을 잡을 수 있도록 인류가 진화된 것은 다행스러운 일입니다.

숫자와 양(量)

원숭이들과 인간의 아기들이 최소한 많고 적은 양의 차이를 구분할 수는 있지만, 숫자에 대해서 확실히 무엇을 이해하고 있는지는 아직까지 논란이 되고 있습니다. 어떤 과학자들은 아기들이 숫자에는 전혀 관심을 두지 않지만, 대신에 사물의 '양(量)'은 깨닫는다고 주장합니다. 다음은 아기들의 숫자 인식 능력에 대한 서로 다른 이론들을 확인하기 위한 실험입니다.

워싱턴Washington 왈라왈라Walla Walla에 위치한 휘트먼대학Whitman Collage의 멜리사 W. 클리어필드Melissa W. Clearfield 교수와 블루밍턴Bloomington에 위치한 인디애나대학Indiana University의 켈리 믹스Kelly Mix 교수에 의해 진행된 실험에서, 7개월 된 아기들이 '습관들이기habituation' 방법에 의해 실험되었습니다. 이 연구에서, 예를 들어 칼라Carla라는 아이는 지루해질 때까지 같은 것을 계속 반복해서 보게 됩니다. 숨어서 칼라를 보고 있는 연구원은 아이가 응시하는 시간을 측정하기 위해 컴퓨터와 이어진 버튼을 누릅니다. 칼라의 탐구 시간이 특정 시간 이하로 떨어지면, 무언가 새로운 것을 보여줍니다. 칼라가 새로운 것을 이전의 것과 구별할 수 있다면, 다시 탐구를 시작할 것입니다. 만약 새것과 이전 것이 구별할 수 없을 정도로 비슷하다면, 칼라는 그저 계속해서 지루해 할 것입니다.

연구원들은 칼라가 숫자에 반응하는 것인지 물건의 양에 반응하는 것인지를 확인하기 위해 보통 크기의 네모난 도형 두 개를 보여주었습니다. 도형들은 판자 위에 올려 져 있는데, 몇 번의 시도를 통해 판자 위의 다른 부분으로 옮겨집니다. 처음에 칼라는 오랜 시간동안 넋을 잃고 바라봅니다. 하지만 서서히, 칼라는 마치 "이미 충분히 봤어. 이제 알았다구."라고 말하듯, 움직이는 도형들을 탐구하는 시간이 감소하였습니다. 여기서 칼라는 무엇을 이해한 걸까요? 확인할 수 있는 하나의 방법은 칼라에게 다음의 두 가지의 다른 장면을 보여주는 것입니다. 더 커다란 네모꼴 도형 두 개를 (숫자는 같지만 양이 다른)보여 주는 것과 작은 네모꼴 도형 세 개를 (숫자는 다르지만 총량은 같은)보여주는 것입니다. 만약 칼라가 물건의 숫자의 변화를 인식한다면, 세 개의 도형이 있는 장면을 더 오래 볼 것입니다. 만약 물건의 양의 변화를 인식한다면, 양이 증가했으므로 두 개의 도형이 있는 장면을 더 오래 보는 반응을 보일 것입니다.

어느 쪽이 더 많은 관심을 받았을까요? 바로 물건의 양입니다. 칼라는 두 개의 커다란 네모꼴 도형이 나타난 장면을 오랜 시간 보았지만, 총량이 기존의 것과 같은 세 개의 더 작은 도형이 나타난 장면에는 흥미가 없어 보였습니다. 칼라는 숫자 자체가 아닌 양에 기반을 두고 이 과제를 푸는 것으로 보였습니다.

우리는 이 결과를 어떻게 이해해야 할까요? 한 가지 결론은, 아기들은 물건의 양은 인식할 수 있지만 숫자에 대한 감은 전혀 없다는 것입니다. 하지만 물건의 양에 대한 감을 갖고 있는 것이 절대로 하찮은 능력이 아닙니다. 아기들을 더욱 숫자적인 방법으로 덧셈 뺄셈을 하도록 만들기엔 부족하긴 하지만, 대단히 중요한 능력인 것만은 확실합니다. 어쩌면 아기들은 단지 많고 적은 것에 대한 기본적인 인식만을 가지고 있을지도 모릅니다. 어떤 이들은 이 기초적인 단계의 양적 인식이 두뇌에 기본적으로 내장되어 있으며, 어쩌면 이것이 먹이를 찾는 동물들의 그것과도 다를 게 없을지 모른다고 주장합니다.[61] 이 부분에 있어서 우리는 더 많은 연구 결과를 기다려야 할 것입니다. 좌우간, 아기들은 우리와 같은 방법으로 덧셈 뺄셈을 하는 것이 아니며, 심지어 유치원생들의 능력과도 다르다는 것이 분명합니다.

숫자에 대한 인식 : 숫자를 세기 시작하다

아이들이 자라남과 동시에, 수학적 발달에 대한 이야기는 계속됩니다. 두 살 반이 되면, 대부분의 아이들은 '하나, 둘, 셋, 넷'과 같은 적은 일련의 숫자들을 말할 수 있습니다. 세 개의 공을 보여주면, 그에 맞는 숫자를 엇비슷하게 셀 수 있습니다. 세 살이 되면, 아이들은 어느 정도 개수의 물건들을 세기 시작할 수 있습니다(셋이나 넷 이상의 물건까지도 넘어갈 수 있습니다). 그러나 이 나이 또래의 아이들은 다른 사람이 숫자를 바르게 세고 있는지 잘못 세고 있는지는 알 수가 없습니다. 또한 물건의 수를 셀 때에 한 가지 숫자를 한번 이상 말할 수도 있습니다. 이를테면, "하나, 둘, 둘, 셋, 둘"이라고 셀 수도 있습니다.

네 살이 되면, 아이들은 자신의 숫자 능력들을 조합하기 시작합니다. 그들은 물건들의 숫자를 세고, 인형이나 사람이 숫자를 잘못 세었을 때 지적해주며, TV 화면에 나오는 물건들을 셀 때 따라 셀 수 있게 됩니다. 이 나이에는 심지어 물건들을 비교할 수도 있습니다. 한 꾸러미의 물건들이 다른 꾸러미보다 크고, 또 다른 꾸러미보다는 작다는 것을 알아챌 수 있습니다. 예를 들어, 그들은 네 개의 쿠키가 세 개의 쿠키보다 많고 다섯 개의 쿠키보다는 적다는 것을 압니다.

마지막으로, 다섯 살이 되면, 아이들은 유치원에서 주로 하는 숫자 개념 달성 수준인 숫자 세기와 물건의 양을 비교하는 능력을 발달시킵니다. 이 시점에서, 어떤 이들은 아이들이 연속된 숫자 속에서 특정 숫자를 다른 숫자들과 관련지어 적합한 위치에 놓을 수 있다고 주장합니다. 이 시기는 아이들이 두 꾸러미의 물건들을 더해야 할 때 '이어서 숫자 세기 Counting on'를 시작하는 때이기도 합니다. 이 방법을 쓰는 것은 발달이 꽤 진척이 됐을 때 가능한 것이긴 하지만 이러한 발달은 관찰하는 사람을 흐뭇하게 합니다. 아이에게 세 개의 인형을 주면, "하나, 둘, 셋" 하고 말할

< 숨은 재능 확인하기 > 이어서 숫자 세기

나이 : 4세~6세

여러분의 아이가 숫자를 '이어서' 셀 수 있는지 확인해보십시오. 장난감 다섯 개를 가지고 와서 아이가 갖고 놀게 하십시오. 그러고는 그 장난감들이 각각 세 개와 두 개로 구분된 두 집합이 되도록 나누십시오. 아이에게 먼저 세 개가 모여 있는 쪽을 세어본 후 당신에게 장난감이 몇 개 있는지 말해달라고 하십시오. 그 다음 아이에게 나머지 두 개의 장난감을 준 뒤, "이제 몇 개가 있니?" 하고 물어보십시오. 당신의 아이는 어떻게 합니까? "이어서" 숫자를 세나요? 만약 그렇지 않다면, 한 달 후에 다시 이 실험을 해서 아이의 이 능력이 발달되었는지 확인해보십시오. 이 능력은 대략적으로 5세 정도에 보이기 시작합니다.

것입니다. 이번에는 두 개의 인형을 더 주고, "인형이 몇 개 있니?"하고 물어보십시오. 여러분이나 저라면 기존의 숫자에 이어서 "넷, 다섯"하고 세고는 재빨리 최종적인 숫자를 산출할 것입니다. 세 살이나 네 살 먹은 아이들은 어떻게 할까요? 그들은 기존의 인형 세 개부터 "하나, 둘, 셋, 넷, 다섯" 하고 다시 세어서야 정답에 다다릅니다. 다섯 살이 되어야, 이미 세 개의 인형이 있었다는 것을 인식하고 우리가 했던 것처럼 기존의 숫자에 이어서 숫자를 셀 수 있게 됩니다.

아이들은 숫자 세기에 대하여 실제로 무엇을 이해하고 있을까요?

아이들이 적은 수의 물건들을 세는 것과 같은 간단한 행동을 할 때, 그들은 실제로 자신이 무엇을 하고 있는지 이해하는 걸까요? 세계적으로 명성을 얻은 발달 심리학자 장 피아제Jean Piaget는 아이들이 숫자에 관해 많이 이해하고 있다는 것에 대해 의혹을 가졌습니다. 피아제는 자신의 아이들이 세상을 어떻게 받아들이고 있는지 알아보기 위해 직접 본인의 아이들을 대상으로 작은 실험들을 즐겨 실행하곤 하였습니다.

예를 들어, '수의 보존number conservation 문제'라고 알려진 것을 시험해보기 위해 피아제는 다섯 살짜리 프랑소아Francoise의 앞에 다섯 개의 파란색 작은 원반들을 한 줄로 놓습니다. 그리고는 다른 한 줄을 자신 앞에 놓습니다. 각각의 줄은 서로 약 3인치 정도 떨어져 있으며, 서로 평행으로 되어있습니다. 그 다음에 그는, "프랑소아야, 여기 있는 것들은 너의 동그라미들이고 (손가락으로 가리키며), 이것들은 나의 동그라미들이야(손가락으로 가리킨다). 네 동그라미가 더 많니, 내 것이 더 많니, 아니면 우리 둘 다 같은 양을 가지고 있니?"라고 묻습니다. 확실치 않은 표정으로 프랑소아는 마치 더 나은 각도에서 보려는 듯 두 줄의 디스크를 두고 머리를 이리저리 움직여봅니다. 흥미롭게도, 프랑소아는 숫자를 셀 수 있음에도 불구하고 이 문제에 대답하기를 망설입니다. "우리 둘 다 같은 양을 가지고 있어요." 하고 결국 결론을 내립니다.

그 다음, 피아제는 프랑소아가 보는 앞에서 본인의 디스크 줄을 흩뜨려 놓아 두 개의 줄이 더 이상 평행이 아니게 하여 더 많은 공간을 차지하게 합니다. 그리고는 프랑소아에게 정확히 같은 질문을 합니다 : "프랑소아야, 네가 더 동그라미가 많니, 내가 더 많니, 아니면 우리 둘 다 같은 양을 가지고 있니?" 프랑소아는 이번에는 답을 확신하고는 명랑하게 결론짓습니다. "와, 이젠 아빠가 더 많아요. 아빠 앞의 원반들의 줄이 얼마나 벌어져 있는지 보세요!"

어른들에게는, 이러한 대답들이 충격적으로 보입니다. 이 아이는 어떻게 이런 식의 대답을 할 수 있는 걸까요? 실제로, 다른 심리학자들도 이 연구 결과를 믿기 힘들어했습니다. 그럼에도 이 결과는 전 세계적으로 관찰되었습니다. 만약 우리가 질문을 다르게 했더라면, 또는 아이들이 진열된 물건들을 직접 다룰 수 있게 했더라면, 매우 쉬워 보이는 이 과제를 아이들로 하여금 해결할 수 있게 했을지도 모른다는 게 심리학자들의 추론입니다.

많은 연구 끝에, 러트거스대학Rutgers University의 로첼 게르만Rochel Gelman 교수의 작업[62]에 의해 아이들은 피아제와 그의 연구원들이 인정한 것보다 숫자에 대해 더 많은 것을 알고 있다는 것이 확실해졌습니다. 그렇다고 해서 여러분의 아이들 모두가 '수의 보존 문제'의 정답을 맞히지 못한다는 말은 아닙니다. M&M 초콜릿으로 이 실험을 해서 아이들에게 성취동기를 부여할 수도 있을 것입니다. 그러나 게르만 교수는 아이들이 '수의 보존 문제'에 있어서 어떠한 점에 주의를 기울여야 하는지 모르고 있었다고 주장하였습니다. 이것은 마치 아이가 자신에게, "여기서 뭐가 문제인 거지? 각 줄의 물건들의 숫자에만 신경 쓰면 되는 건가? 아니면 그 물건들이 얼마만큼의 공간을 차지하고 있는지를 봐야 하는 건가? 그것도 아니면 물건들이 얼마나 서로 바짝 붙어있는지를 눈여겨봐야 하는 건가?" 하고 묻는 것과도 같습니다.

그러나 적절한 관점, 즉 숫자에 관심을 두게 해서 옳은 대답을 할 수 있도록 여러분이 아이들을 교육시킬 수 있는 것으로 밝혀졌습니다. 게르만 교수는 이 실험을 '마술' 생쥐를 이용해 실행하였습니다. 그녀는 아이들에게 한 번에 한 명씩, 생쥐의 숫자, 또는 생쥐들 사이의 공간 넓이의 변화 등에 대해 문제들을 내었습니다. 때로 그녀는 서로 멀리 떨어져 있는 생쥐 두 마리가 서로 가까이 붙어있는 생쥐 세 마리의 건너편에 있는 것을 보여줬습니다. 같은 길이의 줄을 지어있는 생쥐들을 보여주기도 했습니다. 그녀는 아이들에게 생쥐들이 더 많이 모인 상자를 골라보라고 합니다. 상자들이 어떤 식으로 배열되어 있든지 세 마리의 생쥐들이 있는 상자가 언제나 승리한다는 규칙을 정했습니다. 그리고 두 마리의 생쥐들이 있는 상자는 언제나 패배합니다. 아이들이 옳게 대답하면, 교수는 상을 줬습니다. 그녀는 이 작업에서 주의를 기울여야 할 것은 숫자였다는 것을 본질적으로 가르친 것입니다. 그리고는 아이들로 하여금 숫자에 관해 무엇을 배웠는지 말하도록 하는 목적을 달성합니다(이런 것은 심리학자들이 가장 좋아하는 과제 중 하나입니다!). 그녀는 아무도 모르게 (마치 마술처럼) 줄을 지어있는 생쥐들 중 맨 끝에 있거나 중간에 있는 생쥐를 빼서 두 줄의 길이나 밀도는 아까와 같지만 이번에는 같은 숫자가 되어있게 하였습니다. 아이들은 놀라움을 표시하고는 여기에서 관심을 둬야 할 것이 숫자라는 것을 확실히 알았다고 구두로 답하였습니다. 어떤 아이들은 없어진 생쥐가 어디에 있는지 물어보거나 찾아보았습니다. 다른 아이들은 "예수님이 가져 가셨어."와 같은 사라진 생쥐에 대한 설명을 내놓기도 했습니다.

게르만 교수의 실험에는 가장 중요한 것이 두 가지가 있습니다. 첫째로, 이 실험은 어린 아이들에게 보존되어야 할 수치적 특성이 '숫자'임을 가르쳐 관심을 갖게 함으로써 피아제의 '수의 보존 문제'에 합격할 수 있다는 것을 증명하였습니다. 둘째로는, 어린 아이들이 이토록 단순한 과제를 어른들과는 매우 다른 방식으로 접근한다는 것입니다. '수의 보존 문제'에서 중요한 것이 숫자라는 것을 알아낼 수 있을 만한 시간과 경험이

< 숨은 재능 확인하기 > 수의 보존 문제

나이 : 3~6세

위에 언급되어있는 피아제가 프랑소아와 실행한 '수의 보존' 실험을 당신의 아이와 해보십시오. 모든 '수의 보존 문제'는 세 가지의 요소를 가지고 있습니다. 첫째로, 아이는 앞에 놓인 두 무리의 공통된 물건들이(그것이 무엇이든지) 같은 숫자임에 반드시 동의해야 합니다. 두 번째로, 아이가 관찰하고 있을 때, 어른은 아이 몰래 한쪽 무리의 물건들을 서로 찰싹 붙여놓거나 아니면 띄어놓아야 합니다. 마지막으로, 어른은 두 무리의 물건들이 서로 같은지 다른지를 다시 한 번 물어봐야 합니다.

두 무리의 물건들이 어떻게 보이는지에 따라 당신의 아이가 속아 넘어가는 것을 보는 것은 과히 충격적일 것입니다. 당신은 무엇을 더하지도, 빼지도 않았기 때문입니다. 하지만 아이들은 종종 이 함정에 빠지고 맙니다. 더 나아가, 당신이 물건들을 다시 원위치로 돌려놓으면, 아이들은 그제야 두 무리의 물건들이 다시 같아졌다고 말할 것입니다! 그러니 아이들이 형제들과 누가 더 많은 과자를 가지고 있는지 싸울 만도 합니다. 과자봉지에 같은 숫자가 들어있다고 해도 과자들이 다르게 생겼다면 말입니다. 아이들은 누군가가 과자를 빼앗았다고 우길지도 모릅니다. 대부분의 세 살에서 다섯 살까지의 아이들이 이 '수의 보존 문제'에 실패하는 반면, 여섯 살 정도의 아이들은 이 문제에서 성공하기 시작합니다.

아이들은 필요한 것입니다. 사실상, 다른 연구원들이 밝혀낸 바와 같이, 기본적인 '수의 보존 문제'에서 실패한 아이들은 마치 자신들의 답이 무조건 옳은 것처럼 행동하였습니다. 프랑소아는 몇 개가 있는 지와는 상관없이 눈에 어떻게 보이는가를 더 중요히 여기는 자신의 믿음에 기대어 대단한 확신을 가지고 답변하였습니다. 그러나 게르만 교수의 논문에서 언급되었듯이, 실제로 중요한 것은 숫자라는 것을 아이들이 이해할 수 있도록 이끄는 방법은 여러 가지가 있습니다. 아이러니하게도 바로 이런 것들이 우리가 아이들에게 가르치지 않아도 되는 지식입니다. 아이들은 일상적인 세상을 살아가는 경험으로부터 이런 것들을 자연히 스스로 이해하게 됩니다.

하지만 부모와 함께 숫자에 대한 대화를 나눔으로써 더 일찍 숫자의 개념을 깨우치게 하는 방법도 있습니다. 이를테면, 숫자의 개념을 이해하는데 도움이 되는 능력 중 하나는 아이들이 두 무리의 물건들을 평행으로 줄을 맞출 때 발휘됩니다. 이 능력의 근사한 이름은 '1대 1 대응법'인데, 아이들이 공통된 특징이 있는 무리들을 비교할 때 쓰입니다. 이것 또한 아이들이 자연적으로 습득합니다. 세 살이 되었을 때, 우리 아이들 중 한 명인 죠시Josh는 수많은 장난감 자동차들을 한 줄로 배열하는 것 외에 세상에 더 재미있는 일은 없다고 생각했습니다. 자동차 하나하나를 꼼꼼히 일렬로 길게 나열해놓은 후, 인형들을 가져다가 각각의 자동차 옆에 세워두었습니다. 아이들은 무엇을 가지고든 이 '놀이'를 즐길 수 있습니다. 신발과 양말과 책들과 인형들을 이용해서 말이죠. 여러분은 자신의 아이가 얼마나 자주 물건들을 분류해놓고 그것들과 함께 '1대 1 대응법'을 실행하는지 알면 아마도 깜짝 놀랄 것입니다.

숫자 세기의 원칙 :
아이들은 언제 무엇을 할 수 있는가?

게르만Gelman 교수는 뉴저지New Jersey에 위치한 러트거스대학Rutgers University에 종사하고 있는 남편 랜디 갈리스텔Randy Gallistel 교수와 함께 공동 작업으로 계속해서 아이들이 '수의 보존 문제'에 합격하는데 필요한 능력들을 구분해나갔습니다. 그들은 아이들이 숫자에 대해 무엇을 알고 있는지, 그리고 그것을 언제 알게 되었는지 등의 중요한 질문들을 하였고, 많은 연구를 한 결과, 숫자 세기를 지배하는 다섯 가지의 원칙이 나왔습니다. 이 원칙들은 아이들이 단순히 이 세상의 물건들을 가지고 놀거나 사람들과 숫자에 대해 이야기를 나눔으로써 스스로 깨우치게 되는 것들입니다. 이 지식은 손이 닿을 수 있는 물건이라면 무엇이든지 이용하여 누군가의 지도 없이 아이들이 혼자 하기 좋아하는 일들에 기반을 두고 있습니다. 다시 말해서, 아이들은 바로 우리가 '놀이'라고 부르는 멋진 활동을 통하여 이 원칙들을 깨우치게 됩니다.

1대 1 대응의 원칙 :
한 가지 물건에 오직 한 가지 '이름표'를 붙인다

한 무리의 물건들의 숫자를 세는데 있어서 무엇이 수반되는지 생각해 봅시다. 만약 물건들을 한번보다 많이 세었다면, 우리는 잘못된 답을 얻을 것입니다. 그러나 아이들은 이 사실을 언제 알 수 있을까요? 이것이 바로 '1대 1 대응법'인데, 게르만 교수는 아이들이 두 살 반이 되면 한 가지 물건에 오직 하나의 '이름표'를 붙인다는 것을 알게 되었습니다. 아직 숫자를 잘 셀 수 없다고 해도 말입니다. 네 가지 물건들을 보여주며 몇 개인지 셀 수 있는지 물으면, 아이들은 "하나, 둘, 넷, 여섯"과 같은 식으로 대답하며 잘못된 번호일지라도 각 물건에 한 가지씩 번호를 붙였습니다. 이것은 굉장한 일입니다. 아이들은 어떻게든 각 물건이 한 번씩만 세어져야 한다는 사실을 알아낸 것입니다.

순서 불변의 원칙 : 숫자는 정해진 순서로 존재한다

다시 말하지만, 아이들은 아직 숫자를 순서대로 알지 못한다고 해도, 자신들이 배운 숫자들이 변하지 않는 순서로 존재한다는 사실을 인식하는 듯합니다. 다르게 말하면, 하나의 무리를 셀 때, 한번은 "하나, 둘, 셋"하고 말하고 다음번에는 "둘, 하나, 셋"하고 말해서는 안 됩니다. 두 살 된 아이에게 한 무리의 물건들을 세어보라고 한 후에 당신은 그 아이의 행동을 보고 놀랄지도 모릅니다. 아이는 분명히 숫자 단어들이 사용되어야 한다는 것을 압니다. 즉, 아이는 당신에게 이를테면 "파랑, 빨강, 초록…"과 같은 답을 하지는 않을 것이라는 말입니다. 그러나 아이는 당신이 기대하

< 숨은 재능 확인하기 > 1대 1 대응법과 순서 불변의 원칙

나이 : 2~4세

당신의 아이는 지금 1대 1 대응법과 순서 불변의 원칙을 사용할 수 있습니까? 몇 가지 물건들을 가지고 세 개나 네 개씩 모인 세 개의 작은 무리들을 만드십시오. 아이에게 세 개 중의 한 무리를 세어보도록 한 다음, 아이가 각 물건에 이름표를 하나씩만 붙이는 1대 1 대응법을 사용하고 있는지 확인해보십시오. 만약 아이가 1대 1 대응법을 쓰지 않는다면 몇 달 후에 다시 시도해보십시오. 불과 1~2년 사이에 어떠한 변화가 생길 수 있는지 확인할 수 있으므로 모든 연령층의 아이들과 함께 해보기에도 이것은 훌륭한 실험입니다. 또한, 아이가 물건을 셀 때에 자신만의 셈법(아마도 특이한 방법의)을 매번 똑같이 사용하고 있는지 들어보고, 순서 불변의 원칙을 사용하고 있는지 관찰해보십시오.

고 있는 순서로 숫자를 세지 않을지도 모릅니다. 어쩌면 "하나, 둘, 셋, 넷, 일곱."하고 셀 지도 모릅니다. 그렇지만 당신이 아이에게 두 가지의 다른 무리의 물건들을 주고 세어보라고 한다면, 아이는 자신이 숫자를 세었던 순서(자신만의 셈법)를 똑같이 유지할 지도 모릅니다. 아무도 자리에 앉아서 아이에게 이러한 원칙을 가르치지 않기 때문에 다시 한 번 말하지만 이것은 꽤 놀라운 일입니다; 아이들은 사람들이 숫자를 세는 것을 보고 혼자서 세어봄으로써 스스로 원칙을 세우는 것입니다.

계량의 원칙 :
진열된 물건들의 수는 마지막 이름표의 숫자와 동일하다

일단 아이들이 순서 불변의 원칙을 터득하고 나면, 그들은 계량의 원칙을 사용할 준비가 됩니다. 마지막으로 센 숫자가 진열된 물건들의 양을 나타낸다는 감을 갖게 되는 것입니다. 그것은 무슨 뜻일까요? 내가 세 개의 컵을 세었다면, 셈을 한 마지막 숫자(셋)가 진열되어 있는 물건들 속에 있는 컵들의 수를 나타냅니다. 아이들이 이 셈법을 사용하는것을 관찰하는 것은 매우 재미있습니다. 왜냐하면 아이들은 진열된 물건들을 마지막까지 거의 세었을 때, 종종 고개를 들고는 최종적으로 목소리를 높이며 자신감에 차서 "여섯!"이라고 외칩니다. 자신만의 특이한 셈법을 사용하였더라도 상관없습니다. 아이가 당신에게 말한 마지막 숫자가 그 곳에 '몇 개'가 있는지를 나타낸다면, 아이가 이 원칙을 이해하고 있다는 것을 당신은 알게 될 것입니다.

추상화의 원칙 :
나는 무엇이든 셀 수 있어요!

세세미 스트리트Sesame Street의 숫자를 세어보는 코너에 나오는 주인공이 이번 원칙인 추상화의 원칙을 말해줍니다. 그는 무엇이든지 셀 수 있습니다. 신발도 셀 수 있고, 창문 옆을 지나가는 자동차들도 셀 수 있고, 심지어는 우리가 점심시간 이후로 통신판매원들에게서 몇 번 전화를 받았는지도 셀 수 있습니다. 숫자는 어디에서든 무엇이든 모든 것에 적용될 수 있는 보편적인 것입니다. 그리고 다행스럽게도 각 나라의 언어가 다름에도 불구하고 (un, deux, trios ‐ 또는 하나, 둘, 셋) 이 원칙들은 전 세계적으로 통일되어 있습니다.

순서와 무관한 셈의 원칙 : 어디서부터 세기 시작해도 상관없다

피아제가 수학자가 된 자신의 친구가 어렸을 때 큰 깨달음을 얻은 것을 기억하여 이야기합니다. 그 친구는 몇 개의 돌멩이들을 가지고 놀다가 그 중에 여섯 개를 원형으로 나열했습니다. 돌멩이를 하나하나 세기 시작했는데 '여섯'이라는 답이 나왔습니다. 그리고는 그 안의 다른 돌멩이를 골라서 '하나'부터 다시 세었는데 이번에도 '여섯'이라는 답이 나왔습니다. 놀라웠습니다. 어느 돌멩이에서부터 세기 시작해도 상관없었습니다. 계속해서 같은 답이 나왔습니다. 피아제의 친구는 다른 모든 어린 아이들이 그렇듯이 스스로 순서와 무관한 셈의 원칙을 발견했습니다. 이 원칙은 우리가 원하는 무엇이든지 셀 수 있을 뿐만 아니라, 어느 물건에서부터, 어느 순서로든지 셀 수 있다는 것을 말해줍니다.

세 살이 되면, 거의 모든 아이들이 항상 이 다섯 가지의 원칙들에 의해 움직이는 것으로 보입니다. 이 원칙들은 정상적인 발달 단계에서 생겨나 이제는 산수 수업과정과 평가서 안에서 시행되고 있습니다. 우리는 아이들에게 셈법의 원칙을 가르칠 교재를 사기 위해 얼른 밖으로 뛰어나가야 할까요? 아닙니다. 첫 번째로, 우리가 아무리 원한다고 해도 두 살 난 아이에게 셈법의 원칙을 가르칠 수는 없습니다.(하지만 우리는 이렇게 하고 싶어 하는 부모도 있다는 것을 알고 있습니다.) 물건을 셀 때에 어떤 순서로 세든 무관하다는 것을 두 살 된 아이에게 어떻게 설명하시겠습니까? 아이들은 이것을 적절한 시기에 스스로 깨닫게 될 것입니다. 이 원칙들에 대한 설명은 아이들이 완전히 이해하기에 너무나 추상적입니다. 아이들이 이 원칙들을 스스로 이해하기 위해 주위에 있는 사물들로 물리적인 경험을

< 숨은 재능 확인하기 >
계량의 원칙, 추상화의 원칙, 순서와 무관한 셈의 원칙

나이 : 2~4세

여러분은 여러분의 아이에게 몇 가지 물건들을 건넴으로써 아이가 셈의 원칙을 사용하고 있는지를 확인할 수 있습니다. 예를 들어, 아이가 계량의 원칙을 사용하는지 확인해보십시오. 아이에게 "개들이랑, 새들이랑, 장난감들이랑 … 몇 개가 있니?"하고 물었을 때, 아이는 답이 자신이 그 물건들을 세었을 때 나온 마지막 숫자라는 것을 알고 있습니까? 또한 무엇이든지 적극적으로 세려고 하며 추상화의 원칙에 대한 이해를 표현합니까? 아이에게 손으로 만져지는 물건들 중에 몇 가지를 세어보라고 한 후, 하늘에 구름이 몇 개 떠있는지, 혹은 당신이 지난주에 몇 번 할머니에게 전화를 걸었는지를 세어보라고 하십시오. 아이가 거부합니까? 아니면 아무리 멀리 있거나 손에 닿지 않는 사물이라도 당신이 물어보는 것들을 무엇이든지 적극적으로 세어보려고 합니까?

마지막으로, 아이가 순서와 무관한 셈의 원칙을 사용하는지 확인해보십시오. 한 집합으로 모아둔 다섯 개의 물건들 중 하나를 가리키며 그 집합 안에 몇 개가 있는지 물어보십시오. 그리고는 그 집합된 물건들 속의 또 다른 물건을 가리키며 다시 세어보게 하십시오. 아이가 두 번 모두 같은 답을 했습니까? 자발적으로 세어보려고 합니까? 아이에게 왜 항상 같은 답이 나오는지 물어보십시오. 아이에게서 의미가 통하는 말이 나오기를 기대할 수는 없지만, 어떤 식으로 합리화 된 답을 하는지 들어보는 것은 재미있을 것입니다.

해야 하는 이유가 바로 여기에 있습니다.

장난감 자동차, 컵, 그리고 집에서 일상적으로 접할 수 있는 어느 물건을 가지고도 '산수' 놀이를 할 수 있습니다. 특별한 것을 살 필요가 없습니다. 추상적인 원칙이 우리를 깨닫게 하듯, 아이들은 눈에 보이는 모든 곳에서 찾기 힘든 '숫자'를 찾을 수 있을 것이며, 우리가 아이들과 함께 찾아본다면, 지렁이, 벌레, 그리고 감자튀김을 아이들과 세어보면서 즐거운 시간을 보낼 수 있을 것입니다(마지막 사례는 그리 바람직해 보이지는 않네요!). 덧셈과 뺄셈을 배우려면 물론 숫자 이상의 것을 배워야 합니다. 이 문제가 우리를 다음의 수에 대한 공식인 연속된 수의 개념으로 안내합니다.

연속된 수의 개념

숫자들은 독립적으로 여기저기 떠다니지 않습니다. 다른 수와의 관계에 의해 확정되는 것입니다. 덧셈 뺄셈과 같은 능력을 완전하게 익히려면, 아이들은 이를테면 다섯이 넷보다 한 단위 차이로 크며 셋보다는 한 단위보다 더 많은 두 단위 차이로 크다는 사실을 이해해야만 합니다. 나아가, 다섯은 넷보다 한 단위 큰 숫자이지만, 동시에 여섯보다는 한 단위 작은 숫자라는 것도 이해해야 합니다. 연구에 의하면 이것이 익히기 더 어려운 개념이며 아이들이 두 살 반에서 세 살 사이에 처음으로 배운다고 합니다.

세 살의 나이에도, 어떤 숫자가 아주 작거나 아주 큰 숫자와 연관되었을 때가 아주 조금밖에 차이 나지 않는 숫자와 연관되었을 때보다 더 이해하기 쉽습니다. 예를 들어, 아기들은 숫자 5가 4와 6에 연관되어있을 때보다 1과 8에 연관되어있을 때를 더 많이 인식합니다. 어쩌면 아이들이 (어른들 역시) 더 큰 규모의 숫자 차이를 인식하는 것은 우리가 위에 아기들에 대해 언급한 것과 관련이 있을지도 모릅니다. 우리가 양적인 면을 먼저 본다는 연구 결과가 나온 것처럼, 적은 양의 차이를 판단하기 위해 연속된 수에 대한 지식을 사용해야 하는 것에 비해 많은 양의 차이를 판단하는 것이 더 쉬운 것은 당연한 이치입니다. 이 능력은 발달하기까지

학습 찬스 | 연속된 수

이것은 당신을 위한 문제입니다. 56+75는 125와 150 중 어디에 더 가까울까요? 56+75는 130과 136 중 어디에 더 가까울까요? 프랑스 국립보건기구National Institute of Health in France의 스타니슬라스 데힌Stanislas Dehaene 교수는, 당신이 아이들과 마찬가지로 더 정확한 수학적 추리를 필요로 하는 숫자들보다 서로 차이가 더 많이 나는 숫자들에 대해 더 쉽게 근사치를 낼 수 있기 때문에, 어른들에게 두 번째 문제보다 첫 번째 문제가 더 쉽다고 말합니다.[63]

이것은 당신의 3~6세 아이를 위한 문제입니다. 세 집합의 물건들을 놓고 (한 집합에는 세 개의 물건, 다른 한 집합에는 다섯 개의 물건, 또 다른 한 집합에는 일곱 개의 물건) 아이에게 어느 집합이 가장 크고 또 어느 집합이 가장 작은지 물어보십시오. 당신의 아이는 이 문제를 풀 수 있습니까? 이 문제는 규모가 크게 다른 두 집합을 비교하는 것이기 때문에, 그다지 어렵지 않을 것입니다. 그렇다면 아이에게 중간에 있는 집합에 대해 물어보십시오. 중간에 있는 집합은 각 집합과 비교했을 때 규모가 조금밖에 차이가 나지 않기 때문에 이번에는 조금 헷갈릴 수 있습니다. 중간의 집합이 이쪽보다 더 많을까?(가장 작은 것을 가리키며) 아니면 이쪽보다 더 많을까?(가장 큰 집합을 가리키며) 당신의 아이가 이 문제에 어떻게 반응하는지 확인해보십시오.

상당한 시간이 걸립니다. 우리 아이들 중 하나인 벤자민^{Benj}이 다섯 살이 되기 전까지 이 아이는 왜 부모님이 형보다, 형이 자신보다, 그리고 자신이 남동생 마이크^{Mike}보다 더 많은 아이스크림을 먹는 것인지 확실히 알지 못했습니다. 벤자민은 가족의 나이를 연속된 수로 배열해 놓고 아이스크림을 그 수의 배열과 비교해보고 나서야 이해가 되었습니다.

영광의 성취 : 셈과 비교하기

덧셈과 뺄셈을 확실히 배우려면, 당신의 아이는 연속된 수에 대한 지식을 동반한 셈의 원칙을 이용할 수 있어야 합니다. 이것은 당신의 아이가 한 집합에 공 세 개가 있는 것을 셀 수 있는 것뿐만 아니라, 공 세 개는 두 개의 공보다는 많으나 네 개의 공보다는 적다는 것을 이해해야 한다는 뜻입니다. 유치원에서의 이 마지막 산수 단계는 대부분의 5~6세 어린이들에게 일어나는 것으로 보입니다.

연속된 수의 깨달음은 아이들로 하여금 사물을 더할 수 있게 하고, 또한 세 개의 물건에 다른 네 개의 물건을 더하면, 일곱 개만큼 연속된 수 안에서의 총수가 올라가는 것을 알게 합니다. 그리해야만 비로소 아이는 3과 7 사이의 거리를 규모의 차이로써 깨우치게 됩니다. 또한 비로소 아이는 은연중에 더하고 빼는 것은 같은 연속된 수의 상관관계 안에서 작용한다는 것을 알게 됩니다. 아이들은 연속된 수의 개념에 대해 설명할 수가 없습니다. 이것은 무의식적으로 얻게 되는 지식이기 때문입니다. 무의식적으로 얻게 되기는 하나, 지식임에는 틀림없습니다. 연속된 수의 개념의 개발과 이와 함께 사용되는 모든 것들이 유치원 아이들이 달성하는 최고 수준의 산수입니다. 그리고 당신의 아이가 이 정점에 다다를 수 있게 하는 가장 매끄럽고 완벽한 방법은 놀이뿐만 아니라 일상적인 생활 속에서 당신이 만들어낼 수 있는 간단한 덧셈과 뺄셈 문제들을 통해서입니다.

학습 찬스 │ 집에서 만든 연속된 수 놀이

　많은 보드게임들은 연속된 수를 기반으로 합니다. 이 게임들의 목적은 출발선에서부터 도착지까지 가는 것입니다. 제일 먼저 도착하는 것이 목표입니다. 보드 속의 공간들은 연속된 수와 같아서, 우리는 두 개의 주사위를 굴려서 그 곳을 통과해 나갑니다. 주사위 하나에 여섯 개의 점이 나오면 우리는 여섯 칸을 움직임에 따라 세 칸밖에 움직이지 못한 참가자를 즉시 앞지르게 되는 것입니다. 아이들은 여기서 1대 1 대응법을 배우는 것뿐만 아니라 (주사위의 한 점에 한 칸씩), 연속된 수의 원칙 또한 깨닫게 됩니다. 아이들은 목적지를 향하여 움직입니다. (우리는 목적지까지의 숫자를 지정해놓을 수도 있습니다. 예: 50).

　혹시 아주 특별한 걸 원한다면, 자신만의 게임을 직접 만들 수도 있습니다. 종잇조각들을 자르고 그 위에 0에서 50까지의 숫자를 표시하는 선들을 그어놓으면, 아이들은 종잇조각들이 수직선을 따라 숫자로 나타낸 목적지에 도달하는 것을 볼 수 있습니다. 세련된 부모라면 여기에 "두 칸 뒤로"라고 쓰인 보너스 칸을 추가하여, 아이들이 이 양 방향 통행의 도로 위에서 덧셈과 뺄셈의 관계를 배우게 할 수도 있을 것입니다.

　게임이 진행되고 있을 때, 아이에게 도전의식을 북돋아줘도 좋습니다. 누가 더 많이 갔나? 왜 그런 상황이 일어났을까? 다른 말들과 얼마나 차이가 날까? 이 게임을 하면서, 여러분은 아이들이 숫자적 발달에 대해 완전히 새로운 시각을 갖게 되었다는 것을 느낄 수 있을 것입니다.

연구 결과들이 당신 아이에게 무슨 의미가 있을까?

연구에 따르면 신생아들마저도 더 많거나 더 적거나 하는 양에 대해 배울 수 있고, 태어난 첫 해의 후반기에는 같은 양等值,equivalence에 대한 감각을 갖게 된다고 합니다. 몇몇의 연구자들은 이 초기가 아기들이 숫자에 대한 지식보다는 사물의 양에 더 의존하는 시기라고 합니다. 그러나 또 어떤 연구자들은 아기들이 아주 적은 양에 있어서 기초적인 숫자 지식을 가지고 있다고 믿습니다. 그리고 이 지식은 결과적으로 훗날 숫자에 대해 논리적으로 설명하는 능력으로 발전한다고 합니다.

시간이 흐르면서, 아기들은 숫자를 세고 비교하기 시작하는 어린 아이가 됩니다. 약 3년 반 동안, 아이의 숫자를 세고 비교하는 능력은 서로 마치 다른 차원의 능력인 것처럼 발달합니다. 그리고는 마술처럼 우리의 유아원생 아이들은 이 두 개의 시스템을 통합시키는 법을 개발합니다. 계속해서 셈을 하는 방법과 연속된 숫자를 서로 비교하는 방법, 그리고 진정한 수학적 계산 방법들을 말입니다.

모든 아이들이 유아원에 다녀야 하는 시대에 들어서면서, 교육자들과 과학자들은 유아원 수준의 숫자 발달을 위한 자연적인 방법을 진지하게 검토하고 있으며, 교육 과정들은 아이들이 셈과 숫자 비교의 측면에서 생각하는 본능적으로 발달된 자연적인 능력을 활용하게끔 만들어지고 있습니다. 과학자들은 유아원에서 아이들에게 필요한 교육 과정들을 도와주는 교육적 게임들을 개발하는데 힘쓰고 있습니다. 여기서 중요한 것은 제품이 아닌 교육 과정입니다. 이를테면 숫자 요소를 암기한 두 살 된 아이가 셈법의 원칙을 이해하는 아이보다 '앞서고' 있다고 말할 수는 없습니다. 첫 번째 아이는 단순히 앵무새일 뿐입니다. 그러나 두 번째 아이는 싹트기 시작하는 수학자입니다.

　기막히게 좋은 유아원 산수 프로그램의 예로는 '작은 어린이들을 위한 큰 수학Big Math for Little People'이 있습니다. 이 교육 과정은 우리가 위에 언급한 발견들에 의서하여 만들어졌습니다. 또한 네 살과 다섯 살 된 아이들이 하루 동안 많은 시간을 숫자 능력을 사용하며 보낸다는 사실에 중점을 두고 있기도 합니다. '큰 수학Big Math'의 개발자이며 뉴욕에 위치한 콜롬비아 사범대학College of Columbia University의 교육자인 허버트 진스버그Herbert Ginsberg교수는, 아이들이 수학적 능력을 자연적으로 활용하며 노는지를 확인하기 위해 80명의 아이들을 연구했습니다.[64] 그는 아이들이 자유롭게 노는 시간의 46퍼센트를 물건들을 그룹별로 분류하거나 (숟가락은 이쪽에, 젓가락은 저쪽에 놓는 등의 일) 물건들을 세거나, 또는 무늬와 모형들을 탐구하며 보냈다는 사실을 발견했습니다. 여러분은 아이들이 이렇게도 많

学습
찬스 　**소풍 계획**

　　"작은 어린이들을 위한 큰 수학Big Math for Little People"에 나오는 놀이들 중 하나가 소풍가방 싸기 놀이입니다. 당신의 4~5살 된 아이에게 앞면에 각각 숫자(1, 2, 3, 4, 5)가 쓰인 다섯 개의 비닐봉지를 보여주십시오. 그리고는 땅콩 한 봉지, 또는 많은 양이 모여 있는 다른 아무 물건이나 꺼내놓으십시오. 아이의 동물 인형들을 합류시켜 함께 소풍 가는 흉내를 낼 수도 있습니다. 아이에게 각 동물이 몇 개씩의 땅콩을 받아야 하는지 물어보십시오. 이것은 단순히 봉지에 적절한 수의 땅콩을 넣기 위한 놀이입니다. 이 놀이에는 물론 변화를 주어 아이들로 하여금 두 봉지에 들어있는 물건들을 쏟아내게 하여 어느 쪽이 더 많거나 적은지, 등을 비교하게 할 수도 있습니다.

은 시간 동안 수학적인 생각 속에 사로잡혀 있다는 것을 상상이라도 해봤습니까? 이것이 바로 우리가 아이들에게 노골적인 산수 교육을 제공해야 한다는 불안감을 갖지 않아야 하는 이유입니다. 우리의 아이들은 이미 항상 산수를 하고 있기 때문입니다!

우리는 앞서 아이들이 스스로 터득하는 숫자의 개념에 대해 이야기 하였는데, 부모들이 맡을 수 있는 건설적인 역할에 대해서는 아직 아주 조금밖에 다루지 않았습니다. 그럼에도 불구하고, 부모는 우리가 논의해온 원칙들과 기술들을 지식이 얻게 하는 데에 중요한 역할을 합니다. 버클리Berkly에 있는 캘리포니아 대학University of California의 제오프리 삭스Geoffrey Saxe 교수와 그의 동료들은 두 살에서 네 살 된 아이들이 자신들에게 연구원들이 내준 간단한 산수 문제들을 집에서 엄마와 어떤 식의 소통을 통해 풀어나가는지를 연구했습니다.[65] 연구원들은 하나의 집합 속에 있는 물건들의 숫자를 세거나 동일한 수의 물건들이 든 다른 집합을 맞추는 등의 산수 놀이를 할 때, 아이들과 엄마들의 자연스러운 소통 방법을 녹화했습니다. 그들이 발견한 것은 기초적인 산수 개념을 배우고자 하는 아이의 타고난 욕구를 채워줘야 하는 자신의 능력에 불안을 느끼는 어느 부모에게나 안심을 주는 결과였습니다.

연구원들은 엄마들이 예를 들어 네 살 된 아이보다 두 살 된 아이에게 더 명확한 도움을 주는 등, 자식의 능력 수준에 대해 자연적으로 세심하게 반응하는 것을 확인할 수 있었습니다. 연구원들이 별도의 실험으로 같은 연령대 아이들의 능력을 평가했을 때에도, 엄마들이 덜 능숙한 아이들에게 더 지도를 많이 하며 수준에 알맞은 대응을 한다는 것을 알게 되었습니다. 아이들의 수준에 맞게 세심히 도움을 줄 수 있는 방법들을 러시아의 훌륭한 심리학자 레프 비고츠키Lev Vygotsky는 '받침틀scaffolding'이라고 일컬었습니다.[66] 이는 어른들이 종종 아이가 더 높은 수준에 도달할 수 있도록 훗날에는 불필요하게 될 방식의 노력으로 지원해주는 것을 뜻한 것입니다. 그리고 이것은 정확히 연구자들이 발견한 결과였습니다. 아이들은 스스로는 해낼 수 없었던 수학직 과제를 도움[빈칸들]을 받아 달성할 수 있었던 것입니다.

그러나 연구원들이 엄마들과 아이들에게 산수 문제들을 풀게 하는 이외의 시간에는 어떤 일이 벌어질까요? 연구원들이 집으로 돌아갔을 때 엄마들이 계속해서 아이들과 산수적인 방법들로 소통을 한다는 증거라도 있을까요? 연구원들은 엄마들을 인터뷰함으로써 엄마들과 아이들이 자발적인 작은 산수 놀이들을 하면서 숫자에 대해 이야기할 시간이 충분히 있었다는 증거를 확보했습니다. 그리고 아이들이 숫자에 대해 더 많이 이해하게 됨에 따라, 놀이와 숫자에 대한 대화의 복잡성 또한 진전했습니다. 더 나아가, 아이와 어른의 이러한 사회적 상호작용에 대한 다른 연구들이 나타낸 바에 의하면, 아이의 독립적인 행동은 도움을 주는 어른과의 상호작용이 있은 후에 개선되었다고 합니다.[67] 만약 부모와 자식 간에 산수적인 상호작용이 있고 또한 이것이 사실이라면(사실이라고 믿을만한 근거가 충분히 있습니다.), 아이들의 질문들에 응답해줄 시간이 있는 부모 또는 세심한 보육자와 함께 집에서 자연적인 방법으로 의사소통하는 것만으로 아이들이 학교에서 달성하게 될 기초적인 산수의 이해를 성취할 수 있는 도움이 될 것입니다.

그러나 이 말을 멋진 카드와 놀이들을 구매해야 한다는 뜻으로 오해하지 않길 바랍니다. 그저 자연스럽게 주어지는 일들을 하면 됩니다. 아이들과의 일상적이고, 평범하고, 즉흥적인 산수적 상호작용 안에서, 여러분을 안내해 줄 원칙들이 몇 가지 있습니다.

가정에서 직접 실천 할 수 있는 몇 가지 과제들

영상물이 아닌 블록들을 떠올리십시오. 새롭게 나온 많은 교육 기술들이 영상 매체를 통해 찾아옵니다. 아기들을 위한 멋진 영상물과 유아원생에게 컴퓨터에 대해 가르치는 동시에 상호적인 산수 놀이 속으로 아이들을 끌어들이는 여러 가지 컴퓨터 게임들이 있습니다. 그러나 숫자에 대해 배울 수 있는 최고의 방법은 사물을 다루고, 배열하고, 집합들을 비교하는 등의 행동입니다. 사물을 다루며 노는 것을 대신할 만한 것은 전혀 없으며, 경험이야말로 배움의 가장 좋은 방법입니다. 뿐만 아니라, 이러한 놀이들은 어른들의 다그침을 받지 않고도 아이들이 너무나도 하기 좋아하는 것들입니다!

모든 곳에서 숫자를 찾으십시오. 건물에서 직사각형을 볼 수 있고 일시 정지 표지판에서 육각형을 볼 수 있듯이, 숫자는 여러분이 눈을 돌리는 어디에든 나타납니다. 카드게임을 할 때, 게임을 할 사람 각각에게 같은 수의 카드를 돌린다든지 손님들을 위한 파티 경품들이 몇 개나 필요할지 세어볼 때, 우리는 계산을 합니다. 새로운 색의 물감마다 다른 붓을 사용할 때, 그리고 친구들을 위해 냅킨을 한 장씩 놓아줄 때, 우리는 1대 1 대응법을 쓰면서 집합별 크기를 비교합니다. 또한 인원이 추가되어서 아이스크림을 더 풀 때, 우리는 양을 더하는 것입니다. 그리고 나서 아이스크림을 먹으면, 우리는 양을 빼고 있는 것입니다.

어느 정도 자란 아이들을(장바구니에 마구잡이로 물건들을 던져 넣는 시기가 지난) 데리고 쇼핑을 하러 가는 것은 숫자와 양의 비교법과 대조법을 배울 수 있는 금광을 제시해주는 것과 다를 바가 없습니다. 어느 상자가 더 크거나 작을까? 어느 것이 더 비쌀까? 더 쌀까? 다섯 살 정도가 되면,

아이들은 가게에서 작은 무언가를 사고 거스름을 받을 수도 있습니다. 이 것이 바로 덧셈과 뺄셈입니다.

이제 방향을 잡았다면, 당신은 우리의 삶 속 구석구석에 숫자가 있는 것을 발견할 수 있을 것입니다. 당신의 아이들이 그러한 것처럼 당신도 그저 이러한 것에 주목하기만 하면 됩니다. 그리고는 배움의 자연적인 기회들을 붙잡기만 하면 됩니다.

놀이 = 배움. 우리는 항상 아이들이 놀이를 통해 훨씬 많이 배우는 것을 보고 놀라워했습니다. 분수를 어려워하는 초등학생들이, 가장 좋아하는 야구선수들의 타율을 복잡한 소수점까지 포함해서 계산하는 것을 전혀 어려워하지 않습니다. 브라질의 노숙하는 아이들이 학교 수학은 낙제 점수를 받으면서도 밖에서 거래하면서 돈을 계산할 때에는 천재성을 발휘합니다. 카드놀이를 하면서 전략을 세우는 것은 산수를 배우는 최고의 방법입니다. 돈은 셈뿐만 아니라 집합을 만들기에 신나는 기회입니다. 당신의 아이는 당신이 만든 집합을 맞출 수 있습니까? 만약 당신이 십 원짜리 동전 세 개를 내어놓는다면, 아이가 개수를 맞출 수 있습니까? 동전 하나를 감춘다면, 맞출 수 있을까요? 십 원짜리 동전 세 개와 백 원짜리 동전 하나 중에 어느 쪽이 더 가치 있는지 알 수 있을까요?

우리는 아이들에게 '교육적'이어야 한다는 걱정을 할 필요가 없습니다. 우리가 해야 하는 것은 단지 **아이들이 이끌고 나아가는 대로** 따라가 주며, 아이들이 좋아하고 수학적 호기심 조성에도 도움이 되는 놀이들을 함께 해주면 되는 것입니다.

상황에 맞게 배울 수 있도록 아이를 격려하십시오. 우리는 의미 있는 무언가를 배울 때 가장 잘 습득합니다. 다섯 살 된 아이는 레모네이드를 팔아서 직접 돈을 벌어볼 때(그리고 매상이 얼마나 모였는지 확인할 때) 그림 암기카드로부터 평생 배울 수 있는 것보다 돈의 가치에 대해 더 많은 것을 배웁니다. 아이들은 또한 슈퍼마켓에서 크고 작은 사과들을 볼 때 컴퓨터 게임에서보다 더 많은 것을 배웁니다. 약 3~4세가 되면, 아이들은 보드게임 하기를 무척 좋아합니다. 유아용 보드게임 중에 아주 오랜 시간 인기상품으로 자리 잡고 있는 것들 중 하나가 캔디랜드Candy Land입니다. 당신과 아이가 주사위를 던진 후 말을 움직일 때 당신은 1대 1 대응법을 쓰는 것이며, 그 결과는 아이에게 무척이나 중요합니다! 여기서 교육자와 부모로써 우리들이 해야 할 일은, 우리 주위에 살고 있는 기회들을 붙잡아 아이들로 하여금 상황에 맞게 배울 수 있도록 돕는 것입니다.

기억하십시오. 만약 당신이 자연스럽게 주어진 일들을 하며 하루를 보낸다면, 당신은 집에서 아이들에게 숫자의 개념을 익히는 능력을 쌓아주는 것입니다. 추가적으로 뭔가를 구매하거나 다른 사람보다 앞서야 한다는 걱정은 하지 않아도 됩니다. 우리 아들 중 한명인 죠시Josh는 네 살 때 곱셈의 기초를 발견함으로써 우리에게 이 교훈을 안겨줬습니다. 머핀 팬을 이용해서 머핀을 굽고 있는데, 죠시가 "엄마, 머핀을 세 개씩 두 줄로 놓는 게 두 개씩 세 줄로 놓는 것과 완전히 같다는 것을 알고 있어요?"라고 말했습니다. 경험을 동반한 놀이와 함께, 수학적 능력은 꽃을 피웁니다. 우리가 할 일은 그저 일상 속에서 아이가 잘 배울 수 있는 순간들을 인식하기만 하면 되는 것입니다.

4 장

언어

옹알이의 힘

린다 카플로Linda Caplow는 20개월 된 아들 제이슨Jason과 함께 바닥에 앉아 있습니다. 그녀는 제이슨의 어휘력 증진을 위해 양손에 여러 장의 그림 암기카드를 들고 있습니다. 카드 그림들과 맞는 단어들을 읊을 때마다 아들의 주의를 끌기 위해 카드를 위 아래로 흔들거립니다. "기린". 린다가 말하며 기린 그림을 가리킵니다. "공은? 공은?" 제이슨이 딸랑거리는 방울이 들어있는 큰 공을 찾기 위해 원목마루 바닥을 유심히 살피며 말합니다. 린다는 아기의 주의력이 산만해진 것을 알아차리고는 이내 다른 학습활동으로 전환합니다. '어린이 언어박사Little Linguist'라고 표시된 상자를 선반 위에서 내린 후, 그 안에서 제이슨의 영어와 스페인어 어휘력을 발달시켜 줄 것을 약속하는 말하는 장난감을 꺼냈습니다. 제이슨과 동갑인 옆집 딸은 벌써 스페인어 뿐만 아니라 프랑스어로 몇 가지의 단어를 말할 수 있습니다. 린다는 제이슨의 발달 단계에 있어서 결정적인 시기동안 자신이 잘 가르치지 않으면 아이가 낙오될 것이라는 불안감을 갖고 있습니다.

마음속으로는 제이슨이 잘되기만을 바라고 있으면서도, 린다는 아이의 언어 발달에 있어서 반드시 부모들이 선생님이 되어 가르쳐야 한다는 대중적인 믿음 아래 굴복하고 말았습니다. 제이슨 또래의 다른 아이들은 벌써 풍부한 어휘력을 발달시키고 있을 뿐만 아니라 제2언어까지 배우고 있다는 생각에 그녀는 체계적인 교육 없이는 제이슨이 다른 아이들에 비해 뒤처져 버릴까봐 조바심을 내고 있습니다.

대화 이어가기

린다의 걱정에도 불구하고, 성장 과학은 단어 암기장, 언어학적 컴퓨터 프로그램들, 혹은 다른 어떤 값비싼 교육 기구의 사용 없이도 부모들이 아이들의 언어 능력을 자연스럽게 발달시키고 있다는 명확한 증거를 제시합니다. 돼지우리나 헛간 같은 집, 또는 높은 빌딩숲에서 길러진 세상의 모든 어린이들이 말하는 것을 배운다는 것을 우리는 알 수 있습니다. 당신의 평범하고 일상적이며 지루한 하루 동안 당신이 아이와 갖는 상호작용이 아이의 언어 발달을 촉진시키는데 필요한 훌륭한 모든 것이라는 것을 과학적인 연구 결과들이 증명하고 있습니다. 당신이 하루 일과를 시작하면서 아이에게 말을 걸거나, 아이의 말을 잘 듣고 그에 덧붙여 대답할 때, 그리고 그림책들을 함께 보며 소통할 때, 당신은 언어 능력에 있어서 아이에게 필요한 최대한의 도움을 제공하고 있는 것입니다. 또한 당신이 아이에게 제공하는 언어는 컴퓨터가 줄 수 있는 그 어떤 것보다 값진 것입니다.

하지만 잠깐! 당신은 당신의 아이가 빨리 배우기를 원합니다. 언어를 배우는 것뿐만 아니라, 완전히 익히기를 바라고 있습니다. 결국, 언어는 학교 수업을 전달해 주는 매개체이며, 언어 능력은 아이들의 읽기와 계산 능력과 연결됩니다. 언어를 완전히 익히는 최고의 방법은 무엇일까요? 다년간의 연구가 답을 제공해주고 있습니다. 그것은 훈련이나 컴퓨터 프로그램이 아닌, 아이의 동기를 유발하고 대답할 시간을 충분히 주는 일상 속의 대화입니다. 아이들이 실제 사람들과 사회적 맥락에서 소통할 때,

욕구, 생각, 그리고 느낌을 표현할 의욕이 생깁니다. 자연은 우리들이 대인관계를 통하여 언어를 배우도록 설정해놓았습니다. 컴퓨터 화면은 꽤 상호적이긴 하지만 아이들의 관심사에 적응하지 못합니다. 살아있는 대화를 통해서야 말로 우리는 아이들이 이야기하고 싶어 하는 테마에 맞춰 갈 수 있는 능력을 갖출 수 있습니다. 아이들의 관심을 끌 수 있을만한 주제로 소통해야만 아이들이 최고로 주목하기 때문에, 언어 발달의 기초를 제공하는 다음과 같은 경험들을 소개하고자 합니다. 다음의 '대화'를 고려해 보시길 바랍니다.

조단 : (엄마가 돌아볼 때까지 계속해서 소리를 낸다.)
엄마 : (아이를 보기 위해 뒤돌아본다.)
조단 : (조리대 위에 있는 물건들 중 하나를 가리킨다.)
엄마 : 이 젤리 갖고 싶니? (젤리병을 들어 보인다.)
조단 : (고개를 가로젓는다.)
엄마 : 이 숟가락이 갖고 싶니? (숟가락을 들어 보인다.)
조단 : (고개를 가로저으며 유아용 식사의자 위에서 불만스럽게 발을 찬다.)
엄마 : 이건 어때? (치즈를 보여주며) 네가 원하는 게 이 치즈니?
조단 : (고개를 가로저으며 온몸으로 가리키듯 앞으로 몸을 숙인다.)
엄마 : 이 스펀지는? (스펀지를 집어 들며 의심스러운 듯 묻는다.)
조단 : (의자에 몸을 뒤로 기대고 팔을 내린다. 몸속의 긴장감이 풀어진다.)
엄마 : (아이에게 스펀지를 건넨다.)

실험 현장에서 이러한 사건들을 관찰하며, 우리들 중 한 명(로버타)은 **아직 말을 하지 못하는** 아기들이 엄마나 아빠가 자신의 '메시지'를 알아듣게 하기 위해서 놀랍도록 오랫동안 대화 속에서 꿋꿋이 버틴다는 것을 알게 되었습니다. 우리는 아기들의 집중 시간이 짧다고 생각하고 있었기 때문에, 이 사실은 아주 놀라운 것이었습니다. 아기들은 손가락 가리킴과

투덜거림을 재빨리 해독할 수 없는 조금 둔한 부모에게는 더 인내심을 가지고 버틸 것입니다.[68] (역할이 바뀐 듯 보이지요.)

　로버타는 식사시간을 촬영하면서 생후 11개월 정도의 어린 아기들도 자신이 원하는 것은 과자가 아니라 포도라는 것을 알리기 위해 평균적으로 약 일곱 번의 의사전달을 시도한다는 것을 발견하였습니다. 또는 자신이 알고 싶은 이름의 물건은 벽에 걸린 시계이지, 시계 밑에 놓인 그림 속의 소가 아니라는 것을 알리기 위해서도 마찬가지였습니다. 여러분도 짐작하시겠지만, 부모나 보육자가 아기가 듣기 원하는 단지 그 말 한마디를 공급하기 위해 몸부림치는 과정들은 아이들이 말을 배우기 위한 기름진 밑거름이 됩니다. 그리고 부모들이 아기가 원하는 물건의 이름들을 찾기

< 숨은 재능 확인하기 > 협상의 절차

나이 : 9~18개월

　이 실험은 당신의 아이가 아직 말을 잘 못할 때 해야 합니다. 아이가 문장을 만들어 말할 줄 알게 되면, 당신은 아마도 협상하는 절차를 관찰할 수 없을 것입니다. 또한, 다른 사람에게 이 실험을 해달라고 부탁하는 것이 아마 더 관찰하기 쉬울 것입니다. 당신이 선택한 어른이 뭔가 흥미로운 물건을 골라 당신의 아이도 관심을 보일 때까지 보여주게 합니다. 그리고는 그 어른에게 물건을 눈에는 보이지만 아슬아슬하게 아이의 손이 닿지 않는 높은 선반이나 테이블 위에 놓으라고 합니다. 아기와 어른이 어떤 식으로 서로 반응하는지 관찰하기 위해 어른에게 아기가 무엇을 원하는지 이해하지 못하는 척하도록 지시합니다. 아기가 물건에 대한 욕구를 어떻게 전달하는지 눈여겨보십시오. 짜증스럽게 앓는 소리를 냅니까? 손가락으로 가리킵니까? 무엇인가를 말해보려고 애씁니까? 여기서 어른은 아이에게 어떻게 반응할까요? 가까이에 보이는 다른 물건들의 이름을 대던가요? 물건을 얻기 위해 아이는 몇 차례의 시도를 합니까? 물론, 우리는 아이에게 고통을 주려고 하는 것이 아닙니다. 몇 번의 시도 뒤에는, 어른이 물건의 이름을 말하고 아기에게 주게 합니다.

위해 미로 속을 헤매고 있을 때, 아기들은 많은 단어들을 듣고 또 듣습니다. 포도 한 송이를 얻기 위해 일곱 번의 의사소통을 시도하고 이 과정을 통해 '포도'라는 단어에 조금 더 익숙해지는 것입니다. 이러한 사건들은 말을 배우게 하는 큰 동기를 부여합니다. 이런 것들이 바로 TV 프로그램, 장난감, 그리고 컴퓨터가 절대로 제공하지 않는 경험들입니다. 우리가 아기들이 원하는 방향에 맞게 상호작용을 조정할 수 있도록 인도할 때, 남은 것은 아기들의 몫입니다. 이러한 상호작용들이 언어 습득을 위한 최고의 환경을 제공합니다.

당신의 아이가 어떠한 물건에 대한 자신의 욕구를 전달하기 위해 비언어적 표현으로 보여주는 끈기는, 그 아이가 언어를 배우기 위해 스스로 눈에 보이지 않는 방법으로 애쓰는 끈기에 비하면 아무것도 아닙니다. 이번 장에서, 우리는 아이에게 언어를 '가르쳐야' 한다는 신화적 믿음을 비판할 것입니다. 대신에, 여러분이 재료를 제공하기만 한다면 아기들이 스스로 무엇을 배워나갈 수 있는지에 대해 알게 하여 여러분을 깜짝 놀라게 해줄 것입니다. 여기서 재료란 무엇일까요? 말하자면 평범한 일상 속에서 여러분과 여러분의 아이들이 놀이나 음식이나 독서나 무엇에든 집중하고 있을 때의 상호작용입니다. 어떤 의미에서는 언어가 가장 중요한 역할을 하는 상황 안에서 일어나는 상호작용입니다.

가장 중요한 점으로, 우리는 초기 언어 발달에 나타나는 개인차의 범위를 다룰 것입니다. 어떤 아이들은 생후 16개월에도 말을 한마디도 못하고, 어떤 아이들은 100개나 되는 단어들을 말합니다. 어떤 아이들은 18개월에 짧은 문장을 만들어 말하고; 또 어떤 아이들은 28개월이 되도록 문장을 사용하지 않습니다. 초기 언어 발달에 있어서 넓은 변동성을 인식하는 것은 앞에서 예시로 보여드렸던 린다 카플로와 같이 자식들의 불완전한 언어가 이미 드러내고 있는 놀라운 능력을 아직 알아보지도 못하고서 자식들의 능력을 더 빨리 증진시키는 것에만 급급한 부모들을 안심시키는데 도움이 될 것입니다. **아이러니한 것은 모든 아이들은 언어적 천재로 태어난다는 것입니다.** 아이들은 언어 배우는데 있어서 우리보다 훨씬 낫습니다. 위험한 장비들(잔디 깎는 기계나 자동차와 같은)을 운전하고 작동시키는 크고 똑똑한 어른들은, 자신의 신발 끈도 혼자 묶지 못하고 식당에서 수저를 어떻게 써야 하는지도 모르는 세 살 된 아이들보다 언어를 잘 배우지 못합니다.

따라서 여러분들은 어쩌면, '어쨌든 경험하기에 딱 좋은 시기의 우리 아이들에게 다른 언어들을 가르쳐줄 컴퓨터 프로그램들과 교육용 영상물에 투자하면 되겠지' 라고 생각을 할 지 모릅니다. 이번 장이 밝혀내는 것과 같이, 언어는 컴퓨터 프로그램들이나 교육용 영상물로부터 배워지지가 않습니다. 제품 포장지에 적혀있는 약속들에도 불구하고 말입니다. 언어는 상황 안에서의 상호작용을 통해 깨우쳐지게 됩니다. 수동적으로 TV 화면을 보는 것이 아니라, 먹고 놀고 물건들의 이름을 물어보는 상황에서 말입니다. 그리고 이때 바로 부모나 보육자가 참여해야 하는 것입니다: 우리로 인해 비로소 상호작용이 가능케 되는 것입니다.

타고난 언어적 본능

어떤 연구자들은 거미가 거미줄을 치는 능력을 가지고 태어난 것과 마찬가지로 인간이 언어를 배우는 능력을 가지고 태어났다고 주장해왔습니다.[69] 실제로, 우리는 언어를 '본능'으로 가지고 있는 유일한 생명체입니다. 우리와 가까운 동류인 영장류, 그리고 심지어 돌고래와의 많은 실험들에도 불구하고, 인간만이 언어를 소유한 유일한 생명체입니다. 언어와 함께, 우리는 모든 세대가 '이미 있는 것을 다시 만드느라 쓸데없이 시간을 낭비하지 않도록' 문화적 지식을 전달하고 타인을 가르칩니다. 언어는 우리가 미래에 대해서 이야기하고 과거를 기억할 수 있게 합니다. 또한 언어는 선과 악을 위한 수단으로 쓰일 수도 있습니다. 제2차 세계대전 때 히틀러Hitler의 말이 사람들에게 상상할 수 없는 일들을 저지르게 만든 반면, 처칠Churchill의 말은 민족들에게 불빛이 되었습니다. 수천 년 동안 진화된 우리의 두뇌, 그리고 언어 창조 수단인 입과 목은 언어를 사용하도록 도와줍니다.

자녀가 언어를 배우는데 있어서 부모의 역할이 중요하기는 하지만, 언어 발달이 오로지 부모들만의 책임은 아닙니다. 세계적으로 가장 유명한 언어학자이자 캠브릿지Cambridge에 위치한 MIT의 교수인 노암 촘스키Noam Chomsky는 아기들이 언어 습득을 위한 마치 일종의 내장기관에 비유될 수 있는 '언어 습득 기관'을 가지고 태어났다고 주장하며 그 가능성을 제시하였습니다. 그는 심장이 펌프질을 하며 전신에 피를 내보내도록 디자인된 것처럼, 이 언어 습득 기관도 아이들이 어떠한 언어적 지역사회에 속해있더라도 언어를 배울 수 있도록 프로그램 되어 있다고 주장하였습니다. 어떠한 특정 언어도 아이가 배우기에 특별히 더 어렵지 않습니다. 우리는 이것을 어떻게 알 수 있을까요? 그것은 아기가 태어났을 때, 그 아기가 독일에서 살게 될 지 중국에서 살게 될 지 미리 결정되지 않기 때문입니다. 아기들은 자신들을 둘러싼 언어가 무엇이 되었든 간에 반드시 그것을 배울 준비가 되어있어야 합니다. 그렇지 않으면 해외 입양은 가능하지 못했을 것입니다. 이것이 무슨 뜻인가 하면, 각 언어들이 외견상으로는 매우 달라보일지라도, 누군가 처음 접해 모든 것을 새롭게 시작해야 하는 것 보다는 반드시 공통점이 더 많을 것입니다. 중국어는 영어와 매우 다른 소리가 납니다. 하지만 아기들은 영어를 빨리 배우는 것과 마찬가지로 중국어 또한 빨리 배웁니다. 촘스키 교수는 모든 언어들이 공유하는 어떤 중요하고 깊은 공통성이 반드시 있을 것이라고 주장하였습니다. 그는 모든 언어들이 공유하는 핵심인 이 깊은 공통성을 '보편 문법Universal Grammar'이라 일컬었습니다.

촘스키 교수의 이론은 아직도 열띤 논쟁이 되고 있습니다. 언어 습득 자질을 타고 난 인간들을 지지하기 위해 모아진 자료들을 여러분은 어떻게 평가할지 시험해 보십시오. 첫 번째 단서는 Science라는 저명한 잡지에 출간된 최신 연구로부터 나왔습니다.[70] 그 연구에 의하면, 생후 5개월에 아기들은 이미 언어의 소리에는 좌뇌를, 그리고 감정 표현에는 우뇌를 특수하게 사용한다고 합니다. 뉴햄프셔New Hampshire의 하노버Hanover에 위치한 다트머스대학Dartmouth College의 로라 안 페티토Laura-Ann Petitto 교수와 그녀의 동료들은, 이 사실을 발견하기 위해 간단한 실험을 했습니다. 이 실험에서 우리는 모두 입의 오른쪽으로 소리를 낸다는 것이 밝혀졌습니다. 친구나 TV 탤런트를 유심히 관찰해보십시오. 그러면 그들이 말을 할 때 입의 오른편을 좀 더 좋아하는 경향이 있다는 것을 알 수 있을 것입니다. 왜 그럴까요? 그것은 언어가 좌뇌에 속해있고, 두뇌의 연결은 '대측성對側性', 또는 교차하기 때문입니다. 신체의 오른쪽 부분은 좌뇌에 의해 지배되고, 반대의 경우도 마찬가지입니다. 만약 생후 5개월밖에 안된 아기들이 옹알이를 할 때 입의 오른쪽을 사용한다면, 옹알이는 좌뇌에 의해 지배되는 언어 기능입니다. 그것은 우리가 언어를 배울 준비가 된 상태로 태어난다는 것을 의미합니다. 만약에 아기들이 옹알이를 할 때 입의 오른쪽을 사용하지 않는 것으로 보인다면, 그것은 그 연령의 언어에 맞게 특수화된 두뇌의 특정 부분에 결핍이 있다는 신호일 수도 있습니다.

아기들은 어떻게 할까요? 연구들에 의하면 아기들은 입의 오른쪽 부분으로 옹알이를 내뱉는다고 합니다. 그러나 웃을 때는, 입의 왼쪽 부분을 사용합니다. 연구자들은 처음부터 좌뇌가 언어를 지배해왔다고 결론지었습니다. 우리는 생물학적으로 언어를 배울 수 있게 준비가 되어있는 것입니다.

옹알이에 대한 연구는 어린 아이들의 타고난 언어 능력들의 사례를 밝혀낸 연속적인 실험들 중 단 하나의 실험이었을 뿐입니다. 청력이 정상적인 부모를 가진 청각 장애인들에 대한 실험 역시 논쟁을 더욱 뜨겁게 달구었습니다. 시카고 대학University of Chicago의 수잔 골딘-메도Susan Goldin-Meadow 교수와 그녀의 동료들은 청각 장애를 가진 자녀가 수화가 아닌, 독순술과 화법을 배우기를 원하는 청력이 정상적인 부모들을 대상으로 실험을 시행하였습니다.[71] 아이들이 수화에 의지하지 않도록 (그들의 관점에서 봤을 때), 이 부모들은 아이들을 어떠한 몸짓에도 노출시키지 않도록 조심하였습니다. 실제로, 이 부모들은 자식들이 청각 장애인을 위한 구술 교육 학교oral language school에 입학하기를 원했기 때문에 아이들에게 수화교육을 받게 하지 않았고, 그들 자신 역시 수화를 배우지 않았습니다.

아이들이 6~7세가 될 때까지 제1언어를 갖지 못하면 어떤 일이 벌어질까요? 문제의 답은 놀라웠습니다. 부모나 선생님의 외부적인 도움 없이 아이들 스스로 몸짓언어를 만들어냈습니다. 정식 수화를 배운 청각 장애인들이 사용하는 풍부한 표현 체계는 아니었지만, 그것은 마치 아이들이 솟아나오는 언어를 억제하지 못하는 것 같이 보였습니다.

아이들이 언어를 개발하는 다른 경우들도 있습니다. 하와이의 호놀룰루Honolulu에 위치한 하와이대학University of Hawaii의 언어학자인 데렉 비커튼Derek Bickerton 교수는, 일본, 한국, 그리고 필리핀의 이민자들이 사탕 재배

농장에서 일하기 위해 하와이에 왔을 때 일어난 일들에 대해 이야기합니다.[72] 이민자들은 서로 거래하고 소통하기 위해 서로 다른 언어들의 여러 가지 어휘들을 결합하여 단순화 된 언어('피진어pidgin'라 불리는)를 창조해 내었습니다. 이 지역사회에서 태어난 아이들이 이 피진어로 무엇을 하였는지는 실로 대단합니다. 그들은 단순화 된 피진어를 자연스럽게 듣고 배웠습니다. 더 나아가 그들은 어른들이 개발한 것 이상으로 말을 덧붙이고 개선하여 '크리올어creole'이라는 완전한 언어로 바꿔놓았습니다. 크리올어는 기존의 언어들에 있는 모든 구조를 가지고 있습니다. 명사, 동사, 격변화, 등등. 아이들은 어떻게 들어본 적도 없는 문법 구조를 추가할 수 있었을까요? 크리올어가 결과적으로 세계의 다른 모든 언어들과 비슷하려면 정확히 어떤 부분들을 추가해야 하는지 어떻게 알 수 있었을까요? 촘스키 교수처럼, 비커튼 교수는 인간이 언어에 관련된 생체 프로그램, 즉 인간 모두가 갖게 되는 핵심적인 문법을 지니고 있기 때문에 이 모든 언어들이 생겨나는 것이라고 주장합니다. 다시 말해, 비커튼 교수는 배울 수 있는 수용력, 혹은 어떠한 경우에는 창조력에서 인간의 언어에 관한 본능은 선천적인 것이라 말합니다.

언어의 보편성에 관한 한 가지 추가적인 근거로는, 세계의 어린이들이 언어 발달의 중대 시점을 거의 같은 시기에 경험한다는 사실입니다. 아이가 칼라마주Kalamazoo, 미국에서 태어났든지 카트만두Kathmandu, 네팔에서 태어났든지 상관없이, 언어 습득의 시간표는 동일한 것으로 보입니다. 즉, 모든 아이들이 어떠한 언어 환경에 놓이건 간에, 한 살 즈음에 한 가지 단어부터 말하기 시작해서, 3살 즈음에는 결국 주변의 원주민들처럼 의사소통을 하게 됩니다.

보시다시피, 어린 아이들은 언어의 천재들입니다. 그러나 언어 발달을 용이하게 하기 위해 우리들이 할 수 있는 일에는 아직 한계가 있습니다.

우리가 할 수 있는 일들을 알기 위해 (그리고 앉아서 심각하게 명사와 동사를 가르치거나 문장 형식을 구분한 도표를 만들거나 하는 일은 하지 않아도 된다는 것에 수긍하기 위해), 언어 발달 자체를 탐구해보도록 합시다. 이 시점에서 과학은 여러분에게 매우 일관성 있는 이야기를 제시할 것입니다.

아기들은 어떻게 말을 배우는가?

언어 발달은 언제부터 시작될까요? 한 살 가까이 되기 전에는 아이들의 입에서 한마디도 들을 수 없다는 것을 우리는 모두 알고 있습니다. 그러나 우리가 지금부터 하게 될 이야기를 통해, 여러분은 자녀를 새로운 시각으로 바라보게 될 것입니다. 언어 발달은 아기의 첫 번째 생일 훨씬 전에 시작됩니다. 사실, 엄마의 자궁 속에서부터 시작됩니다.

임신 7개월째에, 아기들은 이미 자궁 속에서 엄마의 대화를 엿듣고 있습니다. 뉴욕시New York City에 위치한 콜롬비아대학Columbia University의 발달 정신생물학자인 윌리암 파이퍼William Fifer 교수와 그의 동료들이 실행한 연구를 통해, 아기들이 자궁 속에서 들었던 이야기들과 노래들을 기억한다는 것을 알아내었습니다.[73] 그리고 아기들은 다른 여성들의 목소리보다 엄마의 목소리를 듣기를 원합니다. 이것을 도대체 어떻게 알 수 있었을까요? 몇 가지 방법들을 통하여 과학자들은 자궁 속을 관찰할 수 있었습니다.

이 실험들 중 몇 가지에서, 이를테면 과학자들은 태아의 심박 수를 기록하는 동안 엄마들에게 누워있게 하였습니다(단 한명도 불평하지 않았습니다). 여기에서 아기들은 무엇인가 흥미를 자극하는 소리가 들릴 때까지 꽤 안정적인 심박수를 유지하는 것으로 나타났습니다. 파이퍼 교수와 그의 동료들은 엄마들에게 "아가야, 안녕? 오늘은 기분이 어떻니?"와 같은 말들을 반복하도록 부탁하였습니다. 태아가 엄마의 목소리를 들은 그 순간, 태아의 심박 수가 바뀌었습니다. 예상대로, 심박 수는 실제로 감소하였습니다. 그리고는 다시 정상적으로 뛰기 시작했습니다. 이 상황이 실제로 엄마 목소리 때문이었는지, 말을 하면서 생긴 근육 수축 때문이었는지, 어떻게 알 수 있을까요? 그것은 엄마들이 가만히 있거나 같은 단어들을 작은 목소리로 속삭였을 때는 태아의 심박수가 감소하지 않았기 때문입니다. 태아는 엄마가 대화를 할 때 실제로 귀를 기울였습니다. 엄마는 꽤 많은 말들을 하기 때문에, 태아는 하루 동안 많은 양의 언어에 노출됩니다.

과학자들이 태아가 자궁 속에 있는 동안 언어에 대해 어떤 것을 배울 수 있는지 발견하는 방법으로 심박수의 관찰만 있는 것이 아닙니다. 손가락을 빠는 행동도 태아가 양수 속에 둥둥 떠다니면서 어떻게 발달하는지에 대한 또 다른 실마리를 안겨줍니다.[74] 프랑스 파리의 CNRS 연구소 Recherches au CNRS에 있는 쟈크 멜러Jacques Mehler 교수의 실험실에서는, 아기들의 젖 빠는 패턴을 보고 생후 이틀이 되었을 때 아기들이 이미 외국어보다 본인의 언어를 선호하는 것을 발견할 수 있었습니다. 그의 실험에서, 두 그룹의 갓난아기들(각각 따로 실험하였습니다.)이 기분 좋게 고무젖꼭지를 빨고 있었습니다. 첫 번째 그룹은 녹음 된 프랑스어를 계속 반복해서 들었습니다. 결국에 아기들은 조금 지루해졌고, 고무젖꼭지를 빠는 속도도 줄었습니다. 바로 그 시점에서, 연구원들은 아기들이 어떻게 하는지 보기 위해 언어를 러시아어(같은 목소리의)로 바꾸었습니다. 다른 그룹의 아기들은 첫 번째로 러시아어를 듣고, 그러고 나서 프랑스어를 들었습니다. 첫 번째 그룹에서, 프랑스 아기들은 러시아어를 들었을 때 관심을 보이지 않는 듯 보였습니다. 아기들은 방 안을 둘러보며 젖꼭지를 빠는 속도는 변함없이 느렸습니다. 그러나 두 번째 그룹은, 언어가 러시아어에서 프랑스어로 바뀌었을 때 마치 "프랑스 만세!"라고 외치듯이 몹시 흥분해서 젖꼭지를 빨았습니다. 결국 아기들은 두 가지 언어들의 차이를 구분할 수 있었고 특히 모국어를 선호한다는 것입니다. 생후 단 48시간 안에 맹목적인 애국자가 되는 것입니다.

이 발견은 프랑스 아기들에게만 특별히 적용된 것이 아닙니다. 대서양 건너편에서 연구자들이 영어와 이탈리아어로 미국 아기들을 실험했을 때에도 같은 결과가 나왔습니다. 이 아기들은 영어를 선호하였습니다. 아기들이 모국어를 선호하는 것은 엄마의 자궁 속에서 말을 엿듣던 때에서 비롯됩니다. 따뜻한 물속에서 둥둥 떠서 심장박동 소리와 주변의 꼬르륵거리는 소리를 들으며, 태아들은 말의 선율에 귀 기울이는 것입니다. 아기들은 심지어 자궁 속에서조차 타고난 패턴 탐구자입니다. 언어의 리듬을 듣기 위한 교육을 받을 필요도 없는 것입니다.

만약 아기들이 생후 단 이틀 만에도 대화에 귀를 기울이는 '취향'을 가지고 있다면, 몇 주가 지나고 몇 달이 지나면서 이들이 우리가 하는 말에 주의를 기울인다는 것은 놀라운 일이 아닙니다. 아기들은 배울 게 무척

< 숨은 재능 확인하기 > 자궁 안에서 귀를 기울이다

임신 7개월째부터 출산하기까지

당신이 임신 중이거나 임신 중인 누군가를 알고 있다면, 7개월째부터 아기들이 자궁 안에서 소리를 들을 수 있다는 것을 입증해보일 수 있습니다. 임산부에게 누우라고 부탁한 뒤, 냄비와 큰 숟가락 하나를 가지고 오십시오. 당신이 냄비를 몇 번 치면 아기는 어떻게 행동합니까? 엄마의 자궁 안에서 아기가 놀라 움찔하는 것을 볼 수 있습니까? 당신이 볼 수 없다면 임산부가 아기의 움직임을 알려줍니까? 이번에는 임산부가 말을 해보게 합니다. 이것은 아기에게 어떤 효과가 있습니까? 속삭여보게도 하고, 어떤 일이 벌어지는지 관찰해보십시오. 이렇게 여러 차례 해봐도 좋으며, 원한다면 처음 보는 사람의 목소리에 대한 반응과 비교를 해봐도 좋습니다.

많습니다. 언어를 배우는 아기의 입장이 어떨지 한번 상상해보십시오. 회사에서 아무런 사전 공고도 없이 당신을 당신의 언어를 전혀 쓰지 못하는 선한 사람들로 둘러싸인 어느 외국으로 전근시킨다고 상상해 보십시오 (어설픈 예이긴 하지만). 그 새로운 나라에서 사람들은 쉴 새 없이 떠들어대는 듯 보일 것입니다. 당신은 이 새로운 언어를 단 2, 3년 안에 배워서 원어민처럼 구사할 수 있을까요? 아기들이 할 수 있는 게 바로 이것입니다. 그리고 여러 가지 언어에 노출되는 행운을 얻은 아기라면, 예를 들어 아빠는 스페인어를 쓰고 엄마는 영어를, 그리고 입주 유모는 프랑스어를 쓰는 것과 같이 여러 언어들이 자연스러운 맥락에서 제공되는 한, 아기는 그 모든 언어들을 달성할 것입니다. 왜냐하면 아기들은 걸을 준비가 되어 있듯이, 자신들을 향한 언어의 흐름을 분석할 준비가 되어 있기 때문입니다. 자연은 이들에게 뒤섞인 언어를 흡수하고 끝없이 이어지는 이것을 분해시키는 방법을 찾는 도구를 선사했습니다. 아기들이 이것을 어떻게 하는지 알고 싶다면, 실험실에 들어와서 과학자들이 무엇을 발견했는지 확인해보시기 바랍니다.

언어를 구성하는 단위의 발견[75]: 문장

아기들이 배우는 한 가지 재주는 언어의 선율을 문장들로 나누는 것입니다. 이들이 문장들의 경계선만 알게 되도, 직소퍼즐의 가장자리와 유사한 무언가를 갖게 됩니다. 그러면 이제 이들은 퍼즐(문장들) 안의 구성단위인 단어들을 관찰하기 시작합니다. 아기들은 생후 단 4개월 반 만에 이것을 할 수 있는 것으로 밝혀졌습니다. 아기들은 한 문장이 어디에서 끝나고 어디에서 다시 시작하는지 알고 있습니다. 이 능력은 고개 돌리기 반응Headturn Preference procedure이라는 새롭고 혁명적인 방법을 통해 실험되었습니다. 레베카Rebecca가 생후 4개월 된 아기 제이슨Jason을 대학 연구실에 데리고 온 것을 상상해 보십시오. 그들은 작은 방에 들어가도록 요청받았습니다. 약 3미터를 가로질러 삼면이 막힌 방 한 가운데에서 레베카는 제이슨을 무릎 위에 앉혔습니다. 바로 앞에 초록색 전등과 관찰자를 위한 작은 구멍이 보입니다. 레베카와 제이슨의 좌우 90도에는 추가로 각각 두 개의 전등과 두 명의 말하는 사람이 있습니다. 레베카에게는 제이슨이 자신의 능력을 보여주는 동안 무심코 영향을 줄 수 없도록 음악 연주를 귀에 꽂고 들을 이어폰 한 쌍이 주어졌습니다

자, 이제 실험입니다. 지금부터 제이슨은 한 엄마가 자식에게 이야기하는 녹음 샘플을 들을 것입니다. 왼쪽에 있는 세트로부터 제이슨은 절과 문장이 끝난 부분에서 1초씩 자연스럽게 잠시 말을 쉬는 정상적으로 나누어진 문장들로 이야기하는 한 엄마의 목소리를 들을 것입니다. 다음의 구절이 얼마나 자연스럽게 들리는지 확인하기 위해 의식적으로 사선이 그어진 부분마다 쉬어가며 큰 소리로 읽어보길 바랍니다.

신데렐라는 매우 큰 집에 살았지만 / 아주 못된 새 엄마와 함께였기 때문에 집 안은 조금 어두웠습니다. / 참, 그리고 그녀에게는 너무나 못생긴 새 언니 두 명이 있었습니다. / 그들도 역시 심술궂었습니다.

샘플 읽기가 끝나면, 중앙 불이 켜지고, 제이슨은 이번에는 오른쪽에서 같은 목소리의 샘플 읽기가 나오는 것을 듣습니다. 다음 세트에서는, 읽다가 쉬는 부분이 말의 흐름 자체를 방해하게끔 다른 방법으로 읽혀집니다. 다음의 구절 또한 큰 소리로, 사선이 새로 그어진 부분에서 쉬어가며 읽어보길 바랍니다.

신데렐라는 매우 큰 / 집에 살았지만 아주 못된 새엄마와 함께였기 때문에 집 안은 / 조금 어두웠습니다. 참, 그리고 그녀에게는 너무나 못생긴 새언니 두 / 명이 있었습니다. 그들도 역시 심술궂었습니다.

흐름이 매끄럽지 못하죠? 제이슨은 이런 샘플들을 몇 차례 들은 후에 어느 것을 선호하는지 표현할 것입니다. 읽혀진 구절의 뜻을 제이슨이 이해하기를 아무도 기대하지 않습니다. 연구원들은 퍼즐의 가장자리를 끼워 맞추는 느낌처럼, 단지 제이슨이 문장의 시작과 끝을 알리는 신호에 대한 감각이 있는지를 알고 싶을 뿐입니다. 제이슨은 과연 정상적인 구절(첫 번째 샘플)과 잘못된 부분에서 쉬면서 읽은 구절(두 번째 샘플) 중에 어느 쪽을 선호할까요? 제이슨은 과연 문장이 언제 시작하고 끝나는지에 대한 감각을 이미 가지고 있다는 것을 간접적으로 표정을 통해 우리에게 알려줄 수 있을까요? 각 구절은 같은 수의 단어로 만들어져 있습니다. 각각 세 번의 정지 표시가 되어있는데, 제이슨은 어떻게 구별할 수 있을까요?

놀랍게도, 우리 중 한 명(캐시)이 동료들과 함께 이 연구를 실행했을 때, 우리는 4개월 된 아기들이 두 세트의 차이를 구별할 수 있다는 것을 알아냈습니다. 이 어린 나이에, 아기들은 이미 더 자연스러운 소리의 샘플을 듣는 것을 선호합니다. 간단히 고개를 양쪽으로 돌림으로써, 제이슨과 또래의 다른 아기들은 끝없이 흘러나오는 말을 '덩어리'로 분리시키는 방법을 찾아가고 있다는 것을 우리에게 알려줍니다. 그리고 이 능력은 발달합니다! 문장들이 어디에서 시작하고 끝나는지 알리는 표시를 찾는 것은 패턴을 분석하는 것과 같은데, 아기들이 패턴을 찾는 것은 타고난 능력입니다.

언어를 구성하는 단위의 발견 : 내 이름

아이들이 언어 퍼즐의 경계선을 인식하고 나면, 우리는 그들이 단어에 대해서는 무엇을 알고 있는지 관찰해볼 수 있습니다. 다음 내용은, 생후 단 4개월밖에 되지 않은 아기들이 말의 운율뿐만 아니라, 몇 개의 단어까지도 알아들을 수 있다는 사실에 대한 단서입니다. 그들은 자신의 이름을 알고 있습니다.[76]

자신의 이름을 아는 것은 중요한 단계인 것으로 밝혀졌습니다. 아이가 자신을 향해 언어가 사용 된 것을 들을 때, 한 개나 두 개의 매우 자주 듣는 단어들을 인식하는 것은 큰 도움이 됩니다. 그 후 아이는 언어의 흐름 속에 있는 자신의 이름을 찾아내고, 이름의 전이나 후에 새로운 말들이 붙는다는 것을 인식할 수 있습니다.

고개 돌리기 반응 실험 과정으로 다시 돌아가 또 다른 엄마인 쉴라Sheila 와 그녀의 아기 모리스Morris를 관찰해봅시다. 여기서, 실험 장치 뒤에 숨어 있는 관찰자는 아기인 모리스가 전등을 바라보는 것을 확인하고 아기의 오른편에 있는 테이프 녹음기와 깜박거리는 전등을 켭니다. 모리스는 오른쪽으로 고개를 돌려서 "해리스. 해리스. 해리스…"라고 계속 반복해서 말하는 상냥한 목소리를 고개를 다른 쪽으로 돌리기 전까지 듣습니다. 왜 '모리스'가 아닌 '해리스'일까요? 그것은 연구원들이 모리스가 보이는 자신의 이름에 대한 인식과, 똑같이 첫 음절을 강조한 2음절의 다른 이름('해리스'와 '모리스')에 대한 인식 여부를 비교하고 있기 때문입니다. 일단 모리스가 다른 쪽으로 고개를 돌리고 나면, 중앙 전등이 깜박거리기 시작합니다. 모리스는 그것을 봅니다. 이제 숨어있는 관찰자는 중앙 전등을 끄고, 모리스의 왼편에 있는 전등을 켭니다. 왼쪽의 스피커가 이제 시작되고, 모리스가 다른 쪽으로 고개를 돌릴 때까지 전과 같은 상냥한 여성의 목소리가 "모리스. 모리스. 모리스…"라고 말합니다. 이 후에도 왼쪽과 오른쪽의 테이프와 전등을 아이의 행동에 반응해 무작위로 틀어주는 이린 실험은 4분 정도 계속됩니다. 모리스는 과연 '모리스'를 틀어주는 쪽을 '해리스'를 틀어주는 쪽보다 더 오래 쳐다볼까요? 정말 그렇다면, 모리스는 최소한 두 이름의 차이는 분명히 구별하고 있는 것입니다. 결과는 '그렇다'였습니다. 모리스는 자신의 이름을 더 듣고 싶어 했습니다. 그는 자신이 모리스라는 사실은 모를지도 모르지만, 자신의 이름을 알아듣기는 하는 것입니다.

하지만 이러한 지식이 모리스에게 쓸모가 있을까요? 당연히 있습니다. 우리들 중 한 명골린코프이 브라운대학Brown University에서 실행한 연구가 이 부분을 뒷받침합니다.[77] 생후 6개월에, 모리스 같은 아기들은 한 구절 속에서 자신의 이름 뒤에 나오는 새 단어를 인식할 줄 알게 됩니다. 아기들은 다른 사람의 이름 뒤에 나오는 단어는 외우지 않습니다. 다시 말해서, 자신의 이름에 이어서 나오는 말은 외울 가치가 있는 그 무언가로 여기는 것입니다. 이 발견은, 자신의 이름을 아는 것이 저녁 먹으라고 불려 질 때에만 쓸모 있는 것이 아니라는 것을 말해줍니다. 이것은 아기들이 단어들로 이루어진 블록 쌓기와 같은 언어를 인식하고 외울 수 있도록 도와줍니다. 그리고 아기들에게 단지 말을 걸어 주는 것만으로, 우리는 그들에게 매우 유용한 것을 선물하는 것입니다. 타고난 패턴 탐구자로써, 우리 아기들은 우리가 말을 건넬 때마다 언어를 발견합니다. 우리가 그들의 이름을 자주 반복해 부르고 문장의 시작과 끝을 과장해서 말하는 것은 결코 우연이 아닙니다. 이런 것들은 우리가 아이들과 이야기할 때 꽤 자연스럽게 나오는 행동이고, 이런 행동들이 바로 빠른 언어 발달의 열쇠입니다.

우리가 이제까지 언급한 숨겨진 보물들은 여러분에게 아기들이 말을 하기 시작하기 훨씬 전부터 언어의 흐름 속에서 패턴을 찾기 위해 열심히 노력한다는 것을 알려줍니다. 처음에는, 아기들은 들리는 단어들을 기억할 수 있도록 '닻'의 역할을 하는 낯익은 단어가 필요합니다. 그러나 생후 7개월 반이 되면, 아기들은 단어들을 기억하기 위해 자신의 이름을 찾아서 들을 필요가 없습니다. 고개 돌리기 반응 실험 과정[78]에서 보이듯이, 이 또래의 아기들은 낯익은 이름이 전혀 사용되지 않았음에도 짧은 구절 속의 단어들을 기억할 수 있습니다. 먼저, 아기들은 특정 단어를 포함한 짧은 문장을 듣습니다. 아마도 '모자'와 같은. 그리고는 고개 돌리기 실험 과정을 통해 듣지 않았던 단어, 예를 들어 '컵'과 같은 단어에 비해 방금 말한 '모자'라는 단어에 더 귀 기울여 듣는지 실험됩니다. 문장 속에서 들었던 단어에 더 귀 기울여 듣는다면, 아기들은 말을 기억하는 자신의 능력을 우리에게 보여주는 것입니다.

이것은 앞으로 5, 6개월 후까지 아무 말도 하지 않을 아기에게는 훌륭한 실험입니다. 그러나 바로 그 점이 우리가 말하고 싶어 하는 부분입니다. 구두로 하는 언어가 가능케 되기 몇 달이나 전에, 아기들은 문장들과 단어들을 어떻게 찾아야 하는지 이해하고 있고, 자주 들은 것들은 기억하는 것입니다.

생후 8개월째가 되면, 아기들은 더욱 더 정교하게 패턴을 알아내게 됩니다.[79] 한 연구에서, 아기들은 2분 동안 '베다골라가다피티가'와 같은 일련의 무의미한 철자로 된 단조로운 말을 들었습니다. 이것을 아무런 억양 없이, 그리고 지극히 낮은 음으로 말해보십시오. 고개 돌리기 실험을 통해 아기들은 이번에는 한쪽에서 나오는 일련의 3음절로 된 낯익은 패턴('피티가'와 같은)을 듣거나, 다른 한쪽에서 나오는 기존 목록에 없었던 '베피다'와 같은 일련의 3음절을 듣습니다. 아기들은 어느 음절이 어느 음절 뒤에 나왔는지 기억할 수 있다는 것을 보여줌으로써 과학계를 놀라게 했습니다. 이것은 생후 8개월 된 아기들이 어린 통계학자라는 뜻입니다. 그렇다면, 아기들은 실험될 수 있는 가장 어린 시기부터, 자신들의 모국어를 배우기 위해 언어를 작은 구성단위들로 깎아 만들고 있는 것입니다. 그들은 소리로 듣는 구절을 문장들로 나누고, 낯익은 단어들을 찾고, 이 단어들을 새로운 단어들을 배우기 위해 사용하고, 또 단어들이 될 수 있는 소리의 패턴들을 계산하는 것입니다. 아기들은 우리가 이런 것들을 가르쳐주는 것을 필요로 하지 않습니다. 아기들에게 이것이 가능한 이유는, 언어상의 파트너로써, 우리가 패턴을 제공하고 그들이 해결책을 만들기 때문입니다.

응시하고 가리키기 :
언어 없이 소통하다

여러분이 관찰할 수 없는 것들에 대해 아기들이 무엇을 알고 있는지 우리가 알려주기는 했지만, 생후 1년 동안 아기들이 배우는 것들은 육안으로도 확인할 수 있습니다. 이를테면, 여러분은 아기들이 생후 6개월에 신기한 장난감을 응시하는 우리의 눈동자를 따라오고, 9, 10개월에 손가락으로 가리키는 곳을 본다는 것을 알고 있었습니까? 우리가 응시하고 있는 흥미로운 물건이나 장소를 아기들이 보는 능력은, 아기들은 자신이 응시하고 있는 곳을 우리가 보고 있는지 확인하는 능력에 이어 나타납니다. 손가락으로 가리키는 것도 마찬가지입니다. 우리의 관심을 끌기 위해 아기들이 손가락 가리키기를 하기 전에, 우선 우리가 손가락으로 가리키는 곳을 그들이 볼 수 있게 되어야 합니다.[80]

연구 결과에 의하면 생후 6개월에 부모가 응시하는 곳을 더 잘 보는 아기들이 18~24개월에 더 많은 어휘를 알 수 있다고 합니다.[81] 다시 말해, 당신이 어렸을 때 엄마가 보는 곳을 볼 수 있었다면, 아마도 당신은 엄마가 말을 할 때 무엇에 대한 말인지 알아챌 수 있었을 것입니다. 시선을 따라갈 수 있는 것이 더 많은 어휘력을 낳는다고는 말할 수 없지만, 엄마의 시선을 따라가는 것은 아기들로 하여금 우리가 무엇을 중요하게 생각하는지를 확인할 수 있게 한다고는 말할 수 있습니다. 우리가 아기들과 함께 있는 일상 속에서 말을 할 때 아기들이 우리의 시선을 따르면서 배움을 얻을 수도 있다는 것은 이치에 맞습니다. 이것은 아기들이 언어를 배울 수 있게 해주는 또 다른 타고난 능력이며, 부모나 보육자와의 대화가 발달에 변화를 일으키게 하는 또 다른 장소이기도 합니다. 여러분은 이전에는 손가락으로 가리키거나 시선을 따르는 행동의 발달을 알아채지 못했을 수도 있지만, 이제는 신경 써서 관찰해보기를 바랍니다. 아기들은 경이로울 정도로 놀랍습니다.

옹알이의 혜택

아기들은 탁월한 의사 전달자이며, 여러분도 모두 아시겠지만, 아기들은 손가락으로 가리키는 것과 같은 몸짓 이외에도 수많은 레퍼토리를 가지고 있습니다. 생후 첫 달부터, 우리는 옹알거리는 소리와, 울음소리와,

<숨은 재능 확인하기> 시선이나 손가락 따라 보기

나이 : 생후 6~12개월

당신의 아기는 흥미로운 물건을 바라보는 당신의 시선을 따라올 수 있습니까? 이 실험은 직접 하거나 아기의 반응을 더 쉽게 관찰할 수 있도록 다른 사람을 시킬 수도 있습니다. 아기용 식탁의자를 집 안의 다른 장소로 옮겨놓으십시오. 아기가 기분 좋게 자리 잡고 앉은 후에(조금의 맛있는 음식이 필요할 수도 있습니다), 아기를 향해 놓인 흥미로운 물건을 쳐다보고, 아기의 이름을 부르고 나서 다시 한 번 그것을 쳐다보십시오. 예를 들어, "찰스!"라고 말한 후, 그 흥미로운 물건이 있는 쪽을 쳐다봅니다. 찰스는 당신의 시선을 따라오나요? 아기의 이름 이외에는 주의를 끌기 위한 아무런 말도 하지 마십시오. 당신이 어디를 보고 있는지 확인하기 위해 아기가 오로지 당신의 시선만을 의지하는지 관찰하십시오. 만약 아기가 이것을 바로 할 수 없다면, 한 달에 한 번씩 시도해보십시오. 아기가 언제 할 수 있는지 확인했을 때 당신은 기쁨에 사로잡힐 것입니다.

손가락으로 가리키는 것으로도 같은 실험을 해볼 수 있습니다. 아기가 아기용 식탁의자에 앉아 있을 때, 멀리 떨어져 있는 곳에 보이는 어떤 흥미로운 물건을 손가락으로 가리켜 보십시오. 심지어는 "찰스, 저것 좀 봐!"라고 말해도 됩니다. 생후 약 8개월째부터 시작해보십시오. 당신이 손가락으로 물건을 가리켰을 때 아기가 당신의 손가락 끝을 보더라도 절대로 놀라지 마십시오. 만약 손가락 끝을 본다면 한 달 정도 후에 다시 시도해 보십시오. 생후 9, 10개월째가 되면, 아기는 어떻게 할까요? 아기들은 어른들이 손가락으로 무언가를 가리키는 것은 무엇인가를 보여주고 싶어 하는 것을 의미한다는 사실을 배우게 되고, 이 사실을 인지하게 되면서 부각되는 아기들의 능력의 변화를 여러분은 확인할 수 있을 것입니다.

웃는 소리를 듣습니다. (생후 약 2개월쯤에 우는 것이 절정에 이르다가 그 후부터 줄어든다는 사실을 아는 것은 어쨌든 희망을 북돋아주는 일입니다.) 거의 같은 시기에 처음으로 깔깔거리며 웃습니다. 이는 터져 나오는 찌를 듯한 슬픔에 대한 본능적인 보상입니다. 그리고 처음 몇 달간, 우리는 연속적으로 목젖 안쪽에서 나오는 모음 소리의 옹알이를 듣습니다("아 아", "이 이", 등). 부모들이 아기들의 어떠한 종류의 음성적 배출에도 마치 그것들이 '대화'에 참여하기 위한 소리들인 것처럼 그것들에 모두 응답한다는 것은 매우 흥미로운 일입니다. 우리는 심지어 어떤 증거들과는 반대로, 아기들의 모든 소리들은 의미 있는 것이며 각 울음소리마다 아기들의 어떠한 신체적 상태(이를테면 배가 고프거나 기저귀가 젖은)를 나타낸다고 우리 자신들을 납득시키고 있습니다.

생후 약 7개월에 아기들은 다음의 중요한 시점을 만나게 됩니다. 바로 옹알이를 하기 시작하는 것입니다. 첫 번째 자음(바, 가, 마)은 아기들이 입술을 닫고 있는 동시에 소리를 내려 할 때 발생합니다. 이 소리들은 부모들에게 더욱 말하는 것처럼 들린다고 생각하게 합니다. 아기들은 이제 "밤 밤"같은 소리를 내고, 가끔은 자신들만이 이해하는 대화를 이끌어갑니다 (예를 들어, "바 가 가 가 바 바?"와 같은). 그리고 생후 첫해의 마지막 시기에는, 마치 쉴 새 없이 옹알이를 하는 것처럼 보입니다. 옹알이 자체에는 의미가 없다고 해도, 자신의 목소리를 내는 장치(후두)와 음량을 조절하기 위해 거쳐야 하는 중요한 과정입니다. 이것이 바로 아기들이 종종 멋대로 소리를 지르거나 속삭이는 이유입니다. 즉, 자신의 부위들이 어떻게 작동하는지 알아내고 있는 것입니다.

그 다음에 우리는, 자신이 필요한 것을 알리기 위해 정교한 전략을 쓰게 되는 아기들을 볼 수 있습니다. 이 장의 첫 부분에 언급된 조단은, 스펀지라는 물건의 이름도 모르고 자신에게 권해진 다른 물건들의 이름도 몰랐음에도 불구하고, 갖고 싶은 것이 스펀지라는 것을 알렸습니다. 의사를 전달하려는 시도를 주의 깊게 봐주는 부모나 보육자가 없다면, 분명히 그 아이는 아무런 성과도 거두지 못했을 것입니다. 여기에서도 부모들은 아이들의 알아듣기 힘든 '메시지'를 존중하며 마치 알아듣기 쉬운 것처럼 행동하는 역할을 수행합니다.

지금까지의 여행은 아기가 첫 번째 단어를 말하게 된 시점 정도까지 우리를 데리고 왔습니다. 대개 이 중요한 시점이 바로 언어 발달과 관련이 있을 때입니다. 이 첫 번째 단어 전에 아기들이 하는 모든 경이로운 일들은 대개 무시되거나 언급되지 않습니다. 그러나 기존의 연구 보고서들 중 몇 가지를 통해 우리는 아이들이 실제로 첫 번째 단어를 말하기 전에 언어를 분석하기 위해 얼마만큼의 노력을 하는지를 입증했습니다.

언어 오케스트라

아기들이 생후 첫해에 무엇을 성취하는지에 대해 생각할 수 있는 한 가지 방법은 언어 발달을 오케스트라와 비교해보는 것입니다. 언어는 통합된 소리를 만들기 위해 복잡하게 함께 얽혀 작동하는 많은 부위로 이루어져있습니다. 오케스트라에 부문이 나뉘어 있는 것처럼(현악기, 금관악기, 관악기, 그리고 타악기), 언어에도 소리, 뜻, 단어, 문법, 그리고 문화적으로 적합하게 언어를 사용하는 법칙과 같은 각각의 요소가 있습니다. 그렇다면 우리가 아이들의 언어 습득에 대해서 이야기 할 때에는, 우리는 사실 인간의 대화라는 '악보'를 연주하기 위해 발달과 작동을 동시에 하고 있는 언어 시스템이 탑재된 수많은 신상품에 대해 이야기하고 있는 것입니다. 이 유사점을 염두에 둔다면, 생후 첫해의 언어 습득에 있어서 많은 부분은 오케스트라 안의 각각의 악기가 내는 소리에 집중되어 있다는 것을 알 수 있을 것입니다.

아기들은 생후 첫해의 최소한 마지막 분기(9~12개월)가 될 때까지 자신들이 발견한 단어들이 무슨 뜻인지 잘 이해하지 못합니다. 그 시기까지, 아기들은 자신들의 언어 속에서 소리 패턴에 집중합니다. 그들은 예를 들어 어떤 연속적인 소리의 모음이 자신들의 언어 안에서 허용되는지를 알아내기 위해 노력합니다. 여러분을 놀라게 할 만한 것은, 아기들이 생후 첫해동안 실제로 달성하는 많은 것들이 자기 스스로 해내는 것이라는 사실입니다. 우리는 대개 아기들이 무슨 노력을 하고 있는지 알아채지 못하기 때문에, 그들을 어떻게 가르쳐야 할지 알아내지 못합니다.

생후 2년째 :
'언어 오케스트라'의 의미들을 연구하다

대부분의 부모들은 진짜 언어가 생후 약 13개월째의 첫 번째 단어와 함께 나오는 것으로 생각하고 있습니다. 알아들을 수 있는 소리와 첫 단어에는 인정하건대 흐릿한 경계선이 있습니다. 아, 아기가 처음으로 "마마", "파파"라고 말하는 날은 행복 그 자체입니다. 자연적으로, 부모들은 이런 것들이 아기의 첫 단어라고 믿게 됩니다. 과연 그럴까요? 어쩌면 그럴지도 모릅니다. 혹은 그저 옹알이에 지나지 않을지도 모릅니다. 엄마를 가리키는 단어는 세계 속 대부분의 언어에서도 "마마"처럼 들립니다. 왜일까요?

"마마," "파파," 그리고 "베이비"라고 잠깐 말해봅시다. 이 단어들을 말할 때 어디에서 발음이 나옵니까? 모두 입술과 함께 입의 앞부분에서 나옵니다. 이번에는 "카카," 또는 "나나"라고 해보십시오. 거의 전 세계적으로 "마마"가 쓰이는 데에는 이유가 있다는 것을 알게 될 것입니다. 입의 앞부분에서 만들어지는 소리들은 소리내기 쉬울 뿐만 아니라 다른 사람이 낼 때 아기들의 눈에도 또렷이 보입니다. 예를 들자면, 독순술에 능한 사람들은 사람들이 입술을 사용하여 말을 할 때가 입 안의 깊숙한 곳에서 소리를 만들어 낼 때보다 무슨 말을 하는지 훨씬 더 잘 알아낸다고 합니다.

다시 하던 이야기로 돌아가 볼까요? "마마"라든지 "파파", 또는 "다다"가 단어로써의 기능을 정말 하는 것인지 우리는 어떻게 알 수 있을까요? 비록 아이가 정확한 발음을 한다고 해도, 연구자들은 아이가 단어를 단어로써 사용하고 있다는 사실을 인정하기 위해서 일반적으로 세 가지 기준을 요구합니다. 첫째, 그 단어가 매번 사용될 때마다 반드시 같은 의미를 가져야 합니다. 따라서 만약 "다다"가 하루는 아빠를 가리키고 다음 날에는 강아지를 가리킨다면, 아기는 다다가 무슨 뜻인지 알아내지 못한 것입니다. 그 반면, 만약 다다가 사랑하는 나이 든 아빠에게, 다른 성인 남자들에게(엄마 입장에서는 당황스러울 수도 있겠지만), 또는 아빠의 소유물을 가리키기 위해 사용된다면, 아기는 의미를 더 알아가고 있는 것입니다. 둘째, 아기는 반드시 대화하려는 의도를 가지고 그 말을 사용해야 합니다. 아기가 그저 계속해서 "다다"라는 말을 반복하기만을 좋아하고 막상 아빠가 앞에 있을 때는 가만히 있다면, 아직까지는 이것을 육아일기에 적지 말아야 할 것입니다. 마지막으로, 실제 단어는 아기로 하여금 눈앞의 진짜 아빠뿐만 아니라 사진 속의 아빠까지도 정확히 부를 수 있게 합니다. 실제 단어는 어떠한 맥락에서도 신축성 있게 사용될 수 있어야 합니다. 여러 가지 상황에서 단어를 사용할 수 있다는 것은 아기가 단어를 실제 단어로써 사용하고 있다는 또 다른 증거인 것입니다.

나이 : 생후 9~18개월

여러분의 아기가 말하는 첫 한 두 단어를 포착해보도록 하십시오. 각 단어가 처음으로 사용된 순서를 차례대로 육아일기에 적어보십시오. 맨 윗부분에 3열의 세로 항목을 만드십시오. '일관된 의미', '의사 전달 시도', 그리고 '다양한 경우', 그리고는 아기가 첫 단어들로 이런 것들을 하고 있는지 살펴보십시오. 각 단어와 함께 이러한 일들을 관찰하였다는 생각이 들었을 때의 날짜를 적어보십시오. 아이에게서 처음으로 나온 단어가 이 모든 조건들을 만나 진정한 단어로 거듭나기까지 얼마만큼의 시간이 걸렸습니까? 그 첫 단어들이 어떠한 상황들에서 사용되었었는지 기록해놓는 것도 상당히 재미있을 것입니다. 몇 년 안에, 당신이 아이의 진정한 단어들이 나오기 시작하는 것을 어떻게 관찰하였는지 뒤돌아보고 기억하는 것은 상당한 즐거움이 될 것입니다.

베이비 사인signs은 단어 축약인가?[82]

어떤 사람들은 '베이비 사인baby signs'을 통한 단어 학습의 활성화에 많은 노력을 기울일 것을 제안합니다. 이는 마치 수화에 사용되는 것과 유사한 몸짓들입니다(이를테면 '모자'를 표현하기 위해 머리를 가볍게 두드리는 것과 같은). 몸짓은 혀나 입보다 더 쉽게 보이기 때문에, 우리가 몸짓을 조금씩만 사용해준다면 아기들은 어쩌면 더 빨리 배울 수 있을지도 모릅니다. 이것은 조금은 진실성이 보이는 최근의 흥미로운 주장입니다.

데이비스Davis에 위치한 캘리포니아대학University of California의 린다 에이커돌로Linda Acredolo 박사와 수잔 구드윈Susan Goodwyn 박사가 실행한 연구에 의하면, 수화를 배우는 것이 말을 배우는 것보다 쉽다고 합니다. 아기와 수화를 사용할 때, 여러분은 대화하는 새로운 방법들을 발견합니다. 오직 대화를 발전시키는 것만이 언어 발달을 도울 수 있습니다. 그렇다면, 여러분은 여러분의 아기와 수화를 나눠야 할까요? 해서 나쁠 것은 없을 듯합니다. 수화는 새로운 단어들을 즐겁고 재미있게 알아갈 수 있는 흥미로운 방법을 제공해줄 수도 있습니다.

< 숨은 재능 확인하기 > 베이비 사인

나이 : 생후 10~18개월

아기에게 진심으로 수화를 가르치고 싶다면, 에이커돌로Acredolo 박사와 구드윈Goodwyn 박사의 책 『베이비 사인: 당신의 아기가 말을 할 수 있기 전에 함께 이야기하는 방법Baby Signs: How to Talk with Your Baby Before Your Baby Can Talk』을 보십시오. 당신의 아기가 생후 약 10개월이 되면, 가급적으로 아이가 원래 사용하던 몸짓을 기반으로, 비행기를 표현하기 위해 하늘을 손가락으로 가리키는 등의 몇 가지 수화를 소개하는 것으로 시작해 보십시오. 당신과 아기가 이것을 몇 번 하게 된다면, 하늘을 가리키는 것은 이제 비행기를 표현하는 몸짓이 됩니다. 그 다음에 아래와 같은 몸짓들을 더 추가해 볼 수 있습니다.

모자 : 손을 펴고 손바닥을 아래로 향하게 해서 머리 윗부분을 가볍게 두드립니다.
꽃 : 마치 냄새를 맡는 듯이 코를 찡긋거리며 냄새 맡는 시늉을 합니다.
더 많이 : 한 손의 집게손가락으로 반대쪽 손바닥을 톡톡 두드립니다.

여기서 기억해야 하는 것은, 구어와 마찬가지로 여러분이 수화를 더 많이 쓰면 쓸수록 여러분의 아기는 십중팔구 그것을 배우게 될 것입니다. 연구원들은 베이비 사인을 배운 아이들이 배우지 않은 아이들에 비해 실제로 언어적으로 뛰어나다고 주장하고 있습니다. 이것은 왜일까요? 아마도 부모가 수화를 쓸 때마다 말도 같이 하기 때문일 것입니다. 그리고 어쩌면 아기들은 의미를 전달하는 데 있어서 좌절감을 느끼지 않기 때문에 말을 배우는 데 더 많은 에너지를 집중할 수 있는지도 모릅니다.

더 긴 문장 속의 더 큰 의미 : '언어 오케스트라'의 문법

베이비 사인을 쓰던 구어를 쓰던 간에, 아기들은 같은 것들에 대해 이야기합니다. 첫 단어들은 흔히 신체 부분이나 특정 이름(이를 테면 집에서 기르는 애완동물의 이름 같은)들인데, 많은 시간과 노력 끝에 하나씩 배우게 되는 것 같습니다. 생후 18개월째에, 대부분의 아이들은 주로 물건들의 이름과 자신이 속한 환경 속의 사람들 이름인 단어들(개, 아빠, 귀, 사과, 쥬스, 병, 등등)을 약 50가지를 말합니다.[83] 아이들의 어휘 수가 어떻게 보면 결정적인 50개의 단어 덩어리들에 도달하고 나면, '폭발적인 이름 붙이기'에 이르게 하는 그 무언가가 그들 속에 일어나는 듯합니다. 다량의 말들이 밖으로 마치 뿜어져 나오는 것처럼 보입니다. 이때가 바로 우리의 호기심 많은 아이들이 물건 이름들을 물어보기 시작하는 때입니다. "저건 뭐야?"하는 식으로 말이죠. 몇몇의 연구원들은 이 정도 시기에 생후 18~20개월 된 일반적인 아이들이 하루에 아홉 가지나 되는 새로운 단어들을 배울 수 있다고 말합니다. 상상해보십시오. 일주일에 63가지의 새로운 단어들입니다! 그리고 이 시기에 아이들은 새로운 말들을 한번만 들어도 상당히 적절한 방법으로 그 말들을 사용하기 시작할 수가 있습니다. 이것은 대개 좋은 결과이기는 하지만, 아이 앞에서 어떤 말을 해야 하는지 신경 써야 한다는 의미이기도 합니다. 한번은 어떤 기자가 우리에게 물었습니다. "아이들은 왜 욕을 하기 시작하는 걸까요?" 우리에게는 준비된 답변이 있었습니다. "뿌린 대로 거두리라.What goes in is what comes out"

이 50가지 단어 분수령이 중요한 이유는 또 있습니다. 아이들이 이 중대한 단어 덩어리들을 달성하고 나면, 처음으로 단어들을 결합시켜서 두 가지 단어로 된 문장들을 만들기 시작합니다. 이 시기가 오기 전의 아이들은 매번 오로지 한 단어만을 말할 수 있습니다. 가끔은 순식간에 잇달아 "개", "집"이라고 말할지라도 말입니다. 각 단어는 뚜렷이 분리된 소리로 말합니다. 그러다가 갑자기, 생후 약 18개월에, 아이들은 자신들이 표현하는 의미들을 확대시키기 시작하고, 언어 오케스트라의 분법 부문에 노력을 가하기 시작합니다. 이제 그들은 개가 지금 막 집 안으로 들어왔다는 것을 표현하기 위해 매끄러운 소리로 한번에 "개집"이라고 말할 수가 있습니다. 그러나 무엇이 빠졌는지 주목하십시오. 동사인 '~다'와 전치사인 '안에'와 같은 문법 구성요소들이 문장 속에 사용되지 않았습니다. 이것은 순전히 아이들이 처음으로 만드는 단어 결합체의 특징입니다. 영어권 아기들은 'the'와 'an'같은 말이나, 'to'와 'from'과 같은 전치사, 그리고 's'나 'ing'과 같이 동사에 들어가는 문법 표시들을 빠뜨립니다. 오래된 전보電報와 비슷한 소리로 들리는 아기들의 말소리를 과학자들은 '전보식 문장telegraphic speech'이라 부릅니다. "토요일에 도착. 가방 여섯 개 있어. 부

< 숨은 재능 확인하기 > 단어 조합하기

나이 : 생후 18~30개월

　　당신의 아이가 처음으로 하는 결합된 말을 들어보고 그것을 적어보십시오. 몇 년 후에는 재미있는 추억거리가 되어있을 것입니다. 또, 처음 단어 결합체를 사용할 때에는 중요한 언어적 요소를 많이 빼먹고 말하게 됩니다. 그러므로 아이가 무엇을 말하고자 하는 것처럼 생각되는지도 함께 적으십시오. 무엇이 생략되는지도 역시 관찰해 보십시오. 아이는 한 개 혹은 여러 개를 구분하여 말했습니까? 동사의 끝부분에 '하고 있다' 또는 '했다'와 같은 동사 변형을 사용하였습니까? '~에'나 '아래'와 같은 조사도 사용하였습니까? 아이의 초기 언어에 관심을 기울이는 일은 이 시기를 훨씬 더 풍성하게 만듭니다! 대개, 이 과정은 금방 넘어가버리고, 우리는 이 모든 일이 어떻게 이리도 빨리 일어났는지 궁금해 합니다. 이런 것들을 기록해놓고 무엇이 생략되었는지, 그리고 나중에 무엇이 포함되었는지를 세심히 관찰하면 불가사의하기만 하던 언어 발달 시기가 더욱 재미있어질 것입니다.

두에서 차 기다려. 마르타 이모."와 같이 말이죠.

세상 모든 곳에서, 아이들의 첫 단어 결합체는 꼭 이러한 형태 속에서 같은 의미로 표현됩니다. 아이들은 "우유 더"와 비슷한 말로 뭔가를 더 달라고 하고, "병 싫어!"와 같은 말로 거부를 합니다. 뭔가에 관심을 기울일 때는 "고양이 봐."와 같은 말을 하고, 뭔가가 없어진 경우에 그 상황을 표현하기 위해 "지금 우유 없어."와 같은 말을 합니다. 이렇게 제한된 문장들을 사용하며 많은 요소들을 빠뜨리기는 하지만, 아이들은 그들의 짧은 어휘만으로 완전한 의미를 표현합니다. 여기서 아이들에게는 이런 식으로 말하는 것을 따라할 만한 본보기가 없다는 사실에 대해 잠깐 생각해 보십시오. 아이들 주위의 어른들 중에 그 누구도 전보문을 사용하는 사람은 없습니다. 그렇다면 아기들은 왜 그렇게 하는 것일까요? 아이들은 패턴 탐구자들입니다. 그들에게는 아직 완전한 문장을 사용할 능력은 없지만, 대화하기 위한 필요에 의해 그렇게 하는 것입니다. 아주 많이 강조되고 뜻과 관련된 주요 단어들을 뽑아가며 들리는 말을 분석하고, 효과적으로, 그리고 대부분 옳은 순서로 사용합니다. 아무도 아기들에게 이것을 어떻게 하는지 가르쳐주지 않습니다. 아기들은 그저 자신들의 분석적인 능력을 사용하고 앞으로 행진할 뿐입니다.

생후 3, 4년 : 더욱 근사해진 문장들[84]

아이들이 단어 결합체를 만들 수 있게 되고 나면, 그들의 문장들은 계속해서 길이가 길어집니다. 이때부터 언어 오케스트라의 문법 부문에 노력을 가하게 되는 것입니다. 내 생각들을 표현하려면 문장들을 어떻게 결합시키면 될까요? 지금 의자 밑에 있는 공을 원할 때 "공"하고 한마디로 된 문장을 말하는 것으로 시작해서, "공 줘!"로 발전하고, 더 복잡한 "내

공 줘!"에서 "내 공 줘, 의자 밑에!"로, 그리고는 두 문장으로 된 표현을 성공시킵니다. "내 공 좀 줘. 의자 밑에 있어!"

전에는 생략되었었던 문법의 많은 미세한 부분들이 서서히 아이들의 전보식 문장에 추가된 것을 확인할 수 있습니다. 이런 증가적인 발전은 매우 중요한 것입니다. 원하는 말을 모두 내뱉을 수 없는 한계에 부딪힌 아이들은 "지금은 점심을 먹고 싶지 않아."라고 말하는 대신 "먹는 거 안 해."라든지 "점심 안 해."라고 말할 수도 있습니다. 가끔씩 아이들의 마음이 입보다 더 빠르다는 것은 흥미로운 일입니다. 아이들은 우리에게 할 이야기가 매우 많지만, 그것을 모두 매끄럽게 쏟아낼 수 없기에 가끔씩 말을 더듬게 됩니다. 그러나 이것은 실제 말더듬이 아니므로, 걱정하거나 주의를 환기시킬 필요가 없습니다. 단지 말보다 마음이 앞서는 것뿐입니다. 실제로 말을 더듬는 것은 전혀 다른 현상입니다. 실제 말더듬이는 문장의 처음 부분만이 아닌 여러 부분에서 말을 더듬습니다. 실제 말더듬이들은 흔히 남성이며, 유전적인 경향이 있습니다(아버지나 삼촌이 말을 더듬을 경우).[85]

이 시기의 아이들은 더욱 수준 높은 언어 구사를 할 수 있게 됩니다.[86] 그러나 여러분은 매우 관찰력 있고 염려가 많은 제인Jane이라는 엄마가 우리에게 전화해서 지적한 것에 대해 뭔가 특이한 것을 알아챌 수 있을 것입니다. 그녀는 세 살 된 앨리슨Allison의 언어 능력에 대해 뭔가 이상한 것을 발견했습니다. 앨리슨은 그저 "I goed to the bathroom."*이라고 말했을 뿐입니다. 제인이 걱정을 하는 이유는 앨리슨이 예전에는 'went'라고 올바른 단어사용을 했었기 때문입니다. 혹시 언어적 문제가 있는 것은 아닐까요? 뭔가 잘못된 것은 아닐까요?

짧게 대답하자면, "아니다."입니다. 단지 아닌 것뿐만 아니라, 앨리슨은

---

* 잘못된 문장. go(가다)의 과거형은 went(갔다)이다. −옮긴이

사실은 자신의 기발함을 발휘하고 있는 것입니다. walk의 과거형을 여러 분은 'walked'라고 말합니다. 'jump'의 과거형을 말하고 싶을 때 여러분은 'jumped'라고 합니다. 신조어인 'blix*'의 과거형을 말하고 싶을 때 여러 분은 그것을 'blixed'라고 말해야 한다는 것을 알고 있을 것입니다. 앨리 슨은 이 법칙을 깨우쳤다는 것을 우리에게 보여주고 있는 것입니다. 아무 도 가르쳐주지 않았고, 아무도 앨리슨을 앉혀놓고 "잘 들어봐. 과거형으 로 말을 할 때 우리는 보통 동사에 'ed'를 붙인단다."라고 얘기해주지 않 았습니다. 이 법칙을 발견하고, 앨리슨은 무의식적으로 "예전에는 내가 잘못 말했었구나. 이제부터는 일반적으로 적용되는 법칙만 사용해야지." 라고 추정했을지도 모릅니다. 그것은 시간이 흐르면서 바로 잡힐 것입니 다. 전혀 걱정할 필요가 없습니다. 이것은 많은 연구원들을 수 년 동안 매 료시킨 현상입니다.

앨리슨이 대부분의 동사에 과거형을 적용시키는 방법을 아무런 교육과 정 없이 깨우친 사실은 언어가 어떻게 습득되는지에 대한 일반적인 인식 과는 대조적인 것이었습니다. 미숙하고, 가끔은 갈팡질팡하는 우리 아이 들에게 이러한 지능이 있다고 인정하는 것은 왠지 직관적으로 학습할 것 만 같은 아이들의 개념과는 반대되는 것처럼 느껴집니다. 그러나 어떤 부 모도 'goed'이라고 말하지 않습니다. 여기서 모방이 정답이라면 과연 누 구를 따라한 것일까요? 아이들이 스스로 이런 말들을 찾아낸다는 사실은 우리가 언어 습득에 대해 지니고 있는 가장 큰 근거 없는 믿음이 틀린 것 임을 드러내 줍니다. 아이들에게 언어 교육을 제공하는 것이 전적으로 자 신들의 책임이라고 믿는 부모들은, 아이들은 귀로 들은 말을 가지고 누구 의 도움도 없이 결승점까지 뛴다는 사실을 알아둘 필요가 있습니다. 언어

---

* 무언가를 힐끔 쳐다본다는 의미의 신조어 -옮긴이
** 이야기 안의 wug(가산명사), daxing(동사), modi(가산명사), roltan(불가산명사) 등의
   단어는 실존하는 단어가 아닌 실험을 위한 가상의 단어임 - 옮긴이

1958년에, 한 심리학자가 '워그^{wug}' 실험을 내놓았습니다.[87] 잡지책에서 몇 가지를 오려내어 당신의 아이에게 실험하게 해봄으로써, 아이가 언어에 사용되는 몇 가지 법칙을 이해하였는지 확인할 수 있을 것입니다. 이 실험은 4개월에 한번씩, 또는 아이의 발달사항을 확인하기 위해 시도해볼 수 있습니다.

다음과 같은 사진들을 모아보십시오. 예를 들면 뛰고 있는 사람과 같은 뭔가 활발한 행동을 하고 있는 사람의 사진이면 좋습니다. 그리고 한 가지 사물과 또 다른 두 개, 또는 그 이상의 동일한 사물, 이를테면 사과 한 개와 사과 두 개 ; 어떤 물체를 대상으로 활동을 수행하고 있는(예를 들어 밀가루를 반죽하고 있는 여자)사람의 사진도 필요합니다. 동물인형이나 여자인형도 필요할 것입니다. 아이에게 동물이(이를테면 브라이티와 같은 이름을 지어 보십시오) 말을 할 줄 알게 되려면 도움이 필요하다고 말하십시오. 사람이 뛰어가는 사진을 보며, 당신은, "브라이티가, '소년이 뛰고 있어.'라고 말하네. '이제 소년이 _____'라고 말하려면 브라이티는 어떻게 해야 할까?"라고 말한 후, 아이가 말로 빈 칸을 메울 수 있도록 해 보십시오. 이렇게 해서 당신은 아이가 과거형을 사용할 수 있는지 확인해볼 수 있습니다. 사과 한 개가 있는 사진에서 당신은, "브라이티는 이것을 워그^{wug}라고 불러."라고 말하십시오. 그리고는 복수형의 사진을 꺼내 보이며, "여기서는 브라이티가 뭐라고 해야 하지? 이제는 _____이 있어."라고 말해볼 수 있습니다. 이것은 분명히 아이가 복수형을 사용할 수 있는지를 알기 위한 질문입니다. 물체 위에서 어떤 활동을 하는 사진으로는, 세 가지의 다른 질문을 해볼 수 있습니다. 아이가 동사를 찾아서 쓸 수 있는지 보려면, "브라이티가 그러는데, 이 여자가 댁싱^{daxing}을 하고 있대. 여자가 댁싱을 하고 있는 부분을 손으로 가리켜볼래?"라고 말해보십시오. 아이가 손을 가리키는지 유심히 보십시오. 그 다음에는 "하나의 모디^{modi}는 어디에 있어?"라고 물어본 후, 당신이 명사를 썼다는 것을 알고 아이가 접시를 가리키는 지 관찰해 보십시오. 이렇게도 물어볼 수 있습니다. "약간의 roltan**은 어디에 있어?"라고 물으면, 아이가 불가산 명사로써의 이름 앞에는 관사가 붙지 않는다는 것을 깨닫고 곤죽 같아 보이는 것을 가리키는지 살펴보십시오.

를 듣지 않아도 된다는 말이 아닙니다. 분명히 들어야 합니다. 그러나 부모들이 일주일에 7일 / 매일 24시간 기준으로 아이들의 개인교사직을 맡지 않아도 된다는 말입니다. 아이들은 언어의 대부분을 스스로 깨우칩니다.

생후 4년째 :
'언어 오케스트라'의 실용적인 활용법을 배워가다

언어의 사운드시스템을 터득하고, 많은 단어들의 의미를 배우고, 문장들을 만드는 방법을 발견한 3, 4살 된 아이들은 이제 사회 속에서 언어가 어떻게 사용되는지 주의를 기울입니다. 이것이 '활용법'입니다. 누구에게 말을 하는가에 따라 언제, 그리고 어떻게 무엇을 말해야 할지 구별하는 것. 미국에서는 말을 적절히 사용하는 교육을 일찍이 시작합니다. 아직 말도 할 수 없는 아이가 태어나서 맞이하는 첫 번째 할로윈에 이집 저집으로 옮겨지며 "주세요."와 "고맙습니다."를 말하도록 강요받습니다.[88] 그리고 일단 말문이 트이고 나면, "우유 더"라고 말하는 아이에게 부모는, "마술과도 같은 말을 해보세요. 주세요please라고 말해보세요."라고 부추깁니다. 무엇을 말해야 할지, 또 언제 말해야 할지를 아는 것은 문장을 만들 줄 아는 것만큼이나 중요합니다. 우리들 중에 자식을 항상 때와 장소에 맞지 않는 실언만 하는 아이로 키우고 싶은 사람은 아무도 없을 것입니다. 그러나 이 점에 대해서도, 조금은 안심할 수 있습니다. 패턴 탐구자인 아이들은, 언어를 어떻게 사용하는지 스스로 깨닫기 위해 우리를 관찰합니다. 뜻밖의 순간에 아이가 격식을 차리기 위한 사회적인 말을 하는 것을 목격할 때, 당신은 알게 될 것입니다. 손님들이 돌아가려는 순간, 4살 된 아만다가 "만나서 반가웠소이다!"라고 말할 때, 당신은 아이가 어디서 그 표현을 배웠는지 알기에 조금 민망할 수도 있을 것입니다.*

우리는 모두 한번쯤은 자녀에게 활용법을 가르칩니다. 우리가 자녀에게 가르치려고 하는 사회적 기능은 훗날 학교에서 선생님에게 어떻게 말을 해야 하는지 알게 하기 위해서도 중요합니다. 우리의 수다스러운 아이들은 우리들을 예의 바르게 이야기하는 본보기로 삼습니다. 그리고 각 문화마다 이런 것들을 다르게 행하기 때문에, 우리가 자녀에게 무엇을 이렇게 하고 저렇게 해야 한다고 권장할 때, 우리는 사회적인 대화가 우리 문화에서 어떻게 일어나는지를 가르치는 것입니다. 중산층의 백인 사회를 예로 들자면, 그들은 사람들과 이야기할 때 상대방의 발을(또는 자신의 발을) 보는 것이 아니라 눈을 똑바로 쳐다봅니다. 그렇기에 아마도 당신은,

< 숨은 재능 확인하기 > 활용법

나이 : 생후 12~24개월

사회적 상호작용의 윤활유 역할을 하는 말들, 이를테면 "미안합니다."라든지 "고맙습니다."와 같은 말들을 사용하게 하기 위해서 당신이 자녀를 어떻게 교육하고 있는지, 그리고 남들이 다른 또래의 아이들을 어떻게 교육하는지 주의를 기울이십시오. 아주 작은 아기들의 부모들 역시 이런 말들을 가르치는데, 이것을 목격할 때면 꽤 재미있습니다. 또한, 당신의 아이가 이런 말들을 할 수 있게 되면, 아이가 이 말들을 적절히 사용하고 있는지 관심을 기울여서 보십시오. 아이가 "미안합니다."라는 의미를 표현하기 위해 "고맙습니다."라고 말하거나, 또는 그 반대로 말하지는 않습니까? 부모들이 큰 어린이들에게 무엇을 어떻게 말해야 하고, 또 왜 말해야 하는지 가르치는 것을 목격합니까? 당신이 아이에게 인사하는 것("안녕하세요라고 말해야지?")과 다른 사람들과의 대화를 이끌어내기 위해 어제 갔었던 곳에 대해 이야기하는("존스아저씨에게 어제 우리가 어디에 갔었는지 얘기해볼까")것 등의 언어 활용법 교육을 하고 있는 것을 의식하십니까? 여기서 우리는 얼마나 많은 사람들이 자녀에게 대화를 시작하는 방법과, 언제나 뭔가 할 이야기가 있다는 것을 가르치는지 알 수 있습니다.

---

* 엄마가 자주 듣는 가요나 드라마에서 나오는 말 – 옮긴이

"로빈슨 선생님과 이야기할 때에는 선생님을 똑바로 쳐다보세요."라고 말하는 자신을 발견할 수 있을 것입니다. 그러나 만약 당신이 멕시코계 미국인이며 텍사스에 살고 있다면, 그와 정반대의 말을 할 것입니다. "로빈슨 선생님과 이야기할 때 그녀를 똑바로 쳐다보지 말아요." 왜냐하면 그 문화권에서는, 손윗사람과 이야기할 때 눈을 마주치는 것은 예의가 없고 결례를 범하는 것으로 간주되기 때문입니다. 각 문화에서는 사람들과 이야기할 때 어떻게 해야 하는지 서로 다른 법칙이 있는 것입니다.

언어를 적절하게 사용하는 방법의 중요한 요소는, 사람들이 '실제로' 무엇을 말하고자 하는지를 이해하는 것입니다. 우리가 사람들이 말하는 모든 것을 문자 그대로 받아들인다면 어떻게 될 지 상상해보십시오.

거리에서 마주친 여자 : 시계 있으세요? (지금 몇 시죠?)*
당신 : 네. (그리고는 계속해서 걸어갑니다!)

그 여자는 당신에게 시계가 있는지 없는지에 대해 관심이 있었던 것이 아닙니다. 그녀는 당신이 몇 시인지 가르쳐주기를 바란 것입니다. 영어 문화권에서는 그리하는 것이 더 정중하기 때문에, 그녀는 당신이 어떤 행동을 해주기를 원하는지에 대해서는 전혀 언급도 하지 않고 이 정보를 매우 간접적으로 물어 본 것입니다.

분명히, 문장들을 이어주는 단어들과 문법 구조를 아는 것은 언어 발달에 있어서 그저 한 부분일 뿐입니다. 생후 4, 5년이 되면, 아이들은 대화를 하기 위해 자신의 언어를 활용하고자 노력합니다. 아이들은 새로운 선생님들이나 아이들을 돌봐주는 베이비시터 baby sitter와 같이 잘 모르는 사람들과 이야기할 때마저도 자신이 원하는 것들과 필요한 것들을 표현할 수

---

* 영어권에서는 "Do you have the time?"이라고 물어봄으로써 시간을 물어본다.
　-옮긴이

있어야 합니다. 또한 우리들의 사회적인 대화 속의 정제된 의미들도 발굴해내야 합니다. 네 살 된 아이들은 모든 것을 문자 그대로 해석하는 것으로 악명이 높습니다.

엄마의 친구인 사만다가 전화로 네 살 된 제인과 이야기하고 있습니다.:

> 사만다 : 안녕, 제인! 집에 엄마 계시니?
> 제인 : 네. (이것은 사만다 아주머니가 정말로 단지 이런 작은 정보 하나를 얻기 위해 전화한 것으로 믿는 제인이 한참동안 전화기를 들고 있다가 내뱉은 대답입니다.)
> 사만다 : 제인? 거기 아직 있니? 엄마 좀 바꿔줄래?
> 제인 : (대답 없이 전화기를 내려놓고 엄마를 부르러 갑니다.)

제인은 질문을 문자 그대로 받아들이고 대답했습니다. 그러나 문자 그대로의 질문은 표면적인 질문일 뿐입니다. 진짜 질문은 제인이 엄마에게 전화를 바꿔주기를 바란 사만다의 공손한 요청이었습니다. 또한 제인은 그냥 행동만으로도 문제될 것은 없겠지만 누군가가 전화로 질문을 하면 우리가 구두로 대답해야 한다는 사실을 아직 알지 못합니다. 한 어른이 전화를 받아서 우리가 원하는 사람을 바꿔주기 위해 아무런 말도 없이 그저 전화기를 내려놓고 가버린다면 얼마나 이상하겠습니까? 우리는 그 사람을 매우 무례하다고 생각할 것입니다.

아이들은 이 시기에 비유적이거나 비유적이지 않은 의미만을 배우는 것이 아니라, 이야기들과 그 이야기들이 어떻게 만들어지는지도 배웁니다. 연구원들은 이야기 개발에 대한 대규모 연구를 해왔는데,[89] 그 중 몇 가지를 읽기에 대해 논하는 다음 장에서 다룰 것입니다. 우선은, 그저 이 시기의 아이들은 이야기를 매우 좋아한다는 것만 기억해두길 바랍니다. 아이들은 당신에 대해서, 그리고 당신의 어릴 적에 대해 듣는 것을 좋아하며, 가족과 함께 여행 가서 찍었던 사진들이 들어있는 앨범을 보는 것도, 그리고 그저 잠잘 때 만들어내어 들려주거나 책으로 읽어주는 이야기들을 듣는 것도 좋아합니다. 연구원들은 이야기를 들려주는 것이 훗날 글을 읽고 쓰는 능력의 기반이 될 것임에도 불구하고, 집에서는 잊혀져버린 기술이라는 사실을 발견했습니다. 우리는 이야기를 들려줄 때, 문맥을 설정하고, 주인공들을 만들고, 그들을 약간의 분쟁이 있는 여정 속에 넣은 후, 해결책을 마련해줍니다. 우리 아이들은 이 모든 부분들에 대해 아직은 잘 모르지만, 만약 우리가 이야기를 들려주고 아이들과 이야기를 함께 전개해나간다면, 아이들 안의 분석가들이 이야기의 문법을 발견해낼 것입니다.

학습 찬스 | 이야기 하기

아이들은 많고도 많은 이야기를 하지만, 가끔씩 우리는 아이들이 하고 있는 것이 바로 그것이라는 사실을 깨닫지 못합니다. 작은 토막 이야기들이 불쑥 튀어나오는데, 우리는 그 이야기들을 전개해나갈 수 있도록 도와줄 생각도 못한 채 듣기만 할 뿐입니다. 그러므로 다음의 세 살 된 마리사Marissa가 문득 "공룡"이라고 말하면, 그 뒤에 대화를 이어가봅시다.

마리사 : 공룡!
엄마 : 아, 그래. 공룡이 말이지… 옛날 옛적에 공룡이 살았는데 그 공룡이 초록색이었나?
마리사 : 아니, 파란색.
엄마 : 그렇구나. 옛날 옛적에 파란색 공룡이 살았는데 그 공룡은 매우 배가 고팠단다.
마리사 : 그래서 그 공룡은 이 숲에서 저 숲으로 먹이를 찾아다녔어요.

우리가 단지 대화를 시작만 해주면 어느새 이야기는 스스로 탄력이 붙는 것 같습니다. 우리가 적극적이고 열심히 이야기를 듣게 된다면, 아이들과 이야기를 함께 만들어내면서 그 과정에서 생기는 아이들의 생각들에 대해 더 배울 수 있을 것입니다.

수다쟁이 타입과 과묵한 타입

우리가 지금까지 묘사한 것은 평범한 아이들의 모습입니다. 그러나 우리들의 아이들 중에는 아무도 평범한 아이는 없습니다. 우리는 죠^{Joe}와 사만다^{Samantha}, 그리고 마르타^{Martha}와 피터^{Peter} 같은 자녀들이 있습니다. 언어 발달에 있어서의 큰 차이에도 불구하고, 모든 아이들은 지극히 정상입니다. 죠는 여러 가지 귓병을 앓았기 때문에 생후 17개월이 되기까지 말을 하지 못했습니다. 게다가, 죠는 위로 두 명의 형제자매가 있었는데, 죠를 결코 대화상대로 끼워주지 않았습니다. 게다가 나중에 태어난 아이들이 조금 말이 늦다는 참고할만한 사실도 있습니다. 이들은 우리들의 관심을 그리 많이 받지도 못하고, 또 첫 아이에 비해 그리 많은 데이터를 바탕으로 배우지도 못합니다. 그러나 위로가 되는 것은, 세 살이나 네 살이 되면, 같은 학급에 있는 그 많은 아이들 중 누가 첫 단어를 일찍 말하고 늦게 말했는지 당신은 절대로 알 수 없을 것이라는 사실입니다.

또 한 사례로 사만다라는 아이가 있습니다. 생후 16개월에 이 아이는 수다쟁이지만, 오빠 매트^{Matt}처럼 여기저기 다니면서 사물의 이름을 말하는 것을 좋아하지는 않습니다. 매트는 집에서, 박물관에서, 혹은 도로에서도 눈에 보이는 모든 사물의 이름을 외우고 다니느라 가족을 괴롭게 만듭니다. 사만다는 사람을 만나서 인사하는 것을 좋아합니다. 만나는 모든 이들에게 "안녕"과 "잘 가"라고 말하며, 몇 가지 단어에 한해서, "주세여"라든지 "고마어"와 같은 식으로 사회적 표현들도 사용할 줄 압니다.

마르타는 매우 뛰어납니다. 두 살 때 이미 마르타는 단락으로 말을 할 줄 아는 꼬마 연설가입니다. 한편으로 말하는 것이 아직 쉽지 않은 피터도 있습니다. 생후 18개월 된 피터의 엄마인 제시카^{Jessica}는, "놀이학교에 갈 때마다 나는 불안해져요. 생후 16개월 된 앨리슨^{Allison}과 17개월 된 제이크^{Jake}는 모두 재잘거리고 있어요. 피터는 딱 두 마디밖에 몰라요"라고 말했습니다. 다른 놀이학교의 일원이자 경험이 풍부한 엄마인 필리스^{Phyllis}는, 자신의 두 아이들에게서 실제로 놀라운 차이를 발견했다고 합니다. "나는 한 명에 하나씩 육아일기를 썼어요. 알린^{Arlene}이 생후 18개월에 약 다섯 가지 단어를 말할 수 있었던 반면에 수지^{Suzie}는 61가지를 말할 수 있었어요." 필리스는 알린이 나중에는 수지와 마찬가지로 말을 할 수 있게 되었다는 것을 알기 때문에, 셋째 아이의 느린 진전에 대해서는 마음이 한결 더 여유롭습니다.

만약 아이들의 언어 발달이 정말 크게 차이가 난다면, 우리는 언제쯤 걱정을 해도 되는지 어떻게 알 수 있을까요? 몇몇의 표징을 발견하는 것이 비결입니다. 만약 아이가 생후 24개월이 되어도 전혀 말을 하지 못하고 만으로 두 살 반이 되었을 때 아직 두 가지 단어를 붙여서 말하지 못한다면, 혹시 무슨 문제가 있지는 않은지 확인해 볼 필요가 있습니다. 또한, 당신이 말을 할 때 아이가 당신의 눈을 보지 않고 다른 생각을 하고 있는 것처럼 보인다면, 우려할 만한 요인이 있을지도 모릅니다. **만약 문제가 있다면, 조치는 빠르면 빠를수록 좋습니다.** 첫 번째 방어선은 아이에게 청력검사를 받게 하고 소아과 의사와 상담하는 것입니다.[90]

대화 상대로서의 부모역할[91]

여러분은 이제 연구자들이 생각하는 언어 발달의 많은 부분을 이해하게 되었을 것입니다. 아이들은 말을 배우기 위해 많은 시도를 하고, 보이지 않는 곳에서 많은 일들이 일어납니다. 그러면 부모들과 교육자들이 맡은 역할은 무엇일까요? 만약 아이들이 그만큼을 알고 있다면, 우리에게 남겨진 일은 과연 무엇일까요? 우리는 왜 여러분이 아이들을 가르칠 필요가 **없는지**에 대해 분명히 보여드렸습니다. 그러나 여러분은 **반드시** 아이들의 말동무가 되어 대화를 이어가야 합니다. 우리가 아이들과 이야기할 기회를 포착하면 할수록, 아이들은 분석할 수 있는 데이터를 더 많이 갖게 되고, 따라서 언어의 기반이 더욱 튼튼해집니다. 많은 양의 자료들이 이 사실을 증명해줍니다.

대화를 이어가십시오

데이비Davie에 위치한 플로리다 애틀랜틱 대학Florida Atlantic University의 에리카 호프Erika Hoff박사와 같은 과학자들은 식사시간과 놀이시간에 부모들이 자녀들과 나누는 대화방법과 차후에 정교해진 아이들의 언어 능력의 관계를 연구하기 위해 많은 시간을 투자하였습니다.[92] 대화를 조장하고, 질문을 더 많이 하고, 아이가 시작한 이야기에 말을 덧붙여 대화를 이어나가는 부모들은, 더욱 발달된 언어 능력을 가진 자녀들을 가지게 되었습니다. 이렇게 되려면 어떻게 하면 될까요? 마리Mary와 제이미Jamie라는 두 엄마를 비교해봅시다. 학력과 수입에 있어서 매우 비슷한 이들은, 각각 세 살 된 아이와 함께 저녁식사를 하고 있습니다.

마리와 아이의 대화

아이 : 빵 주세요.

마리 : (빵을 건네며) 여기 있어.

아이 : 음~.

마리 : 더 줄까?

아이 : 네.

마리 : (빵을 건네며) 여기 있어.

제이미와 아이의 대화

아이 : 빵 주세요.

제이미 : 빵이 참 맛있지? 한 개 줄까, 두 개 줄까?

아이 : 한 개 주세요.

제이미 : (빵을 건네며) 오늘 학교에서 먹은 샌드위치에 쓴 빵은 괜찮았니?

아이 : 네, 맛있었어요.

제이미 : 네 학교 점심으로 쓴 빵은 호밀 흑빵이라고 불러. 호밀 흑빵은 검정색이야. 검정색 빵을 먹어본 적이 있니?

마리는 아이의 요구에 응하기는 하지만, 대화를 이어가려 하지 않았습니다. 아이가 일단 관심만 보이면, 대화는 여러 가지 방향으로 이어질 수 있습니다. 제이미는 이것을 인식하고 아이의 대화상대가 될 수 있는 기회를 포착했습니다. 그녀는 아이의 숫자 개념을 강화시켰고, 아이가 스스로 결정할 수 있도록 선택 범위를 제한시켜주었고, 언어 능력을 쌓아갈 수 있는 방향으로 질문을 넓혀갔습니다. 그녀는 심지어 새로운 빵 종류의 이름까지 가르쳐주었습니다.

부모가 자식의 관심사를 기반으로 대화를 이끌어나간다면, 그것은 언어 발달을 자극합니다. 이것이 큰 성과를 불러온다는 것을 많은 양의 자료가 입증하고 있습니다. 실제로, 생후 18개월밖에 안된 아이들도 자신이 관심을 가지고 있는 물건이나 행동에 대해서 함께 이야기를 해준다면 또래의 아이들보다 더 높은 어휘력을 가진다는 것을 연구 결과들은 보여주고 있습니다. 학교에 갓 입학한 높은 어휘력을 가진 아이들, 그리고 뛰어난 읽기 능력과 수학 능력을 가진 유치원생들과 초등학교 1학년 아이들이 바로 이와 같은 아이들입니다.

하지만 우리가 여러분에게 이 방법을 무리하게 시행하기를 권장하는 것이라고는 생각하지 않기를 바랍니다. 아이를 새벽녘에 깨워 앉혀놓고 삶과 죽음, 그리고 세금에 대한 대화를 나눠야 하는 것은 아닙니다! 또한 당신은 아이가 하는 모든 말에 대답을 할 필요는 없습니다. 그러나 아이의 말과 생각을 쌓아나갈 수 있는 진실한 대화를 당신과 아이가 나눌 때, 언어나 그 외의 것들에 관한 매우 중요한 의미가 전달된다는 것을 그저 마음속에 담아두길 바랍니다.

양이 중요합니다! 당신의 아이들에게 많이 말하십시오

언어 학습에 있어서의 부모의 역할에 관한 한 인상적인 연구가 로렌스Lawrence에 위치한 칸사스대학University of Kansas 시펠부시 수명연구협회Schiefelbusch Institute for Life Span Studies의 수석 과학자인 베티 하트Betty Hart 교수와 토드 리슬리Todd Risley 교수에게서 창출되었습니다.[93] 그들은 부모와 자식의 언어적 상호작용은 마치 함께 사교댄스*를 추는 것과 같다고 이야기합니다. 3년에 걸쳐 42가족을 관찰한 대규모 연구에서, 그들은 아이들의 언어 습득에 있어서 우리의 기여가 얼마나 중요한지 보여줍니다. 그들은 전문직을 가진 가족들과, 노동자 계층의 가족들과, 사회보장 연금에 기대어 사는 가족들, 다시 말해 사회적 배경이 다른 가족들의 언어 상호작용을 관찰하였습니다. 그들의 발견은 말 그대로 헤드라인 뉴스였습니다. 그리

---

* 남녀 한 쌍이 자유롭게 춤추며 즐기는 형식의 것으로 남자가 여자를 리드하고, 여자는 이에 따라가며 음악에 맞추어 스텝을 즐기는 춤 - 옮긴이

고는 우려할만한 원인이 되었습니다. 복지에 기대어 사는 부모들은 노동자 계층의 부모들이나 전문직을 가진 부모들에 비해 아이들에게 말을 적게 합니다. 자료에 의하면, 연금에 기대어 살아가는 부모의 아이는 하루에 평균적으로 단 616개의 단어를 들은 반면, 노동자 계층 부모의 아이는 약 1,251개의 단어를, 그리고 전문직을 가진 부모의 아이들은 평균적으로 2,153개의 단어를 들은 것으로 나타났습니다. 이 수치를 기반으로 추론하자면, 기간을 1년으로 잡았을 때 단어의 개수는 압도적입니다. 복지에 기대어 사는 부모의 아이는 3백만 단어의 언어 경험을, 노동자 계층 부모의 아이는 6백만 단어의 언어 경험을, 그리고 전문직을 가진 부모의 아이는 천백만 단어의 언어 경험을 하게 되는 것입니다.

이 연구는 말의 양을 본 것 뿐만 아니라, 부모가 아이들에게 사용하는 말투나 어조까지 관찰하였습니다. 어떤 부모들은 연구자들이 전문용어로 '반감disapprovals'이라 일컫는 말투를 사용하는 반면, 다른 이들은 '긍정affirmations'을 더 많이 사용했습니다. 반감은 "안 돼!"라든지 "그러지마", 또는 "그만해!"와 같은 부정적인 말들입니다. 이러한 것들은 아이들을 대화에 끌어들이기보다는 대화 자체를 끊어버립니다. 다른 한편으로, 긍정은 "훌륭해!"와 같은 찬사, "다시 한 번 해보자."와 같은 격려, 그리고 "아주 잘했어!"와 같은 칭찬을 포함합니다. 인지Inge란 아이가 생후 23개월이었을 때 그녀의 엄마를 예로 들어봅시다.

인지가 "공"이라고 말하면, 그녀의 엄마는 "공"이라고 반복합니다. 인지가 TV 선전에 나오는 말을 따라하며 공을 TV위로 던지면, 엄마는 "그러면 안 된다는 것을 잘 알잖아. 도대체 왜 그래?"하고 반응합니다. 인지가 공을 들고 소파 위에 앉아 있다가 내려오면서 넘어집니다. 엄마는, "거봐라, 그러다 다쳤지. 이제 어떻게 할래?"하고 묻습니다. 아이는 소파 위로 다시 올라가, 일어선 다음, 소파 뒤쪽으로 기어 올라가려 합니다. 그러면 엄마는, "애야, 그만, 소파 위를 기어 다니는 건 그만!"하고 말합니다.

우리는 모두 아이들이 다치지 않도록 하기 위해서 강압적이어야 할 필요가 있기는 하지만, 대화를 하며 아이들을 야단치는 방법들이 있습니다. 가령 "집안에서는 공을 던지지 않는 게 어떨까? 밖에 나가서 놀까?" 혹은 "뭔가 가지고 놀 수 있는 다른 것을 찾도록 도와줄까?" 등이 있겠지요.

연구원들이 순전히 반감과 긍정의 수만을 비교했을 때, 그들의 발견은 충격적이었습니다. 전문직을 가진 부모의 아이는 평균적으로 1시간에 32개의 긍정과 5개의 반감을 들었습니다. 6대 1의 비율입니다. 노동자 계층은 대략 12개의 긍정과 7개의 반감을 들었습니다. 2대 1의 비율입니다. 극명한 대조를 보이며, 복지에 기대어 사는 집의 아이들에게는 이 패턴이 거꾸로 뒤집혔습니다. 그들은 1시간에 5개의 긍정과 11개의 반감을 들었는데, 이것은 1대 2의 비율입니다. 이러한 차이는 우리들에게 언어를 배우는 아이들에 관한 강력한 메시지를 전해줍니다. 전문직의 아이들은 말을 함으로써 사랑을 받고, 복지로 살아가는 아이들은 그렇지 못합니다. 그들은 명령을 따르도록 배웁니다. 전문직들과 노동자 계층의 아이들은 격려와 칭찬을 받는 반면, 복지로 살아가는 아이들은 자부심을 높일 수 없는 말들을 듣습니다. 하트교수와 리슬리교수는 언어를 배울 때의 자식과 부모간의 상호작용을 사교댄스에 비유하고 있습니다. 그들은 다음과 같이 서술하였습니다. "대화라는 것은 어떠한 시도를 격려하고 언어에 대한 경험을 제공하는 것 이상으로 부모와 자식 간의 관계에 크게 기여합니다. … 부모들에게 있어서 중요한 점은 춤을 추는 시간과 횟수입니다. … 첫 3년간의 경험으로 단어들이 증가함을 볼 수 있을 것입니다. … 그것은 아이들이 훗날 보여줄 성과를 영속적으로 바꿔놓을 것입니다. … 이 첫 3년 동안 아이들은 거의 절대적으로 함께 춤을 추는 상대인 어른들에게 의존합니다. 두 살 된 아기들은 언어 전문가들보다는 그들의 기초적인 언어능력을 사용하며 함께 즐길 수 있는 더 적극적인 사교댄스 파트너가 필요합니다. 아이들이 어른들에게 필요로 하는 것은 시간이지, 요령이 아닙니다."

다시 말해서, 아이들이 말을 배울 수 있는, 그리고 높은 어휘력을 가질 수 있는 비결은 바로 그들과 이야기하는 것입니다. 말하는 것은 언어 발달뿐만 아니라, 아이들이 넓혀가는 세상에 대한 지식과, 사람들과의 대화에 참여하고 싶은 그들의 의지에도 이바지합니다. 위에 논의된 육아의 차이는 아이들의 어휘력뿐만 아니라, 미래의 지능과도 깊은 관련이 있습니다. 그렇다면 부모들과 보육자들이 시도해야하는 것은 '대화의 춤'을 추는 것입니다.

이것은 어렵지도 않고 신경 써야 할 복잡한 단계도 없습니다. 당신은 그저 아이가 관심을 보이는 쪽으로 이끌려가며 춤을 춰주면 되는 것입니다. 저녁식사를 하는 식탁에서조차, 언어 습득에 기여하는 중요한 일들이 일어납니다. 갑작스럽게 아빠가 던진 "오늘 아빠랑 무엇을 했는지 엄마한테 이야기해볼까?"와 같은 어렵지 않은 질문, 그리고 공백을 채울 수 있도록 아빠가 주는 도움이야말로 사랑스러운 춤입니다. 길어진 식탁에서의 대화에 참여함에 따라 다른 이들의 춤을, 특히 지나간 일들에 대한 표현이나 설명들 주위로 추는 춤을 접하는 아이들은, 저녁 식사시간에 춤을 출 기회가 없는 아이들에 비해 더 높은 어휘력을 가지게 됩니다.

학습 찬스 | 어휘 발달

사실상 모든 대화는 궁금증을 생기게 한다든지 새로운 단어를 알아내게 하는 값진 기회입니다. 이를테면, 아이들이 장난감을 정리하는 동안 (어른들의 희망사항에 불과할 수도 있겠지만), 우리는 "지금 당장 주워라."는 요구를 "그 장난감을 주울 수 있는 다른 방법은 없을까?"라는 질문으로 바꿔볼 수 있습니다. 그리고는, "나는 지금부터 이 장난감을 내 발가락으로 치워봐야지!"와 같은 뜻밖의 말이나 행동을 함으로써 아이를 놀라게 해보십시오. 아이들은 보통 바로 끼어들어, 재미있게 장난감을 정리하는 방법을 발견하는 것뿐만 아니라, 정말 말도 안 되는 생각들을 자유롭게 제시하며 신나는 시간을 갖습니다. 그러는 동안 계속 쉴 새 없이 지껄이며, 자신도 모르게 어휘를 늘리는 나름대로의 연습시간을 갖는 것입니다.

의욕을 불러일으키는 언어 환경을 제공하십시오

앞에서 보신 바와 같이, 우리가 언어 파트너로써 아이들과 함께 말하고 행동하는 것은 그들의 장래 언어 발달에 있어 대단히 중요합니다. 보육원과 유치원에서의 언어 자극과 언어 중재의 기능에 대한 연구에 따르면, 성공을 위한 동일한 공식이 집에서도 이러한 다른 맥락에서와 마찬가지로 언어 습득에 있어 이상적일 수 있다고 합니다.

예를 들자면, 국립아동보건 & 인적개발원National Institutes for Children's Health and Human Development에서는 최근에 미국 내 10개의 다른 도시들에 걸쳐 1,300명의 아동들을 조사한 대규모의 연구를 시작했습니다.[94] 이 책의 저자인 캐시 허쉬 파섹이 이 아이들이 태어나자마자 시작된 연구팀의 일원이며, 아이들이 사는 다양한 환경들이 어떻게 훗날 이들의 발달을 촉진시키거나 방해했는지를 광범위하게 관찰했습니다. 아이들의 발달에 있어서 언어가 매우 중심적인 위치를 차지하기 때문에, 훗날 학교 입학 준비를 위한 언어적 자극의 역할에 대해서도 조사를 했습니다. 이 연구는 선생님들이나 보육자들이 아이들에게 더 많은 이야기와 질문을 할 때, 아이들의 의욕을 더욱 불러일으키는 자극적인 언어 환경을 만들어준다는 것을 보여쳤습니다. 결과적으로 열심히 대화하는 아이들은 세 살이 되었을 때 말을 자주 걸어주지 않은 아이들에 비해 더 많은 단어, 색, 그리고 모양을 알게 됩니다. 이것은 문학적 능력에도 당연히 큰 역할을 합니다. 언어 자극이 훗날의 어휘, 읽기, 그리고 수학적인 능력을 보장해주는 최고의 방법들 중 하나라는 것은 명백한 사실입니다.

중재를 통한 연구 역시 같은 결과를 보입니다. 여기에서, 연구원들은 자극이 없는 환경에서 아이들의 언어 수준을 높이기 위해 특정 시점부터 개입되는 말 그대로 "중재intervene"를 합니다. 이 연구 역시, 결핍된 환경에 처해진 아이들이 말하고 읽는 것에 대한 자극를 십하세 되면 뻥씽인 도움이 된다는 사실을 발견하였습니다.[95]

이 연구들은 학교와 아이들을 돌보는 시설에서 말을 더욱 많이 하는 것이 훗날 공부를 더 잘하게 되는 데에 중요한 요인이 된다는 결론을 낳았습니다. 너무나 많은 우리들의 네 살, 다섯 살 된 아이들이 유아원 같은 시설에 다니고 있기에, 그 곳에 의욕을 불러일으킬 수 있는 언어 환경을 제공하는 것이 시급합니다. 부모가 아이들에게 제공하는 동일한 언어 자극과 즉각적인 반응들이 바로 우리가 유아원에게 강력히 요구해야 하는 부분입니다. 선생님들과 보육자들은 아이들과 함께 서로 이야기 들려주기, 질문하기, 책 읽어주기 등과 같은 활동들을 통해 말을 많이 해야 할 것입니다.

가정에서 직접 실천할 수 있는 몇 가지 과제들

이번 장의 가장 중요한 메시지는 주입식 교육을 해서는 안 된다는 것입니다. 부모들은 아이들의 언어 선생님이 될 필요는 없고, 단지 언어적 유희의 파트너가 되어야 합니다. 아이들에게 말을 경청할 기회를 주고,

'얼마나 자주', 그리고 '어떠한 상황에서' 언어의 다양한 측면들이 발생하는지를 계산하는 어린 통계학자가 되게 하는 것입니다. 이것을 통해 아이들은 법칙을 발견할 수 있게 됩니다. 또한 우리는 아이들이 대화에 몰두할 수 있도록 이끌면서, 자신의 통찰력을 끄집어내어 우리들에게 새로운 것들을 이야기해내도록 도와야 합니다. 때때로 그들에게서 나오는 것은 그저 트림이나 웅얼거리는 말일 것입니다. 또 어떤 때는 이야기가 될 것입니다. 우리는 그들이 기여하고자 하는 것들을 위한 공간을 마련해야 하고, 그들이 해야 할 이야기들을 듣기 위해 우리의 삶 속에서 충분히 느긋해져야 합니다.

당신의 아이가 관찰하거나 행동하는 것들에 대해 이야기하십시오. 우리에게 꼼짝없이 그 자리에 있을 수밖에 없는 청중이 있다면, 그 청중은 우리의 모든 말들을 흡수할 것입니다. 때때로 우리는 우리에게 이러한 청중이 있다는 것을 인식하지 못하여 이 원리를 간과하게 됩니다. 다시 말해서, 우리는 그런 가르칠 수 있는 기회를 활용하지 않습니다. 여기에 우리들 중 한 명이 필라델피아^{Philadelphia}의 유명한 체험 박물관^{Please Touch Museum}에서 관찰한 예가 있습니다.

아이 : (박물관 앞의 기계로 만들어진 커다란 코끼리를 바라보느라 넋이 빠져 있다.)
엄마 : 가자. 아, 저기 좀 봐. 이상한 나라의 앨리스의 전시물도 있네.
아이 : (아직도 코끼리를 보고 있다.)
엄마 : (짜증스러워하며 아이의 손을 잡는다.) 저기에 있는 많은 멋진 전시물들도 보러 가야지…
아이 : (다음 전시물 쪽으로 끌려가며 코끼리를 돌아본다.)

우리들 중 많은 이들이 이 짤막한 글 속에서 자신을 발견할 것입니다. 우리는 박물관에 가기 위해 방금 큰돈을 지불했는데 아이들은 코끼리만 본다면 어떻게 하시겠습니까? 하지만 우리는 코끼리에 대한 이야기를 만들어보며 아이들과 파트너 사이가 된 후, 다음으로 넘어가면 되는 것입니다. 누구를 위한 관람 계획인가요? 아이들이 박물관 안에 있는 모든 것들을 정말 다 봐야 할까요? 우리는 우리 아이들의 리듬이 우리들보다 느리다는 것을 기억해야만 합니다. 우리가 매우 빠른 속도로 다루는 정보들을 아이들이 흡수하려면 더 긴 시간이 걸립니다. 그들에게는, 모든 것이 새롭습니다. 우리 아이들이 뭔가에 도취되어 있을 때, 우리는 항상 그것을 학습 찬스로 여기고 관심의 초점을 기반으로 둬야 합니다.

당신의 아이가 하는 말을 바탕으로 하여 덧붙이십시오. 과학자들은 이것을 '확장expansion'이라 일컫는데, 이것은 우리 아이들에게 큰 변화를 주는 것으로 보입니다. 아마도 우리가 은연중에 아이가 방금 말한 것보다 더 완전하게 말하는 방법이 있다는 것을 보여주기 때문인 것 같습니다. 이것은 또한, 대화에 정보를 추가시켜 다음번에 기억해내서 사용할 수 있게끔 해줍니다. 여기에 아빠가 어떤 식으로 조엘Joel, 두 살 반이 말한 것을 무의식적으로 확장시키면서 대화를 이어갔는지를 보여주는 예가 있습니다.

조엘 : 저기 큰 소가 있다!
아빠 : 나도 동물이 보이기는 하는데, 소는 아닌 걸? 저것은 '말'이야. 말은 "히히힝"하는 소리를 내지(시범을 보인다). 너도 할 수 있니?
조엘 : (말의 울음소리를 시도해본다.)
아빠 : 잘하네! 말은 헛간에서 사는데, 소가 친구일 수도 있겠다. 말 한번 타보지 않을래?
조엘 : 싫어! 저거 너무 커. 나 떨어져!

아빠 : 어, 저게 너무 큰 것 같아? 말에서 떨어질 것 같아? 괜찮아, 아빠가 꽉 잡아 줄께. 네가 떨어지게 내버려둘 리가 있겠니?

여기에서의 요지는, 부모와의 대화는 아이들에게 뜻을 전하는 다양한 방법들을 들어보게 해주고 부지불식간에 새로운 어휘와 정보를 가르친다는 것입니다.[96]

대화를 이끌어내는 사람이 되대, 대화를 끊어버리는 사람은 되지 마십시오. 대화를 이어나갈 수 있도록 아이의 관심을 끌 방법들을 찾아보십시오. 대화의 사교댄스는 우리가 질문을 하고 대답을 찾는 것을 규칙으로 합니다. 우리는 그들의 대답을 충족시키고 확장시켜 대화를 이어가는 것뿐만 아니라, 우리에게 이야기를 잘 할 수 있도록 후원해줘야 합니다. 광범위한 것보다는 구체적인 질문들을 하십시오. 만약 "오늘 학교에서 무슨 일들이 있었니?"하고 물어본다면, "아무것도 안했어!"라는 대답을 들을지도 모릅니다. 만약 "오늘 둥그렇게 모여 앉아서 노는 시간circle time에 너는 뭐 했니?"라고 묻거나, "오늘 제니가 학교에 왔었니?"라고 묻는다면, 당신은 아이와 함께 춤을 출 기회를 여는 것입니다.

아기 말을 쓰는 것을 두려워하지 마십시오. 부모들은 아이들과 말할 때 어느 정도는 이지적이어야 한다는 생각에 종종 걱정을 합니다. 아기가 한 살 정도의 나이일 때 아기에게 아기 말로 말을 걸면, 아이가 앞으로도 그렇게 말을 할 것이라는 걱정을 합니다.[97] 그러나 연구에 따르면 아기 말을 사용해도 좋다고 합니다(조금 바보 같은 기분이 든다고 할지라도). 어설픈 과장된 노랫소리와 같은 억양, 그리고 높은 음조를 동반한 과장된 표정과 함께 사용하는 아기 말이야말로 아이의 관심을 대화의 춤으로 끌어올 수 있는 바로 그것입니다. 그리고 아이가 대학에 갈 때에도 당신이 아기 말을 사용하고 있을 거라고는 생각하지 마십시오. 아이들이 세 살 정도 되어 어느 정도 말을 할 수 있게 되고 나면 부모들은 무의식적으로 자신들이 하던 아기 말을 줄여나갑니다.

연구에 따르면 심지어 아기 말을 사용하면 아이들에게 실제로 몇몇의 이점이 있다고 합니다. 높은 음조로 하는 말들은 이 말이 그들을 위한 것이라는 신호로 작용하는 경향이 있습니다. 그렇다면, 놀랄 것도 없이, 아기들은 어른 말보다 아기 말을 듣는 것을 더 선호합니다. 아기 말은 아이들에게 감정도 전달하기 때문에, 의사 전달이 매우 잘됩니다. 또한 아기 말이 언어의 특성들을 과장하기 때문에, 아기들은 언어의 기능에 대해 이해하기가 쉬워집니다. 캘리포니아^{Califonia}의 팔로 알토^{Palo Alto}에 위치한 스탠포드대학^{Stanford University} 심리학과의 앤 퍼날드^{Anne Fernald} 교수는, 생후 6개월 된 아기들과 함께 이것을 훌륭히 입증하였습니다.[98] 만약 당신이 다정한 내용의 말을 거친 어조로 말한다면, 아기들은 화를 낼 수도 있습니다. 그러나 만약 당신이 별로 다정하지 않은 내용의 말을 아기 말로 한다면, 아기들은 웃는 얼굴로 옹알이를 할 것입니다. 그러니 두려워하지 마십시오. 아기 말이 언어 발달을 방해한다는 증거는 어디에도 없습니다. 그 반대로, 아기 말이 언어와 언어의 특성에 대한 아기들의 관심을 높여준다는 증거는 있습니다.

TV 보는 시간을 짧게 계한하십시오.[99] 우리는 장난감과 TV에 관한 우리들의 직감 또한 믿어야 할 필요가 있습니다. 과학은 우리에게, 아이들은 수동적인 장난감이 아닌(설령 대화형의 장난감이라고 할지라도), 활동적이며 적응할 수 있는 대화 파트너가 필요하다고 말합니다. 이를테면, TV 프로그램은 아이들의 말을 증축시키지도 않고, 아이에게 질문을 하지도 않습니다. 그러나 아이들의 관심을 끌고, 보이는 것들에 대한 언급은 합니다. TV 시청과 언어에 대한 연구는 아직 걸음마 단계에 있습니다. 하지만, 최신 연구 결과는 우리에게 교육적 TV 프로그램은 아이들에게 약간의 어휘를 가르치기는 한다고 알려줍니다. 쎄세미스트리트Sesame Street, 블루스클루스Blue's Clues, 바니Barney, 그리고 텔레토비Teletubbies는 아이들에게 해가 되지는 않습니다. 하지만, 본 것에 대해 이야기할 수 있도록 항상 아이들과 부모가 함께 보는 것이 가장 좋습니다(항상 가능하지는 않겠지만). 그리고 물론, 생후 18개월 미만의 아기일 경우에는 TV 시청 시간을 하루에 30분을 넘기지 않도록 제한하여야 하고, 18개월 이상일 경우에는 하루에 한 시간을 넘겨서는 안 됩니다. 이 부분에 대해서 자신의 직감을 믿고, 수준 높은 TV 프로그램을 조금 시청하는 것은 아이들에게 해롭지 않다는 것에 대해 확신을 가지십시오.

당신의 아이가 있는 보육원에서의 언어 환경을 평가해보십시오.[100] 보육 환경에 한해서는, 침묵이 항상 금은 아닙니다. 아이들은 자고로 바쁘고 수다스러워야 합니다. 당신의 아들, 또는 딸이 속한 시설을 특별한 관심을 가지고 다음과 같은 다섯 가지 항목에 따라 꼼꼼히 평가해 보십시오.

1. 반응의 정도 : 아이가 말을 걸면 보육자나 선생님이 반응하는가?
2. 긍정적인 감정 : 아이가 웃는 얼굴과 긍정적인 느낌으로 반응하는가?
3. 아이들이 선생님을 주목하고 있는가? 선생님은 아이들의 관심이 있는 것들에 대해 이야기하고 있는가?
4. 대화의 확장 : 선생님이 질문도 하고 아이들의 이야기를 바탕으로 대화를 확장시키고 있는가?
5. 읽기 : 교실은 읽을거리들과 책들로 가득 차있는가? 선생님은 아이들에게 책을 읽어주는가?

제2 외국어를 배우게 하고 싶다면, 실제 상황을 접하게 하십시오. 갈수록 좁아지고 있는 이 세상에서, 두 개 이상의 언어를 구사하는 것은 장점이 될 것입니다. 제2 외국어로 설명서가 쓰여 있는 장난감은 도움이 되지 않습니다. 아이를 위해서 보육 시설이나 학교를 고를 때, 심지어는 집에 거주하는 유모를 고를 때에도, 당신에게는 아이를 새로운 언어에 순수하게 접하게 할 수 있는 훌륭한 기회가 주어져 있습니다. 시도해보십시오. 당신이 확인하게 되는 것에 놀라게 될 것입니다. 연구에 따르면, 두 가지 언어를 구사하는 아이들은 그 언어들을 각각 따로 접했을 때, 그러니까 아빠가 하나의 언어를 사용하고 엄마가 또 다른 언어를, 또는 학교에서 한 언어가 사용되고 집에서 다른 하나가 사용될 때 가장 두각을 나타내는 것으로 밝혀졌습니다. 이렇게 최상의 조건과 함께라면, 이 천재 아기들이 두 가지 언어를 배우고 두 살에서 두 살 반이 되었을 때부터 적절히 사용할 수 있다는 것을 확인할 수 있을 것입니다. 1개 국어와 2개 국어 중 어느 쪽을 택해야 할까요? 만약 당신이 진정 자식을 위해 뭔가 멋진 일을 해주고 싶다면, 아이들이 배울 수 있는 가장 적절한 이른 시기에 한 가지 언어를 더 제공하십시오.

핵심은, 언어 게임을 즐기는 것입니다. 처음부터 아이들과 이야기를 나누고 그들을 당신의 대화 파트너로 만드십시오. 아이들의 말을 바로 고쳐줄 필요는 없습니다. 충분한 시간과 언어에의 노출만으로 그들은 부정확했던 부분을 완전히 익힐 것입니다. 결국, 당신의 아이들은 몇 천 년 간의 진화를 통해 갈고 닦여진 훌륭한 능력으로 언어를 습득할 것입니다. 말을 최고로 잘하게 하려면, 당신이 아이들에게 말을 하는 것보다 더 좋은 방법은 없습니다.

5 장

글을 읽고 쓰는 능력

행간의 의미를 파악하다

걸음마를 배우는 시기의 아기에게 책을 접하게 하려는 접근법으로(우리는 이것을 '두 명의 독서가 이야기'라고 즐겨 부릅니다.), 다음의 두 가지 예를 살펴보십시오. 이 두 가족 중에 어느 쪽이 더 나은 방법으로 아이가 읽기를 배울 수 있도록 대비시킨다고 생각되십니까?

레이첼Rachel은 홀어머니인 앤Anne과 살고 있는 매우 활동적인 두 살입니다. 앤은 입학 때가 되면 딸이 글을 잘 읽을 수 있게 되도록 집에서 얻을 수 있는 경험은 모두 제공해주려는 마음을 가지고 있습니다. 앤은 레이첼에게 거의 매일 밤 잠들기 전에 책을 읽어줍니다. 그러나 레이첼이 너무 활동적이기 때문에, 가끔씩 앤은 아이에게 책을 읽어주는 것이 매우 짜증스러울 때가 있습니다. 레이첼이 드디어 책에 집중하게 되면, 앤은 최대한 읽기를 중단하지 않도록 노력합니다. 레이첼이 질문을 하거나, 손가락으로 가리키거나, 또는 한 페이지의 무늬에 대해 엄마와 이야기하고 싶어할 때에도 앤은 무시해버립니다. 대신에, 매일 밤 적어도 책 한 권은 끝내야 하므로, 앤은 애써서 계속 읽습니다. 또한 앤은 몇 가지 비밀 무기를 준비해놓습니다. 읽기가 끝난 후, 앤은 밝은 색의 커다란 글자가 쓰인 그림 암기카드 세트로 레이첼이 알파벳을 배우는 것을 돕습니다. 레이첼의 방은 배움의 기회들로 가득 찬 금광과도 같습니다. 읽기와 학교를 가기 위한 준비과정(설명서에 의하면 사고, 문제해결, 그리고 예의에 대해서도)을 가르쳐주는 새로 나온 로봇 장난감도 있습니다. 알파벳 학습을 '즐겁게' 만들어주는 가장 최신 스마트북도 가지고 있습니다. 이렇게 풍부한 환경에서라면, 앤은 레이첼이 학교에 들어가기 전에 글을 읽을 수 있을 거라고 확신하고 있습니다.

두 살 된 네이트Nate는 부모님, 그리고 누나 크리스틴Kristen과 함께 살고 있습니다. 아이는 종종 부모님이나 누나의 다리 위에 올라앉아, "읽자! 읽자!"하고 요구하고는 합니다. 책을 읽어준 것은 거의 네이트가 태어났을 때부터이고, 지금 네이트의 작은 방에는 책들과 색연필과 종이들이 여기저기에 흩어져있습니다. 네이트는 동화책 읽는 것에 도전하고 있습니다. 아이는 시간만 되면 가지고 있는 모든 책들을 읽어보려고 단단히 결심한 듯 보입니다. 읽어주는 사람의 얼굴을 올려다보는 동시에 고사리 같은 집게손가락으로 가리키며, 그림들에 대해 끝없는 질문들을 합니다("이거 뭐야?" 하는 식으로). 그럼에도, 부모와 누나는 개의치 않습니다. 그들은 계속해서 아이의 질문들에 답하고, 아이가 혹시나 한 면에서 보지 못했을지도 모르는 부분을 짚어주고, 이야기에 대한 질문들을 합니다. "오엔 아저씨(책 속의 인물)가 왜 새끼고양이를 찾고 싶어 하는 것 같니?", 그리고 "새끼고양이를 찾게 되면 오엔 아저씨 기분이 어떨 것 같아?". 네이트는 이런 질문들에 항상 대답을 할 수 있는 것은 아니지만, 분명 생각을 하게 됩니다. 부모님은 네이트가 책을 사랑하는 것을 알고 있음에도 불구하고, 가끔씩 이렇게 계속 해도 되는 것인지 걱정합니다. 가게에 가면 너무나도 많은 교육용 상품들이 있고, "아이들의 가능성을 키워주세요!"라고 외치는 브라이트 호라이즌Bright Horizons*과 같은 웹사이트에서 보내는 정보를

* 북미를 중심으로 전 세계적으로 지점을 두고 있는 체인식의 탁아소. 학교에 아이를 보내기 위한 예비 교육과정이 커리큘럼에 포함되어 있다.(http://www.brighthorizons.com) -옮긴이

주의 깊게 읽어 봅니다. 어쩌면 네이트의 친구들 중 몇몇이 하고 있는 것처럼, 부모는 네이트에게 그림 암기카드로 글자를 가르쳐야 하는 것인지도 모릅니다.

여러분이 들어왔던 읽기를 가르치는 방법[101]

서로 다른 접근법임에도 불구하고, 양쪽 부모들 모두 학교에 가기 전에 아이들에게 글 읽는 법을 가르쳐야 한다고 믿고 있습니다. TV쇼에서도, 그리고 부모용 잡지에서도 그렇게 말합니다. 유치원에서 최근에 눈에 띄게 글 읽는 것에 주안점을 두는 것을 목격했고, 장난감 가게에 갈 때마다 글 읽기를 강요당하는 느낌을 받습니다. 이번 장이 끝나갈 무렵에, 당신은 레이첼과 네이트 중 누가 더 학교가 시작되었을 때 글을 잘 읽을 수 있을지에 대해 근거가 충분한 예측을 할 수 있을 것입니다. 레이첼의 엄마는 아이가 글자를 모두 외우고 심지어는 유치원에 가기도 전에 글을 읽을 수 있게 하려고 단단히 결심했습니다. 네이트의 부모는 지금까지는 정식으로 아이를 교육하는 것을 참아오기는 했지만, 항상 걱정이 되고 아이를 위해 충분히 해주고 있는지에 대한 의문을 언제나 가지고 있습니다. 양쪽 부모 모두, 확실한 교육을 제공하지 않으면 아이가 뒤쳐질 것이라는 걱정을 안고 있습니다. 결국, 글 읽기는 학교에서 좋은 성적을 얻는 것에 있어 너무나 핵심적인 능력이라, 양쪽 부모는 학교에만 맡겨둘 수 없다고 생각합니다. 또 입학 전에 아이가 글 읽기는 배우지 못한다 하더라도, 최소한 글자를 외울 수는 있어야 할지도 모른다고 생각합니다.

하지만 그것이 사실일까요? 학교에서 글을 잘 읽기 위해서는 글자 하나하나를 외워놓는 것이 중요할까요? 아이에게 소리 내어 책을 읽어주는 것보다 그림 암기카드로 연습시키는 것이 더 중요할까요? 책을 읽어주는 시간에는 집중할 수 있도록 아이들이 조용히 해야만 하는 것일까요(레이첼의 경우처럼), 아니면 많은 대화를 대동한(네이트의 경우처럼) 시끌벅적한 시간이어야 할까요? 아이들에게 책을 사랑하는 마음이 싹트게 하려면 부모는 무엇을 해야 할까요? 과연 우리의 아이들은 어떻게 책을 읽기 시작하게 되는 것일까요?

이 모든 질문들에 대한 대답은 앞서 이야기했던 대답들과 비슷한 답입니다. 아이를 위해 당신이 해줄 수 있는 가장 중요한 일은 책 읽기를 힘든 것이 아닌 재미있는 것으로 생각하게 하는 것입니다. 글 읽기의 진정한 기초 요소를 이해하기 시작하고 나면(어휘, 이야기, 음조에 대한 인식, 그리고 활자로 표현된 부호들의 해독 등), 여러분은 아이들이 독서 여행의 특별히 중요한 시점에 도달하게 되면서 읽고 쓰는 것의 중요한 측면을 차츰 발견해가는 것을 확인할 수 있을 것입니다. 여기서 중요한 시점들이란, 책 속 그림과 실제 사물과의 차이를 구분하고, 구불구불한 선들과 디자인 속에서 글자를 알아보고, 인쇄된 말을 어떻게 발음해내야 하는지 배우는 것을 말합니다. 이 모든 것들이 글을 읽고 쓰는 능력의 발달에 있어서 매우 중요합니다. 하지만 이 능력들 중에는 글을 읽고 쓸 준비를 갖추고 또 그렇게 할 수 있는 능력이 생기기도 전에 아이들을 읽기에 능하게 만들려는 의도로 급히 서둘러야만 하는 부분은 없습니다. 이러한 노력은 기껏해야 시간 낭비에 그칠 것이고, 최악의 경우에는, 아이들이 읽고 쓰는 것에 있어 가장 중요한 측면의 발달(책을 읽는 기쁨과 창의적인 이야기 만들기)을 돕지 못하게 하는 심각한 걸림돌이 될 것입니다.

다음 장들에서, 우리는 사랑이 많고 따뜻한 보살핌이 있는 평범한 가정의 부모들이 어떻게 자녀에게 글을 읽기 위한 준비과정으로 알려져 있는 놀이들과 기량을 제공하는지 알려드리겠습니다. 또한, 이러한 전제 조건들을 축적시킬 수 있게 도움을 주는 당신이 간과했을지도 모르는 부분들에 대해 짚고 넘어가겠습니다. 그러나 당신은 이 장에서, 밖으로 나가 그림 암기카드나, 로봇이나, 읽기/쓰기와 관련된 장난감과 컴퓨터 프로그램을 사들이라는 간곡한 권고는 찾아보지 못할 것입니다. 오히려 우리는 충분히 읽고 이야기하는 옛날식의 환경 속에서, 당신 아이의 성장하는 능력과 의식이 자연적으로 펼쳐지는 것과 같은 맥락으로, 어떻게 읽고 쓰는 능력이 생겨날 수 있도록 도울 수 있는지 설명할 것입니다. 이 장이 끝날 때까지 당신은 국립독서교육위원회National Academy of Education Commission on Reading가 왜 아이들에게 소리 내어 책을 읽어주는 것이 글 읽는 것을 성공적으로 배우도록 보장해주는 '단 하나밖에 없는 가장 중요한 활동'이라고 선언하였는지 이해하게 될 것입니다. 혹시 당신이 유치원에서의 발음 중심 어학 교육법을 늘리려는 국가적 압력의 꾐에 빠진 느낌이 들지라도, 우리가 어떻게 해야 균형을 유지할 수 있고 막대한 교육비의 지출 없이도 언어와 읽고 쓰는 능력이 발달하도록 자극하는 환경을 만들 수 있는지를 보여드리겠습니다.

글 읽기를 배운 두 살 또는 세 살 된 아이들이 왜 지속적인 천재의 길을 걷지 못하는지 설명하겠습니다. (실제로, 많은 연구들이 인쇄된 글을 암기하도록 배운 아이들이 1학년에는 앞서갈지 모르지만, 3학년 내지는 4학년이 되었을 때는 이미 다른 많은 아이들이 성적을 따라잡았거나 심지어는 뛰어넘었다는 것을 확인했습니다.) 더 나아가, 우리는 반복적 연습과 실습의 시간으로 왜 서로 바짝 다가앉아서 아이에게 책을 읽어주고 책장에 쓰여 있는 것에 대해 상의하는 것이 훨씬 값지게 보내는 시간인지 보여드리겠습니다. 결국, 글을 읽는다는 것은 책장 속의 구불구불한 선으로부터 **'의미를 만들어 내는 것'** 입니다. 그리고 읽고 쓰는 창의적 놀이들은 아이들로 하여금 '책들은 나의 친구들'이라고 생각할 수 있도록 하는 재미있고 즐거운 것이어야 합니다.

글 읽기를 배우는 데 있어 가장 중요한 것

어떻게 해서 많은 부모들이 학교에 입학하기 전에 아이들에게 정식으로 글 읽기를 가르쳐야 한다고 믿는 단계까지 이르렀을까요? 뉴저지New Jersey에 위치한 러트거스대학Rutgers University의 헐리스 스칼보로Hollis Scarborough 교수는 글 읽기의 성공과 실패에 대한 전문가로, 다음과 같은 글로 우리에게 밑그림을 제공해줍니다. "불과 20년 전만 해도, 학교에서 정식 교육을 실시하기 전에 글을 배운다는 것은 생각도 할 수 없는 일이었습니다. 따라서 글을 읽지 못하는 것은 대체로 조기교육에 기인하지 않는 교육적 문제로 간주되었습니다. 그러나 이제는 읽기 능력을 습득하는 것은 보육원 시절부터 일찍이 시작되는 과정으로, 아이들은 읽기와 쓰기에 있어서 대단히 큰 차이가 나는 정도의 지식과 능력을 이미 가지고 학교에 오는 것으로 분명히 밝혀져 있습니다."[102]

매사추세츠Massachusetts의 뉴튼Newton에 위치한 교육발달센터Education Development Center의 선임 연구과학자인 데이비드 디킨슨David Dickinson 박사, 그리고 초등 교육과 중등 교육의 전前차관보인 수잔 뉴만Susan Newman 박사와 같은 이 분야의 전문가들은 다음과 같이 덧붙입니다. "… 발현發現적 읽고 쓰기emergent literacy의 개발과 발달이 아이들이 정식 교육을 받기 훨씬 전에 시작된다는 생각은 오늘날 당연시 여겨지고 있습니다. … 태어나서 부터 여섯 살까지의 아이들은 읽고 쓰는 능력의 발달을 위해 대단히 중요한 인지 능력을 가동시키고 있다는 것에 대해 의견이 일치되고 있습니다."[103]

우리가 조바심을 내는 것은 어쩌면 당연해 보입니다. 연구 결과에 의거하여, 이제는 읽기를 위한 준비단계가 유아기 시절에 시작된다고들 합니다. 하지만 이게 정확히 무슨 뜻일까요? 그리고 우리 아이들이 이런 능력들을 발달시킬 수 있게 하려면 우리는 무엇을 할 수 있을까요?

해답은 '발현發現적 읽고 쓰기emergent literacy'의 개념에 대한 철저한 실험에서 찾아볼 수 있습니다.[104] '발현적 읽고 쓰기'라는 용어는 약 20년 전에 교육 현장에 등장했습니다. 글 읽기는 학교에 입학하자마자 갑자기 이루어지는 것이 아니라, 수많은 경험들로 인해 읽기에 능하게 되는 것이며 이는 이미 탄탄한 연구 결과들에 의하여 입증됐습니다. 이 용어 자체만으로도, 무엇인가가 갑작스럽지 않고 서서히 발생한다는 느낌을 얻을 수 있습니다. 읽기에 있어서의 '선행조건'을 강조하는 것은 좋은 일인데, 이는 우리 아이들을 위해 우리가 적합한 경험들을 제공할 수 있도록 도와줄 수 있기 때문입니다. 그리고 '적합한 경험들'을 제공하는 것은 결코 하찮은 목표가 아닙니다. 추정치에 의하면 1학년 때 읽기에 문제가 있었던 아이들 중 88퍼센트가 4학년이 되어서도 계속 문제가 있을 가능성이 높은 것으로 밝혀졌습니다.[105] 하지만 좌절하기 전에, 읽기에 문제가 있는 아이들은 20퍼센트밖에 되지 않는다는 것을 알아두길 바랍니다. 불행히도, 이 아이들은 대부분이 가난하고, 책에 노출되기 힘든 환경 속에서 자랐습니다. 이 아이들이 읽기에 문제를 겪는 이유들 중 하나는, 부모가 책을 전혀, 또는 충분히 읽어주지 않는 것입니다.

1993년에 실행된 '전국 가정교육 조사National Household Education Surveys'에 의하면, 조사에 응한 부모들 중 78퍼센트가 조사를 하기 전 일주일 동안 보육원에 다니는 자신의 아이들에게 책을 세 번 내지 네 번 읽어줬다고 답하였습니다. 즉, 남은 22퍼센트의 아이들의 부모들은 그리 자주 책을 읽어주지 않았다는 뜻입니다. 여기에는 엄마의 학력 수준이 엄마가 아이에게 책을 얼마나 자주 읽어주는가와 관련이 있다는 것도 밝혀졌습니다. 최소한 중고등학교 졸업장이 있는 엄마들은, 그렇지 못한 엄마들에 비해 아이들에게 책을 소리 내어 읽어줄 확률이 20퍼센트나 높다는 것이 밝혀졌습니다. 역설적으로 말하면, 낮은 학력의 엄마가 더 직접적인 글자와, 말과, 숫자 자체에 대한 교육과 결부되었습니다. 교육을 많이 받은 엄마들은 그렇지 못한 엄마들에 비해 덜 직접적으로 글자를 가르치고, 책을 더 많이 읽어준 것으로 나타났습니다.[106)

다른 연구들에서, 연구원들은 가난한 환경의 아이들에게 말하기와 읽기와 쓰기의 다양한 경험을 제공하면 글을 읽는 것을 배우는 데 도움이 되는지 확인하기 위하여, 빈부의 격차에서 오는 차이를 줄여보고자 했습니다. 그들의 연구 결과는, 선생님들이 아이들 앞에서 대화하고 이해하는 것에 있어 본보기가 되고, 선생님들과 부모님들이 아이들에게 책을 읽어주고 함께 내용에 대해 이야기하는 것이, 훗날의 성공적인 읽기 실력의 비결이라는 것을 확인시켜주었습니다. 이를테면, 노스캐롤라이나North Carolina에서 실행된 알파벳교육Abecedarian Project프로젝트에서는 아이들을 다섯 살때부터 스물한 살까지 관찰하였습니다.[107) 몇몇의 아이들은 풍부한 말하기와 읽기 환경에서 교육을 받은 반면, 나머지는 그렇지 않은 환경에서 교육을 받았습니다. 연구원들은 과연 이 그룹들 사이의 차이를 발견할 수 있었을까요? 물론 있었습니다. 풍부한 말하기와 읽기를 경험하는 환경에서 교육을 받은 아이들은 학교에 입학했을 때 글을 더 잘 읽었을 뿐만 아니라, 고등학교까지도 다른 학생들보다 비교적 읽기가 지속적으로 발전하는 것을 확인할 수 있었습니다. 또한, 그들은 더 오랜 기간 학교에 다님으로써 고 학력의 사회 구성원이 되었고, 심지어는 이러한 환경의 혜택을 받지 못한 친구들에 비해 결혼도 더 늦게 하였습니다.[108) 말하자면 장기적인 영향이 있다고 볼 수 있습니다. 하지만 이러한 극한 상황들을 제외하면, 대부분의 아이들은 집과 보육원에서 매일같이 글을 읽고 쓰는 발현적인 일들을 접합니다.

읽기를 위한 블록 쌓기

글을 읽게 되기 전에, 아이들은 네 가지의 기본적인 능력을 발달시켜야 합니다. 이 능력들은 언어에 대한 튼튼한 기초 지식을 기반으로 합니다. 만약 당신이 외국어를 읽으려 해본 적이 있다면, 언어를 배우기 위해서는 읽기가 얼마나 중요한지 즉시 깨달았을 것입니다. 많은 전통적인 히브리인 학교의 프로그램에서, 유대인 아이들은 종이에 있는 글자들을 '소리 내어' 발음해보도록 배웁니다. 많은 이들은, 이것을 보고 아이들이 글을 읽을 수 있다고 생각할 것입니다. 그러나 그들은 정말 히브리어를 '읽고' 있는 것일까요? 그렇지 않습니다. 사실 그들은 단지 소리와 글자를 연결시키고 있으며, 대부분의 시간 그들은 그 단어들과 문장들이 무슨 뜻인지 알지 못합니다. 읽기의 본래 목적대로 인쇄된 것을 통해 의미를 알아내려면 우선 언어에 대한 튼튼한 기초 지식이 필요합니다. 바로 풍부한 어휘력과, 이야기를 통한 의사전달 능력, 그리고 어떻게 소리들이 말을 탄생시키는지에 대한 이해, 즉 음운체계에 대한 인식이 바로 그것입니다. 그러나 이것으로는 충분하지 않습니다. 읽기를 배우려면, 아이들은 말을 탄생시키는 글자들의 '암호'를 해독해야 하며, 이 말들이 어떻게 책들을 통하여 이야기를 전달해주는지 이해해야 합니다.

어휘

읽기는 아이들이 이미 가지고 있는 언어체계 위에 구성됩니다. 이것은 미국인 아기에게는 루마니아어보다 영어 읽기를 배우는 것이 더 쉽다는 것을 뜻합니다. 이것은 또한 탄탄한 언어 능력을 가진 아이는 읽기에 있어서 실질적으로 유리하다는 뜻이기도 합니다. 그 이유는 글로 쓰인 말을 해석할 때, 아이들은 논리 정연한 발상들을 만들어내어 책장 이상의 곳을 여행해보기 때문입니다.

어휘력이 높은 아이들은 일반적으로 초기의 읽기단계에서 더 많은 것을 얻은 아이들입니다. 실제로, 어휘는 훗날의 읽기와 언어적 능력을 예측할 수 있는 가장 확실한 변수입니다.[109] 그리고 어휘를 쌓는 최고의 방법은 말하고, 말하고, 또 말하는 것입니다. 하지만 그렇다고 부모들은 아이들과 이야기할 때 의식적으로 어려운 말을 넣을 필요는 없습니다. 이러한 과정은 부모가 아이들과 대화를 나눌 때 자동적으로 발생하는 일이기 때문입니다. 연구원들은 부모들이 무의식적으로 아이들에게 사용하는 어휘를 조절한다는 사실을 발견하였습니다. 부모들은 자녀들의 능력보다 항상 조금만 더 앞서가는 듯이 보였습니다.[110] 말하자면 만약 아이가 대부분 세 가지 단어로 문장을 만들어 말한다면, 부모들은 어른에게 이야기하듯이 긴 문장을 사용하지는 않지만, 한 문장에 아이들보다 한 가지나 두 가지 단어를 더 추가해서 말하는 경향이 있는 것입니다.

이야기하기

우리가 인쇄된 페이지를 보고 단어 하나하나를 외치는 것은 글을 읽는 것이 아닙니다. 그것은 로봇도 할 수가 있습니다. 어휘적 지식도 중요하기는 하지만, 그것으로는 충분하지 않습니다. 훗날의 읽기 능력에 대단히 중요한 두 번째의 언어 능력은 '이야기하기'입니다. 이야기하기는 아이들을 언어에서 읽기로 이동시켜주는 다리 역할을 하는 것들 중 하나인 것으로 밝혀졌습니다.

많은 연구원들이 이야기하기와 읽기의 관계를 관찰하였습니다. 첫 번째로, 우리는 이야기 속에서 사용되는 언어(구어체 문장과 문어체 문장의)는 시간이 흐르면서 자연스럽게 아이들이 개발해내는 것이라는 것을 알고 있습니다. 감명 깊은 책『아이들이 들려주는 이야기The Stories Children Tell』에서, 매사추세츠Massachusetts의 윌리엄스타운Williamstown에 위치한 윌리엄스대학Williams College의 수잔 엥겔Susan Engel 교수는 잊혀진 예술인 '이야기하기'가 어떻게 우리를 즐겁게 해주고, 아이들이 이 능력을 어떻게 개발시키는지 보여줍니다.[111] 그녀는 "우린 할로윈 축제에 갔어. 나는 사탕을 받았어. 크고 빨간 막대사탕을. 그리고 나는 내 모자를 잃어버렸어." 라고 엄마에게 말하는 두 살 된 아이의 이야기를 전합니다.

이와 대조적으로, 그녀는 훨씬 더 발달된 이야기의 예로, 다음과 같이 다섯 살 된 아이가 어떤 이야기를 우리와 나눕니다.

> 그거 알아? 그거 알아? 우리 집 현관에 너구리가 있었어. 엄청나게 큰 너구리가. 나무 안에 있었고, 새의 모이를 먹으려 하고 있었어. 우리는 그걸 쫓아버리고 싶었는데, 우리 엄마는 아빠가 쫓아버리지 않길 원했어. 그래도 어쨌거나 아빠는 너구리한테 돌을 던져서 쫓아버렸더니 막 도망갔어! 어쩌면 친구들을 불러서 이번에는 다들 같이 새 모이를 먹으러 올지도 몰라!

많은 과학자들이 소위 구어체 문장 혹은 이야기체 문법이라 일컫는 것에 어떤 변화가 일어나게 되는지를 관찰해왔습니다. 이를테면, 아이들이 자라남에 따라, 이야기 구조에 무언가가 추가됩니다. 위의 두 살 된 아이의 이야기에는 시작과 끝이 있지만, 다섯 살 된 아이의 이야기에 포함된 어떤 세부적인 내용이 부족합니다. 잘 구성된 이야기들은 서론부분에 '누가' '어디서' '무엇을' '왜'와 같은 문제들을 포함하는 구성을 하고 있고, 마지막에 이르러서는 이야기 속 인물들이 목적을 달성해내 결말부분을 포함하고 있습니다.[112] 3학년 즈음이 되는 아홉 살이 되면 아이들은 모든 부분을 완전히 이해하게 됩니다. 이제 막 이야기를 하기 시작하는 두 살을 위해서 우리는 아이들이 무슨 말을 하고자 하는지 이해하기 위해 이야기 해석에 열중해야 합니다.

아이들이 자라남에 따라, 그들의 이야기 구성뿐만이 아니라, 언어 자체도 정교해 집니다. 두 살 된 아이들의 이야기들은 대부분 '나'에 집중되어 있지만, 더 큰 아이들은 남들이나 허구적 인물들에 대해 이야기합니다. 좀 더 자란 네 살이나 다섯 살 된 아이들도 '그리고', '하지만', 그리고 심지어 '만약 그렇다면'과 같은 연결어를 사용합니다.

이 모든 것들이 읽기와 무슨 연관이 있는 것일까요? 몇몇의 연구들은 이야기하는 능력이 글 읽는 방법을 배우는 능력과 직접적으로 연관되어 있다는 사실을 발견하였습니다.[113] 이야기에 사용되는 언어는 '탈脫상황적 언어decontextualized language'라고 부릅니다. 즉, 좋은 이야기를 들려줄 때에, 자신이 하는 말을 듣는 사람이 해석할 수 있도록 가능한 모든 기초적인 구성과 언어를 제공하는 것입니다. 듣는 사람은 이야기를 따라가며 결국 '이해'할 수 있어야 합니다. 이것은 우리가 흔히 친구들이나 아이들과 사용하는 '상황적 언어contextualized language'와는 매우 다른 것입니다. 우리는 잘 아는 사람들이나 함께 많은 양의 경험들과 정보들을 공유하는 사람들과 이야기할 때, 상황을 조성해준다든지 이야기 구성을 제공한다든지 하는 세밀한 부분을 모두 빼놓을 수 있습니다. 우리는 그저 말을 하면 되고, 그래도 상대방이 이해할 수 있다는 것을 알고 있습니다.

다행스럽게도 아이들은 천성적으로 이야기 들려주기를 즐거워합니다. 그리고 그들의 이야기를 들려주는 능력을 발전시키기 위해 우리가 할 수 있는 것은 많습니다. 엥겔Engel 교수는 몇 가지의 실천적인 전략을 제안합니다. 첫째로, 그녀는 우리에게 **"경청하십시오."**라고 말합니다. 아이들이 하는 말의 대부분은 그런 대우를 받을 만한 가치와 필요가 있는 것입니다. 우리는 종종 귀담아듣지 않아서 아이들이 나누고자 하는 개인적인 이야기들과 소중한 시간들에 대해 듣는 기회를 놓쳐버리고 맙니다. 그녀는 또한 우리에게 **"확실한 반응을 하십시오."** 라고 제안합니다. 또한 **"질문을 하십시오."** 또는 잘못된 부분을 고쳐주기 위해서가 아니라 **"이**

< 숨은 재능 확인하기 > 이야기 들려주기

나이 : 3세~5세

당신의 아이가 이야기를 어떻게 들려주는지 관찰하십시오. 어떤 연구원들은 아이들에게 활자가 없는 상상력을 자극시키는 그림만으로 구성된 그림책을 보여주는 방법으로 아이들의 이야기를 관찰합니다. 새로운 그림책을 마련해 보십시오. 이러한 연구에서 특히 인기가 있는 책은 머서 메이어 Mercer Mayer가 지은 『개구리 이야기[The Frog Story]』라는 책 입니다.[114] 내용이 있는 그림책이면 아무거나 괜찮습니다. 당신의 아이들이 바로 그 그림들이 전달하고자 하는 이야기들의 저자가 될 테니까 말이죠. 아이와 함께 그림들을 보고, 아이가 얼마나 정교한 이야기를 만들어내는지 확인해보십시오. 배경을 설명하나요? 등장인물들은? 문제를 제기하고 목적과 해결책을 설명하나요? 이것을 매 6개월 정도마다 시도하여 조리 있게 이야기를 들려주는 아이의 능력이 어떻게 발달하는지 관찰해볼 수 있습니다. 시간이 흐르면서 아이가 같은 이야기를 어떻게 들려줬는지 기록해 보십시오. 이것은 훗날 아이가 이야기를 쓸 수 있을 정도로 발전하였을 때 뒤돌아보는 재미를 제공할 것입니다.

이야기 들려주는 능력을 평가할 수 있는 또 다른 방법으로는, 당신의 세살, 네 살, 또는 다섯 살 된 아이에게 하고 싶은 말들을 떠오르게 해주어 비슷한 이야기들을 끌어내는 방법이 있습니다. 당신은 이야기체 문장으로 된 이야기를 쉽게 만들어낼 수 있을 것입니다. 이를테면, "오늘 나에게 일어난 일들 중 가장 재미있었던 것은…"과 같은 말로 이야기를 시작하십시오. 혹은, "오늘 학교에서 일어난 가장 좋은 일은…"으로 시작해보아도 좋습니다. 그러고는 아이들이 스스로 어떤 이야기를 만들어내는지 확인해보십시오.

해하기 위해서 들으십시오. ", 그리고 마지막으로 **"협력하십시오. "**라고 제안합니다. 가장 좋은 이야기들은 아이들이 하는 말을 더 자세하게 만들기 위해 함께 노력했을 때 나옵니다. 그렇게 함으로써, 당신은 우리가 이야기를 할 때 사용하는 '탈상황적 언어'를 아이들이 숙달하도록 도와주는 것입니다.

음운 체계에 대한 인식 - 그러니까, 말이 소리로 구성됐다는 건가요?

우리는 조기의 읽기 능력과 훗날의 읽기 능력의 기초를 형성시키는 언어의 두 가지 요소에 대해 밝힌 바 있습니다. 바로 어휘와 이야기 들려주기가 그것입니다. 세 번째는 음운 체계에 대한 인식입니다. 음운 체계에 대한 인식은, 'bat'의 'b' 소리나 'follow'의 'l' 소리를 구분할 때 쓰입니다. 이것은 사실 어린 아이들에게 매우 어려운 과제입니다.

우리의 말들은 음절보다도 작은 소리인 음소라 불리는 소리로부터 만들어졌습니다. 그리고 이 음소들은 알파벳 글자들과 연결되는 조그마한 소리들입니다. (사정을 더 복잡하게 만들자면, 영어에는 'ch'와 'sh'를 포함한 40가지 음소가 있고, 글자는 겨우 26개 밖에 없습니다.) 아이들은 말과 놀면서 이 음소들을 구분하려고 아주 많은 시간을 보냅니다. 그러나 네 살 혹은 다섯 살이 되기 전에는 별로 능숙하지 못합니다. "The cat in the hat found a bat with a vat."*에서와 같이 첫 음소들이 다른 운들을 인식하는 것으로 시작할 수 있습니다. 네 살 혹은 다섯 살이 되면 가끔씩 아이들은 썰렁한 농담 속에서도 음소를 즐기곤 합니다. "그 아이 세수 했을까마귀?"**

＊ 우리말로는 "리,리,리자로 끝나는말은.." 이라는 동요가 있다. -옮긴이
＊＊ "세수했을까?"로 끝나지만 마지막 음소 "까"에 "마귀"를 붙여 "까마귀"라는 말을 만듦. 원문에는 "Did he wash his face? Let's soap so."가 인용되어 있음; Let's hope so (그랬길 바래)라고 해야 맞지만, "hope"와 "soap"가 비슷한 음소를 사용함에 착안한 썰렁한 농담 - 옮긴이

이러한 사례 속에서, 아이들은 언어를 관찰하고 분리시켜, 어떤 식으로 작동하는지 이해하려 노력합니다.

하지만 'cat'이라는 단어가 세 가지의 다른 소리들로 구성되어 있다는 사실을 아이는 어떻게 의식하게 될까요? 잠깐 이것에 대해 생각해보기 바랍니다. 구어口語는 우리에게 투명한 것이어서, 우리는 말을 구성하는 것이 소리들이라는 것에 관심을 전혀 기울이지 않습니다. 우리가 말의 소리들에 신경을 쓰는 것은 오직 외국 억양이 있는 누군가와(또는 아이와) 대화를 나누며 그 말들을 이해하기 위해 상대방이 소리를 어떻게 사용하는지 알아내야만 할 때입니다. (아하, 이 사람은 'r'을 'l' 발음으로 사용하는구나!) 만약 구어口語가 우리에게 투명한 것이라면, 아이들은 어떻게 단어들이 많은 조각들로 이루어져 있다는 것을 이해할 수 있을까요? 말하기를 배우는 것은 시작에 불과합니다. 아이가 말하는 것을 배울 때, 발음을 하기 위해서는 단어들을 탄생시키는 서로 다른 소리들, 또는 음소들을 결합시켜야 합니다. 그러나 아이는 자신이 말을 할 때 어떻게 하는지 자각하지 않습니다. 읽기는 단어들이 여러 조각들의 소리들音素로 이루어져 있다는 것을 아이에게 깨닫게 합니다. 그것은 언어에 대한 더욱 깊은 단계의 인식 (음운 체계에 대한 인식)을 요구합니다.

음운 체계에 대한 인식이 글 읽기를 배우기 위한 전제 조건이기에, 아이들이 이 인식을 특징적으로 언제 개발하게 되는지 알아내는 것이 우리가 아이들을 이끌어주기 위해서 무엇을 할 수 있을지를 이해하는 중요한 열쇠입니다. 하지만 아이가 음운 체계에 대한 인식을 개발하였는지 우리는 어떻게 알 수 있을까요? 몇몇 연구원들은 어린 아이들에게 단어 하나를 다루어보거나 그 단어의 소리를 분석해보라고 합니다.[115] 이를테면, 한 아이에게 "'톱'이라고 말해봐. 이번에는 그 말에서 'ㅌ' 소리를 빼고 말해봐."라고 합니다. 혹은, "'볼'이라고 말해봐. 이번에는 'ㅂ' 발음이 났던 부분에 대신 'ㅋ' 발음을 넣고 말해봐." 그래도 가장 흥미로운 접근법은, 1970년대에 음운 체계의 인식을 연구한 코네티컷 Connecticut 의 뉴헤븐 New Haven 에 위치한 하스킨스 연구소 Haskins Laboratory 의 이사벨 리버맨 Isabelle Liberman 박사에 의해 창안되었습니다.[116]

리버맨 박사의 실험들에서, 네 살 된 아이들에게 작은 막대기를 주고는 특정 단어 속에서 몇몇 소리들이 날 때 테이블을 쳐보라고 하였습니다. 아이들은 각각 한 개에서 세 개 사이의 음소가 포함된 한 음절의 단어* 42가지를 들었습니다. 그 다음에, 리버맨 박사는 네 살 된 다른 그룹의 아이들을 따로 실험하며, 음절들로 똑같은 과제를 해보도록 요구하였습니다. 이번에는, 아이들에게 한 개에서 세 개 사이의 음절로 된 42가지 단어들을 읽어주었습니다. 예를 들어, 리버맨 박사가 한 아이에게 "rocket'** 라는 단어 속에 몇 가지 부분이 들리니?"하고 물으며 리듬에 맞춰 테이블을 두드리게 합니다. 리버맨 박사는 아이들이 연속으로 여섯 개의 답을 옳게 두드리면 두 가지 과제를 모두 성취한 것으로 여겼습니다.

결과는 어떠했을까요? 음소 과제로 실험되었던 네 살짜리 아이들은 한 개도 맞추지 못하였습니다. 그 반면에, 네 살 된 아이들의 대략 반이 음절 과제에서 여섯 번을 연속으로 정답을 맞혔습니다. 아이들이 음소보다 음절 과제에서 훨씬 더 잘한 것은 두 가지 사실을 알려줍니다. 첫째로, 이것은 유아원 아동들도 이 놀이를 할 수 있다는 뜻입니다. 분석(음절)의 단위가 유아원 아동들도 알아챌 수 있을만한 수준이라면 말입니다. 둘째로, 유아원 아동들은 단어들을 만드는 각각의 소리들(음소)에 아직 민감하지 않다는 것을 보여줍니다.

---

* 한글의 사례로는 한음절의 단어, 예를 들어'말' 안에는 'ㅁ,ㅏ,ㄹ'의 세 음소가 들어 있다. - 옮긴이
** rocket은 한글로 읽으면 두 음절(로켓) 혹은 세 음절(로케트)로 인식이 될 수 있지만 영어에서는 두 음절(ro-cket)로 인식을 한다. - 옮긴이

유치원 아동들은 어땠을까요? 음절 과제에서는, 대략 반이 성공하였고, 음소 과제에서는, 겨우 17퍼센트가 성공했을 뿐입니다. 틀림없이, 여러분은 첫 학년에 글 읽기 교육이 시작되고 나면 모든 아이들이 음소와 음절 과제를 통과할 수 있을 거라고 생각했을 것입니다. 그리고 실제로 거의 모든 일학년들이 음절 과제를 통과하였습니다. 그러나 놀랍게도, 겨우 70 퍼센트의 일학년 아이들이 음소 두드리기 과제를 통과했을 뿐이었습니다. 읽기 교육마저도 아직 30퍼센트의 아이들에게 단어들이 각자 다른 소리들로 구성되어있다는 사실을 의식하게 하지 못하였습니다.

리버맨 박사는 아이들의 음소 두드리기 과제가 글 읽기를 얼마나 잘하는가와 연관이 있는지 확인하기 위해 이듬해 가을까지 기다렸습니다. 그녀는, 글 읽기로 반에서 상위 3등 안을 지키는 아이들 중, 아무도 음소 과제에서 실패한 아이가 없다는 사실을 발견하였습니다. 또한 음소 과제에 실패한 아이들 중, 반이 글 읽기에 있어 반에서 하위 3등이었습니다. 단한 명도 상위 3등 안에 들지 못하였습니다. 이것은 음운 체계의 의식이 성공적인 읽기 능력에 중요하다는 강력한 표시였습니다.

지금쯤은 이미 많고 많은 다른 연구들이 이러한 발견들을 지지하고 있을 것입니다. 음운 체계에 대한 모자란 의식이 실패적인 읽기 능력을 초래하는 원인들 중 하나라는 것이 이제는 분명해졌습니다. 우리는 또한 이 지식을 가진 아이들이 읽기를 더 잘 한다는 사실을 알고 있습니다.[117] 우리는 아이들에게 이 인식이 어떻게 분명해지는지는 확실하지 않지만, 많은 연구들을 통해 어떻게 하면 아이들이 음운 체계에 대한 의식을 갖도록 도울 수 있는지는 알고 있습니다. 기본적으로, 그것은 아주 쉬운 일입니다! 여러분은 유아원 아동들이 이해할만한 방법으로 이 개념을 설명할 수는 없지만, 이 개념을 보여주는 놀이들은 분명 해줄 수 있습니다.

　노래를 부르거나 운이 맞는 어린이 동시를 읽어주며 말놀이를 합니다. "The cat in the hat that sat on the mat."과 같은 간단한 절은 단어들의 초성初聲들이 지속적으로 다른 소리들과 교체될 수 있다는 것을 의식하도록 도와줍니다. 이야기책들 중에 각운이 최고로 잘 이루어져 있는 닥터 수스Dr. Seuss를 읽어 주십시오. 그리고 사람 이름의 소리를 가지고 장난을 치는 그 유명한 노래를 기억하십니까? "Rory rory fo fory banana fanna fo fory: Rory"였던가, 어쨌든 이런 식의 노래였던 것 같습니다. 이 노래에 당신 아이의 이름을 넣고, 또 가족 중 다른 사람의 이름을 넣고 불러보십시오. 그러면 이 노래가 무엇을 하는지 깨닫게 될 것입니다. 이름의 초성을 교체하며, 단어들에는 이리저리 움직여질 수 있는 부분들이 있다는 것을 은연중에 가르쳐줍니다. 초성을 예전 것으로부터 바꾸어 새로운 이름들을 만들어 보십시오. 그 옛날 알파벳 노래(Abcdefg, 등등)를 기억하십니까? 멋들어지게 불러보십시오. 그렇게 하면 아이들이 글자 이름들을 들을 수 있고, 또 어쩌면 그것의 소리들까지 의식하게 될 지도 모릅니다.

　차 안에서도 말놀이를 하십시오. 운전을 할 때, 다른 소리들로 시작하는 물건들을 찾아보십시오. "'사'로 시작하는 것을 찾아볼래? 아, 난 하나 찾았다. 저기 '사람'이 있다!" 이러한 놀이들은 심지어 늘 반복되는 "아직 도착하려면 멀었어요?"라는 질문의 빈도를 줄일 수도 있습니다. 낯익은 단어를 말하고 아이에게 그 단어의 한 부분을 빼뜨린 채 말해보라고 합니다. "나는 '야구공'이라고 말할 거야! 여기서 '공'을 빼고 말해볼 수 있겠니?" 그리고 아이를 위해 운문을 낭송해주거나 노래들을 들려줄 CD들이 얼마든지 있습니다.

간단하게 말하자면, 읽기는 구어를 기반으로 합니다. 어휘, 이야기 들려주기, 그리고 음운 체계의 인식에 있어서의 탄탄한 언어적 기초는 발현적인 읽고 쓰기 능력의 중심이 됩니다. 물론, 읽기는 언어만으로 성취되는 것은 아닙니다. 인쇄된 내용을 이해하기 위한 선행 지식 역시 중요한 역할을 합니다.

작은 글자 읽기

다음 이야기는 아이들이 언어에 대해 무엇을 알고 있는가에서 글자로 된 암호에 대해 무엇을 알고 있는가로 전환됩니다. 우리가 암호라고 부르는 까닭은, 구어가 그 자체로는 아무런 의미가 없는 소리들로 이루어져 있는 것과 마찬가지로, 쓰인 글도 아무런 의미 없는 구불구불한 선들로 구성되어 있기 때문입니다. 아이는 암호를 풀고 나서야 비로소 이 구불구불한 선들을 통해 글 읽기를 배웠다고 말할 수 있다는 것을 알게 됩니다. 그렇다면 아이들은 글자로 된 암호를 어떻게 풀 수 있을까요? 어떻게 문자 언어가 의미로 이어진다는 것을 알아낼 수 있을까요?

아이들의 읽기 학습을 관찰해보기 전에, 우리는 먼저 읽기를 배우려면 어떠한 자질이 요구되는지 질문해보아야 합니다. 예를 들어 그리스어나 중국어와 같이 당신이 익숙하지 않은 언어로 쓰인 책을 집어 들었다고 상상해보십시오. 그 구불구불한 선들을 읽을 수 있게 되기 위해서는 어떤 능력이 필요할까요?

먼저, 글자 하나하나의 시작과 끝을 구분할 수 있어야 합니다. 만약 하나의 구불구불한 선과 그 다음 선을 구분하지 못한다면 글을 읽을 수 없을 것입니다. 두 번째로, 각 글자, 또는 글자의 그룹이 어떠한 소리들을 내는지 알아내야 합니다. 글을 읽는다는 것은 결국, 인쇄물에서 말로 옮겨지는 과정인 것입니다. 이것이 어른들의 머릿속에서 자동적으로 조용히 발생한다고 해도 말입니다. 일단 이것을 잘하게 되고 나면, 우리는 좀처럼 글자의 소리를 내는 것을 자각하지 않게 됩니다. 세 번째로, 글자들과 그 소리들을 단어들로 결합하여, 그 모든 것을 혼합시킬 줄 알아야 합니다. 이 단계가 우리 어른들에게 있어서는 너무 수월해 보일 수 있지만, 이것이 생소한 언어였을 경우 그리 쉽지만은 않을 것이며, 우리 아이들이 분명히 배워야 할 부분입니다.

글 읽기 퍼즐의 다른 한 조각이 남아있습니다. 글자를 확인하기도 전에, 이 생소한 글이 어느 방향으로 흐를 것인지 파악해야 합니다. 당신은 어쩌면 영어와 똑같이 왼쪽에서 오른쪽으로 이뤄져 있을 것이라 생각할지도 모릅니다. 하지만 위에서 아래로 (중국어를 읽는 방법과 같이), 또는 오른쪽에서 왼쪽으로(히브리어처럼) 되어있을지도 모르는 일입니다. 이것을 파악하지 못하고는 글자들과 그 소리들의 조합을 시작할 수 없습니다. 그리고 마지막으로, 책의 페이지를 어느 방향으로 넘겨야 할지 알아야 합니다. 영어는 앞부분에서부터 시작한다고 생각하십니까? 그런데, 우리에게 있어서 앞부분이 다른 언어 그룹에게는 마지막 부분이 될 수도 있습니다. 히브리어를 읽는 사람들은 우리가 책의 마지막 부분이라 생각하는 곳에서부터 시작합니다. 우리는 어떻게 용케도 이 모든 퍼즐 조각들을 맞추어서 초등학교 일학년을 마칠 때 즈음 이미 혼자서도 작은 책들을 읽어낼 수 있게 되는 것일까요? 또한 아무런 뜻도 없는 듯 보이는 구불구불한 선들에서 도대체 어떻게 의미를 찾아낼 수 있는 것일까요?

읽기 여행

이 운명적인 물살을 타고 여행하는 아이들과 같은 여정에 함께 올라봅시다. 읽기를 위해 무엇이 필요한지에 대한 확실한 증거들에 대해 이해하고 배우면서, 당신은 발현적인 읽고 쓰기 능력을 터득하기 위해 필요한 거의 모든 것들을 아마도 이미 제공하고 있다는 사실을 깨닫고 안심할 수 있기를 바랍니다. 그러니 어서 신용카드를 집어넣는 대신 도서관 카드를 꺼내시고, 긴장을 풀고, 인쇄된 언어의 세계를 탐험하는 우리와 함께 하길 바랍니다.

아기는 그림책이 무엇을 의미하는지 언제 이해하게 될까?

당신은 이제 막 아기를 출산해서 뭘 어떻게 해야 할지 몰라 쩔쩔 매고 있을지도 모르지만, 몇몇 사람들이 당신에게 아기를 위한 책들을 선물하였다는 것을 문득 알아차리게 될 것입니다(모유수유 전후에). 당신은 딸 뷸라Beulah가 언제쯤 책을 볼 수 있을까, 하고 궁금해 합니다. 생후 6개월까지, 당신의 아기는 자신이 속한 환경 속의 다른 모든 밝은 색상의 물건들에 관심을 갖는 것과 같은 방식으로 책들에 관심을 보일 것입니다. 이 시기가 끝날 때 즈음, 당신이 간단한 책을 읽어주면 아이는 듣는 것처럼 보일 수도 있습니다. 그러나 그보다는 더 많은 시간을 다른 모든 것들을 입으로 탐험하듯이, 책을 입에 넣길 좋아할 것입니다. 당신은 아기들이 우리와 같은 시각으로 책을 보는 것인지 질문하고 싶을지도 모릅니다. 우선 첫째로, 아기들은 과연 책들 속의 그림들이 실물과 다르다는 것을 인식할까요?

지금은 버지니아대학University of Virginia에 있는 쥬디 디로우쉬Judy DeLoache

박사와 일리노아대학University of Illinois에 있는 그녀의 동료들이 그림책을 받은 두 그룹의 아기들의 반응들을 연구하였습니다.[118] 한 그룹은 생후 9개월, 또 다른 한 그룹은 생후 19개월입니다. 생후 9개월 된 아기들은 그림들이 마치 실제인 양 쿡 찌르기도 하고 쓰다듬기도 했습니다. 대부분이 책 속의 물건을 잡아당겨보려는 듯이 끊임없이 그림을 움켜잡으려 했습니다. 디로우쉬 박사는, "물리적으로 그림들을 움켜쥐려 하는 노력은 아기들로 하여금 물건들의 실체를 정신적으로 움켜쥐기 시작하도록 돕는다."고 결론지었습니다. 즉, 책 속의 그림들을 성공적으로 빼내지 못하는 어려움은, 그들에게 그림들은 실제 물건들이 아니라 단지 실제 물건을 나타낸 것일 뿐이라는 걸 가르쳐줍니다.

하지만 생후 19개월이 되면, 아기들의 손동작들은 거의 대부분 손가락의 가리킴으로 대체됩니다. 손가락으로 가리키는 것은 무언가를 지목하고, 사물을 분간하기 위함입니다. 손가락으로 가리키는 것은 책의 그림을 꺼내려는 것과는 같지 않으며, 평면적인 상태에 대한 더욱 성숙한 이해를

< 숨은 재능 확인하기 > 책을 인지하기

나이 : 생후 8개월~20개월

디로우쉬의 발견을 재현해낼 수 있을까요? 당신의 아기가 똑바로 앉을 수 있게 되기만 하면, 딱딱한 종이로 만들어진 책을 한 권 주고는 아기가 유아용 식탁의자에 앉아있는 동안 그것을 살펴보게 하십시오. 아기는 책으로 무엇을 할까요? 그림을 만져 느껴보려 하거나, 문질러보거나, 마치 실제 물건에게 하듯이 쓰다듬어 봅니까? 같은 책으로 3개월 후에 시험해본 후, 그로부터 3개월 후에 다시 시험해보십시오. 아기가 그 책으로 무엇을 하는지 녹화하여 보관해놓는 것도 재미있을 것입니다. 6개월 동안 변화가 있었습니까? 아기는 책 속 그림들이 평면적이라는 사실을 깨달은 것처럼 보입니까? 책장의 그림들을 집어내려는 대신 손가락으로 가리키기 시작했습니까? 이러한 변화들을 표시해놓는 것도 즐거울 것입니다.

나타냅니다. 그러나 이것으로 생후 19개월 된 아이들이 그림들에 대한 모든 것을 이해했다고 여긴다면 곤란합니다. 아이들이 그림들의 뜻을 이해하려면 몇 년간의 시간이 더 걸립니다. 이를테면, 취학 전의 아동들은 아직 그림에는 실제 물건의 성질이 없다는 사실을 잘 모릅니다. 만약 아이스크림 사진을 만지면 차가울지 물어본다면, 취학 전의 아동들은 그렇다고 대답할 것입니다.[119] 관절 주변에 그려진 지렁이 모양의 작은 주름들처럼, 우리가 움직임을 표현하기 위해 그림 속에서 사용하는 규칙 같은 것들을 아이들이 이해하기 위해서는 수년의 시간이 추가적으로 더 걸릴 것입니다.[120]

조금 더 후에, 생후 2년째로 접어들면, 충분히 오래 앉아있게 된 어떤 아기들은 책 읽는 소리를 듣는 것을 즐기게 될 것입니다. 심지어는 책 속의 익숙한 물건들이나 사람들을 인식하기도 하며, 책장을 넘기려고도 할 것입니다. 반면에, 큰 소음이 발생하도록 책장을 찢으려고 할 수도 있는데, 그렇기 때문에 이러한 우려들을 최소화시키는 헝겊으로 된 책들이나 두꺼운 종이로 만든 책들이 좋을 것이며 책장이 찢긴 후에 뒤따를 수 있는 책을 던지는 전쟁놀이도 예방할 수 있습니다. 걸음마를 배우는 아기들은 이제 스스로 앉아서 잠깐 동안은 책을 '읽을 수도' 있고 계속해서 듣고, 듣고, 또 듣고 싶어 하는 가장 좋아하는 책이 생겼을 수도 있습니다. 걸음마를 배우는 아기에게 책을 건네주면, 아기는 일반적으로 어디가 윗부분이고 어느 쪽으로 책을 펼쳐야 하는지 알 것입니다. 사실 이것은 뉴질랜드에 위치한 오클랜드대학University of Auckland의 마리 클레이Marie Clay 교수가 창안해낸 인쇄물의 개념Concepts about Print Test이라는 읽기를 위한 준비 시험의 한 부분입니다.[121] 이 시험은 아이에게 책을 건네어 아이가 다른 많은 개념들 가운데 이 책에 대하여 무엇을 알고 있는지를 알아보도록 구성되어 있습니다. 아이는 어느 쪽이 앞이고 어느 쪽이 뒤인지 알고 있습니까? 글이 왼쪽에서 오른쪽으로 진행된다는 것을 알고 있습니까? 어느 쪽으로 책장이 넘어가야 하는지 알고 있습니까? 이야기는 그림이 아닌 글자에서 나온다는 깃을 알고 있습니까? 이러한 질문들로 매겨진 아이들의 점수는 책에 인쇄된 지식 그 이상의 의미를 지니는 성공적인 읽기 능력과 연관이 있습니다. 왜 그럴까요? 아마도 이 시험에서 좋은 점수를 받은 것은 그동안 부모가 아이들에게 책을 잘 읽어줬으며 아이들이 책에 많이 익숙해져 있다는 것을 의미하기 때문일 것입니다.

< 숨은 재능 확인하기 > 책장 넘기는 아이 - 책들과 친해지다

나이 : 생후 18개월~3세

당신의 아이가 생후 약 18개월이 되면, 새로운 책을 건네주고 아이가 그것으로 무엇을 하는지 그저 살펴보기만 하면 됩니다. 아직 한 번도 본 적이 없는 책을 집어서 그 책의 앞부분을 시작으로 놓고 볼 수 있습니까? 책장을 옳은 방향으로 넘길 수 있습니까? 약 6개월마다 한번씩 이 실험을 해본다면, 당신의 아이가 책에 얼마나 익숙해졌는지 그 변화를 측정할 수 있을 것입니다. 또한 아이가 질문들에 답할 수 있을 정도로 언어능력이 충분히 발달하고 나면, "이 단어들을 어느 방향으로 읽어야 하지?" 또는 "이 이야기는 그림 속에 있니, 아니면 단어들 속에 있니?"와 같은 것들을 물어보면 됩니다. 이러한 질문들에 아이들이 어떤 식으로 대답하는지 보는 것은 흥미로울 것입니다.

그런데 도대체 단어란 무엇일까요?
과연 글자란 무엇일까요?

이제는 아이가 당신과 함께 책들을 읽게 되었으니, 아이는 분명히 책장 속의 그림들과 단어들을 모두 알고 있을 것입니다. 아마도 당신은 책을 읽어가면서 아이에게 그림들에 대해 꽤 많은 이야기를 하고 있다는 사실을 인식했을 것입니다. 또한 두 살 된 아이들도 틀림없이 인쇄된 글자들을 의식하기 시작했을 것입니다. 실제로, 아직 두 살 반밖에 되지 않은 미국인 아이들이 상품명들을 알아보는 것으로 밝혀졌습니다. 우리 아이들이 '맥도날드'나 '버거킹'이라는 단어들을 알아본다는 것은 흥분되는 일이 아닐 수 없습니다.(반드시 흥분해야 하는 일은 아니지만)[122] 하지만, 그림 암기카드 속의 단어들을 읽을 수 있는 것이 아이가 글을 읽을 수 있다는 뜻은 아니듯, 흔한 상품명들을 알아볼 수 있는 것 또한 이러한 과정을 확인시켜주는 것은 아닙니다. 그리고 심지어는 아이들이 쓰인 것(글자들과 단어)들을 디자인들, 혹은 그림들, 혹은 기호들과 구별할 수 있다는 것 또한 장담하지 못합니다. 아이들은 무엇이 글자이고 무엇이 글자가 아니라는 것을 언제 알 수 있을까요? 뉴욕에 위치한 코트랜드 스테이트 대학 Cortland State University의 린다 라빈Linda Lavine교수는 이 질문에 답하기 위해 오랜 시간을 투자했습니다.[123]

　실험을 하기 위해, 라빈 교수는 각각 다른 것이 쓰인 네 개의 카드를 만들었습니다. 그것은 그림, 영어로 쓰인 글자 혹은 단어(필기체나 활자체), 다른 언어(이를테면 히브리어나 중국어의 글자), 그리고 낙서처럼 보이는 무늬들이었습니다. 그리고 나서 그녀는 아직 읽기 교육을 받아보지 않은 세 살에서 여섯 살 사이의 아이들을 한 명씩 실험했습니다. 각각의 아이들은 글자가 쓰인 카드들을 장난감 우체통에 넣고 나머지는 모두 다른 상자에 담도록 요구되었습니다. 그들이 끝마쳤을 때, 라빈 교수는 아이들 한 명 한 명에게 각 카드에 무엇이 있었는지 말해보라고 하였습니다. 이 방식으로, 그녀는 세 살 된 아이들(그리고 그보다 나이 많은 아이들)이 종이에 나타나 있는 글자를 다른 그림들과 구분할 수 있다는 사실을 알게 되었습니다. 그녀는 무엇을 발견한 것일까요?

　세 살이 되고 나면, 아이들의 86퍼센트가 실제 글자(영어와 히브리어 모두)를 구분할 수 있었습니다. 네 살에는 90퍼센트로 향상되어 있었고, 다섯 살에는 96퍼센트로 거의 완벽에 가까워져 있었습니다. 그녀가 아이들에게 자료들의 이름을 말해보라고 했을 때, 아이들 중 아무도 실제 단어들을 읽을 수 없었으며 심지어는 대부분이 글자 카드 세트에 포함되어있던 A, B, 그리고 E 의 알파벳조차도 읽지 못하였습니다. 그러나 아이들은 모두 그림카드가 표현한 것의 이름을 댈 수 있었고, 그들 중 아무도 그림들을 '글자'라고 부르지 않았습니다.

아이들은 이것을 어떻게 알게 된 것일까요? 그들은 어떻게, 예를 들어 히브리어로 된 글자가 실제 글자라는 것을 알 수 있을까요? 그들은 영어의 글자를 형성시키는 어떠한 특징들을 구별 짓고, 그 지식을 기반으로 하여 히브리어를 추정해낸 것이 틀림없습니다. 아무도 아이들에게 "글자들이란 곧고 구부러진 선들로 이루어져 있으며 때때로 연속해서 일런으로(단어들로) 쓰인다는 사실에 주목합시다."라고 말해주지 않는 것을 생각해봤을 때, 이것은 실로 대단한 일입니다. 아이들은 이것을 스스로 깨우친 것입니다. 어떻게? 우리의 사회와, 이 사회에 구석구석 스며있는 인쇄물에 대해 생각해보십시오. 환경적 인쇄물들로 일컫는 것들이 어디에나 있습니다. 시리얼 상자에서부터 도로 표지판, 슈퍼마켓의 포장물들까지 말입니다. 많은 인쇄물들에 노출된 아이들은 분명한 가르침 없이도 스스로 글자를 형성시키는 패턴을 분석하는 것으로 보입니다. 우리는 라빈 교수가 실행한 다문화적인 작업에서, 아이들이 글자를 다른 종류의 디자인으로부터 구분하게 되는 것이 이들이 속한 환경에서 중대하다는 것을 알 수 있습니다. 라빈 교수는 그녀의 카드들을 멕시코의 유카탄에 있는 시골 마을뿐만 아니라 산업화된 도시에도 가지고 갔습니다. 흥미롭게도, 멕시코의 아이들은 미국인 아이들에 비해 뒤떨어졌는데, 도로 표지판들이나 시리얼 상자들을 많이 접할 수 없는 시골 마을에서 자라고 있는 아이들이 특히 그랬습니다.

이러한 발견들은 우리에게 발현적인 읽고 쓰기 능력에 대해 중요한 두 가지를 알려줍니다. 첫 번째로, 아이들은 글자들이 어떻게 만들어지는지에 대한 많은 것들을 스스로 깨우치고 있습니다. 유도하지 않고도 아이들은 두 살이 끝나갈 때, 이미 인쇄물들과의 풍부한 경험들을 바탕으로 그림들과 글자들의 차이를 구분할 수가 있습니다. 아이들은 어느 것이 글자이고 어느 것이 그림이나 디자인인지 알려줄 때까지 기다리지 않는 선천적인 패턴 탐구자들pattern seekers입니다. 그들은 스스로 글자들을 형성시키는 특징들을 알아내고 이 지식을 글자와 관련된 다른 체계에도 보편화시킵니다. 앞서 말한 것들로 알 수 있듯이, 우리가 두 번째로 배운 것은 환

< 숨은 재능 확인하기 > 문자 언어 발견하기

나이 : 2세~4세

색인 카드 16장을 가지고 각각 카드에 한 가지 단어 또는 글자를 쓰거나, 디자인(구불구불한 선, 모양 등)을 만들거나, 그림을 그리십시오. 각 유형마다 네 장의 카드를 만드십시오. 글자나 그림을 충분히 크게 만들어 카드 한 장의 공간을 거의 차지하게 하고, 같은 색상의 두꺼운 펜이나 색연필을 사용하십시오. 다 끝나고 나면 카드들을 잘 섞으십시오. 두 살이 되었을 즈음부터, 아이에게 카드를 한 장씩 보여주고 그것이 글자가 맞는지 물어보십시오. 혹은 두 손을 내밀고는, "글자를 이쪽 손에 놓고 (손을 움직이며) 다른 나머지 것들을 다른 쪽 손에 놓아볼래(다른 한 손을 가리키며)?" 하고 말합니다. 아이가 몇 개를 맞추는지 기록해 놓으십시오. 아이에게 카드를 분류하게 하는 일이 끝나고 나면, 그것들 중 아이가 이름을 댈 수 있는 것이 어느 것인지 알아보십시오(만약 한 가지라도 있다면). 아이의 실수에서 반복적인 패턴이 보입니까? 3-4개월에 한 번씩 이것을 시도해보되, 매번 새롭게 보이도록 평소에는 카드들을 아이가 볼 수 없는 곳에 보관합니다. 당신은 아이가 문자 언어를 형성시키는 특징들을 발견해나가는 것을 확인하게 될 것이며, 이 실험을 해보지 않았다면 이러한 결정적인 발현적 읽고 쓰기의 달성을 눈치 채지 못했을지도 모릅니다.

경이 얼마나 중요한지입니다. 어찌되었건 패턴을 탐구하는 아이들은 그 능력을 적용하고 발달시켜나갈 수 있는 무언가를 가지고 있습니다. 만약 그들이 인쇄물들이 풍부한 환경 속에 있다면, 그렇지 않은 환경에서보다 더 일찍 글자 체제의 특성을 알아낼 수 있습니다. 만약 그들이 이야기책을 많이 들었고 글로 된 자료들을 많이 접하였다면, 학교에 입학하기도 전에 책, 글자, 그리고 글쓰기에 대한 많은 것들을 깨우칠 수 있습니다. 이것이 바로 발현적인 읽고 쓰기 능력입니다.

글 읽기를 배우는데 글자 이름들을 외우는 것이 중요할까요?

아이들이 글자 이름들을 배워야 하는지에 대한 문제를 놓고 많은 논쟁이 일어납니다. 어쩌면 아이들이 글자와 그림의 차이를 구분할 수 있는 것만으로는 불충분할 지도 모릅니다. 어쩌면 우리가 글자라 일컫는 것들을 알아야 할지도 모릅니다. 다르게 말해, 글을 읽기 위해서 'A'를 '에이'라고 부를 수 있는 것은 과연 중요할까요? 미국의 죠지 W. 부시 전 대통령은 그렇다고 생각하고 있으며,[124] 글자의 이름들을 아는 것이야말로 그의 조기 교육 법안 발의에 있어 핵심 요소입니다. 펜실베이니아 주립대학에서의 그의 연설은 다음과 같습니다.

> 그러나 (아이들에게 책을 읽어주는 것은) 단지 재미를 위한 것만이 아닙니다. 그것은 유치원 교육을 위한 필수적인 경험입니다. 다음의 놀라운 발견을 들어 보십시오. 유치원생 아이의 알파벳 지식으로 10학년이 되었을 때의 읽기 점수를 놀라운 확률로 예측할 수 있다는 것입니다. 한번 생각해보십시오. 우리는 아이가 10학년이 되었을 때 얼마나 읽기를 잘할 지 어느 정도 예상할 수 있습니다. … 그 아이가 과거에 좋은 교육을 받았든지 그러지 못했든지 말입니다. 학교의 첫

학년에 알파벳 글자들을 알아보지 못하는 아이는 학교와 사회생활 모든 곳에서 뒤쳐지는 심각한 위험을 안게 됩니다.

이제 우리는 읽기와 읽기를 위한 준비 단계에는 분명한 선이 없다는 것을 알기 때문에 발현적인 읽고 쓰기 능력에 대한 강조는 그대로 유지되어야 합니다. 그러나 죠지 부시 전 대통령의 생각들이 어떻게 실제로 시행될지에 대한 우려는 있습니다. 미국의 한 교육 잡지(Education Week)의 칼럼은 다음과 같이 기재하였습니다.[125]

대통령의 캠페인은 '읽기 법안' 발의의 한 부분으로써 발음 중심 어학 교수법을 요구하겠다는 약속으로 보입니다. 그 뿐만 아니라, 교육에 대한 더욱 강한 책임을 묻겠다는 대통령의 결단의 표현으로 보이며 이로 인하여 '읽기 선행교육Reading First' 예산에서 읽기에만 중점을 둔 프로그램들을 후원하며 결과중심의 시험들에 주안점을 두게 될 것에 대한 우려가 몇몇 교육자들 사이에서 언급되고 있습니다.

실제로 수도 없이 많은 연구 결과들이 분명하고도 명백히 글자 이름과 소리들에 대한 지식이 성공적인 읽기 능력과 관련이 있다는 것을 보여주고 있는데,[126] 문제될 게 없어 보이지 않습니까? 하지만 어떤 교육자들은 읽기가 유치원생 아이들에게 해로운 방법으로 작용될 것이라며 걱정합니다. 최악의 경우를 보여주는 시나리오는 바로 글자 이름들과 소리들에 대해 강조를 하는 것이 다채롭고 정확한 언어 경험들에 초점이 맞춰지는 것이 아니라 형편없는 '암기식 반복 훈련'과 같은 교육 방식으로 시행되는 것입니다.[127] 3 4세 아이들이 문제집을 풀거나 반복적인 연습에 매여서어서는 안됩니다. 3 4세 아이들은 읽기, 쓰기, 말하기, 그리고 듣기와 같은 살아있는 언어활동을 해야 합니다. 교육자들은 이러한 발현적인 읽고 쓰기 능력과 관련된 활동들은 무시되고 반복적인 글자 연습 교육이 그것들과 대체되는 것을 우려하고 있습니다. 시험과 표준을 중요시하는 전국적 풍조 속에서 이러한 우려는 날로 높아지고 있습니다. 하버드대학^{Harvard University}에서 문학 연구자로 손꼽히는 캐서린 스노우^{Catherine Snow} 교수가 말했듯이, "읽기는 분명 글자 이름을 아는 것 이상입니다. 이러니저러니 해도 결국 외워야 하는 글자는 26개밖에 없습니다. 읽기는 그것을 훨씬 초월하는 것입니다."[128]

아이가 알파벳 글자 이름을 말할 수 있게 되면 그것이 실제로 무엇을 의미하는지 생각해보는 것도 도움이 될 것입니다. 가장 큰 의미는 아이가 글을 읽기 위한 어느 정도의 도움을 받을 수 있다는 것입니다. 왜냐하면 몇 가지 글자들은 단어 속에 포함되어 있을 때 나는 소리와 비슷하게 들리기 때문입니다. 이를테면 글자 'b'는 어느 단어 속에서나 'ㅂ' 소리처럼 들립니다. 그러나 다른 글자 이름들은 단어에 포함되어 있을 때의 소리와 유사하지 않습니다. 'w'를 생각해보십시오. 'when^웬'이나 'word^{워드}'라는 단어에 사용되었을 때 나는 소리는 그 글자 이름^{duhb-uhl-yoo}과 닮지 않았습니다. 또, 'you^유'의 'y^{와이}'나 'knife^{나이프}'의 'k^{케이}'를 보십시오. 그렇다면 글자 이름들을 아는 것이 왜 성공적인 읽기 능력과의 높은 연관성이 있는 것처럼 보이는 걸까요? 읽기 능력에 문제가 있는 아이들도 더러는 글자 이름들을 알 수 있기 때문에 글자 이름들을 아는 것 자체가 관건은 아닙니다. 유치원생 아이들이 글자 이름들을 알게 된다는 것은 그들이 그동안 이야기책들을 많이 들어왔으며 많은 발현적인 읽고 쓰기 활동들에 참여했다는 사실을 드러내는 것입니다. 말하자면, 이들 중 대부분에게 있어서 글자 이름을 익히는 것은 그동안 해왔던 글을 읽게 되기 전의 많은 문학 활동들의 자연스러운 결과인 것입니다. 그렇기 때문에 우리가 지금까지 설명해온 모든 경이로운 말하기와 일상적이고 발현적인 읽고 쓰기 활동 없이 글자 이름들만을 외우는 것이 읽기 능력에 영향을 줄 수 있는지는 불

분명한 것입니다. 글자 이름들을 가르치는 것은 발현적인 읽고 쓰기 활동의 맥락 안에서 일어나는 일이기 때문에, 그것이 목적이 되어서는 안 됩니다.

제가 조언해드릴 수 있는 것은 지속적으로 책을 읽어주고 아이들로 하여금 글자들과 단어들에 대한 질문들을 하도록 부추길 수 있는 언어 경험들을 제공해야 하는 것입니다. 여러분은 아마 아이들이 알고 있는 모든 것들에 대해 경이로워할 것입니다.

글자들은 어떤 소리들을 만드는가?
글자와 소리의 관련성

글자 이름들을 외우는 것도 매우 중요한 부분을 차지하지만, 그 글자들이 만드는 소리들을 아는 것은 더욱 중요합니다. 또한, 우리가 이미 언급했듯이, 소리들은 글자의 이름과 항상 일치하지 않기 때문에 이 부분은 어려울 수 있습니다. 더 나아가, 가끔은 한 글자(예를 들어 'city씨티'와 'country 컨트리'의 'c')에 다양한 소리가 있을 수 있는데, 대부분의 모음들의 경우가 그렇습니다.

아이들이 해야 할 일은 눈에 보이는 글자에 그들이 발견한 단어들을 형성시키는 작은 소리들인 음소를 연결시키는 것입니다. 우리가 앞서 언급하였듯이 글자는 26가지밖에 없는데 비해 소리는 40가지이기 때문에, 이것은 도전의식을 북돋는 과제입니다. 뿐만 아니라, 글자 소리를 외우는 것은 글을 읽을 때 이러한 서로 다른 소리들을 한 단어로 조합시키고 결합시킬 수 있도록 도와주지 않습니다. 결국, 당신이 "buh oo kuh브-욱-크"라고 아주 빠른 속도로 세 번 말한다고 해도, 그것은 실제로 'book'이라는 단어를 말하는 것이 아니라, 그 단어의 변종된 3음절을 말하는 것일 뿐입니다. 글자들과 글자들의 소리를 연결시키는 것을 '글자와 소리의 관련성 찾기'라 부릅니다. 이 단계가 바로 성공적인 읽기 능력을 위한 구성 요소의 열쇠입니다. 글자들과 소리들을 연결시킬 수 있는 아이는 그 열쇠로 자물쇠를 열고는 인쇄된 글을 직접 통달한 언어로 해석할 수 있는 것입니다. 그 시점에서, 아이는 글 속에서 진짜 의미를 얻어낼 수가 있습니다.

저 글자들이 뭔가를 의미한다는 말인가요?

당신의 아이가 "엄마, 저기 뭐라고 쓰여 있어요?"하고 묻는다면, 아이는 글 읽기와 책들을 완전히 새로운 방식으로 인식하게 된 것입니다. 이 질문은 커다란 진전을 뜻합니다. 당신의 아이는 이제 책장 속의 구불구불한 선들이 뜻을 보여준다는 것을 깨달은 것입니다! 아이는 내내 그림들이 재미있고 유익하다는 사실은 알고 있었지만, 이제는 인쇄된 글들도 마찬가지라는 것을 느끼게 된 것입니다. 활자는 흔히 그림들과는 다른 방식으로 이야기들을 전달합니다.

당신의 아이들이 읽기에 대해 무엇을 배우고 있는지 생각해보십시오. 그들은 책들 속 활자가 어른들이 말하는 단어들과 일치한다는 것을 배우고 있습니다. 그리고 그것들은 그림들이 하는 것보다 더 많은 이야기를 전달해준다는 것을 배우고 있습니다. 이런 중대한 통찰력들은 발현적인 읽고 쓰기로 연결됩니다.

> **학습 찬스** | 활자에서 의미 찾기
>
> 당신의 아이가 책장 속 우스꽝스럽게 생긴 구불구불한 선들^{글자들}이 그들이 듣는 언어와 일치한다는 것을 이해할 수 있게 해볼 수 있는 흥미로운 방법이 있습니다. 일단 아이가 약 3살 정도 되어서 긴 문장을 말할 수 있게 되고 나면 시도해볼 수 있습니다. 아이에게 짧은 이야기를 해달라고 한 후, 커다란 글씨체

를 사용해 아이가 하는 말들을 받아 적습니다. 혹은 컴퓨터가 있다면 이야기를 키보드로 입력할 수도 있습니다. 이것은 이야기 받아쓰기인데, 아이들에게 그들의 입에서 나온 것들이 즉시 글로 옮겨질 수 있다는 사실을 보여줄 수 있는 최고의 방법입니다. 받아쓰기가 끝나고 나면 아이에게 읽어주고, 그것이 바로 아이가 당신에게 해 준 '이야기story'(당신이 아이들에게 자주 읽어주던 '이야기'가 아닌)라며 떠들썩한 화제로 만들어 보십시오.

새로운 페이지의 중간 부분부터 아래로 이야기를 쓰기 시작해서, 다 끝났을 때 아이가 페이지의 윗부분에는 이야기를 표현할 수 있는 그림을 그려보게 하십시오. 이야기를 하도록 유도하기 위해서는, 아이에게 방금 있었던 일들에 대해서나, 뭔가 매우 재미있다고 느낀 것에 대해 아무거나 이야기해달라고 합니다. 아이는 이야기를 어떻게 해야 하는지 이해하지 못할 수도 있기 때문에, 아마도 당신이 네/아니오 답변보다 더 많은 것을 끄집어낼 수 있을만한 질문들을 해야 할 것입니다. 그리고 아이가 말을 하는 동시에 글로 옮기십시오. 이야기를 예쁘게 꾸며주려 노력하지 마십시오(아주 조금이라면 괜찮을지 몰라도). 아이가 이것을 어느 정도 했다면, 액자에 넣어 어딘가에 걸어놓기를 권장합니다. 심지어 세탁실에라도. 그것은 당신 아이의 첫 번째 '이야기story'입니다.

종이 위에 무언가를 끄적이는 것은 그저 팔을 재미있게 움직이는 방법에 지나지 않는 걸까요?

발현적인 읽고 쓰기Emergent literacy는 말 그대로 읽기뿐만 아니라 쓰기도 포함합니다. 아이들은 언제 글을 쓰고 싶어 하고, 우리는 그들의 사랑스러운 (그러나 종종 형편없는) 글로 표현된 작품들을 어떻게 처리해야 할까요? 발현적인 읽고 쓰기 활동들 중 아이들이 매우 좋아하는 한 가지는 종이 위에 낙서를 하는 것입니다. 그러나 만약 당신이 의심 많은 사람이라면, 아이들이 자신이 남긴 흔적 등을 확인해보고 싶어 하거나 그저 이리저리 손과 팔을 운동하고 싶은 것일 수도 있다고 생각할지도 모릅니다.

지금은 고인이 된 코넬대학Cornell University의 세계적인 심리학자 제임스 J. 깁슨James J. Gibson 박사는 그 질문을 해결하기 위해 생후 38개월부터 15세까지의 아이들을 연구했습니다.[129] 곱슬머리 앨리슨Allison이 엄마 도나Donna와 함께 깁슨 박사를 찾아온 것을 상상해 보십시오. 대학원 조교가 앨리슨에게 백지를 끼운 클립보드와 두 개의 필기도구를 차례대로 건네줍니다. 필기도구중 하나는 잉크가 나오지 않는 것이고 나머지 하나는 잉크가 나오는 것입니다. 조교는 오직 초시계를 들고 앉아 앨리슨이 각 도구를 들고 얼마나 오랫동안 낙서를 하는지, 다른 어떤 행동이나 말을 하는지 기록합니다. 도나는 대학원 조교에게 앨리슨이 아직 크레용을 사용하거나 글을 써본 경험이 전혀 없기 때문에 이 실험에 참여해줄 것을 부탁받았을 때 놀랐었다고 말합니다. 어른들이 담소를 나누는 동안, 앨리슨은 잉크가 나오지 않는 도구를 처음으로 손에 쥐었습니다. 아이는 그것을 종이 위에 가져가지 않고 그저 보고만 있습니다. 시간이 다 되었을 때, 대학원 조교는 그 도구를 치우고 잉크가 나오는 도구를 앨리슨에게 줍니다. 앨리슨은 처음에는 그것을 이리저리 흔들어보다가 **우연히** 종이 위에 자국을 내었습니다. 아이는 순식간에 자신이 낸 자국을 알아채고는 강한 집중력으로 낙서를 하기 시작합니다. 엄마인 도나는 놀라움에 웃음을 터뜨립니다. 대학원 조교는 앨리슨이 이제 '기초적 회화 행위'를 해 보였다고 말합니다. 다른 아이들도, 잉크가 나오는 도구를 가지고 더욱 많은 시간을 보냅니다. 아기들은 결과물이 보고 싶은 것입니다!

'쓰기'는 아이들에게 있어서 매우 즐거운 것일 수 있습니다. 직접 뭔가를 변화시킬 수 있기 때문입니다. 아주 깨끗한 백지를 정확히 자신이 원하는 대로 색과 무늬들로 가득 채울 수 있습니다. 항상 "안 돼!"라는 말에 익숙해져 있던 아이들에게 이것은 상당히 강력한 유혹입니다. 직접 계획을 세우고 원하는 대로 할 수가 있습니다(너무 열의에 넘쳐서 스케치북 대신 벽을 사용하기 시작하지만 않는다면). 그들은 얼만큼의 힘을 사용해야 하는지도(비록 느리기는 해도) 배우고(초등학교 저학년 때 집으로 가지고 온 종이들에 나 있는 그 많은 구멍들이 바로 힘 조절을 배우는 과정인 것입니다), 손가락과 손을 어떻게 들어야 하며, 곧고 구불구불한 선들을 어떻게 만들어내는지도 배우게 됩니다. 이런 것들이 모두 분명히 아이들이 학교에 가기 위해 알고 있어야 하는 부분들입니다.

< 숨은 재능 확인하기 > 낙서하기

나이 : 생후 15개월~24개월

걸음마를 시작한 당신의 아이가 한번이라도 낙서에 관심을 보이거나 혹은 낙서를 할 때 색이 종이에 묻은 것이 맞는지 확인한 적이 있습니까? 당신의 아이는 몇 살 때 '**기초적 회화 행위** fundamental graphic act'에 푹 빠지게 될까요? 이것을 시험해보기 위해 당신이 해야 할 일은 심이 없는 연필과 몇 장의 종이쪽지들을 제공하는 것뿐입니다. 2개월에 한 번씩 시도해볼 수 있습니다. 종이에 아무런 자국도 내지 않는 연필을 사용한 당신 아이는 어떻게 반응합니까? 자국이 나야 한다는 기대를 이미 하고 있는 것처럼 보입니까? 다른 도구를 달라고 하거나 자신이 들고 있는 것을 수상쩍은 듯이 바라봅니까? 당신이 심이 있는 도구를 줬을 때 무슨 일이 일어납니까? 이것은 아기의 성장일기에 기록할 만한 순간일 수 있습니다. 매우 감동스럽게 느껴질 수도 있습니다. 아기가 한 최초의 '**기초적 회화 행위**'라니! 가족모임 때 친척들에게 자랑할 수도 있지 않을까요?

단어와 글자들을 쓴다는 것은 크나큰 발전을 뜻해요!

결국에는 아이들은 글자 만들기를 시도하기 시작합니다. 그들은 글자들이 계속되는 선들의 행렬로 나타난다는 것도 이해하게 되고, 종종 직접 연속적으로 작은 디자인들을 만들어놓고 그것을 글자라고 부릅니다. 그들은 보통 자신들의 작품이 어른들의 이상에 가까워지고 있음을 느끼고 매우 기뻐합니다. 만약 취학 전인 당신의 아이가 본격적으로 쓰기를 시작한 후라고 해도, 뒤집어진 글자를 쓰거나 (ㅏ를 ㅓ로), 잘못된 순서로 쓰거나, 심지어 그림들과 글자들을 섞어서 쓰더라도 안심하십시오. 아이는 글쓰기가 어떻게 이루어지는지 결국에는 터득하게 될 것입니다. 또한 당신이 아이에게 'ㅏ'와 'ㅓ'의 차이점을 보여준다면, 이것은 '학습찬스'가 될 수도 있습니다. 당신의 아이는 첫 17번의 글씨쓰기 시도 동안 이것을 배우지 못할지도 모르지만, 결국에는 이해하게 될 것입니다. 아이는 당신에게 의견과 조언을 구할 것입니다. 항상 아이가 열심히 노력한 것을 강조하며 기쁜 마음으로 기꺼이 대답하십시오.

아이들은 왜 학교에 들어간 후에도 ㅏ와 ㅓ, ㄱ와 ㄴ을 혼동하며 글자의 방향 때문에 어려움을 겪는 것일까요? 그것은 글자들은 바로 '방향'을 관건으로 하는 개념이 있기 때문입니다. 생각해보십시오. 왼쪽에서 보든 오른쪽에서 보든, 심지어 위에서 보든 밑에서 보든 당신은 당신입니다. 세상의 다른 모든 물건들이 그렇습니다. 실제로, 우리는 물건의 방향을 무시하는 것에 익숙해져 있는데, 그렇지 않다면 물건이 옆으로 돌려져 있을 때 우리는 그게 무엇인지 알아보지 못할 것입니다. 그리고는 글자들이 있는데, 갑자기 우리는 방향에 대한 신경을 써야 하는 것입니다. '나'의 ㅏ가 오른쪽을 향하는지 왼쪽을 향하는지에 따라 ㅓ가 될 수 있다는 것에 돌연 주목할 가치가 생깁니다. 아이들이 이것을 깨우치려면 어느 정도의 시간이 걸립니다. 대부분의 아이들이 이런 실수들을 하므로, 당신의 아이에게 난독증이 있는 것 같다며 걱정하지 마십시오. 방향이 관건이 되는 이런 글자(이를 테면 ㅕ, ㅑ와 같은)들을 연습할 때, 아이들은 읽는 것과 글자 이름을 말하는 부분에서 초기에 많은 실수를 합니다.

유치원의 학기가 끝나갈 무렵, 아이들이 본격적으로 쓰기를 시작하게 되면, 이들은 종종 경탄할 만한 자신만의 철자법과 맞춤법을 소리가 나는 대로 만들어내곤 합니다.[130] 당신은 아이들이 글자들과 씨름하여 예를 들어 '장난감'을 '장낭깜'이라는 새로운 글자로 창조해내는 것을 보고 놀라워할 것입니다. 이것은 유리잔의 반이 채워졌는지 반이 비워졌는지를 보는 관점과 비슷합니다. 이 철자법은 잘못된 것이지만, 그것이 무엇을 의미하는지 생각해보십시오. 그것은 아이들이 알파벳 원칙을 사용하고 글자 소리들을 사용하여 자신의 단어들을 쓰려 한다는 사실을 보여줍니다. 이 아이들은 단지 글자 순서를 암기한 앵무새가 아닌 것입니다. 자신의 두뇌를 사용하고 있습니다. 이 사실은 글자들이 어떻게 이루어지는지 이해하는데 있어서 아이들이 보이는 엄청난 진전을 우리가 깨닫게끔 도와줍니다. 이렇게 자신만의 철자를 창조해내기 위해 아이들이 무엇을 해야 하는지 생각해봅시다. 우선 단어의 소리를 분석해야 합니다. 이것은 정확히 우리가 아이들이 하게 되기를 바라는 것입니다. 예를 들어 '물'이라는 단어를 쓸 때 'ㅁ'소리로 시작하는지 'ㅂ'소리로 시작하는지, 그리고 어느 글자가 원하는 소리와 일치하는지에 대해 판단을 하려면 열심히 생각해야 합니다. 이것은 중요한 철자법 연습이 될 뿐만 아니라, 음운 체계에 대한 의식도 갖게 해줍니다. 지적하려 하지 말고, 그저 즐기십시오. 만약 아이가 원한다면 아이가 쓴 버전 밑에 크고 정확한 글자로 바르게 고쳐서 써주십시오.[131] 하지만 너무 강조하지는 마십시오. 그저 그 엄청난 노력만을 인정해 주십시오.

글을 읽고 쓰는 능력을 발달시키기 위한 부모의 역할

이번 장을 시작할 때 등장했던 레이첼과 네이트를 기억하십니까? 우리가 확인한 모든 연구 결과에 의거하여, 우리는 레이첼보다 네이트가 더 수월히 읽기를 배울 것이라고 예측하게 됩니다. 레이첼이 곤란을 겪을 것이라는 뜻이 아닙니다. 단지 책의 구성, 이야기의 짜임새, 그리고 단어들(음소)을 형성시키는 요소들의 민감성에 네이트만큼 익숙하지는 않을 것이라는 말입니다. 네이트가 문답형의 읽기 연습에서 얻는 폭 넓은 어휘력 또한 레이첼은 가질 수 없을지도 모릅니다. 읽기를 배우기 위해서는 이 모든 것들이 중요합니다. 그럼 암기카드 교육을 받지 않고도, 네이트는 실제로 레이첼보다 훨씬 많은 발현적 읽고 쓰기 활동들을 하고 있습니다.

우리의 예측은 무엇을 의미할까요? 아이들의 지적 능력과는 전혀 무관합니다. 차라리, 아이들이 속한 환경들에 차이점이 있습니다. 네이트의 부모는 아이에게 자신의 세계에 대해 더 배울 수 있는 기회로 책을 읽도록 허용함으로써 책을 아이의 즐거움이 되게끔 합니다. 레이첼의 어머니는 글자 이름들을 강조함으로써 읽기의 기계적인 부분에 더 치중합니다. 두 아이들 모두 발현적 읽고 쓰기 경험들을 하고 있지만, 네이트는 책과 책 읽기가 어떻게 이루어지는지에 대해 더 자주 그리고 더 유용하게 배우고 있습니다.

이 책에서 논한 연구 결과로 인하여 당신이 레이첼의 어머니보다 네이트의 부모에 더 가까울 수 있도록 자유로워지고, 기계적이기 보다는 발현적인 읽고 쓰기로 이끄는 경험들을 양적으로 또한 질적으로 제공하는 것에 더 관심을 두게 되는 것이 바로 우리들의 희망입니다. 글 읽기는 1학년에 시작되지 않는다는 것을 안다는 것에 자신감을 가져도 좋습니다. 대신에, 당신이 아이와 집에서 하거나 혹은 아이가 어린이집에서 참여하는 발현적인 읽고 쓰기 활동들은 앞으로 다가올 읽기 단계를 구축하는 데 도움을 줍니다. 캐나다의 오타와Ottawa에 위치한 칼튼대학Carleton University의 모니크 세네찰Monique Sénéchal 교수와 조안 레페브르Jo-Anne Lefevre 교수에 의해 시행된 훌륭한 최신 연구[132)는, 아이들이 유치원생일 때 우리가 집에서 주는 특정한 경험들이 초등학교 3학년이 되었을 때의 읽기 능력의 구체적인 결과까지도 예측할 수 있다고 제시합니다. 예를 들어, 집에서 함께 책을 읽는 것은 아이들의 음운체계에 대한 의식과, 그리고 3학년이 되었을 때의 읽기 능력과 직접적으로 연결되는 언어 능력을 쌓아줍니다.

확실히, 당신의 아이들이 학교에 입학도 하기 전에 읽기를 배운다는 것은 멋지고도 눈부신 성취가 되겠지만, 일단 **교실 안에서** 정식으로 읽기 교육이 시작되고 나면, 당신은 아이들이 자신의 학습에 이용할 수 있는 유용한 수단들을 많이 제공해야 합니다. 우리가 '교실 안에서'를 강조한 이유는 그곳이 바로 읽기 교육이 일어나는 실질적 장소이기 때문입니다. 집에서 하는 이 놀이의 이름은 (학교교육과 가정교육 사이의)**균형 잡기**balance 입니다. 우리는 아이들의 읽기 친구가 되어야 하고 선배가 되어야 합니다. 책 읽기를 듣고, 그림을 그리고, 낙서를 하고, 또 많은 대화를 하는 것과 같은 경험들이 바로 아이들이 글을 읽을 수 있게 되기 위한 필수적인 경험들이라는 것을 우리는 인식해야 합니다. 당신이 해야 할 일은 다가올 정식 교육을 위해 아이가 발현적 읽고 쓰기 활동들에 지속적으로 참여할 수 있도록 돕는 것입니다. 당신의 책임은 읽기를 재미있고 매력적인 것으로 만드는 것입니다.

가정에서 직접 실천 할 수 있는 몇 가지 과제들

읽기를 당신과 아이의 삶의 일부로 만드십시오. 당신이 읽는 것에 대한 열의를 가지고 있고 당신의 아이들이 책이나 신문에 빠져있는 당신을 본다면, 그것은 읽기의 중요성과 즐거움을 간접적으로 가르치는 것이 됩니다. 아이에게 있어서, 이야기를 듣는다는 것은 특별하고도 멋진 상과 같아야 합니다. 어린 아이들과 함께 하는 책 읽기에 따르는 감정적, 신체적 친밀감은 부모와 아이 모두에게 기쁨입니다. 당신이 가끔은 졸음에 겨워 깨어있기 힘들더라도 말이죠. 그리고 같은 책을 서른 번째 읽어달라고 해도 참아내십시오. 아이 몰래 책장을 몇 장 씩 뛰어넘는 것은 상상도 하지 마십시오. 아이는 분명히 눈치를 챌 것입니다. 아이가 왜 그 똑같은 책을 듣고 또 듣고 싶어하는지 기억하십시오. 예측할 수 없는 아이를 둘러싼 세계 안에서, 예상할 수 있는 뭔가를 가진다는 것은 확실히 멋진 일입니다. 그것이 책 속의 글이라 하더라도 말이죠. 다음에 무슨 일이 일어나는지 알고 빈 칸을 채울 수 있다는 것은 즐거운 일입니다. 예측하는 능력을 얻는 것과 동시에, 도서관에 가서 자신이 **읽고 싶은 책을 스스로 고를 수 있는** 기회가 주어졌다고 생각해보십시오. 신나는 일 아닙니까?

읽을거리가 풍부한 환경을 만드십시오.[133] 활자는 아이들의 책 속에만 있는 것이 아니라, 어디에나 있습니다. 냉장고에 알파벳 자석을 붙이는 등, 아이가 인쇄물을 접할 수 있는 창의적인 방법들을 몇 가지 선택해보십시오. 아이는 분명 당신에게 자기 이름의 철자를 알려달라고 할텐데, 이때 아이에게 글자들을 찾아달라며 놀이를 해볼 수 있습니다. 부엌 찬장에 들어있는 제품 중에 제품 이름이 커다랗게 쓰여 있는 것을 가지고 와서 아이에게 제품명에 표시된 글자들을 냉장고에 글자 자석으로 붙여보라고 합니다. 또한 당신의 아이는 손이 쉽게 닿을 수 있는 낮은 선반 속의 여러 가지 색상의 많은 종이들과 필기도구를 분명히 좋아할 것입니다. 알파벳이나 숫자가 쓰인 블록들로 탑을 쌓거나 단어를 구성하거나 구부러진 선으로 쓰인 글자 또는 곧은 선으로 쓰인 글자들을 모두 찾아보거나 혹은 그 비슷한 여러 방법들을 이용해서 아이들은 상당한 재미를 만끽할 수 있습니다. 이 모든 것들이 아이가 글자와 글자의 발음에 점점 더 익숙해지도록 해주기 때문에, 어떤 놀이든지 상관없습니다. 그 뿐만 아니라 아이들이 손으로 작업한 작품을 전시할 수 있는 게시판을 마련하는 것도 멋진 일이 될 수 있습니다. 아이가 글쓰기를 시작하게 되면 비록 그것이 딱히 글처럼 보이지는 않는다고 해도 그것을 전시해놓고 호들갑을 떨며 칭찬을 해줄 수가 있습니다.

아이가 글자 외우는 것을 도울만한 스탬프들을 사용하십시오. 아이들은 스탬프를 사용하는 것을 매우 좋아합니다(스탬프 찍는 종이에 뿐만 아니라 벽에도). 당신이 아이의 이름을 써놓고 아이가 알파벳 스탬프로 그것을 찍어 다시 만들어내게 할 수 있습니다. 물론 이것은 엄마 이름, 아빠 이름, 그리고 친척들 이름, 그 후에는 모든 이웃사촌들의 이름들까지 써 붙여나가는 것까지도 확대될 수 있습니다. 이렇게 하려면, 아이는 반드시 이름 속 글자들을 분석하여 스탬프들 중에서 그것과 일치하는 것을 뽑아내야 합니다. 우리가 이미 언급한, 아이들이 글자들의 방향을 알아보는데 있어서 따르는 곤란에 대해 고려해볼 때, 이 '따라서 하기' 놀이는 아이가 글자들을 구별하는 연습을 하게 해줍니다. 스탬프를 이용하여 이름의 글자들을 따라하는 것은 다시 말하자면 누워서 떡 먹기입니다. 그러나 발현적인 읽고 쓰기에 있어서는 아이들 장난 같은 쉬운 일들도 매우 중대한 과정이 됩니다.

대화를 시작하십시오. 대화는 읽기와 쓰기가 풍부한 환경의 일부라는 것을 기억하십시오. 아이들을 대화에 참여시키고 반드시 이야기들을 해 주십시오. 아이들은 이야기들을 듣지 않는다면, 이야기를 하지 않을 것입니다. 일단 읽기가 시작되고 나면, 아이들의 구술 능력은 글로 쓰인 것들에 대한 이해력과 크게 연관됩니다.[134] 이것은 전혀 놀랄 일이 아닙니다. 대화 속에서 질문을 받고 그에 대한 대답을 해야 하는 아이들은 그들만의 언어 이해 능력을 증진시키고 있습니다. 그리고 좁기보다는 넓은 어휘력을 가진 아이들은 이 말들을 능률적으로 기억 속에 저장해 놓습니다.

연결되는 이야기들을 해줘도 좋습니다. "옛날 옛적에 정글에 사는 개가 있었는데…"로 이야기를 시작해서, 아이가 그 뒷부분을 채우게 하십시오. 이 놀이는 차 속에서도, 많은 참가자들과 함께도 가능합니다. 시간과 함께, 당신의 아이는 이야기에 살을 붙이는 것에 대해 점점 더 많은 책임을 지게 될 것입니다. 그리고 말도 안 되는 이야기일수록 더 좋습니다! 아이들은 자신들이 직접 경험한 것들에 대한 이야기들로도 내용을 채우기를 좋아합니다. "우리 같이 연못가에 갔던 날 기억나니? 그 때 우리가 봤던 건 …?"

단어놀이를 시도해 보십시오. 단어로 하는 게임들은 교육적이기도 하지만 매우 즐거울 수 있습니다. 해 볼 수 있는 놀이들 중 하나는 같은 소리로 시작하는 단어들을 몇 개 말할 수 있는지 해 보는 것입니다. 부모는 이를 테면, '바'로 놀이를 시작합니다. 바람, 바구니, 바위, 바이올린. 그리고 나서는 아이가 이 목록에 다른 단어들을 추가할 차례가 됩니다. 단어들이 바닥날 때까지 차례대로 돌아가며 하다가, 몇 개의 다음절로 된 복잡한 '바'로 시작되는 단어들을 말해서 아이를 놀라게 하십시오. 아이 앞

에서 으쓱해질 것입니다! 또 다른 놀이는, 두 개의 짧은 단어로 구성된 합성어에서 단어 하나를 빼고는 어느 단어가 남아있는지 물어보는 것입니다. 다시 말해 부모는, "'야구방망이'에서 '야구'를 빼면 뭐지?"라고 묻는 것입니다. 답은 물론 '방망이'입니다. 셸 실버스타인Shel Silverstein의 작품들[135]처럼 각운脚韻, 끝말을 맞춘 시의 운율을 이룬 동시를 읽는 것 또한 아이들뿐만 아니라 어른들에게도 매우 즐거운 일입니다. 놀이는 아이들이 배울 수 있는 핵심적인 방법입니다. 당신은 아이가 그저 언어 사용자가 아닌 언어 예술가가 되도록 도움을 줄 수가 있습니다. 이렇게 하여 아이들은 은연중에 음절과 음소와 같은 단어들을 형성시키는 부분들을 의식하게 될 것입니다.

문답형 읽기를 함께 하십시오. 국립교육아카데미National Academy of Education 에서는 읽기 부분에 있어서 아이들에게 큰 소리로 글을 읽어주는 것은 성공적으로 읽기를 배우게 할 수 있는 '가장 중요한 활동'이라고 단언하였습니다. 그러나 특정한 종류의 책 읽기는 발현적인 읽고 쓰기와 어휘력 발달을 촉진시키는데 있어 훨씬 더 효과적인 것으로 밝혀졌습니다. 아이에게 그저 읽어주기만 하는 것으로는 부족합니다. 아이에게 대안적인 결과를 생각해보게 하고, 책장 속의 내용을 자기 자신의 경험과 연관시켜보게 하고, 새롭게 접한 소리들과 글자들에 대해 이야기해보게 하는 것이 그저 큰 소리로 읽어주는 것보다 훨씬 효과적입니다. 이런 종류의 읽기가 바로 문답형 읽기입니다. 이것을 어떻게 시작하면 좋을까요?

이 용어를 만들어낸 연구자들은 세 가지의 중요한 계획을 세울 것을 권장합니다. 첫 번째는 아이가 이야기 시간에 적극적인 태도를 취할 수 있도록 격려하는 것입니다. 아이가 아주 어릴 때에는 특정 그림들을 손가락으로 가리키게 하거나 그림들의 이름을 말해보게 하십시오. 말을 어느 정도 할 수 있게 되면, 다음에 무슨 일이 일어날 지 예측해보게 하거나 주인공들이 어떤 기분일지에 대해 이야기해보게 하십시오. 만약 이야기가 내용 그대로 일어나지 않았다면 어떤 일이 벌어질지에 대해서도 이야기해보게 할 수 있을 것입니다(이야기의 새로운 결말 지어내기 놀이). 이 모든 것들이 아이로 하여금 생각해보고, 이야기해보고, 책 읽기에 적극적인 참여자가 되어볼 수 있는 기회를 제공합니다.

두 번째로, 아이에게 피드백을 주는 것입니다. 피드백은 분명 "아주 잘했어! 그게 바로 공룡이야!" 등의 칭찬과 같은 형식이 될 수도 있겠지만, 아이가 한 이야기에 더 상세히 말을 덧붙이는 방식이 될 수도 있습니다. 위의 아이가 "요기, 공룡."이라고 말했다고 가정해봅시다. 엄마가 어떤 식으로 아이가 한 말에서 빠진 부분들을 추가하여 피드백을 해주는지에 주목하십시오. "여기**에** 공룡**이 있네!**" 아이의 이야기에 말을 덧붙이는 것은 최소한 두 가지를 달성시킵니다. 그것은 아이에게 "너의 말을 잘 듣고 있고, 열심히 대화하는 네가 자랑스럽다."라고 알려줌과 동시에, 자신이 했던 말을 바르게 다시 한 번 들어볼 수 있는 기회를 제공해주기도 합니다. 이것을 '살 붙임modeling'이라고 부르는데, 아이들의 학습을 도와주는 매우 효과적인 방법입니다.

마지막으로, 책 읽기를 할 때 지속적으로 수준을 높여가는 것입니다. 일단 아이가 책 속에 나오는 물건의 이름을 알게 되고 나면, 그것이 무엇을 할 때 쓰는 물건인지 물어보십시오. 혹은 아이가 그 물건의 이름을 알게 되고 나면, 그 물건의 부분들의 이름들을 알려주십시오. 당신은 언제나 아이가 스스로 할 수 있는 것보다 아주 조금은 더 멀리 갈 수 있는 길을 제공해야 합니다. 당신의 도움을 통해 바로 당신이 보는 앞에서 아이는 자신의 능력을 발달시킬 수가 있습니다.

읽기를 즐거워하게 만드십시오! 당신이 진정으로 읽기 교육을 가정에서 실행하고 싶다면, 우리가 해줄 수 있는 최선의 말은 그저 즐거워하게 만들라는 것입니다. 아이에게 책 읽기란 반드시 커다란 기쁨이어야 합니다. 몇몇 페이지에 대해 이야기를 나누고 부모와 아이가 차례대로 그림들을 묘사해보십시오. 교대로 무언가를 해본다는 것은 유치원생 아이들에게 큰 즐거움이 될 수 있습니다. 일부러 실수하는 척 해도 됩니다. 아이들은 항상 지적을 받는 위치에 처해 있기 때문에 부모의 실수를 바로잡아주는 기회를 가지는 것을 매우 좋아합니다. 아이의 관심사가 어떻게 변하는지에 대해서도 관심을 가지십시오. 아이가 이야기 속이나 그림 속에서 일어난 어떤 일에 대해 평소보다 긴 대화를 나누고 싶어 한다면 그 말을 중단시키지 마십시오. 이것을 아이가 스스로 이야기를 하는 기회로 이용하십시오.

6 장

워비곤 호수에 온 것을 환영합니다

지능을 정의하기 위한
기나긴 여행

미국의 유명한 국민 라디오쇼 "프레리 홈 컴패니언A Prairie Home Companion"의 호스트인 개리슨 케일러Garrison Keillor에 의해 창조된 소설 속 배경으로 나오는 가상의 미네소타Minnesota에 있는 워비곤 호수Lake Wobegon의 마을에 살 수 있다면 얼마나 좋을까요. 그 곳에서는, "모든 여자들이 강인하고, 모든 남자들이 잘 생기고, 모든 아이들이 평균 이상입니다."

케일러는 무슨 수를 써서라도 평균치(유난히 지능의 영역 내에서)를 넘어서야 한다는 미국인들의 심한 강박관념을 지적합니다. 우리 모두가 자신의 아이들은 보통 이상이기를 바랍니다! 실제로, 이 욕망이 너무 지나쳐서 최근에는 어느 엄마가 자기 아들의 아이큐 점수를 조작하여 비참한 결과를 낳은 경우도 있습니다. 우리들 대부분과 마찬가지로, 엘리자베스 챕면Elizabeth Chapman은 자신의 아이에게 인생에서 이룰 수 있는 모든 성공의 기회를 선사하고 싶었습니다.[136] 아들의 아이큐 점수를 조작할 수 있다는 사실을 발견했을 때, 그녀는 그 기회를 이용했습니다. 그녀는 아들의 아이큐가 최고 기록인 298+라고 주장함으로써 한 명의 보통 아이를 천재로 탈바꿈시켰습니다! 속임수가 발견되었을 때, 이 이야기는 전국적인 뉴스거리가 되고 말았습니다. 자살 충동에 사로잡힌 그녀의 아들은 결국 위탁보호를 받게 되었습니다.

챕면의 이야기는 극단적입니다. 그러나 위태로운 세계에서 아이의 자리를 확보할 만한 방법을 찾고 싶어 하는 부모들의 엄청난 스트레스를 보여줍니다. 평범한 아이가 되는 것으론 충분하지 않습니다. 회사들은 요즘 아이큐를 개선시킨다는 지방산이 보충된 아기 분유를 선전하고 있습니다.[137] 한 잡지 광고에서는 심지어 이 분유를 마시면 아기가 '과학자의 두뇌'를 갖게 된다며 권장합니다! 또한 뉴욕다임즈New York Times의 한 기사는 우리에게 어떤 부모들은 자기 아이들이 뉴욕시의 몇 안되는 사립학교에 들어갈 수 있도록 도와주는 '아이비리그의 아기들Baby Ivies'이라는 일종의 과외선생님들을 고용하기 위해 $3,000 가까이 지불한다는 것을 알려줍니다. 더 나아가, 2002년 가을, 뉴욕의 영향력 있는 재무 분석가인 잭 그루브먼Jack Grubman은, 자기 아이들을 '올바른' 유치원에 입학시키기 위해 주식을 조작했습니다![138]

아이큐와 아이의 장래 성공 보장에 대한 이런 걱정들은 한 때 놀이로 가득했던 유아원생들의 세계로 점점 스며들어, 요즘의 유아원생들은 특정 유아원에 받아들여지기 위해 필수적으로 아이큐 시험을 봐야만 합니다. 실제로, 조지 W. 부시 전 대통령은 '순조로운 출발Head Start' 프로그램들의 모든 네 살배기들을 테스트하여 그들이 적절한 교육을 '이수 받고 있는지' 확인하도록 지시하기까지 했습니다.

성취 지향적인 유치원에 다닌 아이들은 어떠할까요? 보통 창의적인 놀이와 자아 발견을 위해 쓰이던 시간이 구조화된 수업들과 연습 문제지들로 대체됩니다. 많은 이들이 배움 자체를 힘든 공부, 그리고 엄격한 규율과 성급히 동일시시키고는 자신들이 장래를 위한 시험(유치원 입학시험과 같은!)에 합격하지 못할 것에 대한 걱정과 두려움을 나타냅니다.

이번 장에서, 우리는 왜 아이의 아이큐©가 장래의 성공을 결정하는 것과 연관이 적은지 보여줄 것입니다. 뿐만 아니라, 실제로 아이큐 시험에 어떤 질문들이 있는지 당신이 알게 된다면, 이것이 성공적인 삶을 예측하는 것은 고사하고 진정 지능을 적절히 잴 수 있는지 의문을 갖게 될 것입니다. 흔히들 알고 있는 지능의 정의는, 새로운 상황들과 도전들에 대응하고 배울 수 있는 능력과 추상적으로 생각하는 능력입니다.[139] **문제는 바로 이러한 자질들이 아이큐 시험으로는 확인하기 힘들다는 데 있습니다.**

아이들의 아이큐에 대한 어른들의 관심은, 중산층 배경의 아이들의 아이큐를 극대화하기 위한 유아원 내의 과외와 학습 지향적인 프로그램들이 필요하다는 확신으로 이어졌습니다. 그러나 이번 장에서 확인하게 되겠지만, 아이들은 학습 지향적인 장소에서 가장 잘 배우지 않습니다. 오히려 어린이다운 방식으로 가장 잘 배웁니다. 놀이, 사회적 상호 작용, 탐구, 그리고 자신의 환경을 누리는 즐거움을 통해서 말입니다.

아이큐에 맞춘 초점이 초래한 의도치 않은 결과

오늘날의 부모들과 보육자들은 아이들의 아이큐를 끌어올리기 위해 할 수 있는 모든 것을 해야 한다는 엄청난 스트레스를 느낍니다. 그러나 우리의 연구는 많은 지식을 갖고 있는 아이라고 해서 또래들보다 더 똑똑한 것은 아니라는 사실을 보여줍니다.

저자인 캐시 허쉬 파섹Kathy Hirsh-Pasek은 델라웨어대학University of Delaware의 마릴로우 하이슨Marilou Hyson 교수, 그리고 브린머워대학Bryn Mawr Collage의 레슬리 레스콜라Leslie Rescorla 교수와 함께 학구적인 교육과정이 더 많은 유아원이 정말로 더 똑똑하고, 더 행복하고, 더 창의적인 아이들을 만드는지 알아내기 위해 함께 작업했습니다. 이 연구에 120명의 아이들이 참여했습니다. 그중 어떤 아이들은 학구적인 부분을 더 지향하는 학교에 다녔고, 또 어떤 아이들은 사회적인 부분을 더 지향하는 학교에 다녔습니다. 여기서 우리는 네 살 때 더 많은 글자 교육과 숫자 교육을 받은 아이들이 다섯 살, 여섯 살이 되었을 때 더 지능적이고, 사교적이고, 창의적이 되었는지 물어보았습니다. 대답은? 이 아이들은 확실히 다섯 살에 또래들보다 더 많은 숫자들과 글자들을 알고 있었습니다. 하지만, 펜실베이니아^{Pennsylvania}에 위치한 아드모어^{Ardmore}의 개인 치료 전문가들인 레스콜라^{Rescorla} 박사와 벳지 리치먼드^{Betsy Richmond} 박사는, 이 두 그룹의 아이들이 정식 학교 교육을 접하게 되고 나면 서로 간에 차이가 없어진다는 사실을 발견했습니다. 학구적인 부분을 지향한 아이들이 또래들보다 더 지능적인지 관찰 (지능과 창의성에 대한 테스트를 사용한)되지는 않았지만, 확실한 것은 그들은 배우는 것에 대해서 덜 창의적이며 덜 적극적인 것으로 보였습니다.[140]

사람을 성공하게 하는 요소는 시험 점수 말고도 훨씬 더 많은 것들이 있습니다. 심지어 심리학자들은 높은 아이큐를 가진 사람들이 실수를 많이 하고 보통 아이큐를 가진 사람들이 꽤 성공하는 현상들을 발견해내기 시작했습니다. 자아에 대한 인식, 자율적인 통제와 훈련, 열정, 그리고 다른 이들에 대한 이해와 같은 요소들이 모두 진정으로 지혜로워지고 성공적인 삶을 영위하기 위해 필요한 것들입니다.

그렇다면 아이큐는 우리가 지능이 높은 사람을 떠올릴 때 생각하는 것들과 어떤 연관이 있는 것일까요? 그리고 가장 중요한 것은, 아이들의 지능 개발을 가능하게 만들기 위해 우리가 할 수 있는 일은 무엇일까요? 앞으로 이어지는 글들이 몇 가지 해답을 제시해 줄 것입니다.

도대체 아이큐란 무엇일까요?

1904년, 프랑스 정부는 알프레드 비넷^{Alfred Binet}이라는 이름의 심리학자에게 어떤 아이들이 학교에서 교육을 받기 어려울지 파악해서 그들에게 맞는 특수학교에 보낼 수 있도록 하는 시험을 창안하도록 요구했습니다. 그리고 나머지는, 알려져 있는 그대로입니다. 비넷과 그의 제자 테오파일 사이먼Theophile Simon은 개별적으로 집행할 수 있고 아이들이 학교에서 어떤 성적을 거둘지 예측할 수 있는 시험을 만들어냈습니다. 아이들을 위한 전형적인 아이큐 시험이 어떤 식으로 진행되는지는 다음과 같습니다.

여덟 살 된 알렉스Alex가 심슨여사Ms.Simpson의 테이블 건너편에 앉습니다. 알렉스가 그녀 앞에서 충분히 편안해지면, 심슨씨는 다정하고도 가벼운 말투로 질문들을 합니다. "알렉스, 바위는 딱딱하지. 베게는…어떨까?"하고 심슨씨가 묻습니다.[141] "부드러워요." 그녀는 항상 "잘했어."라고 대답합니다. "알렉스, 1쿼트quart는 몇 파인트pint니?" "6이요."하고 아이가 확신에 차 말합니다. 심슨여사는 "잘했어."라며, 그 답이 틀렸다는 사실을 전혀 알려주지 않습니다.* 그리고는 알렉스에게 쥬스 병에서 유리잔으로 쥬스가 따라지고 있는 네 가지 다른 그림들을 보여줍니다. 각 그림에 나오는 쥬스의 양은 다릅니다. "일어나고 있는 일이 이치에 맞도록 그림들을 옳은 순서대로 놓아 볼래?"하고 지시합니다. 심슨씨는 "'카페트'가 무슨 뜻인지 얘기해볼까?"라며 시험을 계속합니다.

이런 것들이 몇 가지 대표적인 언어 테스트 항목들입니다. 다른 항목들은 아이들에게 블록 디자인을 만들어 내거나 무작위로 뽑은 숫자들을 듣고 기억해서 다시 말하도록 요구합니다.

지능지수라는 것은 도대체 무엇일까요?

비넷이 첫 번째 지능시험을 만들어냈을 때, 그는 나이에 따라서 아이들이 할 수 있는 것들이 꽤 다르다는 것을 인식하고 정신연령mental age, MA이라는 개념을 내놓았습니다. 우리 모두는 '생활연령일반적인 나이; chronological age'이 무엇을 의미하는지 압니다. 그러나 정신연령은 지능 검사의 몇 가지

---

* 1 쿼트는 2파인트 이다. - 옮긴이

항목에서 아이가 정답을 맞히는가에 따라 정해집니다. 예를 들어, 대부분의 일곱 살 난 아이들은 임의로 뽑은 일곱 가지 숫자를 기억할 수 있습니다. 하지만 여덟 가지는 기억하지 못합니다. 이런 식으로 시험 항목은 아이들의 다른 정신연령을 구분해줍니다.

지능지수는 사람의 정신 연령 나누기 생활 연령, 곱하기 100입니다. 즉, 아이큐 = 정신연령/생활연령 X 100. 만약 정신연령이 생활연령과 같다면, 그 사람의 아이큐는 100입니다.

아이큐 점수는 다른 사람들과 비교하는 것에 기반을 둡니다. 점수들을 비교하기 위해, 각 점수를 받은 사람들의 숫자를 도표로 그립니다. 도표는 우리가 흔히 부르는 정규 분포 곡선을 나타내는데, 그것은 낙타 등의 혹 모양을 닮았습니다. 대부분의 점수들이 중심점 언저리에 몰려 낙타 등의 맨 꼭대기 부분을 형성시키고 있습니다. 중심부에 모인 그 사람들은 모두 아이큐 100점 정도를 받았습니다. 실제로, 68퍼센트의 점수가 84와 116 사이입니다. 게리슨 케일러는 워비곤 호수에 대해서만 옳았던 것이 아니라, 나머지 우리 모두에 대해서도 옳았습니다. 사람들은 대개 아주 훌륭한 아이큐를 가지고 있는 것입니다! 열 명 중 일곱 명의 아이들이 비슷한, 보통 아이큐를 가지고 있습니다. 겨우 10명 중 1.5명의 아이들이 117점 이상을 받았으며, 10명 중 1.5명이 83점 이하를 받았습니다.

심지어 정신박약으로 간주되는 70점 이하의 사람들도, 결혼을 할 수도, 지역사회에서 활동적일 수도, 그리고 직장을 가질 수도 있습니다. 오직 아이큐 시험만으로는 사람이 자신의 환경에 어떻게 적응할지를 예측할 수 없습니다. 더 뛰어난 사람 역시 예측할 수 없습니다.

타고난 재능이 있다는 것은 무엇을 의미할까요?

표준 지능지수 검사와 무관하게, 천재들은 자기 자신만의 삶이 있는 듯합니다. 아인슈타인의 어머니는 그림 암기카드를 사용하지 않았고, 다른 천재적인 아이들의 부모들도 마찬가지였습니다. 다음의 예를 보면 알 수 있겠지만, 그림 암기카드는 아이들의 발달에 찬물을 끼얹는 것과 마찬가지입니다.

두 살밖에 안되었을 때, 루마니아 출생인 알렉산드라 네치타^{Alexandra Nechita}는 너무 외톨이가 되는 것이 아닌지 부모가 걱정할 정도로 색칠공부에 빠져있었습니다.[142] 부모는 색칠공부를 위한 그림책들을 더 이상 사주지 않았고, 아이가 줄넘기를 하거나 인형들 또는 친구들과 더 많이 놀기를 원했습니다. 아이의 부모가 말하기를, 칠하기 그림책들을 뺏는 것은 아이에게서 산소를 앗아가는 것과 같았다고 합니다. 아이는 단순히 엄마가 직장에서 가지고 오는 컴퓨터 종이 조각들에 자신의 손가락들을 그리고 색칠하기 시작했습니다. 학교에 입학하고 나서는, 집에 돌아오자마자 물감으로 그림을 그리기 시작했습니다. 알렉산드라는 이제 열여덟 살이고 LA에 삽니다. 일주일 안에, 그녀는 5피트 x 9피트*나 되는 커다란 화폭을 여러 장 완성시킬 수 있습니다. 현대 미술풍의 이 그림들은 각각 $80,000**에까지 팔립니다.

이렇듯이 알렉산드라는 진정 천재적인 재능을 가졌습니다. 천재의 행복과 관련된 모든 연구들에 따르면, 천재적인 재능을 가진 사람들도 다른 모든 이들과 마찬가지로 행복합니다. 천재적인 재능과 아이큐에는 어떤 관련이 있을까요? 일반적으로, 아이큐가 120 이상이거나 뭔가에 뛰어난

---

* 1524mm x 2723mm - 옮긴이
** 환율을 1$=1000원으로 계산하면 약 8천만 원 - 옮긴이

재주가 있다면, 재능을 타고 났다고 볼 수 있습니다. 재능을 타고 난 아이들은 종종 조숙합니다. 또래들보다 어떤 전문 분야를 더 빨리 익히기 시작하고, 그 분야에서 배우는 것들을 힘들어하지 않습니다. 그들은 또한 또래들과는 본질적으로 다른 방식으로 배우는 경향이 있고 어른들의 도움이 덜 필요합니다. 실제로, 그들은 보통 어른들의 노골적인 교육에 저항하고 자기 스스로 발견하며 유일무이한 방법들로 문제들을 해결합니다. 무엇보다도, 그들은 관심이 있는 것을 익히려는 열정을 보이고, 집중하는 데 있어서 특별한 능력을 가진 듯 보입니다. 그들은 부모가 다그쳐야 하는 아이들이 아닙니다. 자기 스스로 동기를 부여하는 아이들입니다.

학습 찬스 | 지능적인 놀이

모든 아이들은, 천재적인 지능이 있든 없든 간에, 무엇인가에 의해서 동기를 부여받습니다. 우리들은 단지 아이들이 무엇에 관심이 있는지 알아내기 위해 잘 관찰하는 사람이 되어야 하고, 거기에서부터 쌓아 가면 됩니다. 캐시Kathy의 아들 중 한 명인 죠시Josh는, 두 살이었을 때 물건들을 짝을 지어 서로 마주보도록 나열해놓는 것으로 많은 시간을 보냈습니다. 아이는 자동차 한대와 기차 한대를, 또 심지어는 신발과 양말을 나열했습니다. 무엇이든지 눈에 보이는 것을 나열할 수 있는 기회를 마련해줌으로써 우리는 그에게 일대 일 대응을 '연습'할 수 있게 해주는 것이었습니다. 우리는 이것이 그가 훗날 가지게 될 관심사와 수학적 감각에 일관성이 있다는 사실을 짐작하지 못했었습니다. 다른 아이는 요리하는 것을 좋아할지도 모릅니다. 이를테면 케이크 반죽에 재료들을 더하면서, 아이는 화학과 물리학을 실험하는 것입니다. 그러니 여러분의 아이가 무엇에 관심이 있는지 시간을 두고 관찰하여, 아이가 그 놀이를 지능적인 놀이로 탈바꿈시키는 동기부여를 해줄 수 있는 기반으로 사용하십시오.

당신은 어쩌면 이렇게 생각할지도 모릅니다. "아인슈타인과 알렉산드라는 진짜 천재였잖아. 그런 수준에 이를 것 같지 않은 우리 아이들은 어쩌지? 그림 암기카드가 도움이 되지 않을까?" 일관성이 없는 정보들을 암기하는 데에는 그림 암기카드가 아주 좋습니다. 그러나 지능은 훨씬 많은 것을 필요로 합니다. 계속해서 읽어보면 알게 될 것입니다.

아이큐 이용하기

우리는 이제 아이큐 시험이 어떻게 만들어졌는지에 대해 어느 정도 알게 되었습니다. 그러나 그것이 실제로 어떤 도움을 주는 걸까요?(잘난 척하는데 이용하는 것 외에) 아이큐 시험은 분명 학교에서 거행되는 교육의 종류와 연관이 있습니다. 그렇다면 당신의 3학년짜리 아들 빌리Billy가 C와 D 학점들을 받아온다고 가정합시다. 선생님은 이 아이에게는 공부가 어렵다고 믿습니다. 당신은 항상 빌리가 꽤 똑똑하다고 생각해왔습니다. 그러니 당신은 뭐가 문제인지 의아해합니다. 아이에게 아이큐 시험을 보게 했는데 점수는 높은 측인 135로 나왔습니다. 갑자기 아이의 학교가 초만원이며 올해만 선생님이 세 번 바뀌었다는 사실이 떠오릅니다. 어쩌면 문제는 충분히 도전 의식을 북돋지도 않고 보람을 느끼게 하지도 않는 학교 측에 있을지도 모릅니다. 또 어쩌면 당신과 당신의 남편이 최근에 겪은 비정했던 이혼 절차가 생각보다 빌리에게 더 큰 악영향을 미쳤을지도 모른다고, 아이가 어떤 정서적 응급 처치를 받아야 할지도 모른다고 생각합니다.

아이가 학교에서 얼마나 좋은 성적을 받을지를 분석하기 위해, 아이큐 시험은 상당히 유용합니다.(물론, 그것이 공교롭게도 바로 아이큐 시험이 만들어진 이유입니다.) 심리학자들은 아이큐와 학업 사이에 확실한 '연관성'이 있다고 말할 것입니다. 여러분의 아이큐 점수는 학교에서 받는 성적들과 연관이 있을 거라고 말입니다. 그러나 이것으로는 결코 완벽하게 예측할 수 없습니다. 어떤 아이들은 매우 의욕적인 반면, 어떤 아이들은 성취동기가 거의 없거나 그것을 북돋워주는 환경도 없을 수 있습니다. 가정환경과 같은 다른 요인들 역시 중요합니다. 보통 아이큐를 가진 아이가 분명 학교에서 낙제할 수도 있습니다. 혹은 노벨상을 타는 과학자가 될 수도 있습니다. 확실히, 1962년도에 DNA의 분자 구조 발견에 기여를 하여 노벨상을 받은 제임스 왓슨James Watson은 보통 아이큐(우리들 대부분이 속해있는 68퍼센트의 범위 내)를 가졌고 그의 선생님들은 그를 뛰어나다고 생각하지도 않았었습니다.[143] "하지만 나는 많은 질문들을 했었습니다."라고 그는 말했습니다.

아이큐에 대한 또 다른 주의 사항은 학업 성적과 연관이 있다는 것입니다. 이것은 중산층의 기준과 관련됩니다. 다시 말해서, 아이큐 시험은 중산층의 사고방식과 관련된 것들에 대한 '지식'이 수반됩니다. 만약 여러분이 남태평양의 고립된 섬마을에 산다면, 아이큐 시험에서 '정신박약'으로 간주되는 점수를 받을지도 모릅니다. 그럼에도 불구하고 여러분은 뛰어난 사람이거나 어떤 그룹의 리더일 수도 있고, 가라앉지 않는 배를 만들 수도, 매우 먼 거리를 항해하기 위해 별들과 조류와 파형에 대한 복잡한 지식을 사용할 수도 있을 것입니다. 마찬가지로, 만약 당신이 최근에 이민을 왔거나 소수 민족에 속한다면, 중산층에게 편리한 몇몇 개념들을 접해보지 못했을 수도 있습니다. 이를테면, 아이큐 시험에 나오던 문제들 중 하나가 "만약 타인이 당신을 때린다면, 당신은 어떻게 할 것인가?"입니다. 정답은, "자리를 떠난다."입니다. 그러나 만약 여러분이 도심 지역에서 자랐다면, 여러분의 문화권에서의 정답은 "되받아 친다."일 것입니다. 아이큐 시험을 만든 사람들은 이런 종류의 편향들을 여과하려 노력하였지만, 아마도 완벽히 제거하는 것은 불가능했을 것입니다.

아기들과 걸음마를 배우는 어린아이들에게도 아이큐가 있습니다

아이큐 시험은 아기들에게도 시행될 수 있으며, 시행되어 왔습니다. 이것의 동기부여는 훌륭합니다. 난산으로 태어난 샐리^{Sally}의 경우를 봅시다. 어느 정도의 시간동안 뇌에 충분한 산소를 공급받지 못했을지도 모르는 샐리는 어딘가가 잘못되었을까요? 그것을 어떻게 알 수 있을까요? 아기 발달에 대한 표준 시험을 줬을 때 만약 샐리가 또래의 다른 아이들과 마찬가지로 행동한다면, 우리는 아이에게 문제가 없다고 확언할 수 있습니다. 즉, 이 아기 지능 시험들은 아이가 정상적으로 발달되는 것으로 보이는지 확인하기 위한 검사 기능으로 쓰입니다. 만약 샐리가 출산되는 과정에서 어딘가 문제가 생겼다면, 학교에 입학하기도 전에 추가적인 도움을 받을 수 있도록 그 문제를 알고 있는 것이 매우 유용할 것입니다. 그러나 어린 아이를 어떻게 시험할 수 있을까요?

샐리에게는 BSID ^{Bayley Scale of Infant Development}*라는 시험을 해볼 수 있습니다. 이 시험은 생후 한 달에서 세 살 반 사이의 아이들을 위해 개발되었지만, 거의 걸음마를 배우는 아이들을 위해 시행되고 있습니다. 이 시험에는 샐리가 새로운 소리에 얼마나 빠르게 돌아보는지, 물건을 잡는지, 블록으로 탑을 쌓는지, 또는 그림들의 이름을 말하는지를 보는 항목들이 포함되어 있습니다. 결과로 나오는 점수는 DQ, 또는 developmental quotient^{발달 지수}입니다. 베일리는 아이큐 시험과 다른 것들을 측정하기 때문에 샐리가 훗날 받는 아이큐 점수들이 DQ와 달라 보이더라도 그것은 놀라운 일이 아닙니다. 샐리의 DQ는 아이가 하버드에서 졸업생 대표가 될 것

---

* 베일리의 영·유아발달검사. 이 시험을 만들어 낸 낸시 베일리(Nancy Bayley)의 이름을 땄음 - 옮긴이

을 예보해줄 수 없습니다. 대신에, DQ는 특별한 도움을 필요로 하는 아이들을 발견하는 데에 주요한 관련이 있습니다.

아기들과 걸음마를 배우는 어린 아이들에게 장래와 더욱 상당한 관련이 있는 또 다른 종류의 시험이 있는데, 그것이 바로 표준 아이큐 시험입니다. 이 시험은 아기들이 얼마나 빠르게 정보를 처리하거나 기억하는지를 봅니다. 빠르면 빠를수록 더 높은 아이큐를 의미합니다. 어째서일까요? 빠르게 생각한다는 것은 모든 나이의 지능적 행동의 기저가 되는 주의, 기억, 그리고 새로운 것에 대한 반응과 같은 몇 가지 기본적인 인지 과정을 수반하기 때문입니다.

우리는 아기들이 어떻게 정보를 받아들이고 다루는지 평가할 수 있을까요? 오하이오주Ohio 클리브랜드Cleveland에 있는 케이스 웨스턴 리져브대학Case Western Reserve University의 요셉 패건Joseph Fagan 교수는 기발한 시험을 창안해내었습니다.[144] 아기가 고개를 돌리기 전까지 얼마나 오랫동안 얼굴 사진을 보는지를 확인 한 후에, 두 명의 얼굴이 있는 사진들을 보여줬습니다. 하나는 아기가 이미 본 얼굴이었고, 다른 하나는 새로운 얼굴이었습니다. 그 후 그는 아기가 새로운 사진의 새로운 얼굴을 이미 봤던 얼굴보다 더 오랜 시간 보는지를 관찰했습니다.

기존의 얼굴을 더 짧은 시간동안 보는 것은 정신 작용의 속도 지수입니다. 말하자면, 잠시 동안만 봤다는 것은 아기가 얼굴 생김새를 빠르게 기억할 수 있었다는 것을 말합니다. 아기가 이미 보았던 얼굴보다는 새로운 얼굴을 더 보고 싶어 한다면 이 해석은 강화됩니다. 예전에 이미 본 얼굴은 확실히 기억했기 때문에 새로운 것에 대한 선호도가 있다는 것을 뜻하기 때문입니다.

아기들이 이 방법으로 시험되었을 때, 결과로 나오는 점수들은, 평균적으로, 몇 년 후 그들의 아이큐 점수와 꽤 비슷합니다. '아기 아이큐 점수'를 계산하기 위해 이런 평가를 사용하는 것에 대한 논란의 여지가 없는 것은 아니지만,[145] 이런 종류의 시험에 익숙하지 못할 것 같은 아기들이 어떤 점수를 받는지는 주목해볼 가치가 있습니다. 이를테면, 지능 발달에 심각한 지체를 보일 것으로 예상되는 아기들과 마찬가지로,[146] 임신 중 알코올을 너무 많이 섭취했던 엄마들의 아기들 역시 낮은 점수를 받습니다.[147]

아이들의 지능을 끌어올리기 위해 부모가 해야 할 일은 무엇인가?

아이큐에 대한 이 모든 정보가 우리들 대부분처럼 정상 범위 안의 아이들을 가진 부모를 이끄는 곳은 어디일까요? 부모는 아이들의 아이큐를 끌어올리려 노력해야 할까요? 한 사람의 유전자에 뿌리 박혀있는 무언가를 끌어올리기 위해 환경은 얼마만큼의 도움을 줄 수 있을까요?

환경은 무려 15점에서 20점이나 아이큐에 영향을 미칠 수 있다고 합니다. 20점이 가지는 의미는 보통 아이를 당장에 수재 등급 맨 꼭대기까지 끌어올릴 수 있을 정도의 점수를 의미합니다. 과연 환경 속의 어떠한 요인들이 원인일까요? 정교한 모빌이나 그림 암기카드를 사야 하나요? 과외 선생을 고용해야 하나요? 레슨 일정을 잡아야 하나요? 이렇게 조급하게 덤비지 않기를 바랍니다! 그런 환경적 향상에 대한 근거는 약합니다. 그 수치는 주로 입양된 쌍둥이에 대한 연구에서 나온 결과입니다. 빈곤한 환경에서 자란 한 명과 중산층의 환경에서 자란 한명을 비교한 경우의 연구로부터 얻은 결과인 것입니다.

우리의 생각으로는 다음의 질문이 더 유용해 보입니다. **"타고난 지능을 최대한으로 발달시키기 위해 아이들에게 필요한 것은 무엇인가?"** 이런 질문도 가능하겠지요. "아이들이 잠재적인 지능에 최대한 도달할 수 있도록 우리는 어떻게 도울 수 있을까?" 아이큐 시험에서가 아닌 더 광범위한 삶 속에서 말입니다.

지능의 주요 특징들 중 하나는 언어 능력입니다. 언어는 우리의 환경을 배우기 위한 가장 중요한 수단입니다. 질문을 하고 해답을 얻는 방법입니다. 그렇기에 현대 아이큐 시험의 항목들 가운데 총점을 가장 근접하게 예측할 수 있는 부문이 어휘인 것은 놀랄만한 일이 아닙니다. 한 사람의 어휘력은 아이큐가 측정하는 것의 상당 부분을 차지합니다. 그리고 어휘 발달을 돕는 기본적인 요소는 아이들을 향한 평범한, 일상적인 말들입니다. 아이들은 우리와 이야기하면서 습득합니다. 또한 지금 있는 방 안이 아닌 바깥 세상에 대한 정보를 제공하는 이야기책을 우리가 읽어줄 때에도 습득합니다.

아이들과 이야기를 나누는 것 이외에, 여러분은 지능적 성장의 주요 협력 요소가 되는 다른 일들도 하고 있습니다. 심리학자들은 생후 3년 미만의 아이들을 위한 HOME^{Home Observation for the Measurement of Environment: 가정환경검사}이라는 시험을 개발했습니다.[148] 높은 HOME 점수는 초년의 아이큐 획득을 예측하고; 낮은 HOME 점수는 15점에서 20점에까지 이르는 아이큐 감소를 예측합니다. HOME은 아이들의 가정 속 삶의 질에 대한 관찰과 부모들과의 인터뷰를 통해 정보들을 모으기 위한 검사 항목 대조표입니다. 부모의 격려, 관여, 그리고 애착이 어느 정도인지를 알아보는 것입니다. 부모는 자신의 아이들에게 얼마나 말을 하는가? 얼마나 수용적인가? 이런 것들이 바로 점수에 포함되는 환경적 요소들입니다. 이것은 유아용품 매장 안에서 선전하는 'IQ를 올리기 위한' 직접적인 정보 전달과 같은 종류와는 전혀 다른 종류의 것들입니다.

예를 들어, 할인 매장에서 장시간 일하는 미혼모인 캐슬린^{Kathleen}을 관찰해봅시다. 그녀는 이제 막 걸음마를 배우는 아들 션Sean이 잘 크고 있는 건지 불안합니다. 그녀는 자기절제야말로 우월한 어른스러움을 뜻한다고 믿으며 지속적으로 션에게 아이 같은 행동을 못하도록 압박을 줍니다. "그만 좀 뛰어다녀! 앉아!" 그녀는 소리 지릅니다. "공놀이는 충분히 했잖아. 블록들을 제대로 쌓아놔!" 등등. 부모가 이런 식으로 아이들에게 강제적인 간섭을 하면, 아기들과 어린 아이들은 실제로 더 산만해지고, 덜 성숙한 형태의 놀이들을 하며, 지능은 악화됩니다.[149] 아이들의 지능적 성장을 지탱해주는 길은 아이들이 유아스러운 방법들을 통해 세상을 즐기는 것의 가치를 인식하고, 공놀이, 이야기 듣기와 이야기하기, 노래 배우기, 모래성 짓기 등을 마음껏 할 수 있도록 돕는 것입니다.

아이큐 점수를 얼마나 조절할 수 있을까요?

1965년에, '빈곤과의 전쟁war on poverty'의 일부분으로, 미국의 연방정부는 아동보육 프로그램인 '순조로운 출발Head Start 프로그램'을 시작했습니다. 교육이야말로 사람들을 가난으로부터 끌어올려주는 열쇠인데, 가난한 아이들은 교육시스템을 불리한 입장으로 접한다는 것이 그 이론이었습니다. 사람들이 말을 걸어주고 책을 읽어주고 여러 경험들을 할 수 있게 해주는 중산층 환경 속의 아이들은 정상 범위 내의 아이큐를 가질 가능성이 높습니다. 그와 반대로, 우리는 가난이 아이들의 아이큐를 끌어내리고 이 아이들은 또래의 중산층 아이들에 비해 점수가 떨어진다는 것을 알고 있습니다. 환경이 아이큐 점수에 악영향을 미칠 수 있다는 사실을 알 수 있는 한 가지 방법은 남쪽의 매우 불리한 환경 속에서 자란 미국 흑인 아이들에 대한 연구로부터 비롯됩니다.[150] 손위 형제자매들은 나이 어린 형제자매들에 비해 아이큐가 낮았습니다. 이 발견에 대한 설명은, 더 오랜 세월 가난 속에서 실력 없는 학교에 다니며 살아온 아이들일수록 아이큐에 더 많은 영향이 미쳤다는 것입니다.

가난은 왜 그런 손상을 주는 것일까요? 그것은 가난한 가정의 아이들은 가정이 혼란에 빠져 있으며, 그들의 부모가 부족한 교육을 받았었기 때문에 아이들이 학교에 잘 적응하기 위한 준비 단계로 필요한 조기적인 몇 가지 배움의 경험들을 제공받을 수 없는 경우가 많기 때문입니다. 다행히도, 부모와 아이들 모두를 유치원 경험에 관여시키는 '순조로운 출발' 프로그램들이 꽤 성공적으로 진행되어오고 있습니다. 이 프로그램들을 접한 아이들은 경험을 해보지 않은 같은 배경의 아이들보다 더 높은 아이큐 시험 점수를 받았으며 학교에서도 더 좋은 성적을 내었습니다(최소한 초등학교의 첫 2~3년 동안).[151] 아이큐로 얻는 이득이 오래 가지는 않았지만 (아마도 아이들이 계속해서 빈곤한 환경 속에 머물러있었기 때문일 것입니다), 실생활 대책에 있어서는 이 프로그램을 경험한 아이들이 여전히 앞서있었습니다. 그들은 특수 교육 반에 배치되거나 유급되는 확률이 더 적었습니다. 그리고 더 많이 고등학교를 졸업했습니다.[152]

아이큐를 넘어서

지금쯤은 이미 여러분도 아이큐 시험이 사실상 얼마나 제한적인지를 대충 알 수 있을 것입니다. 그것이 바로 몇 명의 심리학자들이 '다양한 지능'에 관하여 더 많은 이야기를 하고 아이큐 시험이 건드리지도 않았던 부분들에 관여하기 시작한 이유입니다. 이를테면, 하버드대학Harvard University의 하워드 가드너Howard Gardener 교수는 사람들이 타고나는 여덟 가지의 독립된 지능이 실제로 존재하고, 일생을 살아가는 동안 그것들이 발달된다고 믿고 있습니다.[153] 언어, 논리적 수리, 음악, 공간, 운동 감각, 동식물 관찰 감각, 대인관계 감각, 그리고 개인고찰이 바로 그것입니다. 그리고 우리가 제 1장에서 논하였듯이, 예일대학Yale University 아동연구 센터의

'사회적, 정서적 학습을 위한 공동 연구회Collaborative for Social and Emotional Learning'를 공동 창립한 또 다른 이론가인 다니엘 골만Daniel Goleman은 진정한 영리함은 '감성지능EQ; emotional intelligence ; 자기 인식, 자기 절제, 공감, 등등' 이라고 주장합니다.[154] 예일대학의 로버트 스턴버그Robert Sternberg 교수는, 만약 모든 인간의 지혜가 오직 한 가지로 축소되어 평가되고 설명 될 수만 있다면 "얼마나 간단하겠는가!"라고 말합니다.[155] 그는 분석적이고, 창의적이고, 실질적인 부분을 포함한 지능 개념을 주장합니다. 이 모든 것들이 '훌륭한 지능', 또는 성공적인 삶을 얻기 위한 능력을 창조해내는 데 기여합니다. 하지만 이 모든 지능들이 여러분의 아이에게 어떤 의미가 있는지 걱정하기 전에, 먼저 아이들이 어떻게 배우는지에 대해 더 이야기하는 것이 좋을 것 같습니다.

피아제의 '맥도널드 여행' : 아이들이 배우는 방법에 대하여

아이들이 뭔가를 배운다는 게 어떤 것인지 여러분이 잘 이해할 수 있도록, 작은 이야기를 하나 들려드리겠습니다. 작년 여름, 우리들 중 한 명은 뒤뜰의 버드나무 몇 그루 아래 자리 잡고 있는 작은 호숫가를 가만히 바라보고 있었습니다. 땅거미가 지고 있었고 하늘은 약간 오렌지 빛 안개가 드리워진 것과 같이 보였습니다. 갑자기 그 안개를 뚫고 커다란 물체가 나타났는데 그것은 회전목마 기계만큼이나 거대했고, 던지는 플라스틱 원반에 가까운 모양이었으며, 호숫가 위를 맴돌고 있었습니다. 그것은 금속으로 만들어진 것처럼 보였습니다. 우리는 눈을 깜빡이고, 또 깜빡였습니다. 그리고 나서, 그 물체는 나선형으로 돌며 하늘 높이 솟아올랐다가 사라졌습니다.

우리가 설명한 것에 대해 생각해보십시오. 무엇인 것 같습니까? 결코 우리는 마약을 복용하고 있지 않았습니다. 어떤 착시현상과 같은 것이었을까요? 우리는 그렇게 생각지 않습니다. 여러분은 이렇게 물을지도 모릅니다. "UFO 였나요?" 솔직히 말하자면, 우리는 이것을 보지 못했습니다. 그러나 여러분은 아마 알아내려고 꽤 깊이 생각했을 것입니다. 묘사된 뭔가가 여러분의 현실 개념과 맞지 않았습니다. 여러분은 그것을 설명하기 위한 방법을 찾아보았습니다. 그리고는 결국, 'UFO', 또는 미확인 비행 물체라는 두루뭉술한 범주 속으로 생각을 던져버렸습니다. 여러분의 머리는 아마도 이 부조화한 것을 설명해보려, 묘사된 그대로 현실을 이해해보려 무던히도 노력했을 것입니다. 그러나 그것은 여러분이 알고 있는 것과는 일치하지 않았습니다. 여러분은 그것을 설명하기 위해 애썼습니다.

이것이 바로 처음부터 아이들에게 일어나는 일입니다. 세상은 새롭고, 그 새로운 세상을 아이들은 바쁘게 해석하려 합니다. 아이들은 활동적인 학습자이며, 지속적으로 자신의 환경을 이해하고 완전히 익히려 애를 씁니다. 아이들이 배우고 싶도록 여러분이 만들 필요는 없습니다. 아기들은 끊임없이 자기 입속으로 물건들을 넣어봅니다. 그건 맛이 좋아서가 아니라, 그것이 바로 물건들이 무엇으로 만들어져 있는지 알아보는 아기들만의 방법이기 때문입니다. 아기들은 계속해서 숟가락을 땅에 떨어뜨리는데, 그것은 여러분에게 매일 운동을 시키려는 것이 아니라 확인을 하기 위해서입니다. 이것은 항상 밑으로 갈까? 같은 속도로? 더 빨리 떨어지게 할 수 있을까? 아기들은 중력과 속도의 특성을 발견하고 있는 것입니다.

발달 심리학에 지대한 영향력을 미쳤던 스위스의 위대한 학자인 쟝 피아제Jean Piaget는 아이들이 하는 실수들이 아이큐 시험에서 옳은 답을 맞히는 것보다 훨씬 더 흥미로운 사실을 드러낸다는 사실을 우리에게 알려줬습니다. 사실, 가끔씩 아이들이 정답을 맞힐 때는 들었던 것들을 단지 앵무새처럼 되풀이하는 경우들이 있습니다. 그러나 아이들이 여러분에게 문제에 대해서 어떻게 생각하는지 이야기할 때, 문제를 정말로 이해하고 있음을 여러분은 알 수 있습니다. 피아제는 지능을 환경에 대한 어떤 적응 능력 같은 것으로 정의했습니다.[156] 어린 아이들이 어떤 식으로 생각하는지 배우기 위해, 피아제는 자신의 아이들 세 명을 다른 백여 명의 아이들과 함께 관찰했습니다. 그의 발견은 놀라운 것이었습니다. **아이들은 자기 스스로를 개발해 나아가는 기관차입니다.** 이것은, 우리가 제 2장에서 입증하였듯이, 아이들이 접하는 일상적이고 재미없는 경험들이 세상을 이해하기 위한 충분한 연료가 된다는 의미입니다. 그들은 지적인 행동에 참여하도록 재촉될 때까지 수동적으로 기다리지 않으며, 새로운 경험들을 주저하며 피하지도 않습니다. 그 반대로, 아이들은 일상적인 생활 속에서 놀고 체험함에 따라 관찰도 하고 활동적인 실험도 하며 자기 스스로의 자극을 많이 만들어냅니다. 결과적으로, 부모들은 자신들이 맡았다고 생각하는 아이들의 인지 발달에 대한 책임에 관한 속박으로부터 편안한 마음을 가지고 안도할 수가 있습니다.

우리로서는 믿기 어렵지만, 아이들은 심지어 자신들의 단순하고 일상적인 활동들 속에서도 배우고 있습니다. 점심 식사를 위해 패스트푸드 식당에 간 경우를 예로 들어봅시다. 아이는 그곳에서 도대체 뭘 배울 수 있을까요? 건강한 영양 섭취에 대해서는 거의 배우지 못한다 해도, 그들이 살고 있는 세계에 대해서는 많은 것을 배웁니다. 네 살짜리 메리Mary가 패스트푸드 식당에 엄마인 세라Sarah와 함께 걸어 들어오는 것을 그려보십시오. 메리는 무엇을 해야 할지 정확히 알고 있습니다. 아이는 음식을 주문할 수 있도록 서둘러 맨 뒷줄에 서며, 선택할 수 있는 음식에 대해 정확히 어떤 것을 엄마에게 물어봐야 하는지도 알고 있습니다. 이것은 메리에게 이미 패스트푸드점이 어떤 식으로 작동되는지에 대한 나름대로의 '답'이 있다는 뜻입니다. 이런 장소에서는 테이블에 앉아서 누가 음식을 내어줄 때까지 기다리지 않으며, 고를 수 있는 모든 음식을 다 먹을 수는 없습니다. 패스트푸드점에서 어떻게 '행동 하는가'에 대한 지식은 타코벨Taco Bell 이나 웬디스Wendy's와 같은 다른 패스트푸드점들에 갔을 때 쓸모가 있습니다.

패스트푸드점을 통해 여러분이 알 수 있는 '답'은 이것뿐만이 아닙니다. 여러분은 여러분의 문화권 내에서 사람들이 음식 하나하나를 어떻게 먹는지 알고 있습니다. 예를 들어, 감자튀김을 먹을 때 포크를 사용하지 않고 손가락으로 집어 먹어도 된다는 것, 그 감자튀김에 필요한 케첩을 얻기 위해 펌프를 어떻게 사용해야 하는지에 대한 물리적 이해, 어디에 앉을지, 그리고 어떤 의자들은 회전한다는 것도 알고 있습니다. 뿐만 아니라 주문하면서 나누는 대화 속에서, 또는 여러분 주위의 흥미로운 사람들의 행렬을 지켜보며 배우는 레슨들에 대해 우리는 계속해서 나열해볼 수 있습니다. 요점은? 아이들은 끊임없이 배우고 있으며, 우리가 생각지도 못한 일들에서도 배울 것이 많다는 것입니다. 아기들과 어린 아이들이 종종 하는 반복적이며 짜증스러운 행동들은 세상에 대해 배우고자 하는 자신만의 방법이며 여러 가지 상황적 변수를 바꾸어 보는 것을 즐기는 것입니다.

결과적으로 피아제가 발견한 것은 아기들과 어린 아이들은 자신을 발달시키기 위해 자신만의 두뇌와 몸에 맞는 독특하고 창의적인 방법들을 이용하여 배울 수 있도록 선천적으로 프로그램 되어있다는 것입니다. 두 살배기에게 숫자들이 쓰인 그림 암기카드 몇 장을 보여주면, 아기는 여러분이 하는 말을 앵무새처럼 흉내내는 법을 배울 것입니다. M&M 쵸코렛을 가지고 놀게 하면, 아기는 수와 양에 큰 관심을 가질 것입니다. 피터 래빗Peter Rabbit*이라는 토끼에 관한 이야기를 읽어주면, 아주 자세한 내용까지 잊어버리지 않고 기억하고 싶어 할 것입니다. 상황 속에서 자연스럽게 배우는 것(맥락 안에서의 교육)이야말로 지능 교육의 핵심입니다.

딸랑이 장난감부터 물리학까지 : 배움의 진행

피아제는 맥락 안에서의 교육 과정을 발견하는데 있어 천재적이었습니다. 우리들은 그와 같이 뛰어난 관찰력을 가지고 있지는 못하겠지만, 적어도 아이들의 세계를 아주 색다르고 풍부한 방식으로 관찰하게 될 수 있었습니다. 생후 3개월 된 엘리스Alice를 만나봅시다. 엘리스를 자세히 관찰한다면, 이 아이가 자신의 몸을 얼마나 어린 과학자처럼 실험하는지 깨닫게 될 것입니다. 처음에는 우연히 자신의 입 속에 엄지손가락을 넣었습니다. 그러나 그것을 다시 하려면 어떻게 해야 하는지는 알지 못합니다. 아이는 손을 이리저리 흔들어보다가, 여러 시도 끝에 결국에는 성공적으로 그 행동을 다시 하게 됩니다. 차츰 아이는 그 행동을 자연스럽게 할 수 있게 됩니다.

피아제는 이 과정을 '유아기 감각 운동기의 순환 반응circular reactions of the sensory-motor period of infancy'이라 일컬었습니다.157) 이 시기가 감각 운동기로 불린 것은 바로 몸의 다섯 가지 감각과 연관이 있기 때문입니다. 순환 반응은 아기가 좋아하는 한 가지 일을 반복적으로 시도하는 것을 말합니다. 지능은 순환 반응을 통해 기초가 형성됩니다. 아기의 몸 주변을 인식하는 것에서 시작해 외부에서 어떤 현상을 발생시키는 행위로 발전합니다. 아기들은 자신이 원하는 어떤 행동들을 하기 위해 몸을 어떻게 해야 하는지

★ 영국의 작가이자 화가인 베아트릭스 포터(Beatrix Potter)의 동화 "피터라는 토끼의 이야기(1902)"에 처음 등장하여 아직까지도 많은 아이들의 사랑을 받고 있는 토끼 – 옮긴이

일단 깨우치고 나면, 가장 가까운 세계에서 일어나는 흥미로운 일들에 주목하기 시작합니다. 생후 약 4개월에서 10개월 사이의 아기들은 '2차적인 순환반응'을 시작합니다. 이것은 발을 차서 침대에 달린 모빌을 움직이게 하는 것과 같이, 자기 몸 밖에서 일어나는 사건들을 관찰하여 재현해내는 것을 포함합니다.

그 다음으로 아기들이 하는 것이 부모들을 정말로 미치게 합니다. '제3차의 순환 반응'이 바로 생후 약 10개월에서 18개월 사이에 나타나고 매번 조금씩 다르게 끊임없이 반복해서 하는 행동의 화려한 이름입니다. 이때가 자신의 환경을 다루기 위해 질주하는 자기 아이들을 이해 못하는 부모들이 좌절감을 느끼거나 어쩌면 폭력적이 되어버릴 수도 있는 시기입니다. 아기가 시리얼이 담긴 컵을 유아용 식탁의자 위에서 열네 번 연속으로 집어 던졌을 때, 이것이 정확히 제3차의 순환 반응입니다. 말하자면 이것은 어떤 상황 안에서의 여러 변수들을 만들어 보는 것입니다. 아이는 이제 어린 과학자처럼 움직이며, 실험하기 위해 가지각색 방법으로 던져 봅니다. 어떤 일이 일어나는지 확인하기 위해서 세게 던져보고, 살살 던져보고, 왼쪽으로 떨어뜨려보고, 그리고는 오른쪽으로 떨어뜨려 보기도 합니다. 제4장에서 논의하였듯이, 아기들은 타고난 패턴 탐구자입니다. 그들은 반복적인 행동들을 시도하고 그것을 평가해서 패턴을 창조해냅니다. 이러한 방법을 이용해 그들은 의욕적으로 스스로 패턴들을 발견하는 노력을 합니다. "아하, 물체는 아래로 떨어지는 구나, 위쪽으로는 안가네!"라고 생각하게 됩니다.

어떻게 이루어지는가? : 원인과 결과 이해하기

태어난 뒤로 두 해가 지나갈 무렵, 아기들은 세상이 어떻게 움직이는지에 대한 몇 가지 진실을 깨우칩니다. 아무런 개인적인 도움을 받지 않고도, 놀이를 통하여 이런 것들을 이해하게 된 것입니다. 원인이 어떻게 결과와 연관되는지에 대해서도, 그리고 모든 일들은 원인이 있게 마련이라는 것도 알게 됩니다. 무작위의 일들이 일어나지 않는 세상에 살고 있다는 것은 무척 안심되는 일입니다. 만약 자신의 세계에서 사건들이 어떻게 발생하는지 깨우치지 못한다면 여러분 역시 울어버릴 것입니다!

세상이 어떻게 움직이는지, 그리고 무엇이 사건을 일으키는지에 대한 이해의 일부분으로, 사람은 물건과 다르다는 것을 깨달아야 합니다. 사람은 여러분을 위해 뭔가 해줄 수 있기는 하지만, 그것은 우리가 물건을 움직이게 하는 것과는 다른 방식입니다. 아기들은 자신이 원하는 것을 사람에게서 얻기 위해서는 의사소통으로 애원해야 하지만, 물건들은 그저 다루기만 하면 된다는 것을 깨닫습니다. 아기의 세계를 채우는 살아있는 것들과 물건들의 차이에 대한 근본은 아주 일찍부터 존재합니다. 심지어 생후 3개월에도 아기들은 물건(자동차, 트럭)과 생물체(사람, 동물)의 움직임에 대한 차이를 구별할 수가 있습니다.[158]

저자인 로버타 골린커프Roberta Golinkoff는 아기들을 대상으로 실험을 해서, 생후 16개월이 되면 이미 살아있는 것들과 물건들이 각각 무엇을 할 수 있는지에 대해 다른 기대를 하게 된다는 흥미로운 사실을 밝혀냈습니다. 살아있는 것들은 정지된 위치로부터 자기 스스로 움직이지만, 물건들은 그럴 수 없습니다. 다시 말해, 만약 사람이 그냥 서 있다가 방을 가로질러 걷는 것을 본다고 해도 여러분은 놀라지 않을 것입니다. 그러나 만약, 아무도 밀지 않은 의자가 스스로 방을 가로질러 움직인다면, 여러분은 당연히 깜짝 놀랄 것입니다. 어떤 물건이 스스로 움직일 수 있고 어떤 물건이 그럴 수 없는지 확실치 않은 세상에서 여러분이 살고 있다고 상상해보십시오. 아기들이 자기 스스로 깨달을 때까지 세상은 너무 많은 것들이 예상 밖이고 종잡을 수 없을 것입니다.

실험실 안으로 들어가 살아있는 것과 그렇지 않은 것들에 대한 아기들의 생각을 우리에게 어떻게 보여 주는지 살펴봅시다.[159] 크리스튼Kristen은 17개월 된 부끄럼 많은 아이입니다. 아빠인 프랭크Frank가 아이를 실험실로 데리고 들어오고 아이는 장난감들과 상냥한 사람들이 바닥에 앉아있는 것을 보고 금세 이곳에 익숙해집니다. 크리스튼이 모르게, 칸막이 뒤쪽 바닥에 학생 한 명이 앉아있습니다. 이 학생은 목재로 된 칸막이로부터 1m 앞에 놓인 평범한 의자의 다리들에 연결된 투명한 낚싯줄을 잡고 있습니다. 프랭크에게 어떤 일이 벌어질지 설명한 후, 실험자는 새로운 장난감을 의자 위에 놓고 크리스튼의 관심을 끕니다. 크리스튼이 그 장난감을 만지기 위해 의자에 다가가자, 의자는 숨어있는 학생과 투명한 줄에 의해 뒤로 움직이기 시작합니다. 크리스튼은 발걸음을 완전히 멈춥니다. 의자를 보고는 아빠를 쳐다보고, 황급히 아빠에게 뛰어가서 필사적으로 아빠 다리에 매달립니다. 크리스튼은 자신의 세계에서 의자들은 스스로 움직이지 않는다는 사실을 우리에게 '알려주고' 있습니다. 크리스튼의 반응은 명확했습니다. 생후 16개월에, 많은 아기들이 이것은 있을 수 없는 일이라는 것을 표현합니다. 생후 24개월이 되면, 아기들은 이러한 생각에 더욱 확신을 갖게 되고 가끔은 의자를 밀면서 다시 같은 일이 생기게 해보려 시도하기까지 합니다! 이것은 그저 아기들과 어린 아이들이 자기 스스로 세상에 대해 얼마나 많이 배울 수 있는지에 대한 또 하나의 사례일 뿐입니다.

계속된 발달 :
자기 세계 안의 변화에 대한 아이들의 이해

피아제가 시행한 연구들 중 가장 흥미로운 것 하나는 5세에서 7세까지

의 성장 변화, 또는 그가 전조작기前操作期, preoperational stage에서 구체적 조작
기具體的 操作期, concrete operational stage까지로 일컫는 시기를 다룬 것입니다. 여러
분은 대학시절에 이 이론에 대해 배웠을지도 모릅니다. 하지만 지난 20~
30년 동안, 이 이론의 세부 내용들 중 많은 부분들이 의심을 받았고 논박
을 당했습니다. 유아원생들은 피아제가 예측했던 것보다 훨씬 더 뛰어난
것으로 밝혀졌기 때문입니다. 그렇기는 하지만, 그는 설득력 있고 흥미로
운 몇 가지 주목할 만한 논평들을 공유했습니다. 그 중 하나가 유아원생
들은 한 번에 두 가지 시점에서 세상을 보기 어려워한다는 주장입니다 피
아제는 이것을 '보존conservation'이라 부릅니다. 네 살 난 피에르Pierre를 예로
들어봅시다. 한 실험에서, 피아제는 피에르의 앞에 주스가 반쯤 담긴
20cm 높이의 똑같은 유리잔 두 개를 놓았습니다. 대화는 이런 식으로 진
행되었을 것입니다.

피아제 : 자, 피에르, 여기에 주스 두 잔이 있어. 너한테 더 많이 있니,
         나한테 더 많이 있니, 아니면 우리 둘 다에게 같은 양이 있니?
피에르 : (잔들을 자세히 관찰하며) 우리 둘 다 똑같이 있어요!
피아제 : 그런데 내가 내 유리잔 속의 주스를 이 접시에 따르면 어떻
         게 될까(낮고 평평한 작은 오븐용 접시를 가리키며)? 자, 보렴.
피에르 : (유심히 본다.)
피아제 : 우리가 아직 같은 양의 주스를 가지고 있니? 아니면 내가
         더 많거나, 네가 더 많거나?
피에르 : (조금의 망설임도 없이) 아, 이제 내가 더 많아요! 내 주스는
         이렇게 높은데 선생님 것은 그렇게 낮잖아요!

어른들인 우리는, 이 반응을 신기하다고 생각합니다. 피에르는 피아제
가 주스를 따르는 것을 보았기 때문입니다. 아무것도 보태지지 않았고 아
무것도 빠져나가지 않았습니다. 아이는 어떻게 자신이 이제는 더 많다고

말할 수가 있었을까요?

만약 여러분에게 한 명 이상의 아이들이 있다면, 여러분이 다른 크기의 유리잔들을 사용했을 때 아이들은 툭 하면 상대방에게 주스가 더 많다며 다투지 않습니까? 이런 일들이 일어나는 이유는 어린 아이들은 눈에 보이는 그대로에 집착하기 때문입니다. 높이가 변함과 동시에 넓이가 변함으로써 부피가 일정하게 균형이 잡힌다는 사실을 그들은 이해하지 못합니다. 그들은 두 가지 정보를 참작하여 그 사이에서 균형을 잡는 것을 못합니다. 이것은 다른 영역들에서도 확인할 수가 있습니다. 어린 아이들은 한동안 보지 못한 자신의 엄마가 파마를 했거나 아빠가 수염을 길렀을 때 종종 혼란스러워하고는 합니다. '더 이상 우리 엄마 아빠가 아니야!'라고 생각을 하곤 합니다.

뭔가가 보기에는 다르지만 만약 아무것도 더하거나 빼지 않았다면 계속 같은 양이라는 개념인 보존의 법칙을 여러분은 가르칠 수 있겠습니까?[160] 연구에 따르면 눈에 어떻게 보이는가가 아닌 양이 중요하다는 사실을 아이들에게 여러 방식으로 가르칠 수 있다고 합니다. (우리는 제3장에서 로첼 게르만 교수가 아이들에게 숫자 개념이 중요하다는 것을 가르쳐준 '요술' 생쥐 실험에 대해 설명한 바 있습니다.) 그러나 보존의 법칙에 대해 가르칠 필요가 있을까요? 우리는 그렇게 생각하지 않습니다. 아이들은 결국 이 개념을 스스로 터득하게 될 것입니다. 이것은 아이들의 배움의 절차 중 하나일 뿐이고 여러분은 그들이 생각할 수 있는 범위와 한계를 관찰할 수 있습니다. 우리가 이 보존의 법칙에 대한 발견을 공유하는 것은 여러분이 얼른 뛰어가 아이들을 훈련시키도록 하려 함이 아니라, 그것이 역설적으로 아이들의 한계를 확인해 볼 수 있는 창이기 때문입니다. 아이가 이 과제들 중 하나에 실패하는 것을 볼 수 있다는 것은 놀라운 일이며, 이 결과는 아이에게 정답을 알려주기 위해 기계적인 방법으로 훈련시키는 것은 아이들이 세상을 어떻게 이해하는지를 밝혀내기 위한 실마리가 될 수 없다는 것을 의미합니다.

추론하기 : 성장하는 지능의 또 다른 측면

줄리Julie는 본인이 생각하기에 매우 놀랍고, 또 자기 아이가 얼마나 영리한지를 확실히 밝혀줄 수 있다고 생각되는 이야기를 가지고 우리의 대학 실험실을 방문했습니다. 그녀는 생후 29개월 된 미카엘라Mikayla를 아주 작을 때부터 체육 수업에 데리고 다니고 있습니다. 수업이 끝나고 나면,

< 숨은 재능 확인하기 > 보존의 법칙

나이 : 3세~6세

집에서 보존의 법칙을 실험해 볼 수 있습니다. 똑같은 유리잔 두 개와, 같은 양을 넣을 수 있지만 아주 다른 모양의 유리잔 한 개, 그리고 가까이에 주스나 물을 놓아둡니다. 첫 번째로, 여러분의 아이가 놀이를 하고 싶도록 분위기를 이끕니다. 아이에게 동일한 두 유리잔에 같은 높이까지 액체가 차있는 것을 보여줍니다. 한잔은 아이 것이고 다른 한잔은 여러분의 것이라고 말합니다. 두잔 다 같은 양인지, 아이 것이 많은지, 아니면 여러분의 것이 많은지 묻습니다. 아이가 둘 다 같은 양이라는 것에 동의하지 않는 이상 실험을 계속할 수 없습니다. 그 다음에, 여러분 또는 아이가 여러분의 유리잔 속에 들었던 액체를 다른 모양의 유리잔에 따릅니다. 이제 다음과 같은 질문을 합니다. 누구에게 더 많이 있을까? 아니면 우리 둘 다 같은 양이 있을까? 이 질문에 아이는 어떻게 대답합니까? 질문을 받았을 때 변하는 아이의 행동을 눈치 챌 수 있습니까? 자신의 답에 대해 자신 없어하는 순간이 있습니까? 아이가 어째서 그렇게 대답했는지 물어보고 아이가 자신의 결정에 대해 어떤 이유들을 말하는지 들어보십시오. 여러분은 매우 놀랄지도 모릅니다. 여러분에게 6살 혹은 7살 난 아이가 한 명 더 있다면, 그 아이와 이 실험을 진행하여 추론의 차이에 주목해보십시오.

아이들에게는 각각 짐보Jimbo라는 어릿광대가 그려진 물에 지워지는 스탬프(작은 문신을 연상시키는 도장)가 손등에 찍힙니다. 어느 날 수업이 끝나고 줄리는 미카엘라를 데리고 맥도널드에 갔었는데 그들의 앞에 온몸에 문신을 새긴 남자가 서 있었습니다. 미카엘라는 크고 높은 톤의 목소리로 (확실히 넓고 멀리 퍼지도록) 신이 나서 말했습니다. "와, 엄마, 저 아저씨는 짐보 스탬프가 온 몸에 찍혀있어요!" 미카엘라는 추론을 한 것입니다! 자신의 경험에 비춰본 후, 그 아저씨의 온 몸에 새겨진 문신은 분명 짐보 스탬프일거라고 결론 내린 것입니다. 아이는 그 남자를 처음 봤거나, 아니면 문신을 새긴 사람을 처음 봤기 때문에, 생각을 일반화하였거나 혹은 자신의 지식을 새로운 경우로 확대시킨 것입니다.

어린 아이들은 세상을 관찰하는 것 이상의 일을 하고 있습니다. 관찰하는 과정만으로도 엄청난 양을 배우고 있는데도 말입니다. 그들은 그 배움을 이용해서 카테고리를 만들고 그들이 마주치는 낯선 상황들에 대해 귀납적인 추론을 합니다. 사실, 이것은 어떤 개념을 형성하게 되면 작동을 하는 가장 중요한 기능들 중 하나입니다. '동물'에 대한 개념을 이야기해 봅시다. 만약 내가 여러분에게 snook*을 일종의 동물이라고 가르쳐주면서 그 이상 아무런 내용도 말해주지 않고 그림도 보여주지 않는다면, 여러분이 snook에 대해 얼마나 알 수 있는지 생각해 봅시다.

- ■ 이것은 숨을 쉽니다.
- ■ 이것은 번식합니다.
- ■ 이것은 스스로 움직입니다.
- ■ 이것은 무언가 먹고 언젠간 죽습니다.

---

* 가숭어; 숭엇과의 바닷물고기 - 옮긴이

이 모든 정보는 일단 동물들에 대해 무언가 알고 있기만 하면 자동적으로 따라오는 개념들입니다. 우리가 세상에 대해 직접 관찰할 수 있는 것에는 한계가 있기 때문에 우리는 귀납추론이라는 개념을 이용해 위의 리스트와 같은 개괄을 뽑아낼 수 있습니다. 아기들은 사물의 카테고리들에 대한 이런 추론을 언제쯤 할 수 있을까요? 이를테면 동물, 자동차, 가정용 물품들이 모두 다른 기능을 가진 다른 종류의 사물들이라는 것을 언제쯤 알게 될까요? 그리고 아기들은 말을 할 수도 없는데, 우리는 어떻게 알 수 있을까요? 두 명의 교수, 샌디에고San Diego에 위치한 캘리포니아대학University of California의 쟝 맨들러Jean Mandler와 뉴욕New York에 위치한 브루클린대학Brooklyn College의 라레인 맥도너Laraine McDonough는, 사물의 카테고리에 대한 아기들의 지식에 다가갈 수 있는 기발한 방법을 찾아냈습니다.[161]

그들은 아기들에게 축소된 모형으로 만들어진 물건들(이를테면 작은 자동차, 비행기, 사자, 소)을 보여주고, 아기들이 이 물건들에게 어떤 종류의 행동이 어울릴지에 대한 추론을 내릴 수 있는지 관찰했습니다.[162] 이를테면, 만약 연구원들 중 한 명이 자동차에 열쇠를 사용하는 시늉을 했다면, 아기는 과연 그것을 흉내 내어 비행기나 동물들에 열쇠를 사용하려 할까요? 만약 연구원이 사자에게 마실 것을 줬다면, 아기는 과연 비행기 또는 소에게 마실 것을 줘보려고 할까요? 과학자들은 아기들이 생후 9개월만 되어도 옳은 추론을 내려, 열쇠는 자동차에만 사용하고 마실 것은 오직 동물들에게만 준다는 사실을 발견했습니다. 아기들은 사람들이 이런 행동을 하는 것을 본 적이 없습니다. 여러분은 사람이 열쇠로 비행기 문을 열거나 소에게 마실 것을 주는 상황을 마지막으로 본 게 언제였나요? 그러나 아기들은 매우 뛰어나서, 화려한 장난감들이나 수업 없이도 우리의 바로 눈앞에서 세상의 많은 것들을 풀어냅니다. 자연은 아이들을 특별한 도움 없이 자신의 세계에 대해 많은 것들을 배울 수 있도록 디자인했습니다. 유아기의 지능 발달은 그저 삶의 일부분으로, 먹고 자는 것처럼 지극히 자연스러운 것입니다.

조금만 도와주실래요? – 아기의 발달 끌어올리기

피아제와 마찬가지로, 러시아의 훌륭한 발달 이론가인 레프 비고츠키[Lev Vygotsky]도 아이들은 이 세상에 대한 자신의 이해를 쌓아가는 데 있어 매우 적극적이라는 것을 믿었습니다.[163] 비고츠키는 아이들의 인지 발달을 위한 사회 환경의 역할에 대해 관심이 많았습니다. 부모, 선생님, 형제자매, 그리고 다른 아이들까지도 모두 어린 아이가 세상에 대해 배울 수 있도록 돕습니다. 비고츠키는 오늘날 매우 일반화 된 용어를 소개했습니다. '근접 발달 영역[the zone of proximal development]' 또는 준말로 ZPD라는 용어입니다. 그는 아이가 혼자 이룰 수는 없지만 더 숙련된 상대의 도움만 있다면 달성할 수 있는 과제들의 범위, 혹은 영역이 있다는 것을 발견했습니다. 그리고 그 곳이, 당연히, 바로 부모나 보육자가 참여해야 할 부분입니다. 다음 이야기를 생각해 봅시다.

세 살 난 매튜[Matthew]는 부엌에 있는 양탄자 위에서 퍼즐을 맞추고 있습니다. 그러나 차츰 짜증을 내고 있습니다. 목재로 된 퍼즐 조각들을 쉽게 찾아 깔끔하게 끼워 맞출 수가 없는 것입니다. 평상시에는 퍼즐 맞추기를 아주 잘하지만, 오늘은 낮잠을 안자겠다고 고집을 부려서 그런지 인내심이 조금 부족합니다. 저녁식사 준비를 하고 있는 엄마는 잠깐 동안 곁눈질로 지켜보다가, 아이가 혼자서 충분히 오래 시도했다고 생각된 시점에서 양탄자로 가 아이 옆에 앉았습니다. 아무 말도 하지 않고, 엄마는 퍼즐 조각 하나를 적당히 근접한 위치에 방향을 맞추어 틀어 놓았습니다. 자! 아이는 퍼즐 조각을 끼워 맞추고, 엄마는 이렇게 말합니다. "와, 매튜, 너

이런 퍼즐을 정말 잘하는구나!" 이들은 퍼즐 맞추기가 끝날 때까지, 이런 식의 일련의 행동을 일곱, 여덟 번 더 반복했습니다. 매튜는 자신을 꽤 자랑스러워하는 모습으로 다른 일을 하기 시작하고, 엄마도 하던 일로 돌아갔습니다.

ZPD는 혼자서 뭔가를 할 때에는 완벽히 개발될 수 없는 '발달에 가까운 범위'로 해석될 수도 있습니다. ZPD는 우리가 혼자서 할 수 있는 것과 누군가의 도움이 있어야 할 수 있는 것들의 차이를 포착해냅니다. 매튜가 혼자서 할 수 있었던 것이 그 중 하나였습니다. 그러나 조금의 도움이 있어야 할 수 있었던 것이 또 다른 하나였습니다. 오래된 비틀즈Beatles의 노래처럼 말입니다. "I get by with a little help from my friends.(친구들의 작은 도움들로 나는 그럭저럭 살아간다네.)" 만약 비고츠키에게 테마송이 있었다면, 이것이 바로 그것이었을 겁니다. 그는 이것이 바로 인지 발달의 과정이라고 주장했습니다. 아이들은 사람들과의 상호작용을 통하여 자신들만의 복잡하고 정교한 능력을 개발합니다. 우리는 아이들이 한 걸음 더 나아가도록 현재 있는 곳에서 단지 아주 조금만 더 위로 진전할 수 있게 도울 수가 있습니다. 어떻게 이것을 할 수 있을까요? 또 다른 세계적으로 명성을 떨친 심리학자가 이것에 'scaffolding(받침대 되어주기)'이라는 이름을 붙였습니다. 뉴욕대학New York University의 제롬 브루너Jerome Bruner 교수는 이 받침대에 대한 개념이 부모를 자식의 발달에 있어서 구경꾼이 아닌 참여자가 되도록 이끈다고 말했습니다.[164]

ZPD에서 어떤 '과제'를 완성해야 하는지 결정하는 사람은 어른이 아니라 **아이 자신**일 때 최고의 효과를 나타낸다는 것을 숙지하는 것이 중요합니다. 부모나 보육자는, 아이가 어떤 목표를 달성하고 싶어 하는지 스스로 결정하게 하고 아이가 리드하는대로 따라야 합니다. 부모들은 종종 자신의 어린 아이가 얼마나 오랫동안 주의를 지속시킬 수 있는지 알면 깜짝 놀라곤 합니다. 이런 주의 지속 시간은 정확히, 어른이 시키는 대로 따르는 것이 아닌, 아이가 무엇인가를 스스로 완성하려고 노력하는데서 발생되는 시간입니다.

< 숨은 재능 확인하기 > 받침대 되어주기

이번에는 아이들이 아닌 어른들이 소유하고 있는 '잠재능력'을 관찰해봅시다. 아이와 소통하는 동시에 자기 자신을 객관적이고도 과학적인 시각으로 보는 것이 어려울 수 있기 때문에, 다른 부모나 어른에게 여러분이 관찰하는 동안 아이와 교류해달라고 부탁하십시오. 다른 어른이 여러분의 아이를 위한 받침대 역할을 어떤 방법들로 하는지 관찰하는 것입니다. 아이가 세 살이나 그 이하여야 이상적일 것입니다. 어른이 아이에게 조종이 필요하며 아이의 능력보다 살짝 앞선 수준의 새로운 장난감을 주도록 합니다. 아이가 놀이시간을 만끽할 수 있도록 어른이 아이의 시야 속에서 자리를 피해주는 동안 여러분은 편안히 앉아 ZPD가 실행되는 과정을 지켜보면 됩니다. 아이가 장난감을 가지고 놀 수 있도록 어른이 어떻게 물건을 다루고 상황을 설정해내는지 관찰하십시오. 이런 것들을 '행동적 힌트'라 부를 수 있습니다. 이것은 아이가 자신의 몸을 사용하여 장난감이 작동하게 할 수 있도록 어른이 돕는 방법들입니다. 여기에는 장난감의 위치를 바꿔주거나, 아이의 손 모양을 잡아주거나, 물건이 아이에게 더 가까울 수 있도록 밀어주거나, 작은 손으로 다루기가 더 수월해지도록 장난감을 잡아주거나 하는 일들이 포함되어 있습니다. "언어적 힌트" 역시 살펴보십시오. 이것은 장난감이 제대로 작동하게 하려면 어떤 시도를 해봐야 하는지 귀띔해주기 위해 어른이 해주는 말들입니다. "그래, 그렇게! 넌 할 수 있어! 조금만 더 세게 눌러 봐"와 같은 격려와 권고의 말들에 잘 귀기울여보십시오. 어른의 이 모든 행동들이 받침대를 이룹니다. 어른들은 아이들이 스스로 설정한 과제들을 성취할 수 있게 도움을 준 후 살짝 비켜줌으로써 아이들 자신이 영리하다고 느낄 수 있도록 노력해야 합니다.

지능과 성취, 그리고 이 두 가지를 혼동하는 것에 대한 위험

우리는 어떻게 배우는지, 어떻게 지식을 받아들이는지, 그리고 주위에서 일어나는 일들을 머릿속으로 어떻게 처리하는지가 지능을 개발하기 위한 중요한 열쇠라고 이야기한 바 있습니다. 그러나 오늘날에는 아이들이 **무엇을** 알고 있는지가 그것을 **어떻게** 알게 되었고 어떻게 **습득했는지** 보다 더 중요히 여겨져야 하는 엄청난 스트레스가 존재합니다. 80세인 베이브Babe 할머니가 이 점을 확실히 확인시켜 줍니다. 그녀는 매주 한 번씩 만나는 노인들의 카드게임 모임에서 할머니를 따라온 네 살배기 죠시Josh를 볼 때마다, ABC를 읊어보라고 했습니다. 또, War라는 카드 게임을 할 때 카드에 쓰여 있는 숫자를 읽을 수 있는 것에 대하여 경탄했습니다. 죠시는 '어떤 행위를 보여줄 수' 있기에 뛰어난 아이였습니다. 우리는 아이들에게 언제나 이렇게 말합니다. "할머니 앞에서 학교에서 배운 그 노래 좀 해봐." "테디Teddy는 자기 이름을 쓸 줄 알아요. 쓰는 거 한번 보실래요?" 만약 아이가 스스로 뭔가를 보여주며 발표하고 싶어 한다면, 그것을 해 보이는 것에 아무런 문제가 없습니다. 단지 우리가 이해해야 할 것은, 아이들이 알고 있는 것을 행위로 보여주는 것이 지능을 나타내지는 않는다는 사실입니다. 대신에 그것은 그들이 성취한 것들에 대해 알려줍니다.

이런 지능과 성취에 대한 혼동과 착각은 흔히 볼 수 있으며 몇 가지 심각한 결과를 초래할 수도 있습니다. 한정된 과제를 해낼 수 있는 것은 지식을 지능적으로 쓸 수 있는 것과 일치하지 않습니다. 예를 들어 많은 이들이 미국에서는 조기 교육이 드디어 각광받고 있다는 사실에 흥분하고 있습니다. 국가적으로 어느새 아이들은 우리의 가장 큰 천연 자원으로 간주되었고, 교육자들과 정치인들은 어린 아이들이 실제로 배움을 얻을 수 있는 양질의 프로그램들과 학교들을 우리에게 보장해주려 애쓰고 있습니다. 부시 전 대통령의 조기 교육 계획인 Good Start올바른 시작, Grow Smart똑똑하게 자라기 그리고 이와 연관된 No Child Left Behind어떤 아이도 뒤쳐지지 않기는 매우 좋은 의도에서 비롯된 것입니다. 이 프로그램들은 우리 사회의 혜택 받지 못한 아이들이 국제적인 사회에서 경쟁력 높은 학습자가 될 수 있도록 그들이 어렸을 때 충분한 지식을 얻을 수 있게 하기 위해 구성되었습니다. 이 발의는 우리의 유아원생들에게 아이들이 배워야 하는 것들을 가르칠 것이고, 결과적으로 지적이며 사교적으로 자라날 것을 보장해줄 것입니다.

국제적인 수준의 그 책임을 다하기 위해, '순조로운 출발Head Start'의 아이들은 일 년에 두 번씩 시험을 통과해야 하며, 어휘, 활자에 대한 개념 (예를 들어 책이 어느 쪽으로 펼쳐지는지), 운율과 단어에 대한 의식, 그리고 숫자에 대한 지식을 포함한 13가지 부분의 발달 상태가 추적 관찰되도록 지시되어 있습니다. 표면적으로 이것은 좋은 방안이지만, 많은 전문가들이 이런 식의 시험 성취율이 선생님들로 하여금 시험을 위하여 가르치게 하고 지능과 문제 해결 능력을 발전시키는 교육 과정으로부터 관심을 돌리게 하지는 않을까 우려하고 있습니다. 물론, 아이들은 글자를 알아야 합니다. 그러나 그것만으로 따진다면, 이것은 한정된 달성입니다. 포틀랜드Portland에 사는 네 살 된 마리안MaryAnn의 선생님인 메인Maine은 걱정스럽게 말합니다. "나는 책들을 읽어주고 아이들에게 색칠할 시간을 주는 것이 아니라 글자와 숫자를 가르치느라 하루의 시간을 다 보내게 될 거에요."

문학, 언어, 그리고 사회적 기능과 관련된 분야의 학자들은 동의합니다. 저자인 캐시 허쉬 파섹Kathy Hirsh-Pasek이 이러한 문제들에 대해 상세히 토론하기 위하여 필라델피아Philadelphia에 있는 템플 대학Temple University에서 최근에 회의를 소집했습니다. 참석한 과학자들은 놀랄만한 의견 일치를 보였습니다. 그들은 아이들의 발달에 대한 최신 평가법들은 문화적으로 편향되어 있으며 진행 과정보다는 결과('성취'로 해석되는)에 너무 중점을 둔다고 결론지었습니다. 어린 아이들은 어떻게 배우고 어떻게 생각해야 하는지를 배워야 합니다. 우리가 만약 아이들이 글자에 대한 지식을 사용할 수 있는지를 시험하기보다 글자의 이름들을 아는 지만을 시험한다면, 우리는 정작 중요한 배를 놓친 것이나 다름없습니다. 우리가 만약 아이들이 몇 가지 단어들을 아는 지만을 시험하고 그것을 이야기 속 내용에 연관시킬 수 있는지는 시험하지 않는다면, 아이들이 글을 읽을 준비가 되어 있는지 알 수 없을 것입니다. 우리가 만약 아이들이 숫자 기호의 이름들을 아는지만을 관찰한다면, 아이들이 많고 적은 것에 대한 개념을 가지고 있는지, 그리고 덧셈 뺄셈이 서로 연관된 것이라는 사실을 인식하고 있는지에 대해 전혀 알 수 없을 것입니다. 우리가 만약 성취의 표면적인 지표만을 시험한다면, 그것이 지능을 발달시키는 것이 맞는지 절대로 알 수 없을 것입니다. 또 만약 우리가 언어와 수학만을 시험한다면, 우리는 아이들의 성장에 너무도 중요한 사회적 기능 발달을 전혀 고려하지 않게 될 것입니다.

정부에 권고를 하기 위하여 필라델피아에서 모인 학자들은, 아이들이 유아원에서의 일 년 동안 적절한 수준에 맞춰 어떤 교육을 받는지 확인하도록 조치한 것에 대해 갈채를 보냈습니다. 그러한 정보는 유아원의 교육 과정 설계에 있어 대단히 중요합니다. 그러나 그들은 정확한 발달 지표를 갖기 원한다면 반드시 확인해야 할 부분들에 집중해야 한다고 경고했습니다. 우리들이 부모로써, 정치인으로써, 그리고 전문가로써 품게 되는 근거 없이 과대 포장된 이야기들 중 가장 머릿속에 깊이 박혀있는 것 하나가 바로 정보 교육이 지능과 일치한다는 것이며 성취와 지능이 동일하다는 것입니다. 이것은 우리가 아이들을 어떻게 가르칠 지와 관련하여 심각한 결과를 초래할 수도 있는 위험한 결론입니다.

가정에서 직접 실천 할 수 있는 몇 가지 과제들

우리는 아이들이 자신의 세계에 대해서 배울 수 있는 최대한을 배우는 생후 첫 몇 해를 지켜보았습니다. 아기들은 뛰어납니다! 그들이 지능을 얻게 되는 과정은 대단히 흥미로운 것이며, 우리가 여기에서 한 이야기들은 아기들이 자신들의 세계에 대해서 배우는 것들에 대해 수박 겉핥기식으로 알려준 것에 지나지 않습니다. 하지만 아기들이 뛰어나다고 해서 그들의 인지 발달을 위해 부모들이 개입하지 않아도 된다는 뜻은 아닙니다. 이번 장에는 여러분이 집에서 시도해볼 수 있는 레슨 몇 가지가 있습니다.

아이의 발달 구역 내에서 활동하십시오. 아이들은 이미 익숙한 수준을 살짝 넘어설 수 있도록 용기를 북돋아줬을 때 가장 잘 배운다는 사실을 명심하십시오. 필시 여러분은 다음과 같은 단계들 중 몇 가지를 아이와 함께 있을 때 최소한 가끔씩은 이미 하고 있겠지만, 그것들을 서술하는 것이 여러분의 역할이 얼마나 중요한지 제대로 인식할 수 있도록 도와줄 것입니다.

■ 아이의 관심사를 따르십시오. 아이에게 여러분이 내준 과제를 하도록 만들지 말고, 대신에 아이가 무엇을 하고 싶어 하는지 알아내십시오. 그것이 일치하는 구멍에 모형을 맞춰 넣는 것이든지, 퍼즐 맞추기를 끝내는 것이든지 간에, 풀어보고 싶은 문제를 스스로 설정하도록 내버려두십시오.

■ 아이가 스스로 설정해놓은 목적을 달성하기 위해 격어야 할 불필요한 절차를 간소화 해 주십시오. 예를 들어, 만약 아이가 블록 모양과 일치하는 상자 구멍(우리들 중 많은 이들이 가지고 있는 장난감입니다)에 블록들을 넣고는 싶지만 상자를 잘 붙잡고 블록 넣기를 어려워한다면, 여러분이 상자를 잡아주시면 됩니다. 만약 아이가 뚜껑을 열고 어떤 일이 일어나도록 하기 위해 뭔가를 눌러야 하지만 뚜껑을 열지 못한다면, 아이가 다음 절차를 밟을 수 있도록 뚜껑을 열어주십시오.

■ 아이가 짜증스러워하면, 과제를 계속할 수 있도록 용기를 북돋아주십시오. 계속하도록 강요하면 안 됩니다. "우리는 함께 해낼 수 있어!"라든지 "내가 널 도와줄게."와 같은 말들로 자극하십시오. 가능하다면, 실패하기 바로 전 단계로 돌아가십시오. 과제를 작은 단계들로 나누십시오.

■ 시범을 보이십시오. 점점 성취 의욕을 잃어간다는 것은 아이에게 과제를 어떻게 해야 하는지 보여줘야 할 좋은 타이밍이라는 신호입니다. 시범을 보여줌과 동시에, "봤지? 공이 상자 안으로 들어갔어! 이번엔 네가 해봐!"와 같은 말들로 아이를 계속해서 격려하십시오. 우리 모두는 다른 사람들을 흉내 내며 배우기에, 시범은 큰 도움이 됩니다.

■ 아이가 한 것과 해야 했던 것의 차이에 대해 이야기하십시오. 아이의 행동들에 대해 설명함으로써 여러분은 아이에게 어째서 A는 안되지만 B는 되는 것인지 이해가 되도록 돕습니다. 예를 들어, "억지로 하면 잘 안되지만, 조심해서 넣으면 될지도 몰라."와 같은 말을 해줄 수 있습니다. 차이에 대한 주의를 환기시킴으로써, 여러분은 아이에게 목적을 달성하기 위한 대안을 알려주는 것입니다.

■ 아이가 이미 할 줄 아는 것과 연관시킵니다. 모든 연령대를 위한 숙련된 선생님들은 학습자가 자신이 배우고 있는 것들을 이미 알고 있는 것들과 연결할 수 있도록 돕습니다. "이건 네가 안드리아Andrea네 집에서 가지고 놀았던 장난감이랑 비슷하네? 기억나니? 거의 같은 방법으로 작동하는걸!"과 같은 말을 하십시오. 그렇게 함으로써 아이는 이미 가지고 있는 지식을 자신이 스스로 설정한 새로운 과제에 가담시킬 수 있게 될 것입니다.

성취가 아닌, 노력에 중심을 두십시오. 아이들이 쏘는 겨냥하지 않은 총알은 100퍼센트 빗나가게 될 것입니다. 우리가 비판적이고 결과 중심적이라면, 우리는 아이들에게 총을 겨냥하지 말도록 가르치는 것과 다름없습니다. 우리가 아이들에게 무엇보다도 가르쳐야 하는 것은 완벽하지 않아도 괜찮다는 것, 우리도 실수를 한다는 것, 그리고 우리는 아이들이 **노력**하는 모습을 사랑한다는 것입니다. 이와 대조적으로, 조기 교육에 대한 극심한 역점은 아이들에게 정해진 틀 밖의 생각은 하지 못하게 가르칩니다. 하지만 이것이 바로 지적인 사람을 만드는 것의 반대되는 일입니다. 우리는 아이들에게 창의적으로 생각하도록 가르쳐야 하고, 새로운 사고를 지니는 것이 결코 어려운 일이 아님을 인식시켜야 합니다.

천재는 10퍼센트의 재능과 90퍼센트의 노력으로 만들어진다는 옛말을 들어본 적이 있습니까? 종종 옛말이 옳을 때가 있습니다. 뭔가를 달성하는 사람과 달성하지 않는 사람의 차이는 **동기 부여**에 있습니다. 콜롬비아 대학Columbia University의 캐롤 드웨크Carol Dweck 교수는 무엇이 아이들에게 배움에 대한 동기를 부여하는가를 알아냄으로써 필생의 업적을 남겼습니다. 최근, 아이큐가 아이들의 실제 능력과 잠재 능력을 측정하는 믿을만한 방법인지에 대해 질문을 받고, 그녀는 다음과 같이 답변했습니다. "아이큐 시험은 현재의 능력을 측정할 수는 있지만, 그 무엇도 사람의 잠재 능력을 측정할 수는 없습니다. … 창의적인 천재들에 대한 연구를 통해 그들 중 많은 이들이 꽤 평범한 아이들로 보였다는 사실을 알게 되었습니다. 하지만 어느 시점에서, 그들은 무엇인가에 사로잡혀 아주 오랜 시간동안 그것을 열심히 추구한 겁니다. … 이런 원인들을 제공한 것들의 대부분을 아이큐 점수로는 예측하지 못했을 것입니다."[165]

그렇다면 배우기를 좋아하는 아이들을 만들려면 어떻게 해야 할까요? 이 부분은 피아제가 너무도 명백히 밝힌 바와 같습니다. 아이들은 작은 스펀지와 같습니다. 그들을 그대로 있게 하기 위해, 즉 그들의 호기심을 말려버리는 사태를 피하기 위해 우리는 아이들에게 비판적이 아니라 용기를 북돋워 주는 역할을 해야 합니다. 지능에 대해 칭찬하기보다, 그들이 문제를 해결하기 위해 쓰는 방법들에 대해 칭찬해야 합니다. 이것은 아이들에게 올바른 접근 방법으로라면 어떤 일이든지 이룰 수 있다는 것을 암시적으로 가르쳐 주게 됩니다. 우리는 이렇게 하여 부모들을 실망시킬지도 모른다는 불안감으로부터 아이들을 자유롭게 하며(그렇지 않으면 아이들은 이렇게 판단할지도 모릅니다. "만약 내가 뭔가 새로운 걸 시도해서 실패한다면, 우리 엄마가 나를 더 이상 영리하다고 생각하지 않을거야."), 어려운 상황 속에서도 끈기를 가지고 집중할 수 있도록 아이들을 이끌어야 합니다. 결과는 끈기를 가지고 숙달되는 것을 지향하는 아이, 어려운 과제와 맞닥뜨렸을 때 포기하는 대신 기꺼이 받아들이고 도전을 즐기는 아이입니다. 나머지 작은 조언들이 이러한 아이를 만들고 키우는 데 도움을 줄 것입니다.

뭔가를 하는 데 있어서 오직 한 가지 정답만을 고집하지 마십시오. 여러분의 아이가 어떤 문제에 대해 새로운 해결책을 제시한다면, 그것은 홀륭한 일입니다! 올바른 답만을 강조하는 것은 아이로 하여금 지혜란 실존하는 완전체로 여기게끔 주입하는 일이 됩니다. 반면에, 창의적이고 지능적인 놀이를 중요히 여기는 것은, 아이들로 하여금 지혜란 한 번에 한 문제씩 풀어 나감으로써 보태질 수 있다고 믿도록 도와줄 것입니다.

아이들에게 여러분도 실수를 한다는 것을 보여주고, 틀린 곳을 고쳐줄 수 있게 하십시오! 이것은 아이들에게서 완벽해야 한다는 압박을 덜어주는 것뿐만 아니라, 배움이란 것은 일생동안 추구해야 하는 것임을 보여줍니다.

아이의 창의력과 자주적인 사고 발달에 전념하십시오. 그것이 바로 진정한 21세기에 적합한 능력입니다. 여러분의 아이는 물건들을 가지고 놀며 여러 가지 일들을 밀접하게 연관시키는 새로운 방법들을 배워가는 동시에, 21세기의 직장에서 가치를 인정받는 기술들을 배웁니다. 우리에게는 프로그램에 정보를 입력해주고, 우리보다 빠르게 셈을 해주고, 눈 깜짝할 사이에 복잡한 수학 기능을 해주는 컴퓨터가 있지만, 그 컴퓨터들 중 어느 것도 인간의 두뇌가 문제를 해결하기 위해 사용하는 창의력을 정확히 모사하지는 못합니다. 따라서 21세기의 부모들과 선생님들로써, 우리는 지능을 더욱 광범위한 시각으로 봐야 합니다. 우리 아이들의 재능을 지원하는 것에 전념하고자 하는 시각은 아이들로 하여금 창의적이 되게 해주고, 자주적이 되게 해주고, 호기심을 충족할 수 있게 해줍니다. 지능에 대한 우리의 시각이 시험 성적과 넘치는 정보를 집어삼키는 데에만 치중된다면, 우리는 진정한 지혜를 형성시키는 활력을 이미 잃은 것이나 마찬가지입니다.

7 장

나는 누구인가?
자의식의 발달

1928년에, 유명한 심리학자 존 브로더스 왓슨John Broadus Watson이 놀라운 주장을 했습니다. 그는 다음과 같이 기록했습니다. "나에게 신체적인 결함이 없는 건강한 아기들을 십여 명 보내주고, 그들을 키울 수 있는 나만의 지정된 세계를 제공해준다면, 나는 그들 중 아무나 무작위로 뽑아서 재능, 애호, 성향, 능력, 소명 의식, 그리고 인종에 상관없이 내가 원하는 어떤 종류의 전문가(의사, 변호사, 예술가, 무역인, 그리고 심지어는 거지나 도둑)라도 될 수 있도록 교육시킬 수 있다고 장담합니다."[166]

심리학의 행동주의 신조를 만들어낸 왓슨은, 기질을 만들어주는 환경의 위력을 자신의 과학적인 원리를 바탕으로 굳게 믿는 사람이었습니다. 그러나 발달 심리학자들은 지금이라면 왓슨이 주춤했을지도 모를 유전적 특징에 대한 몇 가지 사실을 찾아냈습니다. 물론 환경이 중요하다는 것은 아무도 부정하지 않을 것입니다. 하지만 아이들 각각의 유전자에 새겨진 유일무이한 요인들 역시 그 아이가 어떤 사람이 될지, 그리고 자신에 대해 어떠한 믿음을 가지게 될지에 대한 영향을 미칩니다.

선천적 기질과 후천적 교육 : 우리는 자의식을 어떻게 개발할까요?

많은 부모들이 아이들에 대한 그들의 영향력에 관해서 왓슨의 환경론적 사상을 굳게 믿고 있습니다. 엄밀히 말하자면, 둘째 아이가 생길 때까지만 그렇습니다. 둘째 아이가 태어나서부터 첫째와는 달라 보이면, 부모들은 아이들의 자의식을 만들어 가는데 자신들의 위력이 어느 정도 영향을 미칠 수 있을지에 대해 더 현실적으로 생각하게 됩니다.

아이들은 과연 자신이 어떤 존재인지 어떻게 알게 되는 것일까요? 우리가 우리 자신에 대해서 알고 있는 각양각색의 모든 것들을 한번 생각해 보십시오. 예를 들어, 나는 내가 여자라는 것을 알고, 나의 나이를 알고, 나의 국적을 압니다. 내가 어떻게 생겼는지 알고 내가 담긴 사진들을 알아볼 수 있습니다. 브로콜리는 좋아하지만 컬리플라워는 질색한다는 것을 압니다. 강요당하면 발끈하지만, 매우 빨리 용서한다는 사실을 압니다. 내성적이기 보다 사교적이라는 것을 압니다. 따르기보다는 이끄는 경향이 있다는 것을 압니다. 수학은 별로 잘하지 않지만, 문학에는 뛰어나다는 것을 압니다.

우리는 어른이 되고 나면, 우리가 누군지에 대해 놀랄 만큼 자세히 묘사할 수 있는데, 그것에는 긍정적이고 부정적인 면들이 꽤 균형적으로 이루어져 있습니다. 하지만 아이들은 이렇게 시작하지 않습니다. 그들은 자의식을 조금씩 점차적으로 건설해 나갑니다. 여기서 '건설하다'라는 용어에 주목하십시오. 이 동사는 땅에서부터 뭔가를 지어나간다는 의미를 나타냅니다. 하룻밤 사이에는 발생하지 않는 자기 형성의 과정이 있다는 사실을 내포하는 것입니다. 또한 '건설하다'라는 말은 이 과정 안에서 환경이 한 몫을 할 것이라는 상상을 하게 만드는데, 실제로 그렇습니다.

여러 방식으로, 아이들은 부모들의 도움 없이 자아상을 구축합니다. 그렇다고 해서 부모가 중요하지 않다는 말은 아닙니다. 부모는 대단히 중요합니다. 그러나 아이들은 자기 부모나 보육자가 자신에 대해 이야기해줄 때까지 기다려주지 않습니다. 이번 장에서 보여주게 될 테지만, 아이들은 스스로 자신에 대한 온갖 종류의 것들을 알아냅니다.

　너무 어린 나이에 아이들을 천재로 만들려고 밀어붙이는 것에 대한 위험성 중의 하나가, **부모가 마치 자식의 기질과 자아상의 조각가라도 되는 양 행동하는 것**입니다. 이러한 신화적인 근거 없는 믿음을 수용하는 것은 무조건 완벽한 부모가 되려고 분투해야 하는 필연적인 결과를 낳기 때문에 부모들에게 엄청난 스트레스를 줍니다. 자기 아이들이 무심코 드러내는 결점은 절대적으로 자신의 잘못이 됩니다. 죠니Johnny가 시금치를 싫어한다면? 그것은 분명 아이가 어렸을 때 내가 잘못 먹였기 때문일 것입니다. 샐리Sally가 퍼즐 맞추기를 싫어한다면? 우리가 지난번에 함께 해봤을 때 내가 너무 비판적이었을 것입니다. 여러분이 이렇게 믿는다면, 아이들이 뛰어넘지 못하는 어떠한 지능적 장애물도, 또는 입학시험을 합격하지 못하는 어떠한 유치원도, 곧바로 부모가 져야 하는 책임이 되고 맙니다. 이와 연관된 아이들의 지능 발달에 대한 부모들의 근거 없는 이야기로, 조금 더 구체적인 것이 있습니다. **많은 부모들이 자신이 아이들의 영리함을 칭찬한다면, 이 아이들이 자기 자신을 영리하다고 믿게 되어 결국 학교에서 좋은 성적을 내게 될 거라 믿습니다.** 이것은 터무니없는 생각만은 아닙니다. 우리가 어떤 아이에게 잘생겼다는 말을 한다면, 그 아이는 아마 그렇게 믿게 될 것입니다. 그렇다면 자신이 얼마나 영리한지에 대해 듣는 것도 정말 자신이 영리한 사람이라고 믿게 하지 않을까요? 자신이 얼마나 똑똑한지에 대해 듣는 것도 학교 과제를 할 때 더 효과적인 구실을 할 수 있게 하지 않을까요? 불행히도, 정답은 완벽하게 그 반대입니다. 이제 곧 알게 되겠지만, 지능에 대한 칭찬은 역설적으로 작용합니다. 지능에 대한 칭찬은 아이들을 실패하는 것이 두려워 뻗어나가기를 꺼려하는 소극적인 학습자로 만들어버립니다. 지능에 대한 칭찬은 무슨 수를 써서라도 그 지능을 유지해야 하는 자아상 속에 아이들을 가둬버립니다.

유아원생들의 뒤틀린 자의식

아이들은 어떻게 자의식을 개발하게 될까요? 그리고 이 일은 얼마나 빨리 시작될까요? 생후 3개월 된 아기가 가지고 있는 자아상은 세 살이 되었을 때의 그것과는 매우 다를 것이며, 여덟 살이 되었을 때에도, 그 후에도 마찬가지입니다. 덴버대학 University of Denver 의 수잔 허터 Susan Harter 교수는 아이들의 자의식 개발에 대한 전문가입니다. 여러 연령대의 아이들과의 인터뷰에서, 그녀는 세 살과 네 살 된 아이들이 자기 자신을 어떻게 인식하는지에 대해 포괄적인 사례를 만들었습니다.

나는 세 살이고 넓은 집에서 엄마랑 아빠랑 남동생 제이슨 Jason 이랑 여동생 리사 Lisa 랑 같이 살아요. 나는 눈이 파랗고, 오렌지색 고양이하고 텔레비전이 내 방 안에 있어요. 나는 ABC를 모두 알아요. 들어보세요. A-B-C-D-E-F-G-H-J-L-K-O-M-P-Q-X-Z! 나는 진짜 빨리 달릴 수 있어요. 나는 피자를 좋아하고 유치원에는 친절한 선생님이 있어요. 나는 열까지 셀 수 있어요. 들어볼래요? 나는 우리 집 개 스키퍼 Skipper 를 사랑해요. 나는 정글짐의 맨 꼭대기까지 올라갈 수 있어요. 무섭지 않아요! 절대로 안 무서워요! 나는 항상 행복해요…. 나는 진짜 힘이 세요. 이 의자도 들어 올릴 수 있어요, 보세요![167]

후유! 여러분은 아마도 작은 아이가 면접관에게 매우 열정적으로 이 말들을 아주 빠르게 쏟아내는 것을 상상할 수 있을 것입니다. 그리고 아이는 너무나 자신만만해 보입니다. 의자를 들어 올리는 것부터 시작해서 열까지 세는 것 하며, ABC를 읊는 것(자신만의 방식으로)까지, 아이는 **뭐든지** 할 수 있다고 말합니다! 이것이 전형적인 유아원생입니다. 그들은 높은 자아상을 가지고 있습니다. (어찌 보면 꼭 유아원생들만 그런 것은 아닐지도 모릅니다. 몇몇 헐리우드 스타들과 독재자들도 이런 관점을 가지고 있을지도 모르죠!)

유아원생들은 왜 진실은 정 반대인데도 자신이 무엇이든 아주 잘한다고 생각하는 걸까요? 첫째로, 그들은 상황의 여러 측면보다는 오직 한 측면에만 집중하는 것 같습니다. 이를테면, 캐시Kathy의 아들 벤지Benjy가 다섯 살이었을 때, 가족이 휴가여행으로 간 수영장에서 서로에게 매우 높은 다이빙대에서 뛰어내려보라고 부추기는 청소년기의 사내아이들을 봤다고 합니다. 누구도 눈치 채기 전에, 벤지는 높은 계단의 맨 꼭대기까지 올라가 때마침 그의 엄마가 고개를 돌린 것과 동시에 물속으로 뛰어들었습니다. 이 아이는 생에 처음으로 무모한 남자다운 행동Macho을 매혹적으로 느꼈고, 올라가기를 멈추고 자기보다 나이가 많은 사내아이들과 자신의 몸집의 차이를 비교해보지 않았던 것입니다. 아이는 오직 위험하고 무모한 남자다운 행동을 하는 것, 그 한 가지 관심사에만 집중했습니다.

유아원생 아이들이 뭔가 잘못된 일이 발생하였을 때 일반적으로 자기 자신을 탓하기보다는 원인에만 책임을 돌리는 것에는 이 외골수적인 집중과 관련이 있습니다. 예를 들자면, 캐시Kathy는 어느 날 아들 마이키Mikey가 다른 아이를 매우 세게 때리는 것을 보았습니다. 그녀는 아들을 야단쳤고 아이의 반응은 "내가 안 그랬어. 내 손이 그랬다구."였습니다. 야구공을 향해 야구방망이를 휘둘렀는데 빗맞았다면, 아이는 투수 역할의 아이에게 이렇게 말할 것입니다. "네가 잘못 던졌잖아." 실제로, 한 연구는 심지어 유아원생들이 어떤 과제에 몇 번이나 실패한 후에도 다음번에 시도할 때는 성공할 것이라 생각한다는 사실을 보여줬습니다![168] 한 편으로는, 자신의 능력에 대한 이런 높은 관점은 그들을 절대로 포기하지 않게 해주기에 자연이 준 선물이라 생각할 수 있습니다. 그러나 또 다른 한 편으로는, 유아원생 아이들은 무엇이든지 간에 시도해 볼 준비가 되어있기 때문에 위험한 상황으로 이어질 수도 있습니다. 아이들은 더 많은 발달을 통해야만 자연과 자신의 능력 범위를 이해하기 시작할 것입니다. 더 많은 발달을 통해야만 자신이 누구인가를 밝혀내기 위해 고려해야 하는 수많은 요인들에 대해 이해하게 될 것입니다.

유아원생 아이들이 지나치게 자신만만한 이유들 중 또 다른 하나는 심리학자들이 '사회적 비교social comparison'라 일컫는 것을 하지 못하는 것과 관련이 있습니다. 우리 어른들은 이것을 훌륭히 해냅니다. 우리들 대부분의 어깨 위에는 우리가 하는 모든 일들을 다른 이들이 하는 일들과 비교하며 판단하는 작은 재판관이 앉아있습니다. 사실상, 몇몇 어른들의 어깨 위 재판관은 너무 거대해서 그들을 무겁게 누르고, 새로운 일들을 시도해보기 위해 필요한 모험심을 억제합니다. 그러나 유아원생 아이들은 아직 이 재판관을 만들어내지 못했습니다. 그들은 자신을 남들과 비교하며 거기서 도출되는 차이들을 고려하지 않기 때문에 "저 아이가 나보다 볼링을 잘해."와 같은 생각이나 말을 하지 않습니다. 아이들은 자신이 멋지다고 믿습니다! 그 이외에 문제될 것은 아무것도 없다고 생각합니다.

더욱 균형 잡힌 자아상

여덟 살이 되고 나면, 아이들은 유아원생이었을 때보다 훨씬 더 복잡하게 자기 자신을 볼 수 있게 됩니다. 그들의 자의식은 훨씬 더 균형적이고 관념적이 됩니다. 그들은 이제 자신이 모든 것을 완벽히 해낼 수 없을지도 모른다는 사실을 숙지할 수 있다는 증거를 보입니다. 그리고 어떤 부분에 있어서 또래의 다른 아이들이 자신보다 더 낫다거나 더 못하다거나 하는 것을 인식하며, 앞서 예를 들었던 어깨 위의 작은 재판관이 나타났다는 징조들을 보입니다. 우리는 이것을 아이들이 학교의 독서 그룹들을 통해서 즉시 알 수 있다는 것을 확인할 수 있습니다. 누구도 분명히 말한 적은 없어도, 그들은 파란색 그룹이 빨간색 그룹보다 더 나은 그룹이라는 것을 알고 있습니다. 그들은 오후 수영 반들 중에서 구피반의 아이들이 가장 수영을 못한다는 것 또한 알고 있습니다.

더 나이가 많은 아이들은 자신에 대한 부정적인 생각들을 긍정적인 생각들과 맞대어 균형을 잡으려고 합니다. 자신이 뭔가를 잘하지 못한다는 사실을 의식하면, 그것은 어차피 자신에게 그다지 중요하지 않은 일이라고 결론 내립니다. ("내가 수영 수업에서 구피반이면 좀 어때. 나는 그래도 축구는 아주 잘하는걸!"). 이것은 자신이 완벽하지 않다는 사실을 인식하고 있음에도 불구하고 자신에 대해서 전체적으로는 좋게 평가할 수 있도록 해주는 유용한 기능으로 작용합니다. 그리고 그들이 여덟 살이 되었을 무렵에는, 자신의 표면적인 특성들을 정의하는 것에서 심리적, 그리고 사회적 특성들을 숙지하는 단계로 발전합니다. 따라서 전형적인 여덟 살짜리 아이는 자신에 대해서 다음과 같이 이야기할 수가 있습니다.

> 나는 꽤 인기가 있어요. 최소한 여자애들 사이에서는요. 내가 친절하고 도움도 잘 주고 비밀도 잘 지키기 때문이죠. 가끔씩 기분이 좋지 않거나 할 때는 조금 못된 말들도 하기는 하지만, 내 친구들에게 나는 대체로 상냥한 편이에요…. 학교에서 나는 국어나 사회같은 과목들에 있어서는 어느 정도 똑똑하다고 느끼지만, 산수나 과학에 있어서는 좀 바보같다는 생각이 들어요. 특히나 잘하고 있는 다른 많은 아이들을 보고 있노라면 말이에요. 내가 그 과목들을 잘하지는 못하지만, 상관없어요. 산수나 과학은 나한테 그리 중요한 게 아니기 때문이죠. 내가 잘생기고 멋진지, 그리고 얼마나 인기가 많은지가 더 중요하죠.[169]

유아원생들과 여덟 살짜리의 묘사가 이 얼마나 다릅니까!

자의식의 발달과정은 생후 첫 5년 동안 흥미진진하게 변화합니다. 갈수록 커져가는 동심원 속에서, 자신에 대한 아이의 인식은 신체적 자아로부터 시작하여 사회적, 그리고 정서적 자아로 , 그리고 어느 정도 지능적인 자아를 이해하는 방향으로 발전해 나아갑니다.

< 숨은 재능 확인하기 > 자아상

나이 : 2.5세~6세

이 연령대의 아이들에게 아주 좋은 책으로, 닥터 수스Dr. Seuss의 책인 『친구들의 도움을 조금 받아 내가 직접 쓴 나에 대한 나의 책My Book about Me, by Me Myself with Some Help from My Friends』이 있습니다. 책 표지에는, 여러분의 아이의 사진을 붙이십시오. 그리고 함께, 두세 살 된 아이들이 중요하다고 생각할 만한 사람의 측면들에 대해 이야기하십시오. 책에는 여러분과 아이가 함께 하는 모든 종류의 재미있는 놀이들, 예를 들어 아이에게 치아가 몇 개 나있는지 세어본다든지 아이의 발이 얼마나 큰지 종이에 대고 그려본다든지 하는, 이 나이의 아이가 분명히 즐거워하고 인간으로써의 자기 자신을 묘사할 수 있도록 돕는 모든 놀이들이 들어있습니다.

신체적 자아 : 나의 몸

아기들이 제일 먼저 개발하는 것은 자신의 몸에 대한 감각입니다. 이를테면, 심지어 갓난아기마저도 가끔씩 자신의 얼굴 위에 손을 바로 가져갈 수 있습니다. 우연인지 고의인지는 중요하지 않습니다. 중요한 것은 바로 아기가 자기 손의 감각을 볼에서 느낄 수 있고 또 볼의 감각을 손에서 느낄 수 있다는 사실입니다. 심리학자들은 이것을 이중지진二重指診, double touch 이라 부르는데, 이 이중지진이 아마도 아기에게 지금 만지고 있는 것이 자신의 몸이라는 것을 알려주는 감각일 것입니다.

그러나 아기들은 과연 자신의 몸이 어디에서 끝나고 어디에서 시작하는지 알고 있을까요? 그것을 알아보기 위하여, 필립 로샤트Philippe Rochat 교수와 수잔 헤스포스Susan Hespos 교수가 갓난아기들이 스스로 자기 볼을 만질 때와 남의 손이 자기 볼을 만질 때의 차이를 구별할 수 있는지 확인할 수 있는 기막힌 착상을 내놓았습니다.[170] 볼을 만지는 행위는 모든 아기들이 천성적으로 가지고 태어나는 '포유반사哺乳反射; rooting reflex'라는 것을 이용합니다. 아기들은 누군가가 볼을 어루만졌을 때 고개를 옆으로 돌리는 것으로 이 반사 반응을 보입니다. 자연이 아기들을 아주 잘 디자인하였기에, 아기들은 자신이 만져지는 것을 느낀 쪽으로만 고개를 돌립니다. 오른쪽 볼을 만지면 그들은 오른쪽으로 고개를 돌리고, 왼쪽 볼을 만지면 왼쪽으로 돌립니다. 그리고 볼에 느껴지는 뭔가를 향해 고개를 돌리는 것은 엄마의 젖꼭지로 아기를 인도할 것이기 때문에 이것은 아주 훌륭한 반사 신경입니다. 자연이 의도한대로 말입니다!

연구원들은 생후 24시간 이내의 신생아들을 실험했습니다. 그들은 실험자가 아기의 볼을 만지거나 혹은 아기가 자발적으로 자신의 볼을 만졌을 때 무슨 일이 일어나는지 지켜보았습니다. 만약 아기가 자기 자신과 다른 사람의 차이를 구별할 수 있다면, 자신의 볼을 직접 만졌을 때는 포유반사를 보이지 않아야 합니다. 어찌되었든 아기는 자기 자신에게 모유를 제공할 수가 없기 때문입니다. 그리고 만일 스스로 자신의 볼을 만지는 것과 다른 사람의 손이 만지는 것의 차이를 구별할 수 있다면, 다른 사람이 자신을 만졌을 때 이 반사 신경을 보여 고개를 옆으로 돌려야 옳습니다. 아기들은 이 포유반사작용을 자신이 스스로 만졌을 때보다 실험자가 만졌을 때에 *세 배*나 더 많이 보였습니다. 막연하게나마, 아기들은 생후 단 1일부터 자신의 몸과 타인의 몸을 구별할 수가 있습니다!

자신과 타인 구별하기

만약 아기들이 자신의 몸이 어떻게 움직여지는지 알 수 있다면, 그리고 그것이 타인의 몸과는 별개라는 것을 느낄 수 있다면, 그들은 언제 자기 자신을 의식하는 것일까요? 마이애미Miami에 위치한 플로리다국제대학Florida International University의 로레인 바릭Lorraine Bahrick 교수에 의해 시행된 실험[171]에서는, 생후 3개월 된 아기들이 비디오에 나오는 자신의 모습을 보는 시간이 비디오에 나오는 자신과 같은 또래이며 같은 성별의 아기를 보는 시간과 비교했을 때 얼마나 긴지 관찰되었습니다. 흥미롭게도 바릭 교수가 발견한 것은, 아기들이 자기 자신의 모습보다 한 번도 본 적이 없는 아기의 모습을 더 오랫동안 본다는 것이었습니다.

이것은 생후 3개월 된 아기가 자기 자신을 알아본다는 의미일까요? 꼭 그렇다고는 말할 수 없습니다. 아기는 그저 자신의 모습이 낯익어 보이기 때문에 다른 아기의 모습에 더 관심이 가는 것일 수도 있습니다. 이 실험에서는 생후 3개월 된 아기가 그 낯익어 보이는 모습이 바로 자신이라는 것을 자각하고 있는지에 대해 알 수가 없습니다. 그러나 이 실험이 우리에게 알려주는 것은, 아기가 자기 자신을 보고 있다는 것을 의식하고 있다고는 말할 수 없어도, 자기 자신에 대한 그 **무엇인가를** 알아본다는 사실입니다. 그렇지 않다면, 새로운 아기를 더 오랫동안 볼 이유가 없지 않을까요?

내가 어떻게 생겼는지 알아요!

아기는 자의식을 개발해가는 과정에서 중요한 단계들을 많이 거치게 됩니다만, 이러한 감각이 얼마나 서서히 나타나기 시작하는지 한 연구가 밝혀내었습니다. 뉴욕New York에 위치한 콜롬비아 사범대학Teacers College of

Columbia의 쟝 브룩스 군Jeanne Brooks-Gunn 교수와 로버트 우드 존슨 의과대학 Robert Wood Johnson Medical School의 마이클 루이스Michael Lewis 교수는, 정확히 언제 아이들이 자신의 외모, 즉, 신체적 자기개념이 생기는지 확인하기 위한 매우 기발한 실험을 시행했습니다.[172]

이 실험에서, 그들은 엄마들에게 자기 아이들의 코에 몰래 밝은 빨간색 립스틱을 살짝 바르도록 요청했습니다. 그리고는 그 아이들이 거울 속에 비친 자신의 모습을 더 오랫동안 보거나, 코에 묻은 것을 보고 심지어는 닦아내려 함으로써 그 모습이 자기 자신이라는 것을 자각하고 있다는 사실을 보여주는지 관찰했습니다. 대체로, 생후 15개월 미만의 아기들은 이런 식으로는 거울 속에 비친 자기 모습을 의식하지 못했습니다. 생후 21개월에는, 거의 모든 아기들이 자신의 모습을 알아보았습니다.

아기들의 자기인식을 발달시키는 데 있어서 부모들은 어떤 역할을 할까요? 별로 해야 할 일이 없습니다. 아기들은 이러한 일들을 특별한 수업이나 교육적 장난감의 도움 없이도 거의 자기 스스로 깨우칩니다. 아기들이 이 세상에서 겪는 그저 평범하고 일상적인 경험들이, 원시적인 단계이기는 하지만 지속되는 자기이해를 발달시키는데 필요한 기회들을

< 숨은 재능 확인하기 > 신체적 자의식

나이 : 생후 12개월~24개월

당신의 아이는 자신의 신체적 외모에 대한 감각을 지녔을까요? 몇 개월에 한번씩 이 립스틱 실험을 해보고 어떤 일이 벌어지는지 관찰해 보십시오. 커다란 거울 근처에서 재빠르게, 그리고 몰래 아이의 코에 립스틱을 바르고는, 무슨 일이 벌어지는지 지켜보십시오. 아이가 그저 오랫동안 자신의 모습을 보기만 합니까? 그것을 문질러서 지워보려 합니까? 당신에게 보여주고는 웃어 보입니까? 아니면 별일 아니라는 듯이 무시해버리고 맙니까?

제공합니다.

범주에 속한 자아 : 나는 남자아이에요, 여자아이에요?

신체적인 자기개념은 자신의 몸이 남의 것과 다르다는 인식 이상의 것을 포함합니다. 그것은 성별, 인종, 그리고 민족성과 같은 '범주의 렌즈'를 통하여 자기 자신을 보는 것도 수반합니다. 내가 어떤 범주 안에 들까요? 내가 여자이고, 또 내가 남자 옷을 입거나 머리카락을 올려서 모자 속에 감춘다고 해도 변함없이 여자로 존재한다는 사실을 나는 어떻게 알까요? 얼마나 일찍 자신의 성별에 대한 의식이 생겨나는지, 또 역설적으로 얼마나 쉽게 그 의식이 흔들릴 수 있는지 알게 되면 놀라움을 금치 못할 것입니다. 하지만 우리가 알고 있는 성별의 전형적인 특징(생식기라든지 DNA 같은)들은 아이들이 생각하는 특징들이 아닙니다. 그들에게는, 사람들이 어떻게 생겼는지(머리카락이 긴지, 바지를 입었는지)에 따라 남자로 여길 것인지 여자로 여길 것인지가 좌우됩니다.

지금쯤 아마도 당신은 성별에 대해서 알게 되는 것마저도 요람 안에서 시작된다는 사실을 깨달았을 지도 모릅니다! 아기가 태어났을 때 어떤 일이 일어나는지 생각해보십시오. 첫 번째 질문은 언제나 "아들이에요, 딸이에요?"입니다. 그리고 바로 이 순간부터, 그 아기의 인생은 크게 달라집니다. 여자아이인지 남자아이인지에 따라서 다른 대우를 받을 것입니다. 이것을 어떻게 알 수 있을까요? 다시 한 번 다음의 기발한 연구 방법들이 우리들에게 아주 놀라운 사실들을 보여줍니다.

옛날 1970년대에, 연구원들은 오늘날 우리들이 'Baby X' 실험이라 부르는 것을 몇 가지 시행했습니다. 뉴욕New York의 이타카Ithaca에 위치한 코넬대학Cornell University의 존John과 샌디 콘드리Sandy Condry에 의해 시행된 첫 번째 실험에서는, 신호에 반응하는 한 아기를 필름으로 보여줍니다.[173] 여기서 주목해야 할 것은 참여자들인 대학생들이 보이는 이 아기에 대한 반응들입니다. 실험자는 이 학생들에게 아기가 어떤 감정을 느끼고 있는지 판단해보라고 했습니다. 이 학생들이 모르고 있는 것은, 이들 중 반은 "다나Dana는 생후 9개월 된 여자아이입니다."라고 쓰여 있고 나머지 반은 "다나는 생후 9개월 된 남자아이입니다."라고 쓰여 있는 작은 책자를 들고 있다는 사실입니다. 아기들이나 어린 아이들에게 남녀공용의 옷을 입혀 성별을 구별하기 힘들게 만드는 것은 매우 쉬운 일입니다. 다나가 속상한 듯 보이는 이 상황에서, 다나가 남자아이라고 생각한 참여자들은 아기가 두려움보다는 분노를 더 경험하고 있다고 말했습니다. 흥미롭게도, 다나가 여자아이라고 생각한 참여자들은 그의 정 반대를 말했습니다. 즉 분노보다는 두려움을 말이죠! 같은 아기인데도 말입니다! 성의 역할에 대한 고정관념은 유감스럽게도 여전히 남아있습니다.

아기들은 자신이 남자아이인지 여자아이인지 언제 진정으로 처음 알 수 있을까요? 백여 명의 아이들이 노는 것을 체계적으로 관찰한 결과, 연구원들은 생후 12개월에서 18개월 사이에, 아이들이 자신의 성별에 적합한 것으로 간주되는 장난감들을 선호하기 시작한다는 사실을 눈치 챘습니다.[174] 여자아이들은 인형들과 핑크색 장난감들을 가지고 놀기를 선택했습니다. 남자아이들은 트럭들과 무기들을 골랐습니다. 어떻게 보면 이 것은 그리 놀랄 일이 아닌 것이, 한 연구에 따르면 아이들이 광고들을 접하거나 특정 장난감들을 요구할 만큼 나이가 들기도 전에 이미 남자아이들과 여자아이들의 방들은 매우 다른 것들로 채워져 아주 분명한 메시지가 그들에게 입력되어 있다는 것입니다.[175] 구입한 사람들은 부모들이며, 그들이 아이들의 방들을 성별에 적합하도록 꾸미는 것입니다.

만약 아이들이 생후 첫해가 끝나갈 무렵에 성별에 적합한 것으로 알려진 장난감들을 선호하기 시작한다면, 아이들은 자신과 다른 타인들의 성별을 언제 **분류**할 수 있을까요? 이것은 두 살에서 세 살 사이에 가능하게 되며, 자신의 성별을 먼저 식별할 수 있고 그 다음에 다른 이들의 성별을 알아볼 수 있는 것으로 보입니다.[176] 그것은 그다지 놀랄만한 일이 아닙니다. 아이들은 자신을 남자아이나 여자아이로 지칭하는 것을 항상 듣기 때문입니다. 아기들은 다른 아이들의 성별을 결정하기 위해 나름대로의 어떤 기준을 세우게 됩니다.(머리 길이, 혹은 눈의 색깔 등). 그러나 최신 패션 경향을 고려한다면, 이런 기준들로는 확실하게 구분지어지지 않습니다.

아이들이 두 살밖에 안된 어린 나이임에도 자신이 남자아이인지 여자아이인지 안다면, 그들은 말을 할 수 있게 된 후에도 성별은 선천적인 것이며 불변한다는 것(일반적으로)을 정말로 이해할까요? 이러한 지식이 기본적인 것임에도 불구하고, 정답은 "No"입니다. 왜냐하면 아이들은 종종 눈에 보이는 것에만 제한을 두기도 하고, 더구나 우리 어른들과는 다른 종류의 지표를 사용하는 것으로 보이기 때문입니다.

장난감 가게들이 어떤 식으로 정리되어 있는지에 대해 한번이라도 관심을 가져본 적이 있습니까? 이 땅에 있는 어느 장난감 가게에든지 들어가 보면 보통 당신의 왼쪽 편에 있는 핑크색, 보라색 그리고 흰색의 구역이 보일 터인데, 그 곳이 남자아이들을 위한 부분이 아님을 누구나 다 알고 있습니다! 그 색상 코드는 실제로 당신에게 그 곳에서 아기 인형들, 아동용 오븐 세트Easy-Bake Oven sets, 화장품 상자들, 쇼핑에 대해 배울 수 있는 보드 게임들, 그리고 바비인형, 또 바비인형, 그리고 또 바비인형을 찾을 수 있다고 알려주고 있습니다. 당연히, 당신은 어떻게 해서도 어린 빌리Billy, 남자아이가 그 구역에 관심을 가지게 할 수는 없을 것입니다. 실제로, 이 아이는 분명히 파스텔 톤보다는 더 어두운 색상으로 된, 인형들을 전투용 장난감이라 일컫는 구역, 그리고 덧붙여 말하자면, 과학 실험 도구들과 스포츠 용품들부터 비디오 게임들까지, 더 선택의 폭이 넓은 구역으로 향할 것입니다. 만약 당신이 총과 탱크와 레이저로 무장한 슈퍼히어로를 가지고 노는 것을 원치 않는 평화만을 사랑하는 타입이라면, 그리고 당신의 그런 부분이 아이를 더욱 평화를 사랑하는 어른이 되게 할 것이라는 희망을 품고 있다면, 그 꿈을 당장 버리십시오. 당신은 분명히 실패할 것입니다. 그 나이에는 튤립으로도 총을 만들어낼 수가 있습니다. 왜냐하면 아이들의 인지 발달 단계가 세상을, 특히나 사람들의 세상을 분류하는 것을 매우 흥미로워 하는 시점에 와있기 때문입니다. 그리고 자신의 성별이 그런 범주들의 중심에 자리잡고 있기 때문에, 사회적으로 적합하다고 간주되는 남성적, 그리고 여성적인 행동들의 법칙을 익히느라 정신이 없습니다.

우리의 유치원생 아이들은 성별에 따른 역할에 대해 많이 아는 것처럼 보일지도 모르지만, 그들에게는 아직도 갈 길이 멉니다. 코넬대학^{Cornell} ^{University}의 유명한 발달 심리학자인 산드라 벰^{Sandra Bem} 교수는, 그녀의 어린 아들 제레미^{Jeremy}가 어느 날 유치원에 베레모 비슷한 납작한 모자를 쓰고 가기로 마음먹은 것에 대해 이야기합니다.[177] 그러자 다른 어떤 남자아이가 "여자아이들만 베레모를 쓰기 때문에" 제레미도 여자아이임에 틀림없다고 계속해서 우겨댔습니다. 제레미가 자신은 고추가 있기 때문에 남자아이가 맞다고 주장해도, 그 다른 아이는 쉬지 않고 제레미를 여자아이라고 불러댔습니다. 몹시 화가 난 제레미는, 자신의 성별을 증명하기 위해 바지를 내렸습니다. 하지만 그 남자아이는 전혀 동요되지 않았습니다. "누구나 다 고추는 있어. 그리고 베레모는 여자아이들만 쓰는 거야." 하고 자랑스럽게 주장했습니다.

이 사례가 보여주듯이, 성별의 윤곽이 발달하는 과정 중의 어린 아이들은 무엇이 남성적이고 또 무엇이 여성적인지에 대해 일반적으로 매우 좁은 관점을 가지고 있습니다. 만약 한 남자아이가 바비 인형이나 핑크색 화장품 세트에 흥미를 보이면, 그의 남자 친구들이 아이의 생각을 바로잡아줄 거라는 것을 확신해도 좋습니다. 확실히, 아이들은 성별에 대한 구분을 다른 여느 때보다 특히 유년 시대의 중간 즈음에 더 고수합니다.[178] 그리고 어린 아이들은 앞뒤로 엉켜있는 정보 조각들을 하나로 통합시킬 수가 없기 때문에, 이를테면 엄마가 건설 노동자인 동시에 자신의 엄마일 수 있다는 사실을 기계적으로 부정합니다. 말하자면 이것은 처음에는 사회가 지정해준 융통성 없는 엄격한 관념을 먼저 배워야 하고 그 이후에야 비로소 자신의 범주를 넓힘으로써 더 현실적이 되는 것과 같습니다. 하지만 그들이 엄마와 아빠 모두가 아기를 돌보거나 과자를 굽거나 하는 것을 본다면, 그 엄격한, 전형적인 성별의 범주에 매달려 있기가 조금 힘들어질 것입니다. 일단 남자아이나 여자아이로 존재하는 진정한 법칙을 깨닫게 되고 나면, 그런 엄격한 성별 기준을 가지지 않는 것에 대해 더 편안한 마음을 가질 것입니다. 부모들이 이미 이런 본보기들을 제공해줬을 때 특히나 더 효과적일 것입니다.

나는 무슨 인종인가? : 자신이 속한 범주에 관한 또 다른 측면

아이들은 성별에 대한 이야기들을 너무 많이 듣기 때문에, 그들이 자기가 어떤 인종인지 알게 되기 전에 자신의 성별 먼저 깨닫게 된다고 해도 그리 놀랄만한 일은 아닐 것입니다. 콜로라도Colorado주 볼더Boulder에 소재한 사회문제 연구기관Institute for Research on Social Issue의 책임자인 필리스 카츠 Phyllis Katz 박사는, 아이들이 어떻게 자신의 성별과 인종을 알게 되는지를 알아내기 위한 연구에 평생을 바친 심리학자입니다.[179] 그녀는 실험 대상 아이들이 세 살이 되었을 때, 77퍼센트의 유럽계 미국인 아이들은 인종명

을 말할 수가 있었지만, 아프리카계열 미국인 아이들은 단 32퍼센트밖에 말할 수 없었다는 사실을 발견했습니다. 이 결과는 아프리카계열 미국인 아이들이 이런 범주를 형성시키는 데 덜 능하기 때문이 아닙니다. 그들은 유럽계 미국인 아이들과 동시에 성별에 대한 범주를 갖추었습니다. 모든 아이들이 자신이 속한 인종 집단에 대해 확신하게 되려면 네 살, 다섯 살이 되어야 합니다. 흥미롭게도, 어떤 인종 (또는 성별)이었으면 좋겠냐는 질문에, 백인 아이들이 흑인이고 싶다고 하는 대답보다 흑인 아이들이 백인이고 싶다고 하는 대답이 더 많았습니다. 이와 유사하게, 남자아이들보다 여자아이들이 반대의 성별이 되보고 싶다고 말하는 경우가 더 많았습니다. 어쩌면 이 사회에 존재하는 차별대우와, 소수 집단의 사람들과 여자들에 대한 평가 절하를 고려했을 때, 이것은 놀랄만한 일은 아닐 것입니다.[180]

성별과 인종에 관한 지식은 세 가지 단계를 통과합니다.[181] 첫 번째 단계로는, 아이들은 차이를, 즉, 서로 다른 범주가 존재한다는 사실을 의식하게 됩니다. 이 단계는 아기들이 눈의 반응으로 자신이 남자와 여자 얼굴의 범주를 알고 있고 아기들의 사진들을 인종별로 나눌 수 있다는 것을 우리에게 보여줄 수 있는 유아기에 나타납니다.[182] 차이에 대한 **인지**에 이어 두 번째 단계인 **식별**이 나타나는데, 이것은 두 살에서 세 살 사이에 발생합니다. 이 단계에서는, 아이들이 자신에게 성별을 분류하고 자신을 같은 성별을 가진 아이들의 집단 안에 위치시킵니다. 하지만 식별하는 것이 불변성, 혹은 성별과 인종 범주의 영구성을 인식하는 것과 일치하는 게 아니라는 점을 기억하십시오. 인종의 **불변성**은 성별의 불변성보다도 더 나중에 발달하며, 자신의 소수민족 신분을 이해하는 데 곤란을 겪을 수도 있는 아프리카계열 미국인이나 동양인 아이들은 이보다도 더 나중에 발달되는 것으로 보이고 있습니다.[183] 이 연속적인 발달은 아이들의 인지 발달과 연관되어 있습니다. 이런 문제들을 아이들이 빨리 이해하도록 서두를 필요가 없으며, 서두르기 위한 교육 프로그램들에 돈을 들일 필요도 없습니다.

< 숨은 재능 확인하기 > 성별 인식과 인종적 정체성

나이 : 2세~7세

아이의 발전을 측정해보기 위해 이 실험을 6개월 정도에 한 번씩 시도해보십시오. 다양한 인종과 성별의 아이들 사진들이 실린 잡지책을 이용하십시오(쎄세미 스트러트Sesame Street 잡지책 같은 것도 괜찮을 것입니다). 아이와 함께 앉아서 이제부터 놀이를 시작할 것이라고 말하십시오. 아이에게 남자아이들을 손가락으로 가리키고, 여자아이들을 가리키고, 또 백인과 아프리카계열 아이들을 가리켜보라고 하십시오. 자신의 성별에 적합하지 않는 옷을 입었거나 머리에 두건을 두른 아이들의 사진들이 있다면 더할 나위 없이 좋습니다. 이를테면, 머리카락이 긴 남자아이나 아래 위가 이어진 옷을 입은 짧은 머리의 여자아이가 나와 있는 사진을 찾아보십시오. 재미있게도, 어린 아이들은 아이들의 성별보다 어른들의 성별을 더 쉽게 알아봅니다.[184] 만약 아이에게 사진들 속 어른들의 성별과 인종에 대해 물어보려 한다면, 당신이 평소 아이와 어른들에 대해 이야기할 때 사용하는 용어들을 사용하십시오. 당신은 예를 들어 '신사', '숙녀'와 같은 용어를 사용합니까? 만약 그렇다면, 그것들을 질문들에 사용하십시오. 아이들 사진들로 실험한 것과 마찬가지로, 아이들이 판단력을 최대한 발휘할 수 있도록 이번에는 어른들의 사진들을 찾아보십시오. 이를테면 킬트(kilt; 남자가 입는 치마모양의 옷)를 입고 있거나 머리를 하나로 묶고 있거나 긴 머리카락의 남자가 실린 사진, 혹은 소방관이나 건설 노동자의 복장을 한 여자의 사진 등이면 좋습니다. 다 끝나고 나면, 아이에게 자신의 선택에 대해 설명해보라고 합니다. "왜 이 아이를 여자아이라고 했을까?" 웃거나 어른의 견해를 내비치지 마십시오. 아이가 뭐라고 말을 하든, 당신의 아이가 어떻게 생각하는지에 대한 놀라운 통찰력을 얻게 될 것입니다.

사회적·정서적 자아 : 나도 감정을 느껴요

신체적 자아는 우리의 자아 개념의 단지 일차원적인 측면일 뿐입니다. 우리에게는 **사회적·정서적** 자아도 있습니다. 지난 20년간, 과학자들은 **정상적인** 발달 상태에서도 우리가 맺는 첫 번째 관계가 얼마나 중요한지를 발견했습니다. 갓난아기들은 자신의 감정 상태를 잘 조절하지 못합니다. 아기들은 불유쾌한 자극과 소리로부터 고개를 돌려버리고 감정이 너무 격해지면 손가락을 빨 수는 있지만, 너무 쉽게 격한 감정에 휩싸이곤 합니다. 이것이 바로 어린 아기들의 감정에 잘 대응해줘야 하는 이유입니다. 그들은 자신이 감정적인 반응에 보육자가 개입하여 달래주는 것에 온전히 의지합니다. 당신이 그들을 어깨 높이로 들어 올려서 흔들어 달래주고, 건전한 정서적 자아가 만들어질 수 있도록 부드럽게 속삭여주는 것을 필요로 합니다.

생후 2개월에서 4개월 사이에, 아기 두뇌의 대뇌 피질이라 불리는 부분이 자극에 대한 아기의 내성을 점차적으로 증가시킵니다. 보육자들은 얼굴을 마주보고 하는 짧은 놀이들을 함으로써 이 능력을 발달시킬 수 있습니다. 하지만 아기들은 아직 민감하기 때문에 지나친 자극으로 당황해 하지 않도록 아기의 속도에 맞추도록 신경을 써야 합니다.[185] 다음 장에서는, 관계들의 원형이 되는 초기 관계들의 중요성에 대해 이야기할 것입니다. 그러나 먼저, 이 초기 관계들로 하여금 아기들은 자신을 둘러 싼 세계가 어떤 식으로 자신에게 반응하게 되는지, 또한 자기 세계에 영향을 미치는 행위들이 얼마나 효과적으로 작용하는지를 어떻게 간접적으로 배우게 되는지 먼저 살펴보기로 합시다.

부모들이 아기가 내는 모든 불편한 소리들(우는 소리는 말할 것도 없이)에 반응을 꼭 해야 하는 것은 물론 아니지만, 부모들이 얼마나 빨리, 그리고 자주 반응을 해야 하는지에 대해서는 항상 의문을 갖게 됩니다. 부모들은 아기들의 불편을 완화시키려 얼마만큼 노력해야 하는 걸까요? 그리고 어느 정도는 반응을 보이는 것이 아기들로 하여금 자기 세계를 어느 징도 효과적으로 다룰 수 있디고 느끼도록 은연중에 가르쳐주는 것인가요? 이 이야기에는 양면성이 있습니다.(대부분의 이야기가 그렇듯이!)

울어 젖히게 내버려둬라?

아기들이 태어나 첫 한 해 동안 아주 많이 운다는 것을 당신은 분명 알고 있을 것입니다. 우리의 전설적인 행동주의 심리학자 존 B. 왓슨John B. Watson은 부모들에게 만약 아기들이 울 때마다 안아준다면, 아기들에게 울도록 '훈련시키는 것'과 마찬가지라고 충고했습니다(그 때문에 훗날 대장부 같은 아이가 되는 대신 짜증스러운 우는 아기가 되어버리는 것입니다). 이 이론에 의거하여, 부모들은 아기들을 응석받이로 키우지 않기 위해서 '울어 젖히게' 내버려두도록 충고 받았습니다.[186] 이 논쟁의 다른 한쪽에는, 프로이트Freud와 에릭슨Erikson이 있습니다. 그들은 아이들에게 잘 반응하는 것이 아이들로 하여금 자신은 영향력이 있다는 것을 배우게 해주고 다른 방법으로 요구할 수 있는 방법들을 배우기 쉽게 해준다고 주장합니다.

다행스럽게도, 결국에는 몇몇 연구원들이 엄마들과 아기들의 실제 행동들을 지켜봄으로써 이 이론들을 시험해보기로 했습니다. 자신의 작은 아기들을 '울어 젖히게' 내버려둔 엄마들은 과연 우는 아기들을 안아서 달래준 엄마들에 비하여 덜 우는 아기를 갖게 되었을까요, 아니면 더 우는 아기를 갖게 되었을까요? 볼티모어Baltimore에 위치한 존스홉킨스대학Johns Hopkins University의 실비아 벨 교수Sylvia Bell와 마리 아인스워스Mary Ainsworth 교수는, 울음에 더 자주 반응을 받은 아기들이 덜 받은 아기들에 비해 생후 9개월이 끝나갈 무렵에 덜 울게 되었다는 사실을 확인했습니다.[187] 보육자들이 아기들의 울음에 반응을 하는 것은, 아기들에게 지금 보호받고 있다는 사실을 가르쳐주는 것으로 보였습니다. 어쩌면 환경의 대응성에 대해 신뢰를 쌓아가는 것일지도 모릅니다.

그렇다면 지속적으로 욕구가 충족된 아이들의 울음은 무엇으로 대체되는 것일까요? 엄마나 보육자에게 소리로 표현하고, 손가락으로 가리키고, 옹알거리고, 눈을 맞추는 것입니다. 이러한 소통 방법들이 단지 우는 것에 비해 현저한 진보라는 것은 두말할 것도 없습니다. 그렇다면 아기들의 불편함에 즉각 반응하는 것은 곧 아기의 소통 능력을 촉진시키는 일이 될 수 있습니다.

인격의 근본 : 왓슨John B. Watson의 계속되는 실패

아이들은 왓슨이 생각했던 것과 다르다는 것을 여러분은 이제 아마 잘 알고 있을 것입니다. 작은 찰흙 덩어리 하나를 '재능, 취미, 기질, 역량, 소질, 그리고 인종'과 상관없이 그저 어른이 바라는 그 무엇이든 될 수 있도록 할 수 있는 과학 기술이란 없습니다. 아이들은 제각각 매우 유일무이한 존재로써 이 세상에 옵니다. 다음 사례의 그레이시Gracie와 애니Annie처럼 말입니다.

낸시 러셀Nancy Russell은 14명이 앉기 위해 식탁을 확장시킨 저녁식사 테이블에 편안하게 앉았습니다. 그녀는 지금 두 아이(애니, 그레이시)의 엄마이며, 생후 24개월 된 막내그레이시가 길고 행복한 식사를 하는 동안 바로 옆에 앉아있기는 하지만, 여태까지 먹어본 추수감사절의 만찬 중에 오늘이 최고입니다. 실제로, 모두들 커피와 호박 파이를 즐기며 담소를 나누는 사이, 낸시는 자신이 그곳에 두 시간 가까이 앉아있었음을 깨달았습니다! 게다가 그레이시는 만족스럽게 이야기에 참여하고 있습니다. "하부지, 이거 봐요." 하며 고구마를 한 스푼 가득 퍼서 할아버지가 그것이 얼마나 맛있어 보이는지 보실 수 있게 해주고, 엄마에게 컵을 들어 보이며 "우유 더 주세여."하고 한잔 더 채워주기를 요구하는 등, 두 시간이 지났는데도 그레이시는 아직도 한가로이 식사시간을 즐기고 있습니다! 낸시에게 갑자기 떠오른 것은 애니가 그 나이였을 때 있었던 추수감사절 식사 모임에 대한 기억이었습니다. 애니는 가만히 있지 못했습니다. 낸시는 아이를 몇 분 이상 의자에 앉혀두지 못했습니다. 애니는 마치 멀리 출퇴근하는 사람처럼 밥을 먹었습니다. 식탁에서 장난감으로, 그리고 부엌으로 뛰어다니며 아주 끊임없이 움직였습니다! 사실, 애니는 아기침대 속에서도 몸부림을 치며 꿈틀댔었고, 너무 힘이 왕성한 나머지 기저귀를 가는 받침대위에서도 상당히 위험했습니다.

낸시가 자기 딸들에게서 알아챈 것은 심리학자들이 '기질temperament'이라 일컫는 것이었습니다. 기질은 사람들이 감정적 반응, 활동 수준, 주의 지속 시간, 고집, 그리고 기분을 조절할 수 있는 능력과 같은 것들이 심지어는 갓 태어났을 때마저도 어떤 식으로 다른지를 담아낸 용어입니다.[188] 옛날 1950년대에, 알렉산더 토마스Alexander Thomas 의학박사와 스텔라 체스Stella Chess 의학박사는 이 현상을 연구하기 위해, 그리고 기질이라는 것이 삶 속에서 어느 정도 불변하는 것인지를 알아보기 위해 연구에 착수했습니다.[189] 그들은 141명의 아이들이 아기였을 때부터 시작해서, 성인이 될 때까지를 추적 연구했습니다. 그들은 세 가지 종류의 기질을 발견했습니다. 일상적인 일과를 수월히 달성해내고, 일반적으로 활기 있고, 새로운 경험들에 쉽게 적응하는 '수월한 아이'(연구 대상의 40퍼센트), 그리고 하루 일과가 불규칙적이고, 새로운 경험들을 받아들이는 것이 느리고, 새로운 일들에 부정적이며 강하게 반응하는 경향이 있는 '까다로운 아이'(10퍼센트), 그리고 환경적 변화에 순하고 절제된 반응을 보이고, 잘 우울해하고, 새로운 경험들에 천천히 적응하는 '준비 단계가 느린 아이'(15퍼센트). 나머지 아이들은 어떤 특정 범주 내에도 포함되지 않는 것으로 보여 졌으며, 평균적인 아기들로 분류되었습니다.

토마스 박사와 체스 박사는 아이들의 이러한 기질들이 각각 다른 유형의 부모들과의 소통을 통해 변화한다는 사실을 발견했습니다. 그들은 또한 어떤 기질들은 그들이 감정적인 어려움을 겪을 때 쉽게 이겨낼 수 있게 해주는 반면, 어떤 기질들은 이러한 어려움에 취약하다는 사실도 알게 되었습니다. 까다로운 아이들은, 이를테면, 언제 독려해야 하고 또 언제 안아줘야 할지 아는 매우 세심한 부모 밑에서 자라는 것이 가장 좋은 데 반하여, 수월한 아이들은 힘든 상황에 잘 적응하기 때문에 부모의 반응이 그만큼 문제가 되지는 않습니다.

우리는 초기 성격 또는 기질이 아이들을 어떤 사람으로 만들어 가는지에 대해 아직 배워야 할 것들이 많습니다. 우리 모두는 행복한 아기들이 우리를 더 나은 부모로 느껴지게 하기 때문에 더 많은 상호 작용을 하게 된다는 것을 알고 있습니다. 까다로운 아기들은 우리를 궁지에 몰아넣고 매우 힘겨운 상호 작용을 자아내는 듯 보입니다. 같은 부모 밑에서 자랐을지라도 말입니다. 그렇기에 어느 정도는, 아이들의 기질이 자신들이 접하게 될 육아 방식을 형성시키는 것이라 할 수 있습니다.

우리의 사회적 자아의 일부분도 무엇이 옳고 그른 것인지에 대한 내적 감각을 포함하고 있습니다. 타인에 대한 존중을 어떻게 보이면 될까요? 어떻게 하면 공평하고 공정한 사람이 될 수 있을까요? 이러한 질문들이 우리의 도덕적 자아의 기반을 형성합니다.

도덕심이 싹트다!

도덕심에 대한 문제는 지그문트 프로이드Sigmund Freud, 스키너B. F. Skinner, 그리고 쟝 피아제Jean Piaget를 포함한 몇몇 선두적인 서양 심리학 이론가들의 커다란 관심사가 되어왔습니다. 자아상의 중요한 역할 중에 하나는 우리가 옳은 일을 할 수 있고 공평하고 공정한 판단을 내릴 수 있게 하는 우리의 생각과 관련이 있습니다. 그러나 아이들은 어른들과 다릅니다. 어린 아이들이 실제 또는 상상 속의 불공평함과 직면하였을 때 "그건 불공평해."라고 항의한다고 해도, 그들의 부모는 종종 "인생이 항상 공평하지만은 않단다."라고 대답하곤 합니다.(그리고 진심으로 어른들은 그렇게 생각합니다!)

어린 아이들이 도덕적 테두리를 벗어날 때, 그것은 취약한 도덕심 때문일까요, 마음이 악하기 때문일까요, 아니면 무지하기 때문일까요? 또한 아이들이 우리의 가르침에 주의를 기울이지 않고 전혀 도덕적 수치심을 느끼지 않는 것처럼 보인다면, 훗날 교도소 신세를 지게 될 사람으로 자랄 것이라는 뜻일까요?

예를 들어, 생후 22개월 된 앨리스가 자신의 손가락을 전기 콘센트에 넣는 것을 상상해 봅시다. 당신은 황급히 달려가, "안 돼, 안 돼!"하고 말할 것입니다. 아이는 다시 합니다. 당신은 아이를 안아 올려 방의 다른 곳에 내려놓고는 다시 "안 돼!"하고 말합니다. 아이는 당신이 보지 않을 때까지 기다렸다가 당신이 부엌에서 콘센트 구멍에 맞는 안전 커버를 찾아 헤매는 동안 다시 콘센트가 있는 곳으로 돌아갑니다. 앨리스는 훗날 다루기 힘든 사람으로 자라날 단순히 고집스러운 아이일까요? 당신이 아이에게 옳고 그름에 대한 의식을 철저히 가르치는 데 있어 어떤 면으로는 실패해온 걸까요?

아마도 앨리스의 자아 발달과 관련된 더 간단한 이유가 있을 것입니다. 앨리스는 어쩌면 누군가에게 평가 받을 수 있는 확실한 독립체로 자기 자신을 아직 인지하지 않기 때문에 당신의 처벌에 반응할 수 없었는지도 모릅니다. 자기 자신을 누군가의(자신 또는 타인의) 평가를 받을 수 있는 존재로 볼 수가 없다면, 당신이 등을 돌렸을 때 다시 한 번 잘못 행동하고 싶은 유혹을 견뎌내야 할 이유가 없습니다. 앨리스가 자신의 행동이 어떤 기준에 미치는 것인지 의식하지 못한다면, 자기 통제에 대해서는 이야기 할 필요도 없는 것입니다. 이런 이유 때문에, 어쩌면, 이 아이는 더 나이가 많은 아이가 뭔가를 잘못했을 때 느낄만한 수치심과 양심의 가책에 대한 경험을 수용할 준비가 되지 않은 것일지도 모릅니다. 사실, 몇몇 연구원들은 어린 아이들이 흔히 자기 부모에게 자신이 잘못한 행동들을 아무런 특별한 감정 없이 보여준다고 전했습니다.[190] "봐. TV 망가졌어."라고 말하는 것처럼 말입니다. 이런 아이들은 왜 당황해하지 않는 것일까요? 어쩌면 자신이 뭔가 잘못된 일을 했다는 사실을 알아채지 못하고 있기 때문일지도 모릅니다.

이 이론을 실험하기 위해, UCLA의 데보라 스티펙Deborah Stipek 교수와 그녀의 동료들은 생후 14개월부터 40개월의 유아를 자녀로 두고 있는 엄마들에게 22가지 항목의 설문지를 주고 집에서 작성해 오라고 했습니다.[191] 엄마들은 각 부문에 "예" 또는 "아니오"를 표시하기 전에 이 부문들과 관련된 아이들의 행동들을 열심히 관찰했습니다. 한 항목은, 이를테면, 아이가 거울 속의 자기 자신을 알아볼 수 있는지에 대한 질문이었습니다(자기인식에 대한 표시). 또 다른 항목은, "당신의 아이는 '나는 착한 아이야?'와 같은, 자기 자신을 일반적으로 평가하는 말을 써본 적이 있는가?"를 물었습니다. 이런 항목들은 아이들이 자기 자신을 평가하는 능력이 있는지를 가늠케 했습니다. 그리고 마지막으로, 아이들이 뭔가 잘못을 했을 때 어떤 방식으로든 감정적 반응을 보였는지에 대해 물었습니다. 스티펙 교수와 그녀의 동료들은 무엇을 알아낸 걸까요?

앨리스 또래의 아이가 뭔가 잘못을 하고는 야단맞은 후에 다시 또 같은 잘못을 하는 것은 못된 아이로 타고 났기 **때문**이 아닙니다. 단지 앨리스는 아직 자아비판을 할 줄 모르고, 그렇기 때문에 행동할 때 아무런 양심의 가책을 느낄 수가 없습니다. 사람이 가책을 느끼려면 자신이 평가될 수 있다는 것과 그 평가에는 기준이 있다는 사실을 인식해야 합니다. 다음의 일련의 사선들이 거의 모든 아이들에게 일어났습니다. 먼저, 엄마들의 답변들에 따르면 아이들이 꽤 일찍 자신의 모습을 거울이나 사진들에서 알아보거나 관심을 가졌다고 합니다. 생후 14개월에서 18개월 된 아이들의 엄마들 중 80퍼센트가 자기 아이가 이것을 할 수 있다고 썼고, 이것은 우리가 위에 언급한 립스틱 실험과 맞아떨어집니다. 일단 아이들이 자신을 하나의 독립체로 인식하고 나면, 비로소 자기평가와 자기표현이 가능해지는 것입니다. 생후 19개월에서 24개월 된 아이들 중 약 50퍼센트가 자기 평가와 그 표현이 가능했고, 잇달아 25개월에서 29개월 된 아이들 중에서는 80퍼센트가, 그리고 30개월에서 40개월 된 아이들은 거의 모두 (91퍼센트)가 가능했습니다. 그러니까 하나의 독립체인 자기 자신에 대해 이야기를 하고 자신에 대한 것들을 평가할 수 있게 되려면 그만큼의 긴 시간이 필요한 것입니다. 최종적으로, 아이들은 자신이 도덕적 테두리를 넘어서는 행동을 하고 잘못된 행동을 억제하려 노력할 때 감정적인 반응을 보였습니다. 그러나 그러기까지는 아주 오랜 시간이 걸렸습니다. 생후 25개월에서 29개월 된 아이들 중 단 51퍼센트가 그런 행동을 하였을 때 속상하거나 수치심을 느끼거나, 잘못된 뭔가를 하지 않기 위해 자신을 통제하는 듯 보였습니다. 그리고 자신의 행동을 평가할 수 있는 것으로 보이는 아이들의 비율은 30개월에서 40개월 된 아이들 중에서도 그리 높지 않았습니다. 이렇게 비교적 큰 아이들 중 단 59퍼센트만이 뭔가를 '잘못했을 때' 감정적으로 반응했습니다.

아이들이 자기 자신을 어떤 기준에 의해 행동이 평가될 수 있는 사회적 존재로 인식하지 못한다면 도덕적 행동은 생겨날 수 없습니다. 도덕적

한계를 벗어나는 행동을 했을 때 죄책감을 느끼지 못한다면 어떻게 도덕적으로 행동할 생각을 할 수 있겠습니까? 무엇이 이 부분을 발달시키는 것일까요? 다시 한 번 우리는 아기들을 이해하기 위하여 아이들의 생각을, 그리고 아이들이 어른들에 의해 어떤 대우를 받는지를 관찰해야 합니다. 어쩌면 아이들은 자신의 머릿속에 어떤 기준을 갖게 되고 그것을 현실과 비교하는 방법을 알게 되었을 때 비로소 자기 자신을 평가할 수 있게 되는 것일지도 모릅니다. 어떤 아이는 이렇게 생각할지도 모릅니다. "끈적끈적한 것은 나쁜 거야. 느낌도 그렇고 말이야. 지난번에 내 손이 끈적끈적했을 때 엄마의 행동으로 미루어보면 더욱 그래. 지금 나는 끈적끈적해. 이건 나쁜 거야." 마음속에 기준을 가지고 그 기준에 맞춰 상황을 판단하는 것은 더욱 많은 사고의 유연성을 보여줍니다. 어쩌면, 더 많은 말들을 습득하는 것도 도움이 될지 모릅니다. 지금 이 아이는 '좋다'와 '나쁘다', '끈적끈적하다'와 '깨끗하다'와 같은 묘사 용어들을 배우고 있습니다.

감정적 자아 조절하기

마지막으로, 사회적 자아는 우리가 과잉반응을 보이거나 정도를 넘어서는 행동을 하지 않고도 원하는 것을 얻을 수 있도록 자신의 감정을 조절하는 능력으로부터 생깁니다. 감정적 자기조절은 우리가 편안해 하는 수준의 정도로 감정 상태를 조절하여 우리가 원하는 목적을 달성하게끔 하는 방법들로부터 시작됩니다.[192] 세상에 태어나 첫 몇 개월 동안, 아기들은 자신의 감정 상태를 조절할 수 있는 범위가 극히 제한적입니다. 불유쾌한 자극으로부터 고개를 돌리고 너무 감정이 고조되면 손가락을 빨수는 있지만, 아기들은 쉽게 격한 감정에 압도됩니다. 그 때가 바로 부모가 관여해야 하는 순간입니다. 부모는 아기를 안아 올려서, 부드럽게 흔들어주고, 속삭이듯 말을 건넵니다. 이 모든 것은 아기가 감정을 조절할 수 있도록 도와줍니다.

대뇌 피질의 발달에 따라, 아기의 자극에 대한 인내심도 증가합니다. 생후 2개월에서 4개월 사이에는, 보육자가 이 한계 범위를 기반으로 얼굴을 마주보고 놀아주기 시작하거나 물건에 대한 관심을 높여줍니다. 부모는 아기가 감정이 격해져 고충을 겪지 않도록 아기가 취하는 행동의 속도를 세심히 조절해줌과 동시에 기쁨을 불러일으킵니다. 결과적으로, 자극에 대한 아기의 인내심은 증가됩니다. 생후 4개월이 되면, 아기들은 불유쾌한 상황으로부터 고개를 돌림으로써 자기 스스로를 돕고, 한 살이 다되어 갈 무렵에는 자신의 감정을 조절하기 위해 다른 곳으로 기어갈 수가 있습니다. 보육자들이 아이들의 감정 조절을 도와주는 것은, 아이가 자신만의 감정적 자기조절 스타일을 만드는 데 기여하는 것입니다. 두 살이 되고 나면, 아이들은 스스로 기분을 조절하기 위해 언어를 사용하기도 합니다. 어휘가 발달하여 "행복해.", "사랑해.", "징그러워.", "화났어."와 같은 말들로 감정을 표현합니다. 괴물들에 대한 이야기를 들으면서, 수지 Suzie는 "엄마, 무서워!"하며 훌쩍였습니다. 모니카 Monica는 책을 내려놓고 수지에게 따뜻한 포옹을 해줬습니다. 수지는 자신의 감정을 조절할 수는 없었지만, 엄마에게 자신의 감정을 전달함으로써, 필요한 안정을 얻을 수 있었습니다.

학습 찬스 | 감정 표현하기

아이들은 얼굴 표정으로, 우리의 손을 꼭 잡은 작은 손으로, 또는 머뭇거리는 발걸음으로 끊임없이 우리에게 자신의 감정을 보여줍니다. 우리는 이 소중한 타이밍을 놓치지 말고 아이들이 어떤 기분인지에 대해 함께 이야기하고, 들어주고, 우리의 감정을 나눠야 합니다. 부모들과 보육자들은 흔히들 감정에 대해 아이들과 이야기하려고 시간을 내지 않지만, 그렇게 했을 때, 우리는 엄청난 보상을 받게 됩니다. 우리는 아이들이 어려운 순간들을 헤쳐 나갈 수 있고 기쁜 순간들을 다른 이들과 함께 축하할 수 있도록 어휘력을 길러줍니다. 이 아이들이 바로 당신을 위해 "사랑해요."라고 말해줄 아이들인 것입니다.

나 저거 가지고 싶어. 지금 당장!
감정 다스리는 방법을 배워야 하는 중요성

팀Tim은 식료품점 안에 있습니다. 아이는 완전히 눈물 콧물로 범벅이 되어 땅바닥에 주저앉아 항의를 하고 있습니다. 이것이 M&M 초콜릿 한 봉지를 두고 협상하는 이 아이의 방법입니다. 이게 바로 미운 두 살일까요? 이 아이는 서른두 살이 되어도 계속 이 짓을 하고 있을까요? 어린 아이들은 자신의 불만스러움과 실망스러움을 조절할 수 있어야 하며, 짜증을 내서는 안 되는 것일까요? 심리학자들이 감정 조절이라 부르는 이 과정은 그리 순조롭게 흘러가지 않습니다. 더 나아가, 기질적인 차이 탓에, 아이들은 감정을 조절하는 단 한 가지의 해결책에 모두가 다 최선의 반응을 보이지는 않습니다.

그러나 당신이 뜻대로 되지 않을 때마다 항상 울음을 터뜨린다고 상상해보십시오. 또는 원하는 것을 하지 못하게 하는 이에게 마구 주먹을 휘두른다고 상상해보십시오. 그리고도 직장에 계속 붙어있을 수 있을까요? 친구들이 남아있기나 할까요? 감옥에 들어가게 되는 불상사가 생기지는 않을까요? 하지만 자신의 감정을 최선의 방법으로 조절하고 이용하게 되려면 오랜 세월과 충분한 지능적 성장이 필요합니다. 감정 조절에는 긍정적인 것 뿐만 아니라 부정적인 감정과도 협력할 수 있는 능력이 포함되어 있습니다. (마치 성인들에게마저 좋은 소식들뿐만 아니라 나쁜 소식들에 의해서도 심장마비가 발생할 수 있듯이 말입니다!)

우리 모두는 자신을 어떻게 진정시킬 수 있는지를 즐겁거나 슬픈 경험들로부터 배웠는데, 그것은 어린 시절 부모들과 보육자들이 감정을 조절할 수 있도록 도와줬기 때문에 가능한 것이었습니다. '술래잡기 놀이'라든지 '까꿍 놀이'와 같이 신상감을 주는 놀이를 생각해보십시오. 겉으로는 단지 재미있게 시간을 보내기 위한 것으로 보이지만, 사실은 이 놀이들이 아이들에게 자신의 감정을 조절하는 방법을 가르칩니다. 뉴욕New York에 있는 코넬대학 의료센터Cornell University Medical Center의 다니엘 스턴Daniel Stern 의학박사는 우리에게 부모들이 까꿍 놀이를 이용하여 아기들의 감정 상태를 어떻게 조절할 수 있는지에 대한 훌륭한 분석 연구를 제공했습니다.[193]

생후 9개월 된 어빙Irving이 아기 침대 속에 앉아있고, 아빠 제프Jeff가 어빙을 바라보고 있는 모습을 상상해 봅시다. 우리는 그들이 예전에도 분명해본 적이 있는 놀이를 다시금 즐기고 있는 모습을 몰래 지켜보고 있습니다. 제프가 어빙의 이불을 낚아채 자신의 머리 위로 던져 올립니다. 어빙은 아빠가 몇 분간 꼼짝 않고 있는 동안 큰 소리로 웃어댑니다. 어빙의 얼굴은 기대감으로 빛나고, 아빠가 이불을 갑자기 벗어 던질 거라 예상하고 심지어 두 눈을 깜빡이기까지 합니다. 제프는 큰 소리로 "까꿍!"을 외치며 이불을 벗어 던집니다. 어빙은 자지러지듯 웃으며 제프에게서 도망가려는 듯이 다시 아기 침대 안쪽으로 기어갑니다. 여기에 조금의 불안감이라도 존재할까요? 제프는 이것을 두 번 더 하고 나서는, 다시 모습을 드러내기까지 더 오랜 시간을 기다렸습니다. 어빙은 이번에 아빠가 이불을 던져버리기까지 기다리고 또 기다리면서 긴장감이 극도에 달합니다. 어빙이 관심을 잃기 시작할 무렵, 제프는 이불을 다시 던져 올리며 "까꿍!" 하고 외칩니다. 어빙의 놀라는 반응과 약해진 웃음을 보고, 제프는 어빙이 충분히 자극을 받았다고 생각하고는 이불을 아기침대 속에 다시 넣어둡니다.

스턴 박사가 지적한 바와 같이, 이 전형적인 아기와 부모간의 놀이는 몇 번 씩이나 되풀이되고 이윽고 최고조에 이르게 됩니다. 어빙은 혼자서는 절대로 이러한 놀이를 개발해내지 못했을 것입니다. 이 놀이에는 두 사람이 있어야 합니다. 그리고 이 경험은 기쁨을 주는 긴장감과 기대로 가득하고 아마 조금의 불안감도 있을 것입니다. 어빙의 감정 상태에 세심히 신경을 써주는 아빠는, 몇 번씩 놀이를 되풀이한 후에 어빙이 충분히 놀았다고 생각이 되었을 때 놀이를 중지합니다. 이것이 바로 우리가 아이들을 위해서 해야 할 일입니다. 아이들을 위해 흥분을 자아내고 그 흥분된 시간동안 아이들의 감정을 조절합니다. 이런 놀이를 하다가 도를 넘겨서 아기를 울려버리는 부모는 흔치 않습니다(가끔은 이런 부모가 존재하기도 하고 그들의 행동이 학대의 경계선까지 이르기도 하지만 말입니다).

우리는 처음부터 아기들이 부정적 감정들을 조절할 수 있도록 도와줍니다. 아기들이 울음을 터뜨리면, 우리는 그들을 안아 올립니다. 그러나 밤중에는, 아기가 스스로 진정하는 법을 깨우칠 수 있도록 내버려두기로 할 수도 있습니다. 대부분의 아기들이 부모와 떨어져서 잠을 자는 문화권에서는, 잠에서 깨었을 때 누군가의 따스함이 옆에 느껴지지 않더라도 다시 잠들 수 있도록 배워야 할 필요가 있기 때문입니다.

감정 조절은 수업이나 영상물을 통해서 배우는 것이 아니라 실생활에서 배우는 것입니다. 오직 실생활만이 아기가 성질을 부리게 할 만한 감정의 깊이와 범위를 끌어낼 수가 있습니다. 당신은 어렸을 때 너무 오랫동안 심하게 울어서 숨을 헐떡였던 일이 기억나십니까? 자신을 너무 통제할 수 없게 되었기 때문에 기분이 좋지 않았을 것입니다. 소아과 의사들이 아무리 "투정을 무시하라."고 말해도, 누구나 자기 아이를 잘 알고 있습니다. 두 살 반 먹은 세라Sarah의 엄마인 매리Mary가 우리에게 말했습니다. "세라는 성질을 부릴 때 내가 그대로 무시하고 놓아두면 '스스로 진정되지' 못해요. 나에게 더 나은 방법은 아이의 주의를 다른 곳으로 돌리는 거죠. 만약 아이가 계속 성질을 부리도록 놔둔다면 몇 시간동안이나 안아주고 진정시켜야만 해요." 이것은 세라가 아직 울음을 그치고 정신을 차릴 수 있을 만큼의 감정 조절을 충분히 하지 못하기 때문입니다. 그리고 하나의 해결책이 모두에게 적용되지는 않습니다! 아이들은 유일무이한 기질을 가지고 있습니다. 어떤 아이들은 다른 아이들보다 더 반응이 빠르고 혹은 더 감정에 충실한 것처럼 보입니다. 어떤 아이들은 실망감으로부터 빨리 벗어나고 마치 아무 일도 없었던 것처럼 행동합니다. 이것은 아이의 나이가, 더 자세히 말하자면, 아이의 감정 조절 발달 과정이 어느 단계에 와있는지가 큰 역할을 합니다. 즉, 생후 18개월에 짜증을 부리게 한 일이 20개월째에는 대수롭지 않은 일이 되어버릴 수 있는 것입니다.

일단 아이들이 자기 자신을 통제할 수 있는 방법을 터득하고 나면(주의를 환기할 수 있는 것을 찾아보거나, 자신이 원하는 것과 대체할 수 있을만한 것을 찾아보거나, 가장 좋아하는 동물 인형으로 자신을 진정시켜보거나 하는 일들을 통해서), 자신의 심적 고통에 대한 지배권을 얻은 것과 같은 느낌을 받을 것입니다. 그러나 이러한 감정 조절은 부모들과 보육자들이 아이들과 함께 이야기를 나눔으로써 짜증나는 일들에는 다른 대안이 있다는 것을 이해할 수 있도록 도와야 합니다. 그리고 아이들이 이러한 '논의'로부터 뭔가를 얻을 수 있게 되기 전에도, 부모는 아이의 감정이 격해지기 시작하는 것을 느낄 때 다른 곳으로 아이의 관심을 돌리는 것과 같이, 아이들이 자신의 감정을 조절할 수 있도록 외부로부터의 도움을 제공해야 합니다. 부모는 아이에게 이 조절 능력을 서서히 넘겨주게 되는데, 대부분의 경우가 부정적인 감정이 생겼을 때 어떻게 하면 건설적으로 대처할 수 있을지 아이에게 가르치면서입니다. "너 나한테 화가 많이 났구나, 그렇지? 어떻게 하면 우리 아기가 기뻐할까?"라고 말하는 것처럼 말입니다.

일단 언어를 사용할 수 있게 되면, 과학은 우리에게 두 살에서 다섯 살 사이의 아이들과 부정적인 감정에 대해서는 물론, 긍정적인 감정에 대해서도 최대한 많은 대화를 나누라고 합니다. 하지만 부정적 감정이 더 고통스럽고 불쾌한 것이며, 따라서 긍정적 감정에 비해 더 많은 조절이 필요하기 때문에, 과학자들은 긍정적 감정과 부정적 감정에 대한 대화가 매우 다르다는 사실을 발견했습니다. 부모가 아이와 함께 연극을 보다가 "와, 이제 토끼는 행복해졌겠네!"라고 말을 할 수 있는 반면, "어제 잠들기 전에 침대에서 왜 울었니?"하고 말할 수도 있습니다. 부모는 자신의 아이들이 과거에 했던 부정적인 일들에 대해 이야기하는 경우가 더 많습니다. 또한 그들은 부정적 감정들에 관련된 정답이 없는 질문들을 더 자주 하고("저 사람이 왜 우는 걸까?"), 다른 사람들이 겪는 부정적 감정들에 더 관심을 기울이게 하는("어제 아빠가 왜 화가 났었을까?") 경향이 있습니다.

이 모든 말들은 어떤 기능으로 작용할까요? 부모와 이런 논의를 많이 해본 아이들은 훗날 자신과 타인의 감정을 더 잘 이해하게 되는 것으로 나타났습니다. 또, 지식은 힘입니다. 자신의 감정과 타인의 감정을 이해하는 것은 부정적 감정을 유발할 수 있는 상황들에서 더 나은 행동을 할 수 있게 해줍니다. 감정 조절을 배우는 것은 성인이 되어서도 줄곧 유용합니다. 『감성지능Emotional Intelligence』의 저자이자 예일대학 아동연구센터Yale University Child Study Center의 사회적 & 정서적 공동교육 연구회Collaborative for Social and Emotional Learning의 공동창립자인 다니엘 골만Daniel Goleman이 "사람들이 자신의 속상한 감정들(분노, 불안, 우울, 비관, 그리고 외로움)을 더 잘 감당할 수 있도록 돕는 일은 일종의 질병 예방의 하나입니다."라고 연구를 통해 지적했습니다.

유명한 유아발달 연구협회Society for Research in Child Development가 발표한 2002

년 보고서는 많은 연구들을 바탕으로 다음과 같은 명확한 결론을 지었습니다. " … 처음 몇 년간의 학교 교육은 아이들의 감정적, 그리고 사회적 능력을 튼튼한 기반으로 하여 구축되어 나가는 것으로 보입니다." 그리고, 다음과 같이 기재하였습니다. "집중하고, 지시를 따르고, 다른 아이들과 사이좋게 지내고, 분노와 고통에 대한 자신의 부정적 감정들을 조절하는 것에 어려움을 겪는 아이들은 학교에서 비교적 잘해내지 못합니다." 아이들을 연구하는 과학자들은 심지어 이런 능력들을 어떻게 얻게 되는지에 대한 몇 가지 해답들도 알고 있습니다. 아이들의 기질, 그리고 부모나 보육자의 아이들과의 상호작용, 이 두 가지 모두가 아이들이 자신의 부정적 감정을 잘 감당할 수 있도록 가르치는데 핵심적인 역할을 하고 있습니다. 그러기 위해서 아이들은 다음의 두 가지 능력을 반드시 배워야만

< 숨은 재능 확인하기 > 감정 이해하기

나이 : 3세~6세

당신의 아이가 세 살 이상 되었다면, 감정에 대해 이해하고 이야기하는 것을 돕기 위해 그림책을 사용해볼 수도 있습니다. 그림책에서 뭔가 특별히 좋거나 나쁜 일이 일어났을 때, 아이에게 왜 그런 일이 일어난 것 같은지 물어보십시오. 이것은 아이들에게 감정적인 결과를 초래하는 결말의 원인이 무엇인지에 대해 생각해볼 수 있게 해줍니다. 좋거나 나쁜 결말로 영향을 받은 주인공이 어떤 기분일지 아이에게 자세히 물어보십시오. "토끼가 자기의 아기를 찾을 수가 없어서 기뻤을 것 같아, 아니면 슬펐을 것 같아?" "이 작은 아이가 왜 웃고 있는 걸까?" 당신이 가지고 있는 삶의 지식, 그리고 이야기의 전개 방식이 당신에게는 너무 뻔해보일 수 있더라도 어린 아이가 이해하기에는 훨씬 덜 분명해 보일 수 있다는 사실을 명심하십시오. 아이가 감정의 연관성과 원인을 이해하도록 돕는 것 외에, 그림책 속의 감정적인 사건들에 대해 이야기를 나누는 것도 더 책을 잘 읽는 아이로 거듭날 수 있게 해줄 것입니다!

합니다. 감정을 보고 느꼈을 때 그것을 **인식**할 수 있는 능력과 그 감정을 **식별** 할 수 있는 능력입니다.(이를 테면, "나는 화가 나있어.") 이 지식은 부모와 보육자가 아이들에게 감정에 대하여 이야기해주고, 생기는 감정들에 대응하는 방법들을 가르쳐주는 것에서 비롯됩니다.

지적 자아의 발현 : 칭찬은 정말로 위험한 것일까?

에리카Erika와 레이첼Rachel은 어린이집의 테이블 앞에 놓인 자그마한 의자에 앉아있습니다. 그들은 딱 자기 연령에 맞게 만들어진 퍼즐놀이를 하고 있습니다. 그런데 이 퍼즐놀이가 그다지 만만치가 않습니다. 에리카가 한 조각 한 조각씩 정글 속 동물들의 그림을 조심스레 맞춰보려 노력합니다. 그 반면에 레이첼은, 퍼즐 조각들을 만지작거리고만 있습니다. 아이는 방 안을 둘러보고는, 에리카의 반쯤 완성된 퍼즐을 보고, 그 다음에 단 몇 조각밖에 맞춰지지 않은 자신의 퍼즐을 봅니다. 아이는 이내 포기해버리고 인형들이 있는 곳으로 가서는 바비 인형을 야단치기 시작합니다. "엄마는 너한테 화가 났어. 너는 바보야. 퍼즐을 완성할 수 있을 때까지 TV 못 볼 줄 알아."[194]

레이첼은 심리학자들이 끈기 없는 아이로 일컫는 유형의 아이입니다. 캐롤 드웩Carol Dweck 교수와 그녀의 동료들은 인내심 부족을 불러일으키는 특정 육아 방식을 발견하였고, 이에 따라 생겨나는 자기개념이 훗날 아이의 삶에 미칠 결과에 대해 예측할 수 있다고 주장했습니다. 당신이 농구 시합에서, 혹은 받아쓰기 시험에서 가벼운 실수를 하여 속상해하고 있을 때 끊임없이 당신의 어머니가 읊으시던 대사를 기억합니까? "처음에 성공하지 못했다면, 될 때까지 노력해라." 만약 그것이 당신 부모의 테마송이었다면, 당신은 훌륭한 지적 자아를 가지고 있을 것입니다. 노력에 대한 주문은 자기 자신에 대한 본질적이고 변화하지 않는 뭔가를 원인으로 돌리지 않습니다. 즉, 실패의 원인을 되도록이면 머리가 나쁘다던가, 게으르다던가 히는 탓으로 돌리지 밀아야 한다는 뜻입니다. 목적을 달성하기 위해 얼마만큼의 노력을 했는지에 대해서만 마땅히 자신을 평가해야 합니다. 그러나 당신의 부모가 능력과 지능을 강조하며 칭찬했다면, 당신은 어려운 과제에 도달했을 때 인내하지 않는 또 한 명의 레이첼이 되었을 것입니다.

아이들은 자신의 지적 자아에 대한 건전한 개념을 어떻게 개발해낼까요? 이 문제를 연구하는 심리학자들은 때때로 이 성장 단계를 자존감의 개발development of self-esteem이라 부릅니다. 아이들의 자아에 대한 이해의 최고 전문가들인 죠지 베어George Bear 교수와 캐시 밍크Kathy Minke 교수에 의하면, 아이의 자아에 대한 이해와 자존감 운동에 있어서의 전문가들은 현재 아주 심각한 상황에 이르렀다고 말합니다.[195] 세계각지의 서로 연결된 연구자들은 자존감과 학업성취의 관계는 심각하게 다시 고찰해볼 필요가 있다고 생각하고 있고 이런 근거 없는 믿음은 또 하나의 신화적 믿음을 야기 시키고 있다고 주장하고 있습니다. 가장 위험한 믿음 중 하나는 바로 자존감을 강조하는 프로그램들이 아이들의 학업성적을 향상시킨다는 것입니다. 연구 결과는 성취율을 끌어올리기 위해서는 아이들에게 똑똑하다고 말해주는 것 이상의 뭔가가 필요하다는 것을 보여줍니다. 하지만 이와 관련해 인터뷰를 한 부모들 중 85%가 학업 성취를 위해 아이들이 영리해져야 하고 이를 위해 아이들을 똑똑하다고 칭찬해야 한다고 믿는다는 대답을 했습니다.[196] 아이들에게 자신이 얼마나 영리한지 알려주는 것이 뭐가 그리 잘못하는 거냐고 당신은 생각할지도 모릅니다. 아이들에게 너희는 영리하다고 말해주면 실제로 영리해질 거라고는 군이 기대하지 않는다고 해도, 그런 식으로 아이들의 자존감을 북돋아주는 것마저 왜 안 좋다는 걸까요?

드웩 교수의 연구가 우리에게 해답을 알려줍니다. 그녀는 우리에게 아이들의 학문적 과업의 성취에 있어서는 **지능**에 대해 칭찬하는 것을 조심하라고 경고합니다. 그녀는 다음과 같은 글을 썼습니다.

> …자존감은 사람들에게 매우 중요한 역할을 합니다. 칭찬은 아주 강력한 도구입니다. 마치 무기 창고 안의 최고의 무기와 같습니다. 옳게 쓰이기만 한다면 학생들이 훗날 지능적 도전을 즐기고, 노력의 가치를 이해하고, 좌절을 극복할 수 있는 어른으로 성장하도록 도와줍니다. … 그러나 칭찬이 적절히 쓰이지 않았을 경우, 이것은 학생들을 강하게 만들기보다는 더 수동적이고 남들의 말에 의존하게 만드는 어떤 마약과도 같은 부정적인 힘으로 작용할 수 있습니다.[197]

당신이 꽤 시시하다고 느꼈던 과제를 해낸 것에 대해 칭찬을 받았다면 어떤 기분이 들지 생각해보십시오. 어쩌면 당신은 칭찬을 해준 사람이 당신을 꽤 멍청하게 보고 이 과제를 하려면 당신의 능력을 최대한 발휘해야 하는 것으로 생각했을 거라 결론지을지도 모르겠습니다. 조금 전의 일화에 언급된 레이첼은 노력보다 지능에 대한 칭찬을 더 많이 받았을지도 모릅니다. 그리하여 아이는 문제에 맞닥뜨렸을 때, 뒷걸음질 치며, 문제를 해결하지 못하면 멍청해 보일까봐 걱정합니다. 실험에서도 실생활에서도, 어떤 과제를 달성함에 따라 지능을 칭찬받은 아이들은 지능 자체를 문제 해결을 위해 사용해야 하는 도구라기보다는 그저 '명예로운 장식과 같은 것'으로 생각하게 됩니다.[198]

반면에, 에리카는 어려운 과제를 만났을 때 뒷걸음질 치지 않습니다. 이 아이의 행동은 **적응형**adaptive으로 특징지어집니다. 적응형 학생들은 자신들에게 지능이 강조된 적이 없었기 때문에 체면을 세우거나 똑똑해 보이는 것에 연연하지 않습니다. 대신에, 이 세상의 에리카들은 그들의 첫 번째 실패를 자기 자신에 대한 지능의 배신으로 여기거나 쉽게 포기하지 않습니다. 그들에게 있어서, 초기의 실패는 그서 더 많이 노력해야 하고 새로운 방법들을 몇 가지 더 시도해봐야 한다는 표시일 뿐인 것입니다. 이런 스타일이 왜 적응형이라 불리는지는 쉽게 알 수 있습니다.

노력에 대한 칭찬은 아이들을 과제 앞에 꾸준히 붙어있게 만듭니다. 지능에 대한 칭찬은 그들을 포기하게 만듭니다! 드웩 교수와 그녀의 동료들은 유치원생들마저도 '영리함'이나 '훌륭한 결과'에 대해 칭찬받았을 때 다른 반응을 보인다는 사실을 발견했습니다. 그들은 레이첼과 똑같이[199], 어려운 문제가 생기면 건설적으로 대응하지 못하고 뒷걸음질 치는 행동을 보입니다.[200]

아직 네 살밖에 되지 않았을지라도, 몇몇 아이들은 이미 어려움과 맞닥뜨렸을 때 쉽게 포기하기 시작합니다. 이런 아이들은, 인형 코너에서 놀던 레이첼을 보고 짐작했겠지만, 작은 실수까지 질책하는 부모를 둔 경향이 있습니다. 반면에 에리카는, 자신의 능력에 기대를 맞추고, 노력을 칭찬하고, 모든 것을 지시하기 보다는 자기가 스스로 도전하고 싶은 것들을 선택할 수 있게 해주는 부모를 뒀을 가능성이 높습니다.[201] 에리카의 부모는 아마도 따뜻하게 잘 대응해주고, 단호하지만 적절한 요구를 하는 '권위적authoritative'인 부모일 가능성이 높습니다. 반면 레이첼의 부모는 아이에게 너 혼자서는 아무것도 할 수 없다는 생각을 심어버리는 '독재적authoritarian'이거나 강압적인 부모일 확률이 높습니다. 세 번째 유형인 '관대한indulgent' 또는 '자유방임적permissive'인 부모는, 아이가 하는 모든 것을 칭찬해 주어 잘못된 자부심을 심어줌으로써 머잖아 절대로 자기 잘못이란 있을 수 없다는 마치 당신의 회사 동료와 비슷한 유형의 사람이 되는 결과를 초래할 수 있습니다. 당신은 어떤 유형의 부모입니까? 당신의 배우자도 같은 스타일입니까?

　그렇다면 칭찬을 하지 말라는 것일까요? 전혀 그렇지 않습니다! 그러나 배움을 **과정**으로 여겨야지, 능력의 검증으로 여겨서는 안 됩니다. 드웩 교수는, 학생들을 칭찬에만 의존하고 얽매여 실패 자체를 나약함으로 해석해버리는 사람들로 만들 수 있기 때문에 그들에게 똑똑하다는 말을 하지 말라고 충고합니다. 아이들이 뭔가를 인내심을 가지고 할 수 있게 하기 위해서는, 그들의 목표를 위한 계획, 끈기, 집중력, 그리고 계획의 마무리에 대해서 칭찬을 하는 것입니다.[202] 그런데 만약 아이들이 과제를 너무 손쉽게 성공해버린다면, 우리는 쉬운 과제에서 완벽함을 추구한다는 인식을 심어주기 보다는 너무 쉬운 과제를 낸 것에 대해 사과해야 합니다. 학업적 자부심을 자아내기 위해 지능을 칭찬해야 한다는 것은 사람들이 잘못 알고 있는 가장 커다란 근거 없는 신화와 같은 믿음들myth 중 하나입니다!

신화들Myths에 대해 다시 생각해 보기

　존 B. 왓슨의 유명한 주장에도 불구하고, 아이들은 자기발전에 대한 많은 제안을 합니다. 자연은 우리 아이들을 유일무이하도록 창조하였고, 그렇기 때문에 우리는 그들이 태어나 몇 개월만 지나도 특정 기질의 경향을 이미 발견할 수가 있습니다. 아기들은 작은 찰흙덩어리들이 아닙니다. 하지만 같은 이유로, 아이들의 자아를 형성시키는데 있어 보육자의 역할이 중요하다고 한 왓슨의 생각도 한편으론 옳습니다. 우리가 그 특성에 영향을 줄 수 있는 가장 중요한 방법은 우리 아이들과 소통하는 것입니다. 그들을 돌봐주고, 대화를 나누고, 함께 놀아주는 것. 그들은 이러한 것을 통해 자신의 신체적, 사회적, 정서적, 그리고 지적 자아에 대한 근본적인 가르침을 배우는 것입니다. 자신의 인종적, 성 역할의 독자성을, 자신의 감정을 다루는 방법을, 그리고 적절한 도덕적 판단을 내리는 능력을 깨우칩니다.

다시 말해, 우리가 우리 아이들의 자아를 형성시키는데 있어서 **전능**하다고 생각하는 것은 정말 근거 없는 이야기입니다. 또한, 우리가 아이들에게 너희는 정말 똑똑하다고 항상 얘기해주는 것이 아이들에게 더 많은 자신감을 줄 것이라는 것도 근거 없는 이야기입니다. 아이들에게는 지능이 아닌, 노력에 대한 칭찬이 필요합니다. 우리가 보여줬듯이, 아이들은 시간이 흐르면서 서서히 자아상을 건설해나갑니다. 그리고 그 발달은 신체적 자아로부터 사회적/감정적 자아, 그리고 지적 자아까지 여러 단계에 걸쳐서 발생합니다. 아이의 부모 또는 보육자로서 우리는 이 과정을 지원해주고 보살펴줄 수가 있습니다. 이것을 가능케 하기 위한 몇 가지 방법들을 다음과 같이 제안하고자 합니다.

가정에서 직접 실천 할 수 있는 몇 가지 과제들

아이들의 발달하는 자의식에 우리가 확실히 한 몫을 한다는 사실을 인식한다면, 우리는 이 기회를 지혜롭게 이용해야 할 것입니다.

당신이 자녀 앞에서 그들의 이야기를 어떻게 하는지에 대해 관심을 기울이십시오. 대부분의 부모들은 어린 아이들이 자기 자신에 대한 인식이 부족하며 자신에 대한 이야기가 화제로 등장할 때 잘 모를 것이라고 생각합니다. 생후 18개월 된 아기들은 말할 때 쓰는 어휘가 고작 50 단어에 불과하며, 생후 24개월째가 되어야 약 200 단어로 늘어나는 것은 사실입니다. 하지만 심리학자들은 아이들이 배출해낼 수 있는 말보다 훨씬 더 많은 말을 **알아들을 수** 있다는 사실을 알게 되었습니다. 이 책의 저자인 우리들은 언어 이해력에 대한 실험을 하였는데, 심지어 어린 아이들까지도 얼마나 많은 것을 알고 있는지를 알고는 깜짝 놀랐습니다. 이를테면, 거의 아무 말도 하지 못하는 생후 17개월 된 아기들이 "쿠키몬스터에게 뽀뽀하고 있는 커다란 새가 어디에 있을까?"와 같은 다섯, 여섯 단어로 된 문장을 이해합니다. 당신의 아기가 아직 말을 못한다고 해서 당신이 하는 말들의 대부분을 이해하지 못하는 것이 아닙니다. 만약 아기들이 우리가 그들에 대해 비난적인 말투로 이야기하는 것을 듣는다면, 이것은 그들의 자아상에 영향을 미칠 수도 있습니다.

길가에서 스쳐 지나간 두 명의 정신과 의사에 대한 오래된 농담이 있습니다. 둘은 "안녕하세요?"라고 말하며 미소를 머금고 서로를 지나쳐 갑니다. 그리고 나서 각각, "저 사람이 무슨 뜻으로 저 말을 한 것일까?"하고 생각합니다. 우리들 중 정신과 의사는 없을지라도, 만약 어른들조차 다른 사람들이 어떤 말을 했을 때 그게 무슨 뜻일지 걱정하고 궁금해 한다면, 우리의 어린 아이들은 어떤 느낌일지 한번 상상해보십시오! 우리보다 말도 훨씬 모르고 비꼬는 말에 아직 어떻게 대응해야 할지도 모르기 때문에, 아이들은 우리가 자신들에 대해 이야기하는 것을 듣고 자신이 누구인지에 대한 감각의 대부분을 그리게 됩니다. "와, 아주 잘했어!" "너 정말 예쁜 아이구나!" 이러한 모든 발언들이 자아를 정의하는 밑바탕이 됩니다. 그렇기 때문에, 그리고 아이들의 언어 이해력이 그들이 할 수 있는 말들을 훨씬 능가하는 것이기 때문에, 당신은 자식에게 이야기하거나 또는 앞에서 자식 이야기를 할 때 주의를 기울이는 것이 중요합니다.

자식을 독립적인 인간으로 대하십시오. 이미 자식이 한 명 이상 있는 사람들은 벌써 기대치와 패턴이 형성된 후이기 때문에 특히나 이 조언은 받아들이기가 어렵습니다. 그러나 당신의 아이는 당신과 같은 방법으로 세상을 접하지 않을 수도 있다는 사실을 염두에 두십시오. 육아에서 가장 어려운 부분 중 하나가 자신과 거의 닮지 않은 기질을 가진 아이를 기르는 것입니다. 만약 당신은 어렸을 때 수줍음이 많았었는데 당신의 아이는 외향적이라면, 그것은 기쁜 일인 동시에 어색한 일일 수도 있습니다. 만약 당신은 외향적이었는데 당신의 아이는 수줍음이 많고 우물쭈물하는 경향이 있다면, 그것은 당신에게 더욱 더 불편한 기분이 들게 할 것입니다. 당신의 아이들이 불편함을 느끼는 일들을 강제적으로 하게 만들지 않도록 노력하십시오. 그 대신에, 단순히 격려해주십시오. 어떤 아이들은 그저 다양한 것들에 익숙해지는데 더 많은 시간을 필요로 할 뿐입니다. 당신이 아이들에게 잘 모르는 것을 알기 위해 노력하는 것이 얼마나 재미있는 일인지 보여준다면, 아이들은 다음번에는 자진해서 노력하려 할지도 모릅니다.

무엇이든지 가능하다는 것을 당신의 아이들이 알게 하십시오. 아이들은 스스로 남자아이들과 여자아이들, 그리고 성인 남녀가 할 수 있는 일들의 범위를 규정하고 고민한다는 연구 결과를 참고하면, 남자와 여자가 실제로 하는 다양한 일들을 아이들이 접하게 하는 것은 그들의 생각의 폭을 넓히는데 도움을 줄 것입니다. 하지만 당신의 아이가 아빠들도 간호사가 될 수 있다는 사실을 당장은 부정한다 해도 놀라지 않기를 바랍니다! 아이들은 여자들이 '남성적인' 일들을 하고 남자들이 '여성적인' 일들을 하는 상황들을 더 많이 보게 되면서, 자신의 개념을 점점 더 이러한 현실에 맞게 넓혀 갈 것입니다. 아이들이 자라서 결국 무엇이 되는가와 상관없이 그들의 선택이 성별에 의해서 제한되지는 않을 것이라는 사실을 알고 있는 것이 좋습니다. 아이에게 "저 트럭을 운전하고 있는 아가씨가 보이니?", 또는 "네가 다니는 소아과의 쥬디 선생님이 엄마이기도 하다는 사실을 알고 있니?"와 같은 말들로, 획일적이지 않고 중복되기도 하는 사람들의 역할들에 대해 때때로 이야기해주십시오.

아이들과 함께 감정에 대한 대화를 나누십시오. 당신의 현재 모습들 중 어떤 부분들은 당신이 어떠한 대우를 받았었고 어떤 이야기를 들었는지와 관련이 있습니다. 만약 내가 당신을 위해 세상에서 일어나는 사건들을 설명해주고, 당신이 빅터Victor의 장난감을 부러뜨렸을 때 왜 그 아이가 화가 났었는지 이해할 수 있도록 도울 수 있다면, 당신은 더 나은 사람이 될 것입니다. 감정은 내부에서 일어납니다. 부모가 아이들에게 감정에 관하여 이야기하는 것은, 관찰하고 평가하고 이해할 수 있는 밝은 표면으로 감정을 끌어올리도록 돕는 것입니다. 더 나은 아이를, 그리고 더 상대방의 감정을 잘 이해하는 아이를 만들기 위한 장난감은 어느 가게에서도 팔지 않습니다. 왜냐하면 그러한 배움은 오직 친밀한 사람들과의 상호작용을 통해서만 얻어질 수 있기 때문입니다. 아이들이 우리를 필요로 할 때 우리는 그들이 자신의 감정과 행동, 그리고 다른 이들의 행동과 기분을 설명할 수 있도록 그 곳에 있어줘야만 합니다. 우리 아이들을 명문대학에 입학시키고 그 곳에서 공부한 분야의 최고가 될 수 있도록 인지 기능을 서둘러 변형시키려 하는 것은, 일상생활에서의 아이들을 위한 적극적인 보살핌 없이는 헛된 노력일 뿐입니다. 아이가 불행하고, 자신의 감정을 조절하지 못하고, 사람들이 어떤 행동을 했을 때 왜 그랬는지 이해하지 못하는 비참한 '성공적인' 인간이 된다면 무슨 소용이 있겠습니까? 감정에 대해 대화를 나누는 것은 앞으로의 삶의 적응과 성공에 장기적인 영향력을 행사합니다.

정서적 지능은 삶의 성공과 연관성이 있다는 사실을 인식하십시오. 정서적 자아는 그냥 중요한 것이 아니라, 아주, 많이 중요합니다. 다니엘 골만Daniel Goleman의 책 『감성지능Emotional Intelligence』이 이 주장의 정당성을 확실히 보여줍니다. 당신이 얼마나 영리하고 당신이 대입 시험에서 어떤 점수를 받았는지는 중요하지 않습니다. 다른 사람들과 어떻게 어울려야 할지 알지 못하고, 그들이 보내는 신호를 읽지 못하고, 그들의 기분을 고려하지 못한다면, 당신은 인생에 실패했다고, 혹은 최소한의 성공의 기준에 미치지 못하였다고 볼 수 있습니다. 이 책에서, 골만 박사는 인생에 성공하기 위해 감성지능이 얼마나 중요한지를 강조한 하버드대학Harvard University의 하워드 가드너Howard Gardner 심리학 박사를 인터뷰했습니다. 가드너 박사는 '내적 지능Intrapersonal intelligence', 즉 우리 자신에 대한 지식, 우리의 감정, 그리고 우리가 우리의 행동을 이끌기 위해 이런 것들을 어떻게 이용하는지에 대해 이야기했습니다. 다른 한편으로, '대인 지능interpersonal intelligence'이 바로 타인에 대한 우리의 지식, 즉 그들의 기분을, 욕구를, 자극을 감지할 수 있는 능력입니다. 두 가지 다 성공적인 인생을 만드는데 필수적입니다. 가드너 박사는 다음과 같이 간단명료하게 이야기했습니다. "아이큐 160을 가진 많은 사람들이 아이큐가 100인 사람들 밑에서 일합니다. 이것은 내적 지능에 있어서 전자의 사람들이 낮고 후자의 사람들이 높을 때의 경우인 것입니다. 그리고 그날그날 꾸려가는 세상 속에서 관계적 지능보다 더 중요한 지능은 없습니다. 만약 이것을 갖지 못했다면, 당신은 누구와 결혼할지, 어떤 직장을 가질지, 등등에 대해 후회되는 한심한 선택을 할 것입니다."

달리 말하자면, 인생에 있어서 성공은 높은 아이큐나 대학 입학시험의 감탄할만한 점수를 훨씬 능가하는 것들을 아우릅니다. 그럼에도 불구하고, 어른들이 많은 아이들을 위해 만들어낸 온실 환경 속에서는, 개개인의 지능 발달에 대한 주안점이 사실상 결정적으로 중요한 감성지능 발달의 중요 요소를 퇴색시켜버렸습니다. 하지만 이 세상은 사람들로 가득 차 있기 때문에, 또한 다른 무엇보다도 우리 모두는 자식이 행복하기를 바라기 때문에, 어쩌면 지금이야말로 아이들이 행복하고 정서적으로 안정될 수 있도록 우리가 할 수 있는 것들에 대해 알려주는 과학의 말에 귀를 기울여야 할 때인지도 모릅니다. 그리고 어쩌면 우리 아이들이 우리의 도움을 통해 건설해나갈 수 있는 자아상의 질質에 대한 관심으로 균형의 중심이 옮겨져야 할지도 모릅니다.

8 장

자신에 대해 알아가기

아이들은 어떻게
사회적 기능을 발달시키는가?

아만다Amanda는 시그나Signa 기업의 보험사입니다. 제프Jeff는 증권 중계인입니다. 그들은 둘 다 부모가 된 것을 매우 기뻐합니다. 그러나 그들은 네 살 된 딸 코트니Courtney에게 충분한 '양질의 시간'을 제공하지 못하는 것을 항상 걱정합니다. 그들은 모든 책들과 교육용 장난감들을 사들였고, 저녁시간과 주말에 최대한 생산적인 시간을 보내도록 스케줄을 짜는데 여념이 없습니다. 결과는 매우 만족스러운 것이었습니다. 코트니는 알파벳 글자들을 모두 외웠고 이제는 짧은 책들을 읽을 수 있게 되었습니다. 아이는 스즈키Suzuki 바이올린을 배우고 있으며 심지어는 작은 숫자들로 덧셈과 뺄셈도 할 수 있습니다. 아만다와 제프는 아주 자부심이 강한 부모이지만, 그들에게 이제는 새로운 근심이 생겼습니다. 집에서는 그토록 출발이 좋았는데, 유치원에 가서는 코트니가 얼마나 더 잘 할 수 있을까요? 음악과 읽기에 그리 숙달되지 않은 다른 아이들과 함께 있는 것이 지루하지는 않을까요? 학교에 대한 흥미를 잃게 되지는 않을까요? 아이는 벌써 유아원에서 문제가 생긴 적이 있는데, 몇몇 아이들에게 왕따를 당했던 것입니다. 제프와 아만다는 코트니가 그 아이들보다 너무 뛰어나기 때문에 질투심을 불러 일으켜 괴롭힘을 당했을 거라 단정지었습니다. 그들은 유치원에서도 같은 일이 벌어질까 걱정합니다. 어떻게 하면 그들은 코트니를 보호하는 동시에 성취를 자극받는 환경 속에서 성공적인 교육을 보장받을 수 있을까요?

사교적 기술에 관하여

제프와 아만다는 우리들 중 많은 이들과 같은 식의 반응을 보였습니다. 자식의 지능 발달에 역점을 두고 사회적 기능 발달에 대해서는 별로 관심을 두지 않는 것이 그것입니다. 사실, 우리는 부모로써 종종 아이들의 지능은 잘 발달되도록 보살핌을 받아야 하지만 사회적 기능은 아무런 도움없이 스스로 발달할거라 여기는 경향이 있습니다. 우리는 사회적 기술은 아이들이 굳이 **배우지** 않아도 되는 것으로 생각합니다. 사회적, 그리고 정서적 발달은 학구적인 교육에 비해 답이 정해져 있는 것이 아니라서, 우리에게 훨씬 덜 중요하게 느껴지는 것입니다. 어떻게 되든 사회적 발달은 결국에는 발생하니까 말입니다.

그러나 이런 추정들이 과연 사실일까요? 우리는 그렇지 않다고 생각합니다. 사회와 접촉하는 데에 어떤 조건들이 따르는지 곰곰이 생각해본다면, 사회적 상황들과 협상하며 살아나가는 것은 지뢰밭을 건너는 것과 같을 수 있다는 사실을 당신은 곧 인식하게 될 것입니다. 그것은 자신의 감정을 다스리는 능력을 요구합니다.

예컨대, 짜증을 내는 것은 짜증을 나게 한 일의 원인을 해결해주지 못합니다. 그것은 타인의 사회적, 그리고 감정적 신호를 이해하는 능력을 요구합니다. 이제 집으로 돌아가 줘야 할 시간이라는 것을 알리기 위해 굳이 잠옷으로 갈아입고 보여줘야 될까요?

그것은 타인에게 자신이 무엇을 원하는지를 표현하고, 그것을 되도록이면 이행하도록 만들 수 있는 능력을 요구합니다.(사람들은 '명령'받은 것에는 잘 대응하지 않고 싶어 합니다). 그리고 그것은 자신이 정말 좋아하지 않는 사람과도 잘 어울리도록 배우는 것 또한 포함되어 있습니다.(예를 들자면, 직장에서 상사를 외면하는 것은 거의 불가능합니다.) 이러한 것들이 어떻게 보면 자식의 성공을 보장하는 일 아니겠습니까!

우리의 문화권 안에서는 개인의 행복이나 교우관계 등은 학교에서의 성적과 전혀 무관하다는 믿음이 전반적으로 있습니다. 우리는 '샌님'같은 아이들이 영리하지만 사교적이지 않다고 생각하는 경향이 있습니다. 스타트랙의 Mr. Spock이 완벽한 예입니다. 그는 매우 영리하지만, 공식적이나 사교적인 자리에서는 바보 같은 실수들을 범합니다. 그러나 놀랍게도, 이렇게 대중 매체가 보여주는 것과는 정 반대되는 사실을 연구 결과가 밝혀내었습니다. 더 인기가 많은 아이들일수록 학교에서 더 높은 점수를 받는다는 사실입니다.[203] 보스톤 대학Boston College의 마르타 브론슨Martha Bronson 교수의 명성을 널리 떨친 책『유년기의 자기 절제 : 선천성과 후천성Self-Regulation in Early Childhood: Nature and Nurture』에서, 그녀는 다양한 연구 결과를 통해, 또래들과의 상호작용 방법과 반응이 학교의, 그리고 훗날 인생의 질을 더욱 높이는 것과 관계가 있다는 사실을 보여주고 있습니다.[204] 믿기 힘들겠지만, 유치원생 아이들이 새로운 친구들을 사귀고 자신의 반 친구들에게 받아들여지는 정도가 교실 활동에 얼마나 적극적으로 참여할지, 그리고 심지어는 더 학습적인 과제에 스스로 얼마나 몰두할지를 예측합니다. 이것은 사교적인 아이들일수록 더 자주적인 학습자라는 것을 의미합니다. 또한 유치원생 아이들이 새로운 우정을 구축해나갈 때, 학업에 필요한 기술을 발전시키는 것과 마찬가지의 방법들로 자신을 학습 환경에 끌어들이는 것으로 보입니다.[205]

연구 결과는 우리에게 사교적 기술은 분명히 배워야 하는 것이라고 알려줍니다. 사회적 지능은 공짜로 생겨나지 않습니다. '학습행위'에 의해 얻게 되는 것입니다. 즉, 생활 속에서 발생하는 사람들과의 의미 있는 상호작용을 통해서입니다. 우리가 집에서, 보육원에서, 그리고 학교에서 아이들과 소통한 방법은 그들이 자라서 어떤 사람이 될지 결정하는데 중요한 역할을 합니다.

아이들의 아이큐 향상에 대해 만연하는 지나친 강조를 고려하면, 아이들의 사회적 지능이 갈수록 더 나빠질 수 있다는 것은 그리 놀랄만한 일이 아닙니다.(실제로, 현재 아이들에게 사교적 기술을 가르치기 위한 심리학과 교육학의 새로운 분야가 개발되고 있습니다. 심각한 문제를 보이는 아이들을 위해서가 아닌, 마음 조급한 부모들이 가르치지 못하는 몇 가지 유용한 사교적 기술들을 배울 수 있는 정상적인 아이들을 위해서 말입니다.) 아이들은 부모가 자신을 대하는, 그리고 타인을 대하는 태도를 배웁니다. 그리고는 그들은 그것을 또래의 아이들에게 써먹습니다. 유아원과 유치원은 대체로 그것을 실습하기 위한 즐겁고도 위험한 장소입니다. 또한 선생님들과 부모들이 아이들의 싹트는 사회적 재능을 돕기 위해 사회적 발판을 제공하는 곳이기도 합니다.

사회성 교육의 동심원

우리는 갈수록 넓혀져만 가는 몇 개의 동심원과도 같은 관계들 속을 헤쳐 나아가며 사회성을 배우게 됩니다. 첫 번째의 작은 원 속에서, 아기들은 사람을 물건으로부터 구별하기 시작합니다. 첫 번째 원을 감싸는 좀 더 큰 두 번째 원 속에서, 아기들은 타인의 기분을 의식하고 감정을 나눌 수 있게 됩니다. 다음의 마지막 원 속에서, 아기들은 다른 사람들이 자신과 다르게 생각하기도 하며, 다른 관점을 가질 수 있다는 사실을 인식하게 됩니다. 이번 장에서, 우리는 유아기 때부터 어떻게 사회성이 개발되는지를 추적해보고, 평범한 일상적 상호작용이 어떻게 우리 아이들을 훌룡한 사람 혹은 위험한 사람으로 변화시키는 교육으로서의 역할을 하는지 실례를 들어가며 보여주고자 합니다.

물리적 객체로서의 타인

가장 기초적인 단계로, 아기들은 자신의 세계에서 사람들을 물건들로부터 구별할 수 있어야 합니다. 다행히도, 인간의 진화과정은 아기들이 살아있는 생명체에게 관심을 가질 수 있게 하는 몇 가지 특징들을 그들에게 심어 놓았습니다. 이를테면, 아기들은 균형 잡힌 신체를 좋아하는데, 이것은 그들이 어떤 얼굴을 좋아하는지 확인해보면 알 수 있습니다. 이를 실험하는 실험실의 연구원들은 두 장의 사진을 나란히 놓았습니다. 한 장은 뒤죽박죽으로 만든 얼굴 모습이었고, 다른 한 장은 제대로 맞추어진 같은 사람의 얼굴이었습니다. 연구원들은 아기들이 제대로 맞추어진 얼굴을 더 보고 싶어 한다는 사실을 알게 되었습니다. 태어난 지 얼마 되지 않은 아주 작은 아기들이 뒤죽박죽의 얼굴과 그렇지 않은 얼굴을 쉽게 식별해냈고, 두 개의 눈이 균형적으로 윗부분에 달렸고 머리카락이 시작되는 선으로부터 3분의 1 정도 아랫부분에 코가 있는 얼굴의 사진들을 보는 것에 더 많은 시간을 보냈습니다.[206]

아기를 양육하고자 하는 사람이라면, 보살핌을 제공할 존재(부모 자신)의 얼굴과 몸의 특징들을 그 아기가 좋아하기를 바라는 것이 당연합니다. 이것은 정확히 자연이 의도한 일일 것입니다. 순전히 신체적으로만 봐도, 인간에게는 아기들이 좋아할 만한 모든 조건들이 다 갖춰져 있습니다. 일반적인 동물 세계의 갓 태어난 생명과 비교했을 때 인간의 아기들이 얼마나 무력한지 고려해본다면, 아기들이 침상이나 구름보다 사람들의 모습을 더 흥미롭게 여기는 것은 다행스러운 일입니다.

그러나 당신은 그 아기를 키우는 동안, 아기가 어른들을 보고 즐거워하는 것 이상의 뭔가를 할 수 있게 되기를 바랄 것입니다. 아기의 작은 세상 안에서 함께 지내게 될 다른 인간들과 바람직한 대인관계를 맺을 준비가 된 아기를 바라게 될 지도 모릅니다. 이러한 신체적 존재들과의 관계를 맺는 첫 번째 핵심이 '흉내 내기imitation'라는 이름 아래 연구되었습니다. 워싱턴대학University of Washington의 앤드류 멜트조프Andrew Meltzoff 박사는 아기의 흉내 내기에 관한 전문가입니다. 그는 태어난 지 단 이틀밖에 안된 아기들조차도 얼굴 표정을 흉내 낼 수 있다는 사실을 발견하여 과학계를 놀라게 했습니다.[207] 이러한 행동에 고도의 두뇌 활동이 수반되어야 한다는 사실을 감안했을 때 이것은 실로 놀라운 발견입니다.

이렇듯 아기가 다른 사람과 관계를 맺을 수 있는 능력이 있다는 사실이 왜 주목할 만한 일일까요? 아기들이 얼굴 표정을 흉내 낼 수 있다는 발견이 왜 놀라운 일일까요? 이 현상에 대해 좀 더 자세히 살펴봅시다. 당신이 아기 앞에서 혀를 내밀면, 아기는 당신의 얼굴과 그 대칭적인 얼

< 숨은 재능 확인하기 > 흉내 내기

나이 : 태어나서부터 2개월까지

당신의 갓난아기를 다리 위에 올려놓으십시오. 가까이에서 눈을 맞추고, 혀를 열 번 정도 천천히 내밀어 보이고는 아기도 자신의 혀를 내밀어 보임으로써 당신에게 반응을 하는지 살펴보십시오. 만약 성공한다면, 아마도 이번 기회가 타인이 당신에게 혀를 내민 것에 대해 즐거워할 수 있는 최초의 순간일 것입니다! 또는 입을 열 번 정도 천천히 열어 보이고는 아기도 그렇게 할 수 있는지 관찰하십시오. 당신의 갓난아기가 벌써부터 당신의 행동을 모방할 수 있고, 그렇게 함으로써 당신과 소통하고 있다는 사실을 아는 것은 흥분되는 일일 것입니다.[208]

굴의 아랫부분 쪽으로 튀어나온 이 특이한 돌출부를 봅니다. 혀를 입 안으로, 또 밖으로 넣었다 뺐다 하는 모습은 어딘가 우스꽝스러워 보일 수 있을 것입니다. 하지만 아기가 이 몸짓을 흉내 내기 위해서는 눈으로 본 것을 운동 신경으로 전달해야 하고, 그 후에 결국 자신의 혀를 입 안에서 밖으로 움직이게 할 수 있게 되는 것입니다.

분명한 것은, 아기들은 부모 또는 보육자와의 사회적 교류에 있어 적극적인 참여자라는 것입니다. 특별한 내용도 없는 단순한 이러한 사회적 교류들 속에서, 아기들은 다른 이들과 경험을 나누는 것에 대해 알게 됩니다. 이러한 사회적 교류의 상호작용은 '너와 나'에 대한 개념, 즉, 다른 이들과 자신이 관계를 가지는 방법들에 대한 개념을 갖게 해줍니다.

이러한 사회적 관계는 타인으로부터 무언가를 배울 수 있는 길을 열어주는 핵심적인 열쇠입니다. 그래서 우리는 아기들을 이 사회적 관계의 울타리 안으로 끌어들이기 위해 갖은 애를 씁니다. 부모와 아기가 함께 소통하는 것을 보면, 어른들은 아기들과 이야기할 때 그 대화 내용의 많은 부분을 아이들에게 적합하도록 수정하거나 보완해준다는 사실을 알게 될 것입니다. 첫 번째로, 우리는 아기들이 하는 행동을 흉내 냅니다. 만약 다른 어른에게 이와 같은 행동을 한다면 당연히 무례하게 받아들여질 것입니다. 두 번째로, 과장된 표정을 짓습니다. 다른 어른들과 대화를 나눌 때 한다면 이상할 만한 행동들을 합니다. 눈과 입을 아주 크게 벌린다든지, 눈썹을 머리카락이 나기 시작하는 부분에 닿을 만큼 높이 치켜 올린다든지, 기쁨의 에너지를 내뿜듯이 과장된 미소를 짓는다든지 하는 것 말입니다. 이런 과장된 행동들을 하게 만드는 프로그램은 이미 우리의 몸 안에 내장되어 있습니다. 아기들이 우리와 관계를 맺게 하려면 이러한 확대경이 필요하다는 것을 본능적으로 느끼기 때문입니다.

감정을 가진 존재로서의 타인

아기들로 가득 찬 방, 이를테면 소아과 병실 같은 곳에 들어가 본 적이 있습니까? 한 명이 울기 시작하면, 몇 가지 사이렌 소리들을 합쳐놓은 것과도 같은 상황이 펼쳐집니다. 모든 아기들이 말 그대로 한꺼번에 괴성을 지릅니다. 좋지 않은 감정이나 태도 등의 전염은, 아기들이 공감을 할 수 있다는 첫 번째 신호입니다. 다른 사람의 감정을 의식할 수 있고 다른 사람의 감정을 대신 느낄 수도 있게 되는 것입니다. 감정 이입 없이는, 우리는 다른 사람에게 어떠한 영향을 미칠지에 대해서는 털끝만큼도 신경 쓰지 않고 자신이 하고 싶은 대로만 행동하는 잔혹한 반사회적 인격 장애자가 되어버릴 것입니다. 감정 이입이 바로 아무런 대가 없이 남의 감정을 배려할 수 있게 해주는 근원입니다. 그리고 이 감정 이입이라는 것은 아기 침대 속에서부터 시작됩니다.

코네티컷Connecticut에 있는 유아원 원장인 셰리Sherry는, 눈 속에서 아침 걷기 운동을 마치고 안으로 들어온 22개월 된 아이들을 유심히 관찰했습니다. 첫 번째로 기어들어온 아기는 피곤하고 짜증이 나 있었으며 급기야는 울기 시작했습니다. 두 번째로 들어온 아이 또한 지쳐 보였지만,(눈이 올 때 입는 복장은 상당히 무겁기까지 합니다.) 친구가 우는 것을 매우 걱정스러워 했습니다. 아이는 아장아장 걸어가서 자신의 담요를 찾아오더니, 자기 친구에게 주었습니다. "이것이 바로 육아 프로그램을 진행하는 것이 커다란 즐거움이 되는 이유들 중 하나죠." 셰리가 말했습니다. "두 살밖에 안 된 아기들도 다른 아기들의 감정에 대해 세심할 수 있어요! 아직 말은 잘 못하지만, 누가 기분이 안 좋은 것을 확실히 알 수 있고, 또 종종 그 기분을 바꿔놓으려고 해요."

실험실의 연구는 셰리가 보육원에서 알게 된 것들을 뒷받침해줍니다.[209] 연구원들이 두 살 된 아기들의 엄마들에게 슬픈 척을 하라고 했더니, 그녀들의 아기들은 놀라운 행동들을 했습니다. 아기들은 자기 엄마에게 담요를 가져다주었고, 주의를 다른 데로 돌리려고 하였으며, 엄마의 기분이 나아지도록 꼭 안아주었습니다. 우리는 어떻게 서로 감성적으로 연결되어 있는 걸까요? 우리는 화가 났을 때 뭔가를 때리거나 쾅 하고 문을 닫지 않도록 감정을 조절하는 방법을 어떻게 배우는 걸까요? 발달 심리학의 분야 안에서, 애착과 감정 조절은 폭넓게 연구되고 있는 두 가지 부분입니다.

< 숨은 재능 확인하기 > 감정 이입

나이 : 1세~2.5세

당신의 집에서 감정 이입의 발달을 관찰할 수 있는지 확인해보십시오. 다쳐서 울고 있는 척을 하십시오. 아이가 어떻게 합니까? 두 살 반이 되고 나면, 대부분의 아기들이 다른 사람의 슬픔에 반응하게 됩니다. 만약 아이가 공감적으로 반응하지 않는다 해도 훗날 교도소에 가는 신세가 되고 말거라 걱정하지 마십시오! 아이는 그저 당신이 다친 '척'을 하고 있다는 것을 알고 있을 수도 있습니다.

애착 : 처음으로 맺는 관계가 기본이 된다

사회적 영역에서 아기가 좋은 출발을 하게 하는 것은 수월하기도 하고 특별한 수업이나 영상물 없이도 가능합니다. 상호작용이 많은 부분에 있어서 훌륭한 열쇠가 됩니다. 그러나 얼마나 호응적인 상호작용인지가 중요합니다. 아기가 보내는 신호를 따라야 합니다. 따라서 참견하고 잔소리하기 좋아하는 이모가 당신에게 아기를 너무 과하게 자극할 필요가 없다고, 그리고 당신이 아기에게 말을 너무 많이 하고 너무 많이 놀아주기 때문에 아기가 잠을 잘 안자는 거라고 말한다면, 어쩌면 그 말이 실제로 옳을 수도 있습니다. 아기들은 사회적 상호작용이 자신의 사회적 요구에 따르거나 반응하는 것을 즐긴다는 사실을 연구 결과는 명확히 보여주고 있습니다. 아기들은 상호작용을 원할 때와 그렇지 않을 때를 우리에게 알려주는 것으로 보입니다. 아기가 당신을 쳐다보며 옹알이를 하면, "나에게 말을 걸어줘요, 나랑 함께 놀아줘요."라고 말하는 것입니다. 아기가 당신에게서 고개를 돌리면, "나는 피곤해요.", 혹은 "잠시 동안 혼자 있게 해줘요."라고 말하는 것입니다. 아기들이 적응해 나아가는 이러한 사회적 상호작용은 차후에 갖게 될 대화와 사회적 관계들의 기초가 됩니다. 이러한 과정은 적합한 시기에 적절한 방법을 통하여 이루어지는 것이 중요합니다. 우리가 우리 아이들의 욕구에 잘 귀 기울여주고 아이들이 말을 할 수 있기 전에 하는 요구들에 제대로 반응해준다면, 우리는 교대로 소통하는 방법과 이해심을 갖고 관계를 맺는 방법을 시범 보이는 것입니다.

모성애인가, 수유인가?

아기들은 우리와 소통하는 것을 좋아하며, 자신을 길러주는 사람에 대한 애정을 빠르게 갖게 됩니다. 아기들은 삶 속에서 특별하다고 느끼게 되는 사람들과의 강한 애정과 유대관계를 개발해내도록 태어날 때부터 디자인되어 있습니다. 심리학자들은 이것을 애착이라 부릅니다. 생후 첫해의 하반기로 접어들면, 아기들은 익숙한 사람들에게 애착을 갖게 됩니다. 자신의 엄마뿐만이 아니라 자신의 신체적 보살핌과 자극에 대한 욕구에 반응해준 사람들에게 말입니다.

지그문트 프로이드Sigmund Freud는 아기가 갖는 엄마와의 정서적 유대관계가 훗날 갖게 될 모든 관계들의 기반이 된다고 처음으로 언급한 사람들 중 한 명이었습니다. 그러나 그는 엄마가 아이의 고픈 배를 채워주는 것에서부터 애정이 싹튼다고 생각했습니다. 스키너B.F.Skinner의 행동주의 이론 또한 약간의 다른 이유를 통해서이긴 하지만 수유가 애착 관계의 중심이 된다는 것을 사실로 단정했습니다. 스키너는 아기는 배고픔이 해소되는 것과 엄마(불안감을 해소시켜주며 모유를 제공하는)를 연결시킨다고 믿었습니다.

그러나 1940년대에, 심리학자들은 아기들의 정서적 행복의 중심에 **수유**의 자리는 그다지 크지 않으며, 보육자의 **지속적인 관심**이야말로 전적으로 큰 자리를 차지한다는 사실을 알게 되었습니다. 실제로, 아기들이 필요한 것이 정말 '수유'가 아닌 엄마의 사랑인지 알아보기 위해 이제는 고전 문학에 자주 등장하는 연구로 묘사되는 원숭이를 대상으로 한 직접적인 실험을 해보았습니다. 이 실험은 1950년대에 위스콘신대학University of Wisconsin의 젊은 교수였던 해리 헐로우Harry Harlow에 의하여 시행되었습니다.

원숭이들이 자신의 엄마를 택할 때

헐로우 교수는 프로이드와 스키너의 '수유'에 관한 이론에 맞서 관심과, 안정과, 양육에 대한 실험을 모색해내었습니다. 헐로우 교수와 그의 동료들은 아기 원숭이들을 두 가지 유형의 '엄마들'과 함께 길렀습니다.[210] 45도 각도로 기울어져 있는 철망으로 된 실린더를 상상해 보십시오. 이 엄마의 '가슴'에는 젖병을 끼워서 젖꼭지만 나와 있게 했습니다. 다른 '엄마'는 같은 모양과 크기이지만 젖병은 끼워져 있지 않습니다. 그러나 이 엄마는 껴안고 싶은 보풀이 많은 테리원단으로 싸여져 있습니다. 두 '엄마들' 모두 플라스틱으로 만들어졌으며 미소를 머금고 있습니다. 세계가 놀랄 만큼, 원숭이들은 분명한 선택을 했습니다. 두 엄마들이 모두 눈앞에 있을 때, 원숭이들은 테리원단의 '대리모'에게 엉겨 붙고는 다른 엄마는 홀로 남겨두었습니다. 배가 고프면, 철망으로 된 엄마에게 올라 타, 최대한 빠르게 배를 채우고는 다시 테리원단의 엄마에게로 점프했습니다. 밀접한 신체적 안정감은 아기들이 안전하다고 느끼기 위해 필요한 부분입니다.

결과는 분명했습니다. 엄마가 수유를 해주기 때문에 아기가 엄마에게 애착을 갖는 것이 아니었습니다. 더 정확히 말하면, 초기적 관계에서 중요한 것은 지속적이며 밀접한 보살핌입니다.

애착은 어떻게 형성되는가?

원숭이들을 대상으로 한 실험 결과는 훗날 애착 이론의 아버지라 불리게 된 정신분석가 존 보울비 박사 Dr. John Bowlby 에게 강한 충격을 안겨주었습니다.[211] 보울비 박사는 자신의 책들에서 애착에 대한 새로운 사상의 토대를 제시하였고, 애착 관계가 성립되는 절차를 묘사했습니다. 보울비 박사에 의하면, 애착은 생후 6개월 동안 아기가 타고난 다양한 표현 방법들로 자신의 보육자에게 관심을 받으면서부터 시작됩니다. 아기는 울며, 당신의 두 눈을 응시하며, 미소 지으며, 심지어는 당신의 새끼손가락을 움켜쥐기도 합니다. 아기는 당신에게 애착을 갖기 위한 준비 과정으로, 그리고 당신과의 상호 교감을 증진시키기 위해 당신을 탐구하는 것입니다.

앞으로 두 달 동안, 아기는 누가 자신과 친숙한 사람들인지 명확히 보여주기 시작합니다. 멀리 마다가스카르 Madagascar 에 살기 때문에 거의 보지 못하는 오스카 Oscar 삼촌보다는 엄마와 아빠에게 더 자유로이 웃고 옹알이를 합니다.

일단 관계가 성립되고 행동 패턴이 예측 가능해지고 나면, 아기는 자신이 가장 좋아하는 보육자가 반드시 돌아올 거라는 확신 하에 자리를 비우게도 해줍니다(가끔은). 보울비 박사에 따르면, 이러한 일련의 과정들은 아이들이 애착을 갖게 되는 상대를 '내적 작동 모델internal working model'로 만들어 나가는 과정이라고 합니다. 그의 초기 저서에서 그는 애착 상대가 엄마여야 한다고 주장했습니다. 그러나 이제까지 실행된 상당수의 연구들은 아기들이 오직 한 사람이 아닌 몇몇 사람들에게 애착을 갖는다고 제시합니다. 엄마가 주위에 없을 때 아기는 아빠와 노는 것에 만족하고, 두 명이 모두 밖에 나가고 없을 때에는 그저 배려심 많고, 세심하고, 즉각 반응해주는 보육자나 베이비시터와 함께 있으면 됩니다. 실제로, 아기들은 우리가 그러하듯이 여러 사람들과 정서적 관계를 성립하는 것으로 보입니다. 또한, 우리와 마찬가지로, 아기들도 다른 사람들보다 특히 더 좋아하는 몇몇 사람들이 있습니다.

계속된 연구들도 초기 애착 관계의 본질이 아이들의 정서와 학교 적응에 큰 영향을 줄 수 있다는 사실을 밝혀냈습니다. 위스콘신 대학University of Wisconsin의 알랜 스라우프Alan Sroufe 교수와 그의 동료들은 아기였을 때 좋은 애착 관계를 가졌던 아이들일수록 훗날 여러 방면에서 더 나은 적응력을 보인다는 연구 결과를 내었습니다.[212] 이를테면, 그들은 아기였을 때 안정적인 애착 관계를 가졌던 두 살배기 아이가 더 복잡하고 발달된 상상놀이를 하였으며, 새로운 문제가 주어졌을 때 더 열심히, 끈기 있게 노력했다는 것을 알게 되었습니다. 아기였을 때 안정적인 애착 관계가 형성되었던 네 살의 아이들은 애착 관계 형성에 문제가 많았던 아이들에 비해 더 넓은 공감 능력을 보였으며 더 높은 자존감을 가지고 있었습니다. 그러나 초기적 애착과 훗날의 적응력 사이를 잇는 고리는 오직 아이들이 지속적으로 사랑과 관심을 받는 상황 속에서만 보장되는 것으로 보입니다.[213] 달리 말하자면, 아기 때 좋은 애착을 가지는 것은 멋진 시작이기는 하지만 그것이 당신의 일생을 뒷받침해줄 수는 없다는 것입니다. 순조롭게 성장하려면 자라나는 동안 계속해서 세심하고 즉각적인 관심을 받아야만 합니다. 그러나 환경은 바뀌기도 합니다. 가족이 해체되고, 사람들이 직장을 잃고, 친척들이 세상을 떠나고, 엄마가 전일제 직장을 갖게 되기도 합니다. 이 모든 스트레스 요인이 부모와 아이들의 관계에 큰 영향을 미칩니다. 애착의 본질이 이러한 스트레스 요인들로 인해 변질될 수 있기 때문에, 안정성에 대한 열띤 논쟁은 계속되고 있습니다. 당신이 만약 스트레스 요인이 적은 가정에서 자랐다면 아마도 더 안정적인 애착관계가 형성되었을 것이고, 더 많은 변화와 위험을 겪어야 하는 환경 속에서 자랐다면 덜 안정적일 것입니다.[214] 다행스럽게도, 이것은 전혀 반대로 작용하기도 합니다. 아기였을 때 덜 안정적인 애착을 가졌던 아이들이라고 해서 불행한 것만은 아닙니다. 즉, 인생 초반의 애착 관계가 모든 것을 확정 짓는 것도 아니고, 그리고 어쩌면 결핍된 안정적 관계가 아기들이 훗날 겪게 될 어려운 인생항로를 결정지을 수는 있겠지만, 아기들은 아직 여러 사람들과의 안정적인 관계를, 그 사람들이 자신에게 시간을 내어주게 되고 예전보다도 더 많은 관심을 보이게 되면서, 계속 형성해 나갈 수가 있는 것입니다.

직장맘과 어린이집

애착에 관한 연구는 유례없이 많은 엄마들이 직장에 몸담기 시작한 시기와 더불어 시작되었습니다. 엄마와 아빠가 모두 직장에 다니면서, 가족들은 보육에 대한 해결책을 찾아 고심해야 했습니다. 우리 아기가 하루 온종일 다른 어른들과 시간을 보낸다 해도 우리를 변함없이 사랑하고 애착을 가질까? 그리고 만약 부모인 우리에게 애착을 가진다 하더라도, 애착 관계의 질이 악화되지는 않을까? 특정 시간 이하는 어린이집에 맡겨도 괜찮고 그 이상은 기본적인 애착 관계에 지장이 생긴다던가 하는 특별한 시간적 제한 같은 것이 있지는 않을까? 21세기에 들어와서는, 6세 이

하의 아이들이 있는 가정의 66퍼센트의 부모가 맞벌이를 하게 되었습니다.[215] 보육은 그저 가정의 문제만이 아닙니다. 국가적인 문제가 된 것입니다.

1980년대와 1990년대에는 이러한 문제들이 계속하여 면밀히 연구되었습니다. 그리고 바야흐로 세기가 바뀌면서, 이러한 반복된 질문들에 대한 몇몇 해답들이 나왔습니다. 첫 번째 해답은 현대의 흐름과 일치하는 것입니다. 과학자들은 아기들이 한 명 이상의 보육자에게 애착을 보이며, 몇몇의 보육자들과의 정서적 관계를 한꺼번에 형성시킬 수 있다는 사실을 알고 있습니다. 따라서 보육 시설에 아주 오랜 시간 맡겨지는 아이들일지라도 계속해서 자신의 부모에게 애착을 가진다는 사실이 그리 놀랄만한 일은 아닙니다. 실제로, 우리들 중 한 명Kathy이 가담하고 있는 현재에도 진행 중인 중요한 연구, 「조기 보육과 청소년 발달의 국립 어린이 보건 & 인간 행동 연구The National Institute for Child Health and Human Behavior Study of Early Child Care and Youth Development」는, 아이들이 일주일에 30시간 이상 보육 시설에 있다 하더라도 그 보육 시설 제도가 아닌 가정이야말로 아이의 사회적, 정신적 행복에 기여한다는 것을 발견했습니다.[216] 부모는 중요하며, 아이들은 보육원에 있는 시간에도 부모에게 애착을 가지고 있습니다.

"분명히 뭔가 보충되어야 하는 것이 있을 거야." 혹은 "이 아이들은 제대로 된 애착을 덜 가졌을지도 몰라."라고 당신은 생각할지도 모릅니다. 하지만, 다시 말하지만, 정답은 'NO'인 것으로 나타났습니다. 보육 시설에 있는 아이들 중 67퍼센트가 안정적인 애착을 보였습니다. 이 수치는 보육 시설을 다니지 않는 아이들에게서 나온 수치와 같은 숫자입니다. 더 나아가, 최소한 적절한 질의 보육 관리를 받는 아이들은 학업적으로나 사회적으로나 정상적 범위 내에 있는 것으로 보이고 있습니다. 그러나 이 후자의 요점에 대해 논쟁이 없는 것은 아닙니다. 어떤 전문가들은 보육 시설의 아이들이 몇 가지의 정서적 문제들을 보인다고 단언하고 있는데, 보육 시설에서 더 적은 시간을 보내는 아이들에 비해 더 '과장되게' 행동하거나 더 공격적인 태도를 보인다는 것입니다. 이 발견을 검토하기 위해 잠시 다른 이야기를 살펴보도록 하겠습니다.

2000년 4월, 신문기사 표지 제목들은 보육 시설에서 보낸 시간들이 **학교에 입학할 아이들의 수준을 올려주는 반면에 난폭한 아이들로 만든다**는 연구 결과로 시끌벅적했습니다.[217] 그러나 그 자료를 더 자세히 살펴보면, 보육 시설에 맡겨진 아이들은 학교의 문제아들로 자랄 운명도 아닐뿐더러 폭력적인 행동을 하게 될 위험성이 높지도 않다는 것을 알 수 있습니다. 그렇지만 그들은 짓궂게 괴롭히거나 때리는 문제에 있어서는 정상 범위의 끝자락에 머물고 있습니다. 여기서 중요한 단어는 '정상'입니다. 아이가 아이들 무리 속에 있을 때 눈에 들어온 장난감을 손에 넣고 싶다면, 적극적으로 행동하지 않는 한 보육원의 '약골'로 통하게 될 것입니다. 이런 행동이 지나치게 밀어붙이는 아이가 되게 할지, 아니면 훗날 CEO가 될 확률이 더 높아지게 될지는 알 수 없는 문제입니다. 그러나 이 문제가 강조하는 부분이 바로 이번 장의 요점입니다. 아이들은 사교 생활과, 부모, 혹은 보육자와 협상하는 방법을 알아야 하며, 선생님들은 이 과정을 용이하게 하는 방법을 더 연구해야 합니다.

그렇다면, 애착에 대한 연구는 우리에게 맞벌이 부모에 대해 무엇을 가르쳐주고자 하는 것일까요? 그것은 우리에게 부모들에게는 아이들을 양육하는 데 있어서 다양한 선택권이 있다고 말해줍니다. 만약 부모가 집에 있기를 선택한다면, 세심하고 많은 관심을 보여주는 한, 그들의 아기들은 안정적인 애착을 보일 것입니다. 만약 아이들을 보육시설에 맡기기로 결정한다면, 선택한 시설은 아기들에게 특별히 세심하고 많은 관심을 보이며, 청결하고, 안전하고, 아이들이 성장해가면서 자극을 받을 수 있는 곳이어야 합니다. 만약 당신은 높은 질의 가정환경과 높은 질의 보육시설의 방식을 모두 제공한다면, 당신의 아이는 당신과, 그리고 보육자와 다양한 정서적 유대감을 형성할 수 있게 될 것입니다. 그리고 부모와 아이 사이의 유대감은 이 모든 유대감 중에서도 언제나 가장 끈끈할 것입니다.

보육시설의 질 평가하기

조금의 숙제를 하는 것으로, 당신은 아이를 최대한 좋은 시설에 넣었다는 확신을 가질 수 있을 것입니다. 미국에는 친척들이 돌보아주는 것에서부터 입주 유모에 탁아 시설까지, 많은 다른 종류의 보육 방식이 있습니다. 이중 어떤 경우라도, 당신이 택한 보육 방법이 당신 자신에게 편리한 것뿐만 아니라, 아이의 안전과 건강을 확실히 책임져 줄 곳이라는 확신이 있어야만 합니다. 당신이 없을 때에도 아이는 보살핌을 받고 있고 사랑을 받고 있다는 느낌을 받을 수 있어야 하기 때문에, 보육의 질은 강한 애착 형성에 필수적입니다.

많은 종류의 보육 방식 전체에 있어서, 특별히 염두에 둬야 할 부분들이 있습니다. 가장 높은 질의 보육시설에는 더 높은 학력(유아 발달 관련 교육과에서 학위를 받은)을 가지고 있으며 그 분야에 있어서 더 많은 경력을 가진 보육자들이 있습니다. 또한 그런 보육 시설에는 유아 대 직원 비율이 낮습니다. 한 명의 보육자가 담당하는 유아는 네 명 이상이 되어서는 안 됩니다. 네 살까지의 아이들일 경우, 한 명의 보육자 당 열 명 이상의 아이들이 맡겨져서는 안 됩니다. 이 숫자들은 주州에 따라 다르며, 어떤 곳에서는 각 보육 담당자 당 더 많은 아이들이 맡겨지기도 합니다. 어떤 주에서는, 보육시설을 운영하기 위한 자격증이 있어야 합니다. 자격증이 없는 이들에 비해 있는 사람들이 더 나을 수 있습니다. 높은 질의 환경이란 바로 청결하며, 무질서 상태 보다는 규칙적인 순서와 방법이 성립되어 있는 곳입니다.

보육자와 면담하십시오. 이것은 중요한 일입니다. 그리하여 보육자와 그 시설이 모두 어떻게 움직이는지에 대한 감각을 익혀두십시오. 반복적인 일과 속에서 보통 어떤 일들이 일어나는지 질문하십시오. 보육자들이 그 곳에서 얼마나 오래 일을 해왔는지 물어보십시오. 높은 질의 보육 시설에서는 낮은 질의 시설에 비해 보육자들의 이직률이 낮습니다. 시설을 둘러보는 중에 보육자가 아이의 질문에 대답하기 위해 당신과의 대화를 중단한다면, 그 곳은 아이들에게 관심을 잘 기울여주는 시설이라는 사실을 알 수 있는 좋은 힌트입니다. 높은 질의 보육은 보육자가 당신 아이를 배려해줄 때 가능해집니다. 아이가 필요한 것들에 세심히 신경 써주고 관심을 끌려고 애쓰는 행동들에 즉각 반응해 주는 그런 배려 말입니다. 높은 질의 보육은 모든 연령대를 위한 책들, 세 살, 네 살, 그리고 다섯 살 아이들을 위한 블록들, 그리고 옷을 입을 수 있는 코너가 있는, 나이에 맞고 자극이 되는 교육 과정을 제공하는 곳에서 발견할 수 있습니다. 보육자들이 담배를 핀다거나 당신의 아이와 함께 하루 종일 TV를 시청하는 곳이 아닙니다.

당신의 보육 시설 입학 준비의 체크리스트에 양질의 환경이 체크되어 있다면, 당신의 아이는 아마도 보육자들과 좋은 정서적 유대감을 갖게 되는 동시에 사교적, 그리고 정서적 네트워크를 넓혀가며 주변 사람들을 그 안에 포함시켜 갈 것입니다.

행동의 지침으로써 감정 사용하기

애착은 정서적 유대관계의 형성을 말합니다. 그리고 우리의 초기적 애착은 향후 다른 사람들과의 관계가 잘 이뤄질 것인지 뿐만 아니라, 나이가 들어감에 따라 어떤 유형의 관계를 가질 것인지를 선택하는 지침이 된다고 할 수 있습니다. 우리는 특히 어릴 때, 애착 상대를 세상에 대한 느낌의 중요한 기반으로 사용하기도 합니다. 이것을 '참고하기referencing'라 부릅니다. 생후 9개월밖에 되지 않았을 때에도, 부모와 보육자들의 감성적 표현의 의미를 해석 할 수가 있습니다.

아이들에게 있어서 '참고하기'는 복잡한 능력입니다. 그것이 무엇을 수반하는지 잠시 생각해보십시오. "나는 당신에게도 이 신기한 물건이 보인다는 사실을 알고 있어요.(다른 사람들도 볼 수 있다는 지식) 그리고 그것에 대한 당신의 평가가 나와는 다를 수도 있다는 것을 알아요.(당신은 나와는 다른 인격체이며 독립된 평가를 한다는 것) 지금 중요한 것은, 이 물건에 대한 당신의 평가가 내가 이 신기한 물건 앞에서 적절한 행동(달아날까요? 아니면 탐구할까요?)을 할 수 있도록 판단하게 하는 아주 중대한 것이라는 것이에요." 이처럼, 이것은 꽤 중요한 생존 기술입니다.

감정 조절 : 나는 어떤 종류의 부모인가?

우리들은 일어나는 일들에 대한 감성적 해석을 자식에게 제공하는 것뿐만 아니라, 그 일들을 대할 때 자신의 감정 또한 **조절**할 수 있도록 도와줍니다. 이렇게 하여 아이들은 다른 이들을, 그리고 자신을 둘러싼 세계를 상대하는 방법을 배워나갑니다. 필라델피아Philadelphia에 위치한 템플대학Temple University의 아만다 모리스Amanda Morris 교수와 제니퍼 실크Jennifer Silk 교수는 그들이 대학원 학생이었을 때 실행한 연구로부터 아이들이 감정을 조절하는 방법을 습득하도록 우리가 도울 수 있는 여러 가지 방법들 중 하나를 아름다운 사례를 이용해 설명했습니다.[218] 다음 시나리오를 고려해봅시다.

엘리슨Allison은 네 살 된 곱슬머리 아이인데, 아이의 부모가 연구팀을 집으로 초대했습니다. 모리스와 실크는 자신들을 소개하고는 실험에 대해 설명했습니다. 그러고 나서 엘리슨에게는 이 만남의 끝에 상품을 받게 되리라고 말했습니다. 실제로, 엘리슨은 열 가지의 '상품들'을 보고 최고부터 최저의 상품까지 점수를 매기는 기회를 얻는다는 것이 매우 흥분되었습니다. 트럭이나 인형에서부터 부러진 선글라스, 양말 한 켤레까지 말이죠. 더 나아가 엘리슨은 자신이 가장 좋아하는 상품을 얻게 될 것이라는 말을 들었습니다.

엘리슨은 과제를 수행하고 나서, 이제는 상품을 받을 시간이라는 것을 알기 때문에 기쁜 마음으로 기다립니다. 그러나 이 일을 어쩝합니까. 뭔가가 대단히 잘못되고 맙니다. 연구원들은 자신들이 실수를 해서 엘리슨이 제일 형편없는 상품으로 꼽은 것을 주게 되어버렸다고 말합니다. 이건 갈색 양말 한 켤레였습니다. 이건 불공평하지 않나요? 이건 너무나 큰 실수를 한 것이 아닙니까?

자, 여기에 이 연구의 진정한 핵심이 있습니다. 부모는 아이가 이 실망감을 극복할 수 있도록 어떤 식으로 도와주며, 그리고 그것은 우리에게 아이들이 자신의 감정을 조절하는 방법을 어떻게 배우는지에 대해 무엇을 알려줄까요? 엘리슨이 당신의 자식이라고 상상해보십시오. 연구원들이 관찰한 네 종류로 나눠지는 부모의 반응들 중에, 당신은 어떤 유형의 부모입니까? (1) 아이의 관심을 실망스러운 상품으로부터 그 상품을 장식한 예쁜 포장지로 돌리겠습니까? (2) 아이를 안아주며 위로하거나, 말로써 달래주시겠습니까? (3) 상황을 '재구성'하여, 손에 양말을 씌워서 꼭두각시놀이를 해 보이거나 이 양말을 정말 좋아할 것 같은 다른 아이에게 주는 것은 어떨지 제안하시겠습니까? (4) 아이에게 이 결과를 뒤집어보도록 격려하시겠습니까? 이를테면, 연구원에게 상품을 잘못 받았다고 말하시겠습니까?

　　아이들은 자신이 얻은 것에 대해 불만을 느낄 때가 많이 있습니다. 그것이 가장 좋아하는 패스트푸드 음식점에서 아동용 음식이 충분히 크게 나오지 않았을 때이건, 아이들 야구 시합에서 원하는 팀에 뽑히지 않았을 때이건 간에 말입니다. 일단 당신이 이러한 순간들을 의식하고만 있다면, 그 때를 불만을 다스리는 방법을 배우는 기회로 삼을 수 있습니다. 그 순간을 당신의 아이와 대화로 풀어나가십시오. 아이에게 당신의 느낌을 이야기하고 함께 문제를 풀어나가도록 노력하십시오. 이렇게 물어보십시오. "여기서 우리가 뭘 하면 좋을까? 식사를 다른 걸로 하나 더 살까? 우리의 식사가 너무 작은 덕분에 달콤한 아이스크림 디저트를 먹을 배가 남을 테니까 기쁘게 생각하는 건 어때?" 불만이 인생의 한 부분이기는 하지만, 그것을 긍정적인 무언가로 재구성하는 방법을 배우는 것이 그 불만들을 성장의 경험으로 바꿔줍니다.

　　우리가 아이들에게 사용하는 방법들이 아이들의 뚜렷하게 다른 감성적 반응을 유발할 수 있다는 것이 밝혀졌습니다. 아이의 관심을 다른 곳으로 돌렸을 때(1)와 인식을 재구성시켰을 때(3)는 아이들의 슬픔과 분노의 단계가 낮았습니다. 이 아이들은 비관적인 상황 속에서 낙관적인 희망을 발견하는 방법을 배우고 있었습니다. 아이들이 자신의 부모를 다정하고 잘 호응해주는 대상으로 느낀다면 더더욱 효과적이었습니다. 놀랍게도, 실험자에게 이야기해서 상황을 바꿔보도록 부추겨진 아이는 다른 상황의 아이들에 비해 분노와 슬픔이 더 많았습니다. 어째서일까요? 당신은 어쩌면 이 아이들이 자신의 의견을 표출하는 방법을 배우고 있었다고 생각할지도 모릅니다. 그러나 연구원들이 염려하는 것은, 만약 분노를 조절하지 못하고 그저 표출하기만 한다면, 그것은 긍정적인 방법으로 감정을 조절하는 것이 아니라는 점입니다. 항의하는 것은 괜찮지만, 불만을 마구 분출하는 것은 괜찮지 않습니다. 하지만 이 연구에서 우리가 알 수 있는 가장 중요한 점은, 부모로서, 그리고 보육자로서, 우리에게 영향력이 있다는 사실입니다. 우리는 우리의 자식에게 모범을 보이고 함께 노력함으로써 아이들이 자신의 감정을 조절할 수 있도록 도와주는 것입니다.

생각을 가진 존재로서의 타인

우리의 세계는 우리 자신과 다른 이들의 의지위에 구성되어 있습니다. 당신이 내 발을 밟았잖아요! 이것은 우연이었을까요? 고의로 그런 것일까요? 내가 했던 어떤 일에 대해 보복할 길을 찾고 있었을까요? 아기들은 인생의 꽤 이른 시점부터 타인들의 의지에 대해 배우기 시작하고, 또 그것이 다른 사람들에게도 생각이 있다는 사실을 깨닫기 시작하는 때입니다.

나눌 것인가, 나누지 않을 것인가?

자라면서, 아기들은 다른 사람들이 어떻게 느끼고 생각하는지 배우기 시작합니다. 하지만, 진심으로 다른 사람들이 어떻게 생각하는지 신경을 쓴다면, 아기들은 왜 더 잘 나누지 못하는 것일까요? 사실, 나눔은 그리 어려운 일이 아닙니다. 아니면 정말 어려운 일일까요? 나눔은 다른 사람의 입장에서 생각하는 것을 필요로 하는데, 이것은 발달상에 있어서 제법 후기 단계의 과제입니다. 그래도 미국인 엄마들의 인생에 있어서 자식들을 잘 나누어 쓸 줄 아는 예의 바른 아이들로 키우는 것보다 더 중요한 것은 별로 없어 보입니다.

하버드대학Harvard University의 연구 그룹인 Zero to Three group에서 시행한 최신 설문조사에 의하면, 무려 51퍼센트의 부모들이 아기가 생후 15개월이 되면 장난감을 다른 아기들과 같이 나누어 놀 줄 알아야 한다고 생각하는 것으로 나타났습니다.[219] 그러나 그것은 얼토당토않은 이야기입니다. 심지어 두 살 된 아기들도 아직 준비가 덜 되어있습니다. 왜일까요?

나눔이 무엇과 연관되어 있는지 한번 생각해봅시다. 이제 막 타인에 대해 배우고 있는 아이에게 이것은 그리 쉬운 일이 아닙니다. 더 정확히 말하자면 어른인 우리들에게도 쉬운 일이 아닙니다. 당신이 직장에서 아끼는 새로운 멋진 펜을 사용하고 있다고 가정해봅시다. 직장 동료가 당신에게 와서 다음과 같이 말합니다. "우와! 그거 정말 부드럽게 써지네요. 나도 좀 써도 될까요?" 이때 어느 정도 중요한 과제를 하고 있었다고 가정을 해 봅시다. 당신은 그 동료를 확 밀어버릴까요? 펜을 뺏기지 않도록 그 사람에게서 등을 돌려 펜을 감쌀까요? 당신은 그러지 않겠지만 당신의 아이는 여섯 살 정도까지도 아직 충동을 조절할 수 있는 능력이 제한적이기 때문에 그런 식의 반응을 보일 수 있습니다. 그러나 당신은, 상냥하게, "그럼요, 한번 써보세요."라고 말한 후, 펜을 건넬 것입니다. 당신은 왜 그런 걸까요?

이러한 나눔의 행위를 가능케 하기까지 당신의 머릿속에서 일어난 모든 일들을 검토해볼까요? 당신은 몇 가지 이유들로 인해 나누고 싶은 의욕이 생겼습니다. 첫째로, 당신은 직장 동료들과 좋은 관계를 유지하고 싶어 합니다. 둘째로, 그 사람은 소원해져서는 안 될 사람이라는 생각이 듭니다. 언젠가는 당신도 그의 도움이 필요할 날이 올지도 모릅니다. 그리고 셋째로, 만약 나눠 쓰지 않으면 당신이 옹졸하고 이기적인 사람으로 보일까 두렵습니다. 아기들은 그저 이런 복잡한 생각들을 할 수 있는 능력이 부족한 것입니다. 이런 생각들은 미래에 대한 고려를 기반으로 합니다. 타인에게 자신이 어떻게 보일지를 계산하고, 충동을 조절하는 능력을 필요로 합니다. 그러나 아이들에게는 원하는 물건을 움켜쥐고 싶은 충동은 고사하고, 침이 흐르는 것조차 조절하기가 힘듭니다! 그러니 부모들과 보육자들이여, 인내심을 가지십시오. 당신이 주는 가르침은 중요합니다. 그저 그 가르침을 실제로 적용시켜 다른 이들의 입장에서 세상을 바라볼 수 있게 될 때까지 아이들에게는 어느 정도의 시간이 필요할 뿐입니다.

관점의 문제

나눔에 있어서 다른 이의 입장을 고려하는 것은 필수적입니다. 착한 사람이 되기 위함은 말할 것도 없고, 공감을 표현하기 위해서도 이것은 필수적입니다. 그러나 어린 아이들이 언제 공감을 표현할 수 있는가는 사실 다루기 힘든 문제입니다.

버클리Berkeley에 위치한 캘리포니아 대학University of California의 베티 레파콜리Betty Repacholi 교수와 앨리슨 고프닉Alison Gopnik 교수가 실행한 훌륭한 실험에서는, 생후 18개월이 되면 아기들은 다른 사람이 무엇을 원하는지, 그리고 그것이 자신의 그것과 어떻게 다른지에 대해 뭔가 이해하고 있는 것으로 나타났습니다.[220] 이 실험에서, 아기들은 브로콜리와 크래커들이 풍부하게 갖추어져 있는 실험실 안에 있게 됩니다. 아기들은 이 음식들을 연구를 하는 사람의 관점에서, 연구원들이 무엇을 좋아하고 싫어하는지 참작할 수 있을까요?

아기들은 생후 14개월, 그리고 18개월짜리들이었습니다. 한 그룹의 아기들 앞에서 연구원은 브로콜리 맛에 기뻐하는 척을 하고 크래커 맛은 메스꺼워하는 척을 했습니다. 또 다른 그룹의 아기들 앞에서는, 정 반대의 행동을 했습니다. 크래커가 초콜릿 맛이고 브로콜리는 너무나 맛이 없어하는 것으로 보이게 말입니다. 나중에, 아기들은 연구원들과 음식을 나눠

먹도록 요구 받았습니다. 전형적인 생후 14개월짜리인 도나 Donna는 크래커를 신나게 우적우적 먹으며, 자신이 선호하는 음식인 크래커만을 연구원에게 주었습니다. 그에 반해, 생후 18개월 된 스티븐 Steven은, 자신이 선호하는 음식과는 상관없이 연구원이 황홀해하던 맛의 음식을 내어주었습니다.[221] 이것은 대단한 일입니다. 이 아기들은 다른 사람의 욕구를 의식하였고 그 사람이 원한다고 생각되는 것을 나눠주었습니다. 이것이 바로 바라보는 관점과 관련된 문제입니다.

아기들이 다른 사람의 욕구를 이해할 수 있다 하더라도, 그것은 사람들이 아기들 자신과는 다른 생각을 가질 수 있다는 사실을 정말로 이해한다는 의미와는 거리가 멀다고 할 수 있습니다. 우리에게 친구들이 있을 때, 우리가 단지 그들의 의사와 욕구만을 의식하는 것뿐만 아니라 그 이상을 의식한다는 사실에 주목하십시오. 우리는 그들의 시각으로 세상을 보려

< 숨은 재능 확인하기 > 타인의 관점 이해하기

나이 : 생후 12개월~24개월

아기가 언제쯤 당신이 선호하는 것을 고려해줄 수 있는지 확인하기 위해 이 실험을 몇 개월에 한 번씩 시도해보십시오. 아기가 식사용 높은 의자에 앉아있는 동안, 두 가지 음식을 주고는 그 중 한 가지 음식을 먹을 때는 야단스럽게 맛있어하는 척을, 또 다른 음식은 메스꺼워하는 척을 하십시오. 어느 음식이 당신이 좋아하는 것이며 그렇지 않은 것인지 명백히 하십시오. (당신이 끔찍한 음식을 먹는 척 할 때, 결국엔 아기가 먹지 않기를 바라는 음식을 고르십시오. 그리고 아기가 당신의 넌더리 치는 모습만 기억하지 않도록 주의하십시오.) 그리고는 두 가지 음식을 모두 아기의 식사용 높은 의자에 올려놓아 보십시오. 5분 정도 기다린 후, 아기에게 음식을 먹여달라고 부탁하십시오. 음식이 담긴 쟁반을 보지 말고 아기의 눈을 봄으로써 아기에게 당신이 원하는 음식이 어느 것인지에 대한 힌트를 주지 않도록 주의하십시오. 아기는 당신이 좋아하는 음식을 골라서 당신의 입에 넣어 줍니까?

노력합니다. 사실상, 한 가지 이상의 시각이 있을 수 있다는 사실을 의식하는 것만으로도 아기의 발달상에 있어 상당한 성취입니다. 연구자들은 이러한 성취를 **마음 이론**_theory of mind_, 혹은 TOM이라 부릅니다.

다른 사람들에게도 생각이 있다는 것을 깨닫기

다른 사람들의 생각에 대한 추상적인 개념은 설명하기 복잡한 것이지만, 아이들이 물건을 나누어 쓰고, 솔직하게 말하고, 자신이 항상 옳지만은 않다는 것을 이해하기 위해서 결국에는 완전히 이해해야 하는 것입니다.(우리는 어떤 사람들이 중요한 발달상의 단계를 아직 성취하지 못했다고 생각하는 경향이 있습니다. 보통은 이혼한 전 배우자에 대해 그렇게 생각하지요.) 이 분야에 몸을 담고 있는 과학자들은 확실히 언제쯤 아이들이 그 TOM이란 난관을 통과할 수 있는지 알아내기 위한 실험 방법을 개발했습니다. 이 방법을 '거짓믿음과제_false belief task_'라 하는데,[222] 아이들은 네 살 정도가 되면 이것을 성취합니다. 이것이 다른 사람들의 생각에 대한 아이의 관념에 대해 우리에게 무엇을 말해주는지 확인하기 위해 이 과업을 한번 살펴보겠습니다.

여기에 세 살 난 제니스_Janice_와 그의 엄마가 있습니다. 실험자는 아이에게 최근에 새로 나온 보라색까지 포함된 M&M(초콜릿) 사진들이 가득 찬 상자를 보여줍니다. 아이는 M&M을 너무나 좋아해서 가끔씩 가게 안에서 엄마에게 사달라고 조르기도 하므로, 전에 이 상자를 본 적이 있습니다. "상자 안에 뭐가 들었을 것 같아?" 실험자가 묻습니다. 생각할 필요조차 없습니다. "M&M들이요!" 커다란 웃음을 머금고 아이가 대답합니다. 물론, 아이의 말이 맞습니다. 그러고 나서 실험자는 제니스의 엄마에게 상자 안에 뭐가 들은 것 같으냐고 묻습니다. "M&M이 들어 있겠죠." 하고 그녀가 단정 짓습니다. 그 다음, 상황이 바뀝니다.

제니스의 엄마는 잠시 방에서 나가 있어줄 것을 요구 받고, 실험자는 아이에게 약간의 속임수를 쓰자고 말합니다. M&M 대신에 상자에 연필들을 넣어 놓자고 제안한 것입니다. "제니스, 상자 안에 뭐가 들어있니?" 실험자가 묻는다. "연필이요!" 아이는 기쁨으로 가득 차서 외친다. "좋아, 네 엄마가 방에 다시 들어오시면, 상자 안에 뭐가 들어있을 거라고 생각하실까?"

물론 이것은 실험을 위한 교묘한 질문입니다. 제니스는 과연 엄마가 상자 안에 M&M이 있다고 생각하실 거라고 옳게 대답할 수 있을까요? 어찌 됐건 아이의 엄마는 물건이 바뀌는 것을 보지 못했습니다. 아니면 제니스는 엄마가 M&M 상자에 연필들이 들어있다고 생각할 거라 믿을까요? 만약 제니스가 엄마의 대답이 '연필'이라고 단정 짓는다면, 제니스는 자신과 엄마의 생각에 대한 차이를 제대로 의식하지 못하는 것입니다. 정답은 놀랍게도 제니스는 엄마가 '연필'이라 말할 것이라고 잘못 결론지었습니다.

이 실험은 다른 사람들에게 다른 장난감들을 가지고 몇 번씩이나 되풀이하여 시행되었습니다.(심지어 어떤 아이들은 자기 엄마가 모르는 것이 없다고 믿고 있었습니다!) 요점은, 세부내용과는 상관없이, 세 살 된 아이들은 일반적으로 이 실험을 통과하지 못하는 반면, 네 살 난 아이들은 통과할 수가 있다는 것입니다. 세 살배기들에게는 이해하기 힘든 마음 이론TOM을 네 살배기들은 터득하는 것입니다.

이 거짓믿음 과제에서 다른 사람의 관점을 고려하지 못하는 것은, 어린 아이들의 버릇없는 행동들이 결코 복수심에 불타거나 앙심을 품고 하는 행동일 수 없다는 의미이기도 합니다. 악의를 가지고 행동하려면(어떤 어른들은 능숙하게 할 수 있는) 다음과 같은 생각의 절차가 요구됩니다. "엄마가 ○○○을 하지 못하게 했기 때문에 엄마가 미워. 그러니까, 내가 내 마음대로 ○○○을 하면 엄마는 굉장히 약이 오를 것이고 애초에 하지 못하게 한 것에 대한 복수가 될 거야." 그러나 엄마의 생각을 읽을 수가 없다면, 이 모든 것을 어떻게 알 수 있을까요? 어떻게 엄마의 관점을 고려할 수 있으며, 또 어떻게 엄마가 무엇에 약이 오를지 알 수 있을까요? 불가능합니다. 그렇기 때문에, 어린 아이는 앙심을 품고 행동할 수 없습니다.

불행히도, 많은 부모들이 이 시기에 자기 자식들의 능력이 제한적이라는 사실을 인정하지 않습니다. Zero to Three라는 설문조사기관에서는 다음과 같은 시나리오에 대한 부모들의 반응을 조사했습니다. 부모가 TV를 보고 있는데 생후 12개월 된 아기가 TV를 켰다가 껐다가를 반복한다고 가정해봅시다. 이 아이가 화가 나서 부모에게 복수하려는 마음으로 이런

< 숨은 재능 확인하기 > 거짓믿음 과제

나이 : 2세~5세

우리가 위에 언급한 거짓믿음 과제를 시도해보십시오. 이 과업을 통과할 수 있기 전의 나이(2세~4세)와 그 후의 나이(4세 이상)에 이 실험을 시도해봄으로써 이러한 현상을 확인해 보는 것은 흥미로운 일이 될 것입니다. 내용물을 표현한 사진이 붙어 있어서 안에 무엇이 들었는지 예측하기 쉬운 상자를 하나 구하십시오. 그리고 동조를 해줄 다른 어른이나 나이가 더 많은 아이가 한 명 필요할 것입니다. 아이에게 상자를 보여주며 내용물이 무엇인지 먼저 말해보게 하고, 같이 있는 어른이 보는 앞에서 다시 말해보게 하고 나서는, 그 어른을 방에서 나가게 한 후에 속임수를 쓰는 방식으로 우리가 앞에서 예시를 보여준 것과 같은 순서를 따라가 보십시오. 그러고 나서, 아이에게 어른이 돌아오면 상자 안에 무엇이 들어있다고 말할 것 같은지 물어보십시오. 아이는 바꿔치기 된 새로운 내용물의 이름을 말해서 이 과업에 실패할까요, 아니면 바꾸기 전에 어른이 봤던 내용물의 이름을 말해서 이 과제를 통과할까요? 아이는 자신의 지식이 다른 사람의 생각과 일치하지는 않는다는 사실을 의식하고 있습니까?

행동을 할 가능성이 얼마나 될까요? 인터뷰에 응한 부모들 중 무려 39퍼센트가 생후 12개월 된 아기라도 마음에 복수심을 품고 악의적인 행동을 할 수 있다고 생각하고 있었습니다.[223]

부모가 자식에 대해 어떤 식의 사회적 인지를 가지고 있는지가 왜 중요할까요? 그것은 우리가 우리 자식의 행동과 연관 지으려는 성향에 의해 우리가 자식에게 보이는 반응이 조절되기 때문입니다. 다시 말해, 만약 내 생각에 누군가 악의적으로 행동하는 것 같다면 나는 그 사람에게 매우 화가 날지도 모릅니다. 심지어 어쩌면 때릴지도 모를 일입니다. 그 반면에 그 사람이 그저 TV 버튼을 만지작거리는 것을 재미있어하고 그 행동을 제어하기 힘들어하는 것 같다고 생각된다면(내가 이미 "그러면 안 돼요!"라고 세 번이나 말했음에도 불구하고), 나는 그냥 상황을 바꾸거나 그 사람의 관심을 다른 곳으로 돌려보려 할지도 모릅니다. 자식이 다른 사람들과 적절히 소통할 수 있도록 가르치려면, 부모는 자식의 자연적으로 제한되어 있는 능력에 민감해야 합니다. 이것은 두 살, 세 살 된 아이들이 하는 '거짓말'과 관련된 문제이기도 합니다.

유치하고 사소한 거짓말 다루기

만약 아이들이 네 살 정도가 될 때까지는 다른 사람의 관점을 고려할 수 없다는 것을 우리가 인정한다면, 우리는 아이들의 '거짓말'에 대해서도 벌을 줄 필요가 없을지도 모릅니다. 알렉산드라라는 어린 여자아이가 있습니다. 아이는 약간 소심하게 엄마를 올려다보고는 땅에 떨어진 도자기 꽃병을 내려다봅니다. "바람이 와서 이걸 땅에 내려다 놓았어요." 알렉산드라가 우깁니다.

거짓말이란 무엇일까요? 다른 사람의 생각을 가늠해서, 어쩌면 자기 자신을 보호하기 위해 그 사람이 믿고 있는 것을 잘못된 생각으로 바꿔놓기 위해 그 사람을 교묘히 조종하려 드는 것이 아닙니까? ("내가 꽃병을 깨버린 것이 아니라 바람에 날려 식탁에서 떨어진 거라고 엄마가 믿었으면 좋겠어요. 사실 내가 하기는 했지만.") 다른 사람의 생각을 상상할 수 없는 아이들이 진정한 거짓밀을 했다고 말할 수는 없습니다. 아이들은 아마도 자신에게 일어나기를 **원했던** 상황을 설명하는 것일 것입니다. 그것은 진실을 숨기기 위해 노력하는 것과 엄연히 다릅니다. 알렉산드라는 누군가에게 잘못된 믿음을 심어주기 위해서는 뭘 어떻게 해야 하는지 알지조차 못합니다. 우리의 동료들인 버클리Berkeley에 있는 캘리포니아대학University of California의 앨리슨 고프닉Alison Gopnik 교수, 워싱턴대학University of Washington의 앤드류 멜조프Andrew Meltzoff 교수와 패트리샤 쿠얼Patricia Kuhl 교수는 다음과 같이 기술했습니다.[224] "두 살, 세 살 난 아이들은 너무도 어설픈 거짓말쟁이들이라, 거짓말쟁이라고 부르기도 힘들 정도입니다. 세 살배기는 이미 길 건너편에 서있으면서도 혼자서 길을 건너지 않았다고 외칩니다."

그러나 가끔은 당신이 운 좋게도 주의를 기울이고 있을 때, 당신 아이가 다른 마음들의 존재에 대해 생각하고 있는 순간을 언뜻 포착할 수 있을지도 모릅니다. 저자 로버타Roberta의 아들인 이제 곧 세 살이 되는 조디Jordy는 땅거미가 지는 아름다운 여름밤에 유모차로부터 달을 올려다보며 이렇게 말했습니다. "저들에게는 우리가 달이야?" 로버타는 어안이 벙벙해졌습니다. 조디가 물어본 것은 달에 살고 있는 존재들의 상대적인 관념에 대한 것 아닙니까!

생각 종합하기 :
물리적 · 감정적이며 지적인 대상으로서의 타인

앞에 나온 내용들이 우리에게 알려주는 것은 어린 아이들이 자신의 세계 속에 있는 사람들에 대해 어떻게 생각하는지 우리가 이해할 수 있도록 하기 위해 과학이 크게 진보해왔다는 사실입니다. 인간을 성장시키는 여러 가지 요소들에 대해 아이들이 배우려면 많은 시간이 걸립니다. 신체적 측면, 감성적 특성, 그리고 뭐라고 딱 꼬집어 말할 수 없는 지적인 능력까지 말입니다. 어른들인 우리도 아직 사람들이 어떻게 느끼고 생각하는지 이해하기 위해 애를 쓰고 있습니다.(이혼율을 고려해 보십시오!) 그런데 만약 우리 모두가 하나같이 그것을 문제없이 해낸다면, 데일 카네기Dale Carnegie*는 망하고 말았을 것입니다. 이 지식은 아기의 요람에서 시작되기는 하지만, 실제로 삶에 적용되기까지는 충분한 시간과, 경험과, 부모, 보육자, 그리고 다른 아이들과의 상호작용을 필요로 합니다. 부모 또는 보육자로서 우리가 만약 이 지식을 습득하는데 있어 발달상의 긴 절차가 필요하다는 것을 이해한다면, 우리는 우리 자식들의 바람직하지 않은 어떤 행동들을 더 잘 이해할 수 있을 것입니다. 예를 들자면 나누어 쓰지 않거나 악의 없는 작은 거짓말을 하는 등의 행동들을 말합니다. 이 지식은 앞으로 제 9장에서 논하게 될 주제인 우리 아이들이 다른 사람들을 대하는 방식과, 특정 방식으로 행동하는 이유와, 우정을 형성시키는 방법을 우리가 새로운 관점으로 받아들일 수 있도록 도와줄 것입니다.

아이들이 다른 사람들에 대해 어떻게 생각하고 배우는지에 대해 분석하면서, 우리가 신경 쓰지 않아도 사회성 발달은 자연히 해결된다는 근거 없는 이야기에 대한 여러분의 믿음이 사라지기를 바랍니다. 어른들의 보살핌은 아이들이 정서적, 사회적인 삶 속에서 보이지 않는 위험이 도사린 곳들을 헤쳐 나갈 수 있도록 안내해주는 귀중한 지도와도 같습니다. 또한 이것은 우리 모두가 살아가면서 노력하는 절차이기도 합니다. 지능발달

---

* Dale Carnegie(美, 1888~1955); 인간관계경영과 자기개발에 관한 연구와 저서를 남김 - 옮긴이

을 지나치게 중요시하는 것은 누구나 예외 없이 겪게 되는 인생의 좌절들과 장애물들을 잘 다룰 수 있는, 행복하고 자신감 넘치는 아이들로 자라나기 위해 마음속에서 일어나야 할 중요한 발달을 무시하게 되는 결과를 초래합니나.

가정에서 직접 실천할 수 있는 몇 가지 과제들

아이들이 사회적, 정서적으로 성장할 수 있도록 돕기 위해 우리는 어떻게 해야 할까요? 몇 가지 구체적인 조언을 얻기 위해 다음을 참고하시기 바랍니다.

다른 사람들의 기분에 대해 상의해 볼 수 있는 기회들을 포착하십시오. 특정 행동이 가해졌을 때 다른 사람들이 어떤 기분이 들지에 대해 설명함으로써, 당신은 아이가 다른 이들의 관점을 고려하도록 가르치는 것입니다. "네가 그 트럭으로 어빙Irving의 머리를 친다면, 어빙은 아마 기분이 매우 나쁠 것이고 울음을 터뜨릴 거야. 그런 일이 벌어졌으면 좋겠니?"

세심한 인간을 창조하기까지는 많은 노력이 따릅니다. 일반적으로 어떠한 결과가 어째서 뒤따를지, 그리고 결과적으로 누가 어떤 기분이 들지에 대해 설명하지 않고 그저 아기들의 성가시고 위험한 행동을 중지시키는 것이 훨씬 쉬워 보입니다. 물론 누군가가 곧 당신의 아이에게 다른 사람들과 협력하고 잘 놀 수 있는 방법을 가르칠 것이라 주장하는 영상 교재를 내놓을 것입니다. 하지만 그 제품은 지속적인 인간관계로부터 생각과 마음이 함께 어우러지는 배움과 비교한다면 조족지혈鳥足之血에 불과합니다. 진정으로 아이들이 배울 수 있는 방법은 아이들과 어른들이 어우러져 경험하는 상호작용을 통해서입니다. 이 제품이야말로 기본적인 사회적 필수품입니다.

언어 사용에 신경 쓰십시오. 다른 사람들의 관점에 대한 화제를 꺼낼 수 있는 방법들 중 하나로는 아이에게 당신과 함께 읽은 이야기 속의 주인공에 대해 이야기하는 것이 있습니다. 다음과 같은 질문들을 해보십시오. "이 사람(주인공)은 어떤 기분이 들 것 같아? 네가 이 사람이었다면 기분이 어떨 것 같니? 이 사람의 기분이 나아지게 하기 위해 이 사람의 친구들은 어떤 식으로 도울 수 있을까?"

실제로, 아이들에게 착한 사람이 되도록 가르치는 오늘날의 많은 사회적, 감성적 프로그램들이 다른 사람들의 시각을 받아들이도록 돕는 놀이들을 이용합니다. 한 가지 예로는 초등학생들을 위한 대인관계에 관련된 인지적 문제 해결 프로그램이 있는데, 필라델피아Philadelphia에 위치한 드렉셀 대학Drexel University의 마이어나 슈어Myrna Shure 교수에 의해 개발된 것입니다.[225] 어른이 아이들에게 특정 상황에 대한 그림들을 보여주거나, 학교에서의 싸움, 또는 좌절을 느끼는 순간에 대해 말로 묘사한 후, 아이들에게 이렇게 물어봅니다. "이 이야기 속에서 이 사람은 어떤 기분이었을 것 같아? 네가 이 사람이었으면 기분이 어땠을까? 다른 사람들이 너에게 어떤 반응을 보여주기를 바랄 것 같니?" 펜실베이니아 주립대학Pennsylvania State University의 마크 그린버그Mark Greenberg 교수는 아이들이 자신의 기분에 대해 이야기할 수 있도록 돕는 이런 종류의 또 다른 프로그램인 PATHS Promoting Alternative Thinking Strategies를 개발해내었습니다.[226] 이 프로그램들은 공격적인 행동을 줄이고 다른 사람들의 마음을 이해하게 하는 교육에 있어서 가장 효과적이었고, 현재는 학교 프로그램으로 널리 사용되고 있습니다.

자녀에게 사람들의 기분에는 원인이 있다는 것을 설명하십시오. 펜실베이니아 주립대학Pennsylvania State University의 쥬디 단Judy Dunn 교수와 그녀의 동료들에 의해 시행된 실험에서는 50명의 33개월 된 아이들이 엄마와 함께 기분에 대해, 그리고 무엇에 의해 기분이 좌우되는지에 대해 집에서 나누는 대화가 연구되었습니다.[227] 이를테면, 엄마가 이런 말을 합니다. "네가 내 유리잔을 깨뜨려버려서(원인) 너무 슬퍼(결과)." 이러한 대화야말로 단 교수와 그녀의 동료들이 부모 자식 사이의 대화에서 찾던 것이었습니다.

그녀는 아이들이 생후 40개월째가 되고 나면 감정과 타인의 마음에 대한 의식이 확연히 달라진다는 사실을 발견했습니다. 이 실험의 결과는 감정과 그 감정을 일으키는 원인들에 대한 대화가 아이들의 TOM발달에 큰 영향을 준다는 것을 우리에게 알려주었습니다. 타인의 행동에 대한 설명을 듣는 것은 최소한 두 가지 작용을 합니다. 좌절감을 느낄 때 자연적으로 끓어오르는 분노를 누를 수 있도록 도와줌으로써 더 건설적인 반응을 할 수 있게 해 줍니다. 또한 장차 언쟁을 가지게 되었을 때 이런 식으로 상황을 완화시킬 수 있는 설명방법을 찾을 수 있게 도와줄 수도 있을 것입니다. 이러한 차이들은, 결국, 아이들이 자기 또래들과, 그리고 선생님들과 얼마나 잘 소통하는지에 영향을 주게 될 것입니다.

약한 대상을 괴롭히는 행위는 당장 중지시키십시오. 타인의 감정에 대해 고려하지 않는 아이들의 극단적인 예로, 약자를 괴롭히는 행위가 있습니다. 만약 당신의 아이가 종종 괴롭힘의 희생자가 된다면, 그것은 아이가 덜 사교적이라는 신호일 수 있으며, 그렇기 때문에 친구들에게 작고 연약한 아이로 보일 수가 있습니다. 더 사교적이고 친구들이 많은 아이들일수록 괴롭힘을 당하는 일이 적은 것으로 밝혀졌습니다.[228]

연구원들은 괴롭힘을 당하는 아이들과 괴롭히는 아이들에게는 어떤 대표적인 특성이 있다는 사실을 알아냈습니다. 희생자들의 대부분은, 이를테면, 요구를 마지못해 받아들이고, 울고, 방어태세를 취하고, 제대로 반격하지 못함으로써 괴롭히는 아이들에게 힘을 실어주는 모습이 됩니다. 희생자들은 과거에 부모가 너무 지나치게 모든 일에 관여하였거나, 통제하였거나, 지나치게 보호하려 들었던 경향이 있었습니다. 이러한 육아 행위는 취약성을 불러일으키는 불안과, 낮은 자의식과, 의존성을 촉발시킵니다.[229] 괴롭히는 아이들은 종종 희생자의 의존성과 취약성을 이용합니다. 그들은 상대가 자신에게 맞서 싸우지 않을 거라는 것을 알고 있습니다. 이것이 괴롭히는 아이에게 자신이 강하다고 느끼게 해줍니다. 물론 괴롭히는 아이들도 자신들만의 사회적 기능 결핍이 있습니다. 그들은 따뜻함이나 애정이 적은 가정에서 자라난 경향이 있습니다. 이 가정들은 자신의 감정을 나누는 것에 어려움을 겪는 것으로도 알려져 있습니다. 어떤 괴롭히는 아이들의 부모들은 매우 가혹하고 엄격한 훈육 스타일을 고수하고 있습니다. 마지막으로, 괴롭히는 아이들은 다른 일반 아이들에 비해 고통과 괴로움을 주는 행동들에 대해 불편한 감정을 덜 느낍니다.

그렇다면 괴롭히는 아이들과 그들의 희생자들을 위해 어떤 대처 방안이 있을까요? 또래들과의 사회성 형성이 교육 과정에 통합되어 있는 유아원이나 유치원이 그들을 돕기 시작할 수 있는 좋은 장소입니다. 불안하고 내성적인 아이들은 단 하나의 좋은 우정을 만드는 것으로도 아주 큰 도움이 될 것입니다.[230] 또한 또래 아이들과 마찰이 있을지라도(마찰은 누구도 피해갈 수가 없습니다), 사회적 신호들을 제대로 이해할 수 있도록 소중한 교훈들을 얻게 될 것입니다. 하지만 학교에서의 사회적 기능 교육 이외에도, 당신과 자녀와의 관계를 평가해보는 것도 중요합니다. 특히나 아이가 괴롭히는 아이로 의심될 경우에는 더욱 그렇습니다. 명심하십시오. 괴롭히는 아이들은 애정이 결핍되어 있거나 감정을 잘 나누지 않는 가정에서 자란 경향이 있습니다. 시간을 내어 당신의 아이에게 기분이 어떤지 물어보고 아이의 대답을 **진심을 다하여** 들어주십시오. 아이가 분노를 보인다면, 아이가 부정적인 감정을 조절할 수 있도록 함께 노력하고 그것을 해결할 수 있는 평화로운 방법들을 강구해보십시오. 마지막으로, 아이가 또래 친구들과의 문제들에 대해 이야기하면, 그것을 해결할 수 있는 좋은 방법을 찾아낼 수 있도록 아이와 함께 여러 가지 아이디어들을 떠올려보십시오.

최종적으로, 괴롭히는 쪽도, 희생하는 쪽도 아닌 아이들이야말로 다른 아이들의 행동을 다듬을 수 있는 강력한 역할을 합니다. 자녀들에게 괴롭힘의 희생자인 아이들을 대신하여 거리낌 없이 소신을 말하도록 가르치십시오. "이 아이를 그런 식으로 대하지 말아줘. 그건 나쁜 행동이야." "때리는 건 문제를 해결하기 위한 좋은 방법이 아니야. 선생님께 가서 무슨 일이 있었는지 말씀드리자." 더 많은 사례들과 역할극들이 궁금하다면, 셰릴 크레이저Sherryll Kraizer의 『안전한 아이들을 위한 책The Safe Child Book』을 참고하십시오.[231]

사교 시간을 위한 공간을 만드십시오. 아이들은 가끔씩 그저 다른 아이들과 어울리거나 혼자 있어야 할 필요가 있습니다. 보기에는 '아무것도 하지 않는' 것처럼 보일지도 모르지만, 계획에 없던 혼자만의 시간이나 다른 아이들과의 시간에서 배울 수 있는 것들이 많습니다. 아이들은 자발적일 수 있어야 합니다. 즉 그저 빈둥거릴 수도 있어야 하는 것입니다! 아이들이 함께 놀 수 있도록 부모들이 자리를 마련해주는 것은 아이들로 하여금 자신의 사회적 세상을 다양하게 만들고 더 많은 종류의 사회적 시험대에 도전할 수 있는 노하우를 더 많이 개발할 수 있도록 돕습니다. 그리고 사회적 교류는 감정이 연루된 상황들이나 타인의 관점에 대해 의논할 수 있는 기회들을 마련해줍니다. 이러한 기회는 이 학원에서 저 학원으로 이동하는 동안 자동차 안에서 대충 아무 때나 얻을 수 있는 것이 아니라, 어떤 일이 일어났을 때 ·그곳에서 직접 관찰하고, 의견을 말하고, 지도해 줄 수 있는 실제 사회적 교류에서만 가능한 것입니다.

당신의 자녀가 보육원이나 유아원에 다닌다면 반드시 그곳의 보육자나 선생님과 강한 유대관계를 형성시키십시오. 당신은 자식의 감정이 당신과 함께 있지 않을 때에도 보호자에게 진지하게 받아들여지기를 원할 것이며, 어떤 충돌이 발생했을 때 아이가 감정에 대한 지도를 받을 수 있기를 바랄 것입니다. 당신의 아이가 어떻게 하고 있는지 보육자와 매일 이야기를 나누고, 또래 아이들과 어떻게 어울리며, 다퉜을 때는 어떻게 하는지에 대해 물어본다면, 감정적 지도와 조언이 제대로 행해지고 있는지 더 잘 알게 될 것입니다. 당신의 자녀가 시간을 함께 보내는 사람들과 강한 유대관계를 만드는 습관을 가지십시오. 아이들이 자신의 부모로부터 지속적인 조언을 들으면서 큰 영향을 받는 것과 마찬가지로, 보육 담당자로부터 받는 조언 역시 지속적이어야 합니다.

사회적 기능을 발달시키기 위해 우리가 할 수 있는 일들은 많이 있지만, 여기에 당신의 아이들이 자신의 감정을 알게 되도록 도울 수 있는 일반적인 몇 가지 제안이 있습니다.

아이의 감정을 무시하거나 하찮게 생각하지 마십시오. 당신은 종종 이러한 순간들이 그저 얼른 끝나주기를 바라겠지만, 정서적 혼란이 일어나는 순간들이야말로 아이들에게 이런 상황을 어떻게 피하거나 해결할 수 있는지 가르치는 동시에 타인의 감정 또한 고려하도록 가르칠 수 있는 소중한 기회들이라 할 수 있습니다. 이 시간들을 당신의 아이들에게 신 레몬(삶의 고통스러운 경험)으로부터 달콤한 레몬에이드(긍정적인 반응이나 교훈)를 만들어내는 방법을 가르치는 반면에, 괴롭거나 실망스러운 감정 자체를 순수하게 느낄 수 있는 경험을 히도록 하는 기회들로 여기십시오. 단맛을 맛보기 위한 다양한 방안들은 삶의 불가피한 좌절감을 극복하는 데에 있어 아주 큰 도움이 될 것입니다.

아이들의 눈을 통하여 세상을 바라보려고 노력하십시오. 일단 그렇게 하고 나면, 당신은 아이들에게 고통을 주는 원인들이 어른들인 우리에게 고통을 주는 그것과는 다르다는 것을 알게 될 것입니다. 당신이 감정을 표현할 때 받고 싶은 대접과 다르게 당신 자식을 대접해서는 안 됩니다. 그동안 당신을 괴롭히던 일에 대해서 친구에게 털어놨는데 그 친구가 당신을 놀리고 웃어넘겨버린다면 어떤 기분이 들겠습니까? 반드시 아이에게 슬픔이나 두려움 같은 부정적인 감정을 표현해도 괜찮다는 것을 알려주십시오. 이와 마찬가지로, 당신 스스로가 분노와 부정적인 감정들을 긍정적인 방법들로 잘 다스리는 것을 보여 주십시오. 명심하십시오. 당신의 아이들은 자신의 감정을 조절하기 위해 당신을 보고 배웁니다.

이번 장의 요점은 당신이 아이들에게 말을 걸어 아이들이 당신에게 이야기를 하도록 초대하는 것입니다. 아이들의 기분을 이해하려 노력하고, 어떤 일들이 발생할 때는 원인이 무엇인지 그들이 알 수 있게끔 도와주면 줄수록 그만큼 더 아이들은 극복하는 능력을 개발해나갈 것입니다. 그리고 우리가 앞에서 입증한 것처럼, 학교에서나 인생에서나 사회적 기능은 필수적인 것입니다.[232]

9 장

놀이

배움의 용광로

초대형 규모의 사무용품 판매점 관리자인 마리안 마이어스^{Marianne Myers}는, 토스트 한쪽을 아작아작 씹으며 냉장고에 자석으로 고정되어 있는 커다란 달력을 면밀히 검토합니다. 조경사로 일하고 있는 그녀의 남편 데니스^{Dennis}는 오렌지주스를 벌컥벌컥 들이키며 문을 향합니다. 데니스가 말합니다. "알고 있다구! 내가 점심을 좀 늦게 먹고는 아이를 3시에 차에 태워서 짐보리^{gymboree, 사설유아교육기관}에 데리고 가면 되잖아. 걱정하지 마. 내가 알아서 할께."

"그러고 나서 … " 마리안이 즉각 말을 덧붙입니다. 지난주에 짐보리 수업이 끝난 후에 남편이 앨리슨^{Alyson}을 친구 집에서 열린 생일 파티에 데리고 가지 않고 바로 집으로 왔기 때문에 그녀는 아빠가 해야 할 일을 아예 글로 써서 주려고 합니다. 그날 그들이 보낸 집에서의 시간은 너무나도 비생산적이었기 때문입니다. 앨리슨은 그저 장난감 인형들을 가지고 놀 뿐이었습니다. 그리고 아이가 몇 번이나 요구했음에도 불구하고, 데니스는 아이가 혼자서도 잘 놀고 있다는 생각에 함께 상상놀이^{fantasy play}를 해주지 않았습니다. 대신 그는 밀린 일을 했습니다.

"그러고 나서 … " 데니스는 이번에는 제대로 맞추기를 바라며 더듬더듬 말합니다. " … 메이져스^{Majors} 아주머니 댁으로?"

"아니에요, 여보." 마리안은 최대한 부드럽게 얘기하려 애씁니다. "내일 있을 동물원 견학을 위해서 바이올린 수업을 오늘로 옮겼잖아요. 정확하게 다 기억하는 일이 어렵다는 거 잘 알아요. 실은 나도 어제를 목요일이라고 착각하고는 아이를 미술학원에 데리고 갔었다니까요!"

"아, 맞아. 알겠어. 그렇게 할께." 데니스는 한숨을 내쉬고는 자신의 트럭으로 향합니다. 이떤 날들은, 마당의 정원을 가꾸고 나무를 돌보는 일이 아이를 돌보는 것에 비하면 일종의 휴식처럼 느껴질 때가 있습니다. 그는 앞으로 이 복잡한 일정들을 그의 부부가 어떻게 관리해나가야 할 것인지 고민해봅니다.

부모가 공들여 아이의 모든 자유 시간을 잘 구성된 "양질의" 활동들로 채워 놓았음에도 불구하고, 네 살 된 앨리슨은 탁 트여있는 식탁공간에서 장난감 인형들과 이야기를 나누고 있습니다. 아이는 TV 앞에 앉아, 착한 행동에 대해 작은 교훈을 가르쳐주는 Barney*를 때때로 힐끔힐끔 쳐다봅니다. 아이는 인형 놀이에 몰두하여, 중고 블록들로 궁전을 만들고는 이제 막 연극을 공연하려 하고 있습니다. 아이는 고양이 인형을 집어 들었습니다. "자, 네가 이제부터 공주야." 그리고는 자신의 커다란 곰 인형을 공주 앞으로 거인 걸음으로 성큼 다가서게 합니다. 공주는 곰 인형의 기세에 꺾이지 않은 채, 자신의 작은 몸집에도 불구하고 곰에게 "내 궁던을 내버져도!"(통역 : 내 궁전을 내버려둬!) 하고 외칩니다. 공주는 곰이 허둥지둥 달아나는 것을 보며 계속해서 곰을 조롱합니다. 앨리슨은 곰을 움직이면서 실수로 궁전 역할을 하던 블록 몇 개를 넘어뜨렸는데, 그 블록들이 땅에 부딪히며 요란한 소리를 냈습니다. 앨리슨은 움찔하며 일어섰고, 엄마는 깜짝 놀라, "앨리슨! 너 대체 뭘 하는 거니?!"하고 말합니다.

참으로 재미있는 질문입니다. 앨리슨은 말 그대로 놀고 있었죠. 그런데 그것이 무슨 의미일까요?

---

* 핑크색 공룡으로, Barny & Friends 의 주인공이다. - 옮긴이

놀이는 왜 해야만 하나요?

마리안과 데니스는 오늘날의 많은 부모들과 마찬가지로, 마음껏 노는 것은 중요하지 않거나 심지어는 시간 낭비라는, '그냥' 놀고 있을 때에 아이들은 아무것도 배우지 않는다는 잘못된 믿음에 잔뜩 휘말려 있습니다. 그러나 노는 순간들은 숨겨져 있는 진정한 배움의 기회들입니다. 증거는 매우 명백합니다. 놀이는 발달을 촉진시킵니다. 그것도 다양한 범주의 발달을 말이죠. 이를테면, 놀이는 문제 해결 능력과 창의력을 증진시켜줍니다. 또한 주의를 집중하는 시간을 늘려주고 사회성 발달을 북돋워 줍니다.[233] 하지만 어떻게 놀이로 이러한 것들을 포함하는 많은 것들을 얻을 수 있을까요? 우리와 함께 놀이의 경이로운 세계를 탐구해봅시다.

네 살 난 필릭스Felix와 다섯 살 난 미너바Minerva는 연구(이제는 고전으로 여겨지는)에 참여한 다른 아이들과 함께 있었습니다.[234] 그들의 앞에는 손이 잘 닿지 않는 거리에 자물쇠가 걸린 투명한 상자가 있습니다. 그리고 그 상자 속에 이 실험의 핵심이 들어있습니다. 바로 아이들이 사전에 마음에 드는 장난감으로 골랐던 색분필 한 개, 또는 구슬 한 알이 들어 있는 것입니다. 아이들 앞에 놓인 과제는 단순하지만, 불가능한 일로 보입니다. 자리에서 일어나거나 심지어는 상자 쪽으로 몸을 기울이지 않고 장난감을 가져와야 하는 것이 과제입니다. 아이들은 어떻게 분필을 상자에서 꺼낼 수 있을까요? 이상적인 해결책은 두 개의 기다란 막대기를 연결하여 충분히 길게 만든 다음, 상자로 뻗쳐서 끌어당기는 것이었습니다.

필릭스와 미너바는 막대기들을 가지고 자유롭게 놀도록 지정된 그룹에 속해 있었습니다. 분필을 가져오라는 과제가 주어지기 전에, 그리고 분필과 구슬 중에 하나를 선택하도록 실험자가 얘기하기 전에, 이들에게는 각기 다른 크기들의 작은 막대기들이 한 꾸러미 주어졌고 별도의 설명 없이

약 10분간 그것을 가지고 놀게 하였습니다. 아이들이 으레 그러하듯, 그들은 막대기들을 살펴보고, 막대기들을 병사들로 만들어 짧은 상상놀이를 했습니다. 그들은 심지어 몇 개의 막대기들은 다른 막대기 속에 끼울 수 있게 되어 있어 그것으로 더 긴 막대기를 만들 수 있다는 사실을 발견했습니다. 막대기에 대한 아이들의 관심이 시들해졌을 즈음, 필릭스와 미너바는 분필을 선택했고 상자에서 그것을 되찾아오는 과제를 받았습니다.

필릭스와 미너바는 그저 앉은 채로 실험자가 해결책을 알려줄 때까지 기다렸을까요? 막대기들을 서로 맞부딪히게 하거나 바닥의 카펫트를 쑤시기만 했을까요? 조금은 그랬을지도 모릅니다. 아이들은 너무나 가깝고도 멀게 느껴지는 소중한 분필을 쳐다보며 잠시 묵묵히 있었습니다. 그리고는 이 놀이의 법칙을 스스로 깨달았습니다.

필릭스 : "일어서면 안 된다고 그랬지?"
미너바 : "맞아, 그래도 … 어쩌면 막대기들은 … "

그러고 나서 아이들은 곧 어느 막대기들이 서로 끼워지는지 확인해보았고, 서로 끼워지는 가장 긴 막대기들을 찾아보았습니다. 그들은 멋진 패기와 깊은 진지함으로 이 문제와 씨름했습니다. 결국, 두 어린 탐정들은 가장 긴 막대기들을 발견하여 서로 끼워 맞추었고, 상자로 뻗쳐서 자기가 있는 곳으로 물건이 들어있는 상자를 끌어왔습니다. 문제를 해결한 것입니다. 만세!

둘씩 짝지어진 두 번째 그룹의 아이들에게는 사전에 막대기를 가지고 놀 수 있는 기회는 주어지지 않고, 바로 문제의 해결방법을 알려주었습니다. 아이들은 실험자가 두 개의 막대기를 끼워 문제의 해결 방법을 보여주는 모습을 가만히 지켜보았습니다. 그러고 나서 실험자는 아이들이 문제를 어떤 식으로 해결하는지 확인하기 위해 필릭스와 미너바가 사용했던 똑같은 막대기들을 놓아두고는 자리를 떴습니다. 몇 명의 아이들은 문제를 즉시 해결했습니다. 실험자가 문제를 해결하는 것을 보았기 때문입니다. 그럼에도 불구하고 몇몇 아이들은 실패했습니다. 그들은 실패하자마자 즉시 포기했습니다. 마지막으로, 세 번째 그룹의 아이들에게는 막대기를 가지고 놀 시간도 주어지지 않았을 뿐더러, 실험자가 문제를 해결하는 모습을 보여주지도 않았습니다. 당연히, 이들 중 대부분의 아이들이 과제에 실패했습니다.

이 실험이, 또는 이와 비슷한 실험들이 우리에게 알려주는 것은 무엇일까요? 놀이를 통하여 스스로 탐구하는 방법을 찾는 것은 문제를 즐겁게 해결하도록 '가르치는' 학습의 체험입니다. 물론, 어른이 해결방법을 보여줬던 몇몇의 아이들은 즉시 해답을 찾았습니다. 그러나 실패했을 때, 그들은 **포기**했습니다. 마치, "선생님은 어떻게 하는지 아는데 나는 모르잖아. 그러니까 난 안 돼."라고 생각한 것처럼. 그러나 과제가 주어지기 전에 막대기를 가지고 놀았던 필릭스나 미너바와 같은 아이들은, 문제를 해결하기 위해 끈덕지게, 그리고 열심히 과제에 임했습니다. 연구원들은 놀이가 보다 높은 창의력, 그리고 상상력과 관련이 있음을, 심지어는 보다 뛰어난 읽기 수준과 IQ 점수와 관련이 있음을 다시 한 번 확인하게 되었습니다.[235] 연구에 의한 증거에 따라, 새로운 공식이 세워집니다.

놀이 = 배움.

재미있게 노는 것에 부모가 동참할 때

연구는 놀이에 대한 또 다른 흥미로운 사실을 입증했습니다. 어른들이 그들과 함께 놀 때에 아이들의 놀이 수준은 **향상**됩니다. 아이들이 즐기는 놀이의 다양성도 어른들이 참여함으로써 증가합니다. 그리고 '참여'하는 것은 '규제'하는 것과는 다른 것입니다. 제어하는 행위는 아이들에게 부모의 생각을 따르게 하며, 부모가 아이들의 행동에 맞춰 놀 때만큼 인지발달이 많이 발생하지 않습니다.[236]

생후 22개월 된 갈색 눈의 카라^{Khara}를 상상해봅시다. 카라와 엄마 맥신^{Maxine}은 시러큐스대학^{Syracuse University}에 있는 바바라 피에스^{Barbara Fiese} 교수의 연구실에 초대되어 놀이에 관한 실험에 참여했습니다.[237] 연구원들은 실험 중에 일어난 일들 중에서 흥미로운 것들에 대해 추후에 분석할 수 있도록 그곳에서 일어나는 일들을 비디오테이프로 녹화했습니다. 처음에 그들은 주위에 있는 장난감들을 가지고 카라가 혼자서 노는 것을 관찰하는 동안 맥신에게 카라의 평소 놀이 습관에 대해 설문지를 작성하도록 부탁했습니다. 그 후에는 바닥에 앉아서 집에서 하는 것과 똑같이 카라와 함께 놀아보게 했습니다. 그러고 나서, 인형의 치아를 닦아주는 시늉을 하며 카라에게 다양한 상상놀이 하는 방법을 보여주게 했습니다. 마지막으로, 아무런 지시 없이 맥신과 카라가 함께 노는 모습을 관찰했습니다.

이 실험에서 피에스 교수는, 아이들이 어른들과(이번 경우에는 엄마와) 함께 놀 때에는 물건들을 실물이 아닌 다른 물건들의 상징으로 여기는 확률이 높다는 결과가 나온 다른 연구들에 대한 추가 연구를 하는 것이었습니다. 블록이 자동차처럼 사용되며 "부릉, 부릉, 부릉" 소리와 함께 땅을 가로질러 움직이면, 우리는 아이가 이 세상의 물건들이 다른 물건들을 나타내기 위해서도 쓰인다는 것을 인식하고 있다는 사실을 알 수 있습니다. 이게 왜 대수로운 일인지 궁금하십니까? 아동 발달의 핵심적 요소들 중 하나가 **상징물을 다루고 추상적으로 사고하는 방법**을 배우는 것입니다. 언어라는 것이 바로 결국은 상징물을 다루는 것이기 때문입니다. 단어들의 소리(이를테면 '의자')는 그 단어가 의미하는 것(실제 의자)과 어떤 식으로도 닮지 않았기 때문입니다. 또한 새로운 생각들을 창의적으로 결합시키는 능력을 가지려면 아이들은 눈앞에 보이는 물건들을 뛰어넘어 그 이상의 것들을 상상하고 이해 할 줄 알아야 합니다. 눈앞의 물건이 마치 다른 물건인 것처럼 다루는 것이야말로 그 중요한 능력의 시작이라 할 수 있습니다. 또한 사물을 그 실물이 아닌 다른 것을 나타내기 위하여 상징적으로 사용하는 능력은 아이들의 언어 능력 향상과 연관이 있습니다. [238]

피에스 교수는 카라가 놀이를 할 때에 그저 탐구만 하는지(만지거나 관찰하는), 기능적인 움직임을 보이는지(예상했던 쪽으로 작은 자동차를 움직이게 하는), 아니면 상징적인 표현을 하는지(빈 유리잔에 음료를 따라서 마시는 시늉과 같은 상상놀이부터, 저녁식사 준비를 하는 등의 상상놀이까지)를 고려하여, 그 놀이법의 복잡한 특징들을 평가했습니다. 카라가 혼자서 놀 때에는, 발달이 가장 덜 된 아이처럼 보였습니다. 그러나 엄마가 놀이에 참여하자, 아이는 조금 더 진보한 듯 보였고, 맥신이 카라에게 상상놀이 하는 모습을 보여주자(인형에게 양치질 시키는 시늉과 같은) 카라는 보다 다양한 방법들을 사용하며 놀았습니다. 맥신은 카라의 놀이에 참여함으로써 카라가 또 다른 수준으로 더욱 풍부하고 더욱 추상적인 사고를 할 수 있는 수준으로 옮겨가도록 도운 것입니다.

흥미롭게도 아이들에 대해 그저 질문만 많이 하고 지켜보기만 하며 놀이에 참여하기보다는 놀이를 이끌려고 한 엄마들의 아이들은 상상놀이에 덜 열중하였으며 탐구 놀이에 더 많은 관심을 보였습니다. 아이들로 하여금 놀이를 주도적으로 이끌도록 하면, 카라의 경우처럼 결과적으로 더 진보된 놀이를 하게 됩니다. 그러니 다음번에는 당신의 아이가 혼자서도 잘 놀고 있는 것으로 보이더라도, 당신이 참여함으로써 큰 변화를 불러올 수 있다는 사실을 기억해 내십시오. 결코 혼자 노는 것이 나쁘다는 말이 아닙니다. 당신이 아이와 함께 노는 것은 아이의 놀이공간을 침범하는 것이 아닙니다. 아마도 당신은 부지불식간에 당신의 아이가 상징물을 더 잘 다루고 더욱 추상적으로 사고할 수 있도록 돕고 있을 것입니다.

놀이에 관하여

자넷 모일스Janet Moyles가 자신의 책『놀이의 위대함The Excellence of Play』에서 "놀이에 대한 개념을 정의하고자 고생하는 것은 비눗방울을 잡으려는 것과 비슷합니다. 뭔가 붙잡을 만한 것이 있는 것처럼 보일 때마다 덧없이

< 숨은 재능 확인하기 > 놀이 평가

나이 : 생후 12개월~3.5세

집에서 피에스 교수의 실험을 재현해볼 수는 있지만, 아이의 행동들을 당신이 자세히 직접 관찰하려면 다른 한 명의 부모나 보육자의 협조가 필요합니다. 먼저, 새로운 장난감 몇 개를 구한 뒤, 아이가 혼자서 이 새로운 장난감들을 가지고 노는 동안 도우미(이 사람은 당신이 알아내고자 하는 게 무엇인지 모르고 있어야 합니다.)에게는 잡지를 읽는 시늉을 하도록 부탁합니다. 그리고는 아이가 혼자서 이 새로운 장난감들로 무엇을 하는지, 약 8분간 지켜봅니다. 도우미에게는 아이가 같이 놀자고 졸라도 "조금 있다가" 라고 말하며 거부하도록 얘기해놓습니다. 아이는 먼저 장난감을 만져봅니까? 또는 마치 장난감이 다른 물건인 듯 행동하며 상상놀이를 시작합니까? 당신의 아이가 이 물건들을 상징적으로 다루는 것을 볼 수 있습니까? 이제 도우미가 참여하도록 합니다. 얼마 동안 함께 놀고 난 후, 그 놀이가 상상놀이로 바뀌는지 지켜보도록 하십시오. 그리고는 도우미에게 당신의 아이와 함께 해볼 수 있는 다과회 준비와 같은 상상놀이의 두 가지 주제가 쓰인 종이를 건넵니다. 아이의 상상놀이를 하는 수준이 다시 한 번 발전했습니까? 이것은 흡사 아이가 자신에게 상징적인 표현을 할 수 있도록 이끌어주는 도우미와 당신의 눈앞에서 아이가 정신적 발달을 하는 것을 보는 것과 같습니다. 어른이 함께 하는 놀이는 확실히 인지 발달에 필수적입니다.

사라져 버려서 결국 그것을 붙잡을 수 없게 됩니다."라고 한 말에서 볼 수 있듯이 놀이라는 것은 규정하기 힘든 개념입니다. 부엌에서 냄비들을 맞부딪히는 생후 12개월 된 아이는 놀이를 하고 있는 것입니다. 아기 침대 안에서 낮잠 자기 전에 자신이 알고 있는 모든 단어들을 소리 내어 읊어보는 생후 18개월 된 아이는 놀이를 하고 있는 것입니다. 처음으로 축구팀에 입단한 네 살배기는 놀이를 하고 있는 것입니다. 그리고 친구와 함께 다양한 상상 놀이에 심취해 있는 다섯 살 난 아이 역시 놀이를 하고 있는 것입니다. 자, 여기서 무엇이 공통된 맥락일까요? 500명의 선생님들에게 놀이를 정의해보라고 하였을 때, 선생님들의 숫자만큼이나 많은 답변들이 나왔습니다! 가장 낯익은 단어들이 가끔씩은 가장 정의하기 어려울 수도 있다는 사실이 재미있지 않습니까?

메인대학University of Maine의 캐서린 가비Catherine Garvey교수, 그리고 메릴랜드대학University of Maryland의 케네스 루빈Kenneth Rubin 교수와 같이 유명한 연구원들에 의하면 놀이는 다섯 가지 요소로 구성되어 있다고 합니다.[239] 첫째로, 놀이는 반드시 **즐겁고 재미있어야** 합니다. 이것은 놀이를 한다고 해서 바닥에 쓰러질 만큼 웃음보가 터져야 한다는 뜻이 아닙니다. 그러나 반드시 재미는 있어야 합니다. 두 번째로, 놀이는 **부차적인 목표**가 있어서는 안 됩니다. "흠 … 읽기 능력을 좀 갖춰보기 위해 이제 놀이를 해봐야겠어."라고 말하고 놀지 않듯이 말입니다. 놀이는 놀이 그 자체가 목표가 되어 심취되는 것입니다. 놀이에는 실리적인 기능이 없습니다. 세 번째로, 놀이는 **즉흥적이며 자발적인 것**으로, 노는 이가 자유롭게 결정합니다. 놀이는 예약하고 배정될 수 없습니다. 실제로, 한 실험[240]에서 유치원 교사가 학생들에게 놀이 활동을 할당하자, 아이들은 그것을 일처럼 받아들였습니다. 하지만 다른 자유로운 시간에는, 바로 그 똑같은 활동을 놀이라고 말했습니다! 만약 당신이 생각하기에 축구가 자식에게 이로울 것 같아서 시킨다면, 그 축구는 놀이에 해당되지 않습니다. 또한 아이가 그 것으로 인하여 스트레스를 받는다면, 그것은 확실히 놀이가 아닙니다. 네 번째로, 놀이에는 어느 정도 참여자의 **적극적인 참여**가 필요합니다. 참여 사가 원해서 해야 한다는 말입니다. 만약 참여자가 소극적으로 앉아있으 면서 일어나는 일들에 별로 참여하고 있지 않다면, 그것은 놀이가 아닙니 다. 그리고 마지막으로, 놀이는 **상상을 믿는** 원리를 포함하고 있습니다. 어린 아이들이 하는 대부분의 놀이에는 현실과는 동떨어진, 글자 그대로 받아들일 수 없는 요소가 있습니다. 음료를 따르는 시늉을 하고, 그것을 마시는 시늉을 하는 아이는, 놀이를 하고 있는 것입니다.

아이러니하게도, 오늘날의 많은 부모들은 놀이의 이러한 요소들 중 한 두 가지에 대해 불편함을 느낍니다. 이런 기준들과 비교해보면, 우리가 자식들에게 하도록 요구하는 활동들은 그다지 놀이답지 않은 것들입니다. 예를 들어 세세한 점까지 관리하는 부모들이나 시험만 중요시하는 교사 들이 아이들을 위한 놀이 경험을 아이들이 직접 선택하게 하지 못하고 자 신이 직접 선택해줘야 한다는 강박관념에 시달린다면, 그들은 놀이를 정 의하는 몇 가지 원리를 어기는 것입니다. 놀이는 **아이의 자발적인** 욕구로 부터 생겨나야 합니다. 물론 우리는 아이들에게 제한된 선택권을 제시해 주고 그 범위 안에서 아이들이 선택하게 해줄 수는 있습니다. 그렇게 하 는 것이 아이들의 놀이를 촉진시키는 일이며, 그것이 우리의 적절한 역할 입니다.

쉼 없이 질주하는 우리 사회에서 쉽게 볼 수 있는 놀이의 원칙에 크게 위배되는 행위들은 두 번째 원리와 관련된 것입니다. 놀이를 할 때에는 놀이 자체를 벗어난 목적이 있어서는 안 됩니다. 우리들 중 몇 명이나 실 제로 자식들을 아무런 실질적인 목적 없이 놀이에 심취하도록 내버려둘 까요? 우리가 아이들을 위해 골라주는 장난감들조차 뭔가를 배우게 하려는 숨은 의도가 어려 있습니다. 다음의 유행 사례를 생각해 보십시오. 1995년, 월스트리트 저널Wall Street Journal에 실린 기사는 "학교 수업을 흉내 낸 장난감을 이용한 수박 겉핥기식 학습은 언뜻 도움이 될 듯 보이지만 결국에는 파국을 가져오는 것"이라고 언급했습니다.[241] 그러나 겨우 7년 이 지난 2002년이 되자, 교육용 장난감들의 판매량은 급등했습니다. 하나의 예를 들자면 (아주 많은 예가 있지만), Leap Frog라는 회사는 읽기와 산수를 가르치는 장난감들을 생산합니다. 첫해(1995)에는 겨우 삼백만 달러의 수익밖에 올리지 못했지만, 2002년도에는 5억 달러 이상에 달하는 수익을 얻었습니다! 자, 이것은 획기적인 증가율입니다. 누구나 알다시피, 부모들과 조부모들은 끊임없이 교육용 장난감들을 사들입니다. 그 장난감들은 모두 해로운 것들일까요? 그렇지 않습니다! 아이들이 즐기는 것들은 괜찮습니다. 그러나 기억해야 할 것은, 이 장난감들이 아이를 대신해 **놀이의 계획을 결정한다**는 점입니다. 다음에 무엇을 할 지 결정하는 것이 아이의 몫이 아니라, 기계의 몫이 되어버리는 것입니다.

우리가 어린 아이들을 등록시키는 학원 수업들도 마찬가지입니다. 우리는 과연 우리 아이들이 해당 교육에 참여한 다른 아이들과 놀면서 이런 수업을 즐기기를 바라는 걸까요? 혹시 마음 한 구석에 아이들에게 이러한 것들을 접하게 함으로써 어떤 잠재적인 재능이 개발될 수 있기를 원하는 건 아닐까요? 우리의 다섯 살 난 아이들이 어린이 야구단에 들어갔을 때, 우리는 과연 아이들이 그저 게임을 즐기기만을 바라는 걸까요? 더 많은 즐거움을 얻기 위해 글러브로 공을 잡는 것과 같은 몇 가지 새로운 기술을 익히면 좋겠다는 생각을 할까요? 혹은 결승전까지 진출하여 우승까지 했으면 좋겠다는 바람을 갖고 있을까요? 네 살 난 아들을 운동선수의 길을 걷게 하기 위해 본격적으로 훈련시키기 시작한 한 아빠가 말했습니다. "가끔씩 내가 내 아이들의 기분을 충분히 고려하지 않고 불쾌하게 여기는 행동들을 했다는 것은 인정합니다."[242] 아이들의 스포츠 경기에서 볼 수 있는 큰 소리로 응원하고 소리치는 부모들은 매우 용맹하고 무모한 용사들로 변하기도 합니다. 이러한 사례들은 우리가 아이들을 조직적인 활동들에 참여시킬 때 과연 우리가 아이들을 순수하게 놀 수 있게 하는 것이 맞는지에 대한 흥미로운 궁금증을 유발시킵니다.

최근에 어떤 기자가 우리들 중 한 명에게 다음과 같은 질문을 던졌습니다. "부모들이 자녀들을 등록시키는 활동들을 보면 상당히 재미있어 보여요. 그런데도 불구하고 교수님이 설명하시는 자유로운 놀이라는 것이 도대체 왜 필요한 거지요?" 이 질문에 대한 정답은 다음과 같습니다. 자유로운 놀이들을 통해서야 말로 조직적인 활동들에서 아이들이 다른 아이들과 즐기는 방법뿐만 아니라, 자기 스스로 놀이를 창조해내는 방법을 배울 수 있습니다. 아이들은 진취성을 배우는 것입니다. 전미 유아교육협회National Association of the Education of Young Children의 수장 브레데캠프Susan Bredekamp 박사는, "아이들은 자기가 스스로 규정한 놀이에 매진할 때 성취감을 느낍니다."라고 기술했습니다.[243] 교사들이 "지나치게 체계적이며, 교사의 지시에 전적으로 의지해야 하는 방식의 수업, … 아이들이 수동적으로 수업을 들으며 언제 무엇을 해야 할지를 결정해 주는 일, 그리고 오랜 시간 동안 종이와 연필을 이용한 수업들"은 발달상에 적합하지 않기 때문에 교사들에게 사용하지 말아야 할 것으로 간주되고 있습니다. 이상하게 들린다구요? 저희들에겐 맞는 말로 들립니다. 그러나 점점 더 많은 부모들이 자녀가 다니는 보육원이 이러한 양상을 띠기를 바라고 있습니다. 요즘 부모들은 '컴퓨터 공학'과 '산수 교육'을 제공하는 보육원들을 찾아 나서고 있지 않습니까. 아이들은 바쁘게 보일지 모르지만, 문제는, 이러한 거래 속에서 그들은 무엇을 잃고 있을까요?

부모들은 자기 아이들은 반드시 남보다 앞서가야 한다고 생각하기 때문에 놀이보다 교육을 중시하는 보육원들이 인기가 많아졌습니다. 인생은 험난하다는 사실은 말할 필요도 없습니다. 하지만 크고 똑똑한 어른이 아이의 모든 행동을 지휘하는 것이 최고의 교육이라는 것은 결코 사실이 아닙니다. 또한 학업 위주의 보육원에 다닌 아이들이 더 나은 능력으로 학교에 입학하고 배움에 대해 더 나은 태도를 갖는다는 것 역시 사실이 아닙니다. 다년간의 연구가 아이들이 자기 스스로 놀이를 주관해야 한다는 사실을 밝혀줍니다. 놀이를 할 기회가 주어졌을 때, 아이들은 창의력과 문제 해결 능력이 증가함을 보여줍니다.[244]

이제 우리는 놀이의 다른 중요한 기능을 이해해야 합니다. 바로 놀이는 아이들에게 자신의 능력을 자각하게 한다는 것입니다. 매 순간 해야 할 일들에 대해 지시를 받는 사람들에게 있어서, 자신에게도 능력이 있다는 의식은 유쾌한 것뿐만 아니라 유익하기도 합니다. 자유로운 놀이 속에서, 아이들은 뭔가를 책임지는 연습을 하게 됩니다. 이것은 현실에서 발생할 수 있는 일들에 대한 예행연습이 됩니다. 자유로운 놀이를 통해서 아이는 자신에게 주어진 선택권의 범위 안을 탐색하며 현실 또는 상상 속의 세계에서 우두머리가 될 수 있습니다. 실제 사람을 대신해 자주 등장하는 공룡들에게 일어나는 문제들을 해결하거나 새로운 뭔가를 발명해내는 것도 자유로운 놀이를 통해서입니다. 조직적인 학습 활동들도 끼어들 여지가 있기는 하지만, 그것들을 절대로 놀이로 잘못 받아들여서는 안 됩니다. 아이들을 위해 가장 중요한 지능적, 그리고 사회적 혜택들을 제공하는 것은 바로 간소하고 단순한 놀이입니다. 예일대학Yale의 교수이자 유명한 과학자인 도로시 싱어Dorothy Singer는 다음과 같이 말했습니다.[245] "상상놀이들을 통하여 아이들은 누구든지 될 수 있고 어디든 갈 수 있습니다. 사회극놀이를 할 때 아이들은 감정 다스리는 방법을, 거대하고 복잡한 세상을 감당할 수 있는 작은 크기로 바꾸는 방법을, 그리고 물건을 나눠 쓰고, 차례를 지키고, 서로 협력하는 동안 사회에 익숙해지는 방법을 배웁니다. 놀이를 할 때, 아이들은 새로운 단어들과, 문제 해결 방법과, 융통성을 가지고 행동하는 방법을 배웁니다. 무엇보다도, 아이들은 이런 놀이들을 순수하게 즐긴다는 것입니다."

왜 노는 시간의 결핍이 아이에게 악영향을 끼칠 수 있을까요?

너무 조금만 노는 것이 아이들에게 문제가 될까요? 어떤 전문가들은 '놀이 부족'이 아이들에게 우울함과 적대감을 가져올 수 있다고 주장합니다. 여러분도 휴식을 전혀 갖지 못한다면 결국엔 우울해질 수 있듯이 말입니다. 그렇다면 당신의 아이들은 자기 세계를 이해하기 위해 얼마나 더 애쓰고 있을지 생각해보십시오. 어떤 날에는 별로 그렇지 않은 것처럼 느껴질지 모르지만, 모든 일을 통제하는 사람은 바로 **당신**입니다. 반대로, 아이들은 일어나는 일들에 대한 통제력이 매우 약합니다. 아이들에게는 휴식이 필요합니다. 이미 배운 것들을 완전히 흡수하기 위한, 새로운 기술을 터득하기 위한, 무서운 정서적 경험들을 소화해내기 위한, 그리고 온전히 즐기기 위한 휴식 말입니다. 너무 부족한 놀이 시간에 대한 가장 훌륭한 자료는 동물 실험으로부터 나왔습니다. 아이들에게서 노는 시간을 박탈하는 실험을 하는 것은 비윤리적이기 때문입니다. 동물들이 노는 시간을 박탈당하면 어떤 일이 벌어질까요?

최신 연구들 몇 가지는 동물들에게서 노는 시간을 박탈하면 그 동물들의 두뇌에 악영향을 미칠 수 있다고 밝히고 있습니다.[246] 오하이오Ohio에 위치한 보울링그린대학Bowling Green University의 작 팽크세프Jaak Panksepp 명예교수에 의해 시행된 들쥐를 대상으로 한 실험에 의하면, 놀이는 뇌에서 자제력을 수용하는 부분인 전두엽에 영향을 미친다고 합니다.[247] 놀이 없이는 두뇌 성장에 지체가 생긴다는 사실을 팽크세프 교수와 그의 제자 니키 고든Nikki Gordon이 발견했습니다. 이미 전두엽에 악영향을 받은 들쥐들에게 놀 기회가 마련되었을 때, 어떤 손상들은 스스로 회복되었습니다. 전두엽의 손상은 아이들이 주의력 결핍 장애ADD를 앓고 있을 때의 증상과 유사합니다. 마구잡이식의 놀이가 들쥐로 하여금 부정적인 흥분을 자제시킨다면, 어쩌면 아이들도 마찬가지일지 모릅니다. 실제로, 아이들을 연구하는 연구원들은 유사한 효과를 발견했습니다. 마구잡이식의 놀이 방법이 ADD를 앓고 있는 아이들이 자신의 충동을 제어하고 학교에서 집중할 수 있게 하는 도움이 될 수 있습니다.

또한, 학령아동들에게 휴식 시간을 제공하는 것이 생각을 필요로 하는 학교 과제에 집중하는 능력을 최대화할 수 있다는 사실을 우리는 미네소타대학University of Minnesota의 안토니 펠레그리니Anthony Pellegrini 교수가 내놓은 연구 결과로부터 이미 알고 있습니다.[248] 학교들이 갈수록 노는 시간을 없애고 있다는 사실을 고려해봅시다. 펠레그리니 교수의 말을 빌리면 이러한 움직임은 "그릇된 길로 인도되고 있으며 실질적인 악영향을 끼칠 수 있습니다."

왜 놀이가 21세기에는 더 중요할까요?

다년간의 연구를 통하여 우리는 **어린 시절에 있어서의 놀이는 자동차에 기름이 필요한 것과 마찬가지**라는 결론을 내리게 됩니다. 놀이는 우리 아이들이 심취하는 모든 지능적 활동들에 필요한 바로 그 에너지원입니다. 놀이가 지능 발달, 창의력, 그리고 문제 해결 능력에 있어 튼튼한 토대를 제공한다는 것은 연구원들이 대체로 인정하는 사실입니다. 또한 놀이는 정서 발달과, 필수적인 사회 기능 발달을 위한 매개체 역할을 하기도 합니다. 21세기에는 창의적인 문제 해결사들, 독자적인 사상가들, 그리고 전문적인 사회 감각을 지닌 사람들이 결국에는 단순히 능숙하게 정답을 얻는 방법을 배운 이들을 능가할 것입니다. 백과사전적 정보는 이미 우리의 손가락 끝을 사용하여 풍부히 얻을 수가 있습니다. 글을 읽을 줄 알고, 컴퓨터를 가지고 있고, 구글과 같은 서비스를 사용할 줄만 안다면, 거의 모든 궁금한 것들에 대한 해답을 얻을 수가 있습니다. 결과 위주의 고부담 평가high-stakes testing라 불리는 교육계의 새로운 움직임은 정답만이 중요한 것으로 인식되게끔 작용하는 것으로 보이지만, 가장 중요한 역할을 하는 진정한 창의적인 이들은 **주어진 문제점들에 대해 일반적인 해법을 찾는 것 이상의 성과를 만들어 낼 수가 있습니다.** 이런 사람들은 어떻게 새로운 질문들을 하고 새로운 해답을 얻는 연습을 할까요? 바로 놀이를 통해서입니다. 놀이는 다재다능하고 유연한 지적 능력을 개발합니다. 놀이는 문제해결이 역동적으로 일어나는 장소이기 때문입니다. 그러나 놀이는 오직 이 시대의 개념만은 아닙니다. 아인슈타인이 다음과 같은 말을 하였을 때 그는 이미 놀이의 가치에 대해 알고 있었습니다. " … 놀이는 생산적인 과학적 사고에 있어서 필수적인 요소로 보입니다. 언어로 설명되는 논리적 구조나 타인과 소통할 수 있는 다른 어떤 방식의 표현과도 연관되어지기에 앞서 말입니다."[249]

아이가 노는 것이 시간 낭비라는 우리의 성취 지향적인 사회에 만연하는 근거 없는 믿음은 부모가 반드시 자식의 지능을 신장시켜야 한다는 대대적이며 과장된 광고와 연결되어 있습니다. 그래서 우리는 자식의 스케줄을 꽉꽉 채우며 사실 마음속으로는 중요하다는 것을 알고 있는 가치관을 포기해버리는 것입니다. 지능은 놀이에 의하여 크게 발달되지만, 아이의 지능을 향상시키는 것은 무조건 공부라는 견해가 새롭고 절대적인 진리가 되어버린 것입니다.

1980년대부터 아이들의 자유로운 놀이 시간이 계속해서 줄고 있음에도 불구하고, 일반적으로 부모들은 놀이의 가치에 대해 알고 있는 것으로 보입니다. 2000년도에 하버드대학Harvard University의 연구 그룹인 Zero to Three에서 시행한 설문조사[250]에서는, 세 살에서 다섯 살 난 아이들의 부모들 중 87퍼센트가 놀이는 건강한 발달을 위해 중요하다는 것에 동의했습니다! 심지어 부모들은 아이들에게 어떤 **종류**의 놀이가 가장 유익한지도 알고 있었습니다. 설문조사에서, 그들은 아이들에게 최고로 활기를 주는 것으로 특정 놀이들 – 블록들 만지기(생후 6개월), 상상으로 차 마시기(두 살), 미술 도구를 사용한 미술놀이 (네 살), 그리고 아빠와 함께 하는 카드놀이(여섯 살) – 을 꼽았습니다. 컴퓨터 가지고 놀기(두 살), 컴퓨터로 미술놀이 하기(네 살), 그리고 그림암기카드로 암기하기(네 살)와 같은 활동들은 최적의 성장 관리에 있어 덜 중요히 여기는 것으로 나타났습니다. 이 설문조사에서 부모들과 연구원들의 의견은 일치하는 것으로 밝혀졌습니다. 사라져가는 놀이 시간을 고려한다면 이 숫자는 소심한 흉내 내기를 의미합니다. **우리는 뭘 해야 하는지 알고는 있지만, 그렇게 할 용기가 나질 않는 것입니다.** 만일 우리의 직감에 따라 행동했다가는, 우리 아이들이 어떤 대단한 기술을 배울 기회를 잃게 될까봐 두려운 것입니다. 세 살 난 레베카Rebecca의 엄마 프랜시스Francis가 가장 적절한 설명을 해줍니다. "아이가 그냥 놀고만 있다면 뭔가 배울 수 있는 소중한 시간을 낭비하는 거잖아요. 나는 내 아이가 성장하지 못하게 붙들고 있고 싶지 않아요. 다른 아이들 모두가 내 자식보다 앞서갈 때 내 기분이 어떻겠어요? 남들보다 뒤쳐진 레베카는 또 어떤 기분이 들겠냐구요."

여러분에게도 보이기 시작했기를 바라건대, 자유로운 놀이와 인솔된 놀이는 더욱 충만한 인생을 살 수 있는 열쇠를 쥐고 있습니다. 이것은 아이들뿐만 아니라 부모들에게도 마찬가지입니다. 놀이는 행복하고 지적인 아이들로 키우는 열쇠입니다.

놀이의 의미에 대한, 그리고 놀이가 아이들의 삶에 있어 얼마나 중요한 지에 대한 더 많은 증거들을 고려해보기 전에, 놀이를 즐기는 다양한 연령대의 아이들을 잠깐 살펴볼 필요가 있습니다. 왜냐하면 놀이는 연령대에 따라 달라지기 때문입니다. 어른인 우리가 더 이상 욕탕 안에서 장난감 배와 컵들을 가지고 놀지 않듯, 어린 아이들도 어른들이 즐기는 낱말 맞추기 보드 게임과 같은 것들을 하지 못합니다. 생후 12개월에, 두 살에, 그리고 네 살에, 놀이는 다른 양상을 띱니다. 놀이도, 아이들의 마음을 반영하는 것으로써, 복잡한 양상으로 발달되고 성장합니다.

아이들은 어떻게 노는가?

아기들은 생후 3-6개월부터 놀이를 하기 시작합니다. 물건을 움켜쥘 수 있게 되자마자 말입니다. 이 시기의 아기들은 거의 모든 물건들을 장난감으로 사용합니다. 그것이 구겨진 종이 한 장이 되었든, 신발 한 짝이 되었든, 심지어는 1달러짜리 지폐가 되었든 간에 말이죠.

생후 9개월이 된 약간 붉은색이 도는 금발머리를 지닌 캐롤Carol이 한 뼘 길이의 속이 빈 핑크색 플라스틱 망치를 가지고 바닥에 앉아서 노는 모습을 지켜봅시다. 아이는 마치 망치의 모양을 머릿속에 새기기라도 하려는 듯이 잠시 동안 그것을 매우 열심히 관찰하다가, 구부러진 부분을 따라 한쪽 손의 손가락들로 만져보더니 뒤집어봅니다. 그리고 다시 관찰하다가는 결국 입으로 가져가 탐구를 계속합니다. 입에서 꺼내고는, 얼굴을 찌푸리고(분명 좋은 맛은 아니었을 테니), 소리가 나기를 기대하는 듯이 (아마도 딸랑이로 착각하고?) 위 아래로 흔들어보던 중, 아이는 실수로 다른 장난감들이 들어있는 원통형의 금속 깡통을 치고 말았습니다. 땡! 이럴 수가. 그것이 아이의 관심을 사로잡은 것입니다! 아이는 깡통을 다시 거칠게 쳐보고는 자신이 나게 한 소리에 매료되고 맙니다. 이제는, 더욱 더 결의에 차서 망치로 깡통을 두드리기 시작하는데, 망치를 어른들이 잡듯이 잡는 것이 아니라 이상하게 옆으로 잡고는 자기 혼자서 이 신기한 현상을 만들어낼 때마다 기뻐서 몸을 방방 띄웁니다.

생후 6개월에서 9개월 된 아기들은 이제 막 이런 종류의 진지한 물건 탐구를 하기 시작합니다. 실제로, 뉴욕시New York City에 위치한 알버트아인슈타인대학Albert Einstein College의 심리학자인 헐리 러프Holly Ruff는 이 시기의 아기들이 물건을 다룰 때 그 물건의 특성에 맞추어 다루는 방법을 바꾸기 시작한다는 사실을 발견했습니다.[251] 나이가 들수록, 어떤 물건이든 상관없이 무분별하게 입에 넣었다가 꺼내서 봤다가 하는 행위를 덜 하게 됩니다. 이 시기가 오기 전이었다면, 캐롤은 다른 각도에서 관찰하기 위해 물건을 돌려 보는 일 없이 그저 한 손에서 다른 한 손으로 옮겨보기만 했을 것입니다. 캐롤은 이제 막 사물들 사이에 연관성을 부여하기 시작했습니다. 지금은 비록 마구잡이로 팔을 흔들다가 깡통을 친 것처럼 우연을 통해야 할지라도 말입니다. 이미 고인이 된 심리학자이자 유아 발달의 창시자들 중 한명인 쟝 피아제Jean Piaget는 아이들이 어린 시절에 가장 순수한 형태의 놀이를 한다고 주장했습니다. 아이들은 흥미로워 보이는 물건들을 **자신만의** 세계에 적합하도록 만듭니다. 그들은 대체로 한 번에 한 가지를 가지고 놀며, 가장 단순한 방법들로 그것들을 사용합니다. 물건을 만든 이의 의도에 맞는다고 여겨지는 사용방법 외에는 그 아무런 방법도 써보지 않습니다.

이번에는 단 14개월 후인 생후 23개월째의 캐롤을 관찰해봅시다. 캐롤은 우리가 전에 보았던 깡통에서 쏟아낸 장난감들에 둘러싸인 채 부엌 바닥에 앉아있습니다. 아이는 장난감 전화기를 집어 들고는 잠시 동안 주의 깊게 버튼들을 누르며 삑삑거리는 소리를 내보려 노력합니다. 몇 개의 버튼을 눌러본 후, 수화기를 귀에 대보고는(사실 귀에 대기 전에 조금은 입으로 빨기도 했습니다.) 다시 버튼들을 눌러보려 합니다. 이제 이 놀이가 지겨워진 아이는 우리가 설명했었던 지난번 사건에서 사용한 망치를 발견합니다. 전화기에 싫증이 난 아이는 망치를 집어 들고 (이번에는 제대로 된 방법으로 잡고) 전화기 버튼에 어느 정도 힘을 실어 내리칩니다. 이것은 사전에 계획된 것 같은 행위처럼 보입니다. 마치 "저 망치는 내 손가락 하나가 할 수 있었던 것 보다 훨씬 더 많은 버튼들의 소리가 나도록 할 수 있을 거야!"라고 생각한 듯이 말입니다. 아이가 목표로 한 행동이 그리 근사한 것으로 보이지는 않지만, 그러다 가끔씩 아이는 버튼이 내는 소리들을 상으로 받습니다. 바닥에 앉아있는 아이 옆에 자리한 것은 잠옷을 입은 플라스틱 얼굴의 아기인형입니다. 아이는 노는 동안 이따금씩 아기 인형을 들어 올렸다가 다시 눕히고는 자신이 사용하는 담요를 덮어줍니다. 이 담요는 심리학자들이 캐롤의 '이행대상Transitional object'이라 일컫는 것으로, 캐롤이 지금까지의 여러 어려운 시기를 이겨내도록 도와준 물건입니다.

캐롤의 놀이는 생후 9개월이었을 때에 비하면 꽤 많이 변해있었습니다. 그린베이Green Bay에 위치한 위스콘신대학University of Wisconsin의 유아놀이 전문가인 퍼거스 휴즈Fergus Hughes 교수는, 생후 2년째의 놀이는 세 가지 방향으로 변화한다고 지적합니다.[252] 첫 번째로 큰 변화는 캐롤이 전화기에 망치를 사용한 것에서 보입니다. 놀이의 발전에 있어서의 특징들 중 하나가 한 번에 한 물건씩 사용하는 횟수가 줄고 한 번에 두 가지 내지는 세 가지 물건을 사용하게 되는 것입니다. 이제 캐롤은 물건들 사이에 연관성을 만들어낼 수가 있는데, 이것은 물건을 다루는 훨씬 더 수준 높은 방법입니다.

캐롤이 생후 9개월이었을 때 망치를 어떻게 사용했었는지 기억하십니까? 우리가 하듯이 손잡이 부분을 잡지도 않았으며, 망치의 머리 부분으로 깡통을 내리치지도 않았습니다. 그 대신, 망치의 옆 부분으로 깡통을 두드렸습니다. 생후 23개월이 되고 나니, 캐롤은 망치를 전문가처럼 사용합니다. 나이와 함께 두 번째로 변화하는 놀이의 방식은 아이들이 물건들을 **적절한 방법**[253]으로 사용하기 시작한다는 데에 있습니다. 캐롤 역시 전화기가 어떻게 쓰이는 지 이해하는 것으로 보였습니다. 어른들은 보통 수화기의 다이얼을 누르기 전에 입으로 빨지는 않지만 말입니다.(캐롤도 대학에 들어갈 때 즈음에는 수화기를 빠는 일이 없을 거라 장담합니다.) 그러니 캐롤의 세상 속 물건들과의 경험들은, 그것이 남들이 사용하는 모습을 관찰하는 것이든 자신이 직접 사용하는 것이든 간에, 그 물건들이 쓰이도록 만들어진 적절한 방법으로 사용할 수 있게 해줍니다.

　캐롤이 아기인형을 들어 올려 마치 진짜 아기인 것처럼 껴안아주고, 정말 추운 것처럼 담요를 덮어줄 때, 아이는 우리에게 자신이 상상력을 동원하고 있다는 것을 보여줍니다. 아이는 더 이상 지금 당장 눈앞에 있는 것을 있는 그대로만 가지고 놀지 않아도 됩니다. 그녀는 장난감들이 살아있는 양 행동할 수 있습니다. 진짜인척 가장할 수 있다는 것입니다. 놀이의 세 번째 변화는 연구원들의 상상력과 흥미를 가장 많이 사로잡은 부분입니다. 이 변화는 확실히 피아제 교수의 관심을 사로잡았습니다. 그는 아이들이 상상 놀이를 펼칠 때, 발달상의 획기적인 단계에 도달하였음을 보여준다는 사실을 알아차렸습니다. 아이들은 이제 상징적으로 생각할 수가 있습니다. 즉 한 가지 물건이 **다른 물건을 의미하도록** 말입니다. 상징을 사용하는 것은 우리를 동물들과 구별시키는 인간적 사고의 주요한 특징입니다. 이것은 말하기, 읽기, 문제 해결하기, 그리고 다른 종류의 고차원적 사고를 형성시키는 가장 중요한 요소입니다. 오두막에서 자랐건 높은 빌딩에서 자랐건 간에 세계의 모든 인간들은 상징적으로 사고합니다.

이번 실험의 마지막 단계에서, 캐롤은 이제 만 세 살 반입니다. 장난감에 대한 취향이 바뀌었으며, 이전에 가지고 왔었던 같은 장난감들을 우리는 더 이상 볼 수 없었습니다. 이번에는 색칠공부 책들과 그림책들, 그리고 작은 동물 인형들이 들어있는 장난감 농장세트가 있습니다. 그때의 그 핑크색 플라스틱 망치는 아직도 주변에 놓여 있으며, 바닥에는 장난감이 되어버린 구형 핸드폰이 굴러다닙니다. 우리는 캐롤이 땅에 배를 대고 누워 농장 속 동물들을 이리저리 움직이며 조용히 혼잣말 하는 것을 몰래 지켜봅니다. 아이는 모형 소를 천천히 헛간에 데려다 놓으며 이렇게 말합니다. "잘 들어, 소야. 이제 밖이 어두워지고 있으니까 헛간에 돌아가서 자는 거야. 잠이 들려면 네 아기인형이 필요할 테니 우리 같이 찾아보자." 아이는 소의 아기 인형을 찾아보았지만 어디에도 없었습니다(필요한 장난감이 제자리에 없다는 것이 그다지 놀라운 일은 아니죠). 하지만 그 대신에 핸드폰이 눈에 들어왔습니다. 그리고는 이렇게 말합니다. "아, 네 아기 인형이 여기에 있구나. 이 아기 인형 이름은 룰루야." 아이는 소를 외양간에 '주차'시킨 후, 자기 쪽으로 소의 머리가 향하게끔 눕히고는 그 인형의 쭉 뻗은 다리 옆에 핸드폰을 놓습니다. 아이는 소와 핸드폰 아기 인형에게 낡은 핑크색 플라스틱 망치를 담요 삼아 덮어주며 "잘 자."하고 말합니다.

이러한 상상놀이는 생후 4년째가 되어 아이들이 연극 시나리오의 총감독으로 거듭나며 급격히 늘게 됩니다. 그리고 캐롤이 자라나면서, 연극의 시나리오들, 특히 부모나 또래들과 함께하는 것들은 그림책들에 나와 있는 것처럼 더욱 더 복잡해지고, 시작과 끝이 있는 내용이 될 것입니다. 당신의 아이가 영화감독이 되던 안 되던 간에, 만든 사람이 의도했던 것과는 전혀 다른 기능을 무생물에게 부여하는 이러한 장면들의 창작은, 매우 특별한 놀이의 발전입니다. 핸드폰은 아기 인형이 되고 망치는 담요가 되고 맙니다. 이것은 진전입니다. 왜일까요? 캐롤이 더 이상 소품들의 특징에 얽매여있지 않기 때문입니다. 캐롤은 그것들을 **마치 다른 어떤 것인 양** 다룰 수가 있습니다. 이것이 바로 문제를 골똘히 생각하며 어떤 아이디어를 만들어낼 때 일어나게 되는 일과 같은 것입니다. 우리는 마치 다른 조건들이 적용되며 상황들이 바뀔 수 있다고 상상한 후, 새로운 발상이나 기발한 해결책을 내놓습니다. 그러므로 상상놀이는 아이들에게 있어서 바로 눈앞에 있는 것들로부터 자신을 자유롭게 할 수 있는 연습인 것입니다. 상상놀이는 아이들에게 새로운 사고로 해답을 얻을 수 있게 해줍니다. 상상놀이는 아이들에게 또 다른 세계에 대해 고려해 볼 수 있게 해줍니다.

세 가지 에피소드에 걸친 캐롤의 놀이에서 어떤 일이 일어났는지 주목해봅시다. 아이는 모든 물건들을 같은 방식으로 다루는 것(보통 입에 넣는 행위)에서, 그 물건들의 특성들을 탐구하고 다른 방식으로 다루는 것까지 변화했습니다. 그 후에는 각 물건을 다르게, 그리고 실세계에서 다뤄지는 방법대로 물건들을 현실적으로 다루었습니다.(캐롤이 결국에는 망치를 옳은 방법으로 잡고 극히 평범한 방식으로 사용한 것과 같이) 마지막으로, 캐롤은 물건들을 상징적으로, 또는 다른 물건들을 의미하는 용도로 다루었습니다.(캐롤이 핸드폰을 아기 인형을 의미하는 용도로 사용한 것처럼).

여러분이 유심히 관찰하기만 한다면 여러분의 아이의 놀이 속에서 분명히 볼 수 있을 변화들에 대해 대략적으로 묘사하였으므로, 이제는 이 변화들이 무엇을 **의미하는지** 알아볼 차례입니다. 우리는 이미 놀이가 주는 혜택들에 대해, 그리고 아이들의 발달에 있어서 무엇이 그리 중요한지에 대해 암시한 바 있습니다. 그러나 우리는 조금 더 깊이 들어가, 다양한 놀이의 유형들(우리가 앞에서 살펴 본 물건을 대상으로 하는 놀이는 그들 중 한 가지에 불과했습니다), 놀이가 주는 정서적 혜택, 그리고 부모와 보육자가 아이들의 놀이에 어떤 기여를 하는지에 대해 이야기해볼 필요가 있습니다. 이것이 바로 우리가 다음으로 해야 할 즐거운 놀이와 같은 일입니다.

사물들을 이용한 놀이는 지능 발달에 유익한가?

우리가 위의 에피소드를 통하여 이야기한 물건들을 이용한 놀이와 탐구를 통해 아이들은 세상이 작동하는 방식에 대해 처음으로 이해하기 시작합니다. 이 기회를 통하여 아이들은 스스로 작은 실험들을 하고 물건들이 할 수 있고 할 수 없는 것들을 깨우치게 됩니다. 이것들은 아이들이 직접 체험하여 터득해야 하는 것들입니다. 타인이 물건들을 다루는 모습을 관찰하는 것만으로는 배움의 한계가 있습니다.

아이들은 물체와 물질로 가득한 세계를 탐구합니다. 그들은 물리적인 것들의 특성들을 실험해보는 작은 과학자들입니다. 심지어는 아기들까지도 말입니다, 다음과 같은 작은 실험들을 해봅시다. "내가 딸랑이를 놔버리면 어떤 일이 벌어질까? 어! 땅으로 떨어지네. 이것 봐! 또 같은 일이 벌어져! 매번 같은 일이 벌어질까? 한번 해보자." 우리의 두 살배기들은 냄비를 두드릴 때, 냄비에 가하는 힘과 소리의 크기의 연관성을 배웁니다. 이것이 아기들의 물리학입니다. 생후 2년이 되면, 새로운 물건들을 접할 때마다 마치, "내가 이것으로 뭘 할 수 있을까요?"하고 물어보는 듯합니다.[254] 아기들과 유아기들은 물건들이 어떤 작용을 하는지, 어떻게 작용되는지, 그리고 작용시키기 위해서 **자신이** 무엇을 하면 되는지를 배웁니다.

블록을 쌓고 성냥갑으로 만든 자동차를 위한 도로를 만들 때, 아이들은 여덟 개의 작은 블록들이 한 개의 커다란 블록과 같은 길이일 수 있다는 것 등을 알게 됩니다. 이것은 산수입니다! 어린 아이들의 수리적 사고 발달의 전문가인 아리조나대학University of Arizona의 러널드 자렐Ranald Jarrell 교수는 우리에게 수리적 개념을 이해하는 데 있어서 놀이가 왜 중요한지에 대해 분명하게 말해줍니다.

> 놀이는 아이들의 수리적 사고 발달에 있어 필수적입니다. 몇몇 형태의 지식과는 달리, 물건들에 둘러싸인, 또는 그 사이의 연관성을 다루는 수리적 지식은 어른들의 이야기만을 듣고는 깨우칠 수가 없습니다. 놀이에 관한 실험적 연구는 놀이와, 수리적 이해의 발달과, 산수 실력 향상의 강한 연관성을 보여줍니다. … 놀이가 없이는 … 아이들의 수리적 추리 능력이 충분히 발달하지 않는 심각한 상황에 이르게 될 것입니다.

이런 지식이 과연 그림 암기카드나, 심지어는 아이들에게 두 집합의 숫자들을 비교해보게 하거나 단순한 계산 문제를 내는 컴퓨터 게임을 통한다고 해서 얻을 수 있는 것일까요? 결코 그렇지 않습니다. 필요한 것은 하루하루의 투박한 경험들 속에서 아이들이 물건들을 가지고 놀며 탐구하고, 다루고, 구별하고, 구분하고, 그리고 다시 결합시키는 경험입니다. 심지어 한 살이 되기도 전의 아기들마저도 자신이 놀면서 접했던 물건들을 바탕으로 새로운 물건들에 대한 추론을 해 내기도 합니다. 오리건대학University of Oregon의 데어 벌드윈Dare Baldwin 교수와 스탠포드대학Stanford University의 엘렌 마크맨Ellen Markman 교수, 그리고 리이카 멜라틴Riikka Melartin 교수에 의해 시행되었던 한 실험[255]에서는, 생후 9개월에서 16개월 된 아기들에게 끝의 동그란 부분을 꽉 쥐면 소리가 나는 장난감 호른을 가지고 놀도록 주었습니다. 아이들이 한동안 놀고 난 후, 첫 번째 뿔피리를 걷어갔습니다. 그리고는 같은 모양이지만 색상과 크기가 다른 뿔피리들을 주었습니다. 아기들은 이 새로운 뿔피리들도 같은 방식으로 소리가 날 거라고 생각하는 듯한 행동을 했을까요? 만약 그랬다면 그것은 비슷하게 생긴 것들에는 유사한 기능이 있을 거라고 추정하는 '귀납적 추리inductive inference'를 했다는 의미가 됩니다.

아기들은 즉시 끝의 동그란 부분을 꽉 쥐어봄으로써, 이전의 호른에 바탕을 두고 이 새로운 물건에 대해 추론하고 있음을 보여주었습니다. 그리고 일부러 이미 고장을 낸 몇 개의 호른이 자신이 기대한 소리가 나지 않자, 소리를 나게 하려고 더 애를 썼습니다! 이 아기들은 물건들의 특성들 중 눈에 보이지 않는 것에 대해 추론한 것입니다. 바로 소리를 내는 특성

< 숨은 재능 확인하기 > 물건들에 대해 추론하기

나이 : 생후 6개월~16개월

먼저, 모양은 다르지만 같은 기능을 가진 두 개의 저렴한 장난감들을 준비하십시오. 소리를 내는 것은 당신의 아이가 찾아보기 좋은 감춰진 기능입니다. 장난감들 중 하나를 아이에게 주고 아이가 가지고 노는 것을 관찰하십시오. 아이가 스스로 신기한 기능을 발견하는지 지켜보십시오. 아이가 장난감의 기능을 발견하기까지 얼마나 걸리는지 시간을 재보십시오. 당신이 장난감1과 장난감2를 다루는 아이의 행동을 비교할 것이기 때문에 시간 측정은 중요합니다. 어느 정도 시간이 지나도 아이가 장난감의 감춰진 기능을 찾지 못한다면, 어떻게 하면 되는지 아이에게 보여주십시오. 그리고 아이가 그 흥미로운 기능을 스스로 재현해내기를 기대하며 조금 더 그것을 가지고 놀게 하십시오. 그리고는 기존의 장난감을 새로운 장난감으로 바꿔주십시오. 어떤 일이 벌어졌습니까? 아기가 두 번째 장난감으로 같은 기능을 찾아내기까지 얼마만큼의 시간이 걸립니까?(첫 번째 장난감을 가지고 놀았을 때와 비교했을 때) 첫 번째 장난감을 탐구하였을 때와 같은 시간 동안 탐구합니까? 아니면 즉시 효과를 내보려 합니까? 만약 아이의 두 번째 장난감을 접하는 방법과 첫 번째 것을 접했던 방법 사이에서 차이를 발견했다면, 그것은 제한된 범위의 놀이가 당신 아이의 인지발달에 가져다 준 효과라는 것을 명심하십시오. 많은 놀이시간이 허락된다면 아기들과 어린 아이들이 세상에 대해 얼마나 많이 배울 수 있을지 상상해보길 바랍니다.

에 대해 말입니다. 아이들 장난이라는 말이 있죠? 사실 맞는 말이긴 합니다만 이것은 세상을 배워나가는데 있어 필수적인 일인 것입니다.

연구들은 거듭하여 다양한 종류의 놀잇감들을 이용하는 것이 지능 발달에 중요하다는 사실을 발견해 냅니다. 그리고 그것은 소위 말하는 최신 교육용 장난감을 의미하는 것이 아닙니다. 생후 첫 두 해 동안 아이들은 서로 끼워 맞추고, 구멍에 넣고, 밀어 넣고, 잡아당기고, 음악이 나오고, 손과 눈의 동작을 일치시키는 장난감들을 좋아하는 것으로 보입니다. 다양한 놀잇감들을 접하는 아기들은 실제로 나중에, 세 살, 네 살이 되었을 때, 높은 지능 발달이 나타나는 것으로 보이고 있습니다.[256] 일정 기간동안 130명의 아이들을 대상으로 시행한 연구에서, 아칸소대학University of Arkansas의 로버트 브래드리Robert Bradley 교수는, 심지어 아이들이 학교에 입학한 후에도 가장 일관성 있게 지능을 예측하게 해주는 것이 바로 다양한 놀잇감들의 이용가능성이라는 사실을 알게 됩니다.[257] 그리고 지능발달에 있어서의 놀잇감들의 효과는 부모와 아기 사이의 소통의 질과는 별개의 것입니다. 부모가 중요하지 않다는 의미가 결코 아닙니다. 부모가 얼마나 중요한지는 금방 알게 될 것입니다. 다만 이 말의 의미를 이야기하자면, 다양한 종류의 장난감들을 접하는 것만으로 별도의, 주목할 만한 지능 발달 효과를 볼 수 있다는 것입니다.[258]

물건을 대상으로 하는 놀이들을 통하여 유아원 아이들의 지능은 너무나도 멋지게 발달된다는 사실은 수없이 많은 사례들이 증명하고 있습니다. 블록을 예로 들어보겠습니다. 앞에서 언급하였듯이, 보통 블록을 가지고 노는 아이들은 수학적 등가 원칙을 이해하게 됩니다. 예를 들어, "이 크기의 블록이 몇 개 있어야 아까 만든 것과 같은 탑을 하나 더 만들 수 있을까요?"와 같은 스스로 만들어낸 문제들과 마주치게 됩니다. (바로 이것이 핵심입니다.) 블록놀이는 다른 개념들을 발달시키는 것에도 도움을 줍니다. 아이들이 자연스럽게 블록들을 크기, 모양, 또는 색상에 맞춰 분류할 때, 피아제가 정의한 논리적인 분류logical classification라는 것을 터득하고 있는 것입니다. 아이들은 빨긴색과 초록색의 블록들이 모여서 진체 블록들을 구성한다는 사실을 이해해야 합니다. **우리에게는** 놀랍도록 당연하게 보이겠지만, 아이들에게는 총체적 집합과 그 집합을 구성하는 부분들 사이의 연관성을 이해하기까지 시간이 걸립니다. 블록을 다시 집어넣는 행위마저도('정리하기'라고도 하죠!) 아이들에게 블록들의 특성들과 그것들이 서로 어떻게 같고 다른지를 알려줍니다.

찰흙은 유아원생 아이들이 가지고 놀기 좋아하는 또 하나의 도구입니다. 여기 하나의 사례로 아론Aaron을 관찰해봅시다.

아론은 커다란 찰흙덩어리를 가지고 바쁘게 놀고 있습니다. 그것으로 탁자를 반복적으로 두드리고, 커다란 부분을 떼어내서는 여러 작은 덩어리들로 나누고, 그것들을 굴려서 둥그런 공들을 만듭니다. 그러다 찰흙 굴리기에 싫증이 났는지, 그 공들을 팬케이크 모양으로 납작하게 눌러서 탁자에 앉아있던 세 명의 아이들에게 나눠줍니다. 나중에 아론은 팬케이크를 걷어 와서 길게 늘이더니 핫도그를 만듭니다. 그리고는 다시 굴려서 공 모양을 만듭니다. 그 다음에는 공들을 몇 개 골라서 반으로 가르더니, 가른 덩어리들로 더 작은 공들을 만듭니다.[259]

대충 이런 식입니다. 아론이 지치지 않았기 때문에 더 관찰해볼 수도 있었습니다. 이 연속적인 놀이가 어째서 우리에게는 그리도 지루하게 느껴짐에도, 아론의 마음은 사로잡는 것일까요? 아론은 수량과 물질에 대한 기본적인 이해를 쌓고 있는 것입니다. 우리가 지금은 당연시하고 있는 이러한 일관적인 이해도 우리 역시 어린 시절 놀이를 통하여 얻을 수가 있었습니다. 우리는 세상에 대해서, 그리고 세상을 변화시키는 원인들에 대해서 많이 알고 있습니다. 그러나 우리의 유아원생 아이들은 그렇지 못합니다.

우리는 이러한 종류의 지능적 놀이가 어떤 방식으로 지적 호기심과 숙달을 높이는지 아직 언급하지 않았습니다. 모든 것은 아이들에게 달려있습니다. 아이들이 모든 것을 명령하고 지시하며, 스스로 문제들을 설정하고 해결하며, 자신의 학습을 관리합니다.

놀이의 종류 : 수렴과 발산

지능적 놀이에는 다양한 종류가 있습니다. 어떤 종류의 놀이는 아이들의 문제 해결 능력을 실질적으로 끌어올려줄 수도 있습니다. 심리학자들은 '수렴적收斂的' 문제들과 '발산적發散的' 문제들에 대해 논의합니다.[260] 수렴적 문제들은 이번 장의 첫 부분에 우리가 이야기한 것과 같습니다. 막대기들을 붙여서 장난감을 건져오는 방법을 알아내는 것과 같은 것입니다. 수렴적 문제에는 단 한 가지 해결책밖에 없습니다.[261] 수렴적 문제들을 풀어낼 수 있는 능력은 일반 수업에서 좋은 성적을 내는 것과 한 가지 정답만이 있는 지능 시험과 연관이 있었습니다. 발산적 문제들에는 블록들을 가지고 놀 때처럼 여러 가지 해결책들이 있습니다. 다양한 구조를 이용해 블록을 쌓을 수가 있듯이 말입니다. 발산적 문제 해결에는 한 가지 정답만이 존재하는 것이 아니기 때문에 더 많은 창의력이 필요한 것으로 보입니다. 몇몇 실험들은 놀잇감들이 유치원생들의 발산적 문제 해결 능력, 즉 새로운 사고를 필요로 하는 문제 해결 능력에 어떻게 영향을 미치는지 관찰해왔습니다. 이 실험들 중 하나에 참여한 아말라Amala와 마이클Michael을 관찰해봅시다.[262]

아말라는 세 살 반 된 사랑스러운 아이로, 나이에 비해 훨씬 성숙해 보이는 편입니다. 마이클은 무엇을 하든지 적극성을 보이는 억센 어린 소년입니다. 아말라는, 여러 명의 친구들과 더불어, 가지고 놀 한 더미의 수렴적 놀잇감들을 받았습니다. 이것들은 놀 수 있는 방법이 한가지로 제한되어 있는 퍼즐놀이와 같은 것들입니다. 아말라의 그룹이 놀고 있는 동안, 마이클의 그룹에게는 발산적 놀잇감들이 주어졌습니다. 한 가지의 결과만을 요구하지 않는 블록놀이와 같은 장난감들입니다. 아말라와 마이클의 그룹에 몇 가지 발산적 문제들이 주어지면서 실험은 시작됩니다. 이를테면, 두 그룹 모두에게 45가지의 놀잇감들로 마을을 지어보라고 했습니다. 실험관들은 아이들이 무엇을 하는지 각 그룹을 유심히 지켜보며, 몇 가지 구조를 짓는지, 그리고 그 구조들에 독특한 이름들을 몇 가지나 붙이는지 세어보았습니다. 발산적 놀잇감들을 가지고 놀았었던 마이클의 그룹이 더 많은 구조들과 더 독특한 이름들을 만들어내었습니다. 과제에 열심히 임하며 난관에 부딪혔을 때에도 포기하지 않았습니다. 마이클의 그룹은 시행착오를 많이 거쳤습니다. 아말라의 그룹은 매우 다르게 행동했습니다. 한 가지 정답만이 요구되었던 수렴적 장난감들을 가지고 놀았던 이 그룹은, 발산적 문제를 헤쳐 나갈 수 없을 때 같은 것만 계속 반복하며 더 나아가지 못하고 있었습니다. 또한 마이클의 그룹보다 더 빨리 포기했습니다. 그들은 마치 문제들에는 하나의 정답만이 존재한다고 배운 듯 했고, 반면에 마이클의 그룹은 오래된 영어 속담인 "고양이를 잡는 방법은 한가지만이 아니다."*를 실천하는 듯 했습니다. 마이클의 그룹에서는 창의력이 넘쳐나는 듯 보였습니다.

그렇다면 시장에 나와 있는 그 모든 값비싼 교육용 장난감들은 어떤 것일까요? 대부분은 사실상 수렴적인 것들입니다; 그것들은 **기능**을 가르

---

* More than one way to skin a cat ; 목적을 달성하는 데는 여러 가지 방법이 있다
  – 옮긴이

치는 데 급급하기 때문에 일반적으로 단 하나의 정답만을 요구합니다. 그러나 방금 우리가 설명한 연구에서는 마이클의 그룹이 문제 해결에 있어서 더 창의적이었던 것뿐만 아니라, 더 많은 인내심과 열의를 보였다는 사실을 알려줍니다. 이것이 바로 우리가 아이들 안에 키워주고 싶은 문제 해결을 향한 행동이며 태도입니다. 단 한 가지 정답만을 추구하는 마음이 아닌 것입니다. 그런 정답 지향적인 교육들은 학교에서 충분히 겪게 될 것입니다. 우리는 우리의 아이들이 정답이 있다면 그 정답을 찾을 수 있기를 바라지만, 마찬가지로 새로운 사고도 할 수 있기를 바랍니다. 창의성은 어디에서 오는 것일까요? 바로 놀이에서입니다. 누구의 감시도 받지 않는, 정해진 방법이 없는 자유롭고 개방적인 전통적인 방식의 놀이 말입니다.

사실상, 전문가들은 최근에 아이들이 지루한 시간을 보내도 괜찮다는 글들을 썼습니다. 모든 부모들은 징징대는 아이가 이렇게 말하는 것을 들었을 것입니다. "나 심심해요. 할 게 아무것도 없어요." 자신의 모든 시간이 수동적으로 구성되는 것에 익숙한 아이들은 자신을 즐겁게 하기 위해 필요한 자원들을 잃게 됩니다. 자기 스스로를 즐겁게 하는 것은 정상적인 일입니다. 가끔은 수업이나, 부모가 정해준 아이들과의 모임이나, TV 없이 무엇을 하면 좋을지 머릿속에서 궁리해보는 것도 나쁘지 않습니다. 아이들은 스스로에게 흥미를 불러일으킬 수 있는 능력을 개발해야 합니다. 이것 또한 놀이의 일부분임에도, 몇몇 아이들은 이것을 어떻게 해야 하는지 잊어버린 것처럼 보입니다!

놀이와 그 효과에 대해 생각할 때, 이 새로운 방정식을 기억하십시오. **놀이 = 배움.** 그리고 지금까지 우리는 오로지 **물건을 대상으로 하는 놀이**가 어떻게 지능 발달을 향상시키는지에 대해 이야기했습니다. 우리는 어린 시절을 신비스럽게 만드는 여러 다른 놀이들에 대해서는 아직 언급하지도 않았습니다. 예를 들면 역할놀이pretend play, 소꿉장난와 같은 것이 있겠고, 그것이 지능 발달에 어떤 영향을 주는지에 대해서는 아직 살펴보지도 않았습니다. 역할놀이의 원리인 현실을 뛰어넘어 상상력을 이용하는 특성 역시, 아이들의 지능 발달에 막대한 기여를 합니다. 예컨대, 연구 결과는 아이들의 역할놀이가 발달될수록 발산적 문제해결 과제들에 더 뛰어나다는 사실을 밝혀냈습니다.[263] 상상놀이가 아이들이 더 창의적인 사고를 하게 만드는 전적인 원인이라고 말할 수는 없지만, 이 연관성에 대해서는 다른 연구들에서도 밝혀진 바 있습니다.[264] 역할놀이와 발산적 사고 사이에 어째서 연관성이 있을 수 있는 걸까요? 상상놀이의 과학은 우리에게 돌맹이 하나를 컵이라고 상상하는 것이 인지력의 기폭제가 될 수 있다는 사실을 이해하게 만들어 줍니다.

왕과 왕비 : 상상놀이와 언어발달

연구원들은 모든 어린이들이 거쳐 가는듯한 역할놀이들의 배열 순서를 자료로서 입증할 수가 있었습니다. 러트거대학Rutgers University의 로레인 맥큔Lorraine McCune 교수는 피아제에 이어서 물건들을 상징적으로 이용할 수 있는 능력은 아이들의 언어 능력과 연관된 중요한 성취라 믿고 있기에 다년간 역할놀이에 대한 연구를 계속해왔습니다.[265] 이것은 터무니없는 발상이 아닙니다. 만약 '신발'이라는 단어가 사물에 대한 상징체계이고, 신발을 표현하기 위해 블록을 이용하는 것 역시 상징이라면, 이 두 가지 영역 모두 아이들의 상징물들을 다루는 능력과 관련이 있을 것입니다. 이 대단히 흥미로운 문제를 연구하기 위해서, 맥큔 교수는 생후 8개월에서 24개월까지의 아이들 102명이 물건들을 가지고 어떻게 노는지, 그와 동시에 언어에는 어떤 변화가 일어나는지를 관찰했습니다. 그녀는 아이들의 물건을 다루는 방법과 언어발달 수준 사이의 연관성을 확실히 찾아내었습니다. 맥큔 교수가 관찰한 다섯 가지 단계의 대표적인 놀이들을 데이빗David이 해보는 것을 함께 지켜봐 주십시오.

생후 9개월 된 데이빗은 칠흑같이 새까만 머리카락에 짙은 갈색 눈을 지닌 아이입니다. 그는 맥큔 교수가 비디오카메라를 포함한 실험 도구들을 들고 집을 방문하였을 때, 돌진하듯 달려 나와 그녀를 맞아준 활발한 아이입니다. 맥큔 교수는 미리 준비해두었던 장난감들을 꺼내어 엄마와 아기 사이의 바닥에 내려놓습니다. 맥큔 교수는 조용히 앉아 데이빗이 만족스레 노는 모습을 녹화합니다. 몇 분이 지나자, 데이빗은 컵을 들어 자신의 입술에 대었다가 다시 내려놓습니다. 마시거나 삼키는 시늉은 하지 않습니다. 맥큔 교수는 상상놀이 중에 이와 같은 이른 사례는 상상과 무관하다고 생각하지만, 그럼에도 데이빗은 적어도 컵이 어떤 용도로 쓰이는지 알고 있다는 것을 보여주고 있습니다. 데이빗은 아직 말을 못합니다. 이것이 맥큔 교수의 계획 제 1단계입니다.

하지만 몇 개월 후, 생후 13개월이 된 데이빗은 매우 과장된 몸짓으로 컵을 들어 폴 뉴먼Paul Newman*이 감동할 정도의 연기를 보여줍니다. 아이는 입맛을 쩝쩝 다시며, 컵을 입으로 가져가서는, 과장스럽게 머리를 뒤로 젖히고, 꿀꺽꿀꺽 들이킵니다. 이것은 생후 9개월에 보여준 컵이 어떤 용도로 쓰이는지 인식만 하는 정도의 행동에 비하면 크나큰 발전입니다. 이제 아이는 확실히 연기를 하는 것입니다. 우연찮게도, 이런 식으로 확실한 상상놀이를 하는 데이빗을 포함한 이러한 아이들은 어휘력에 있어서 일부 진전을 보이는 것으로 관찰되었습니다. 그러나 데이빗 자신이 상상놀이의 대상이라는 사실을 생각해봅시다. 아이는 아직 함께 연기할 다른 주인공들을 끌어들이지 않습니다. 이것이 바로 제 2단계인 '혼자서 연

---

* Paul Numan(1925~2008); 미국의 전설적인 영화배우 - 옮긴이

기하기^{self-pretending}'입니다. 데이빗이 2개월 더 자란 제 3단계('함께 연기하기 other-pretending')에서, 아이는 한 걸음 더 나아가 상상의 대상으로 다른 대상들을 이용합니다. 이제 아이는 엘모^{Elmo}* 인형에게 마실 것을 권하고 인형의 입에 컵을 가져다가 대줍니다. 실제로, 제 2단계와 제 3단계의 상상놀이를 하는 아이들은 언어에 있어서 단어들을 하나씩 하나씩 사용하는 일정한 수준에 도달하게 됩니다.

생후 19개월이 되었을 때, 데이빗의 상상놀이는 더욱 더 발전해 있었습니다. 이제 아이는 상상 놀이의 표현들을 **종합적으로** 이용하는 모습을 보였습니다. 데이빗은 엘모 인형에게 마실 것을 권하고 공룡인형에게도 마실 것을 권하는 시늉을 했습니다. 또 한 번은 빈 컵으로부터 다른 컵으로 음료를 따라서 엘모에게 권하는 시늉을 했습니다. 이러한 조합은 데이빗의 머릿속의 더욱 복잡한 정신세계를 반영하기 때문에 더 큰 발전이라 할 수 있겠습니다. 이제는 자신 이외에도 다양한 대상들(엘모와 공룡)이 음료를 마시는 연기를 할 수 있고, 컵으로도 다양한 행동(따르고 마시는)을 해볼 수가 있습니다. 생후 19개월째의 데이빗은 '아빠 트럭' 또는 '과자 없어요'와 같이 몇몇 단어들을 조합하여 사용하는 것 또한 할 수 있었습니다. 이것이 제 4단계입니다.

마지막으로, 데이빗은 더욱 복잡한, 그리고 미리 계획하고 생각한 흔적이 보이는 혼자만의 상상놀이의 절정에 다다릅니다. 제 5단계인 '질서정연한 연기^{hierarchical pretend}' 단계에서는, 데이빗은 자기 자신을 초월하게 됩니다. 컵을 보며 "엘모에게 먹여야지."라고 말합니다. 그리고는 엘모를 앉힐 아기용 식탁의자 대용으로 쓸 물건을 찾아보다가 두 개의 커다란 블록들 사이에 엘모를 받쳐놓습니다. 그리고 나서 엘모의 턱받이로 쓸 뭔가를 찾아보다가는 종이냅킨을 발견하여 엘모의 가슴에 붙여보려 노력합니다.

---

* Elmo; Sesame Street 의 대표적인 캐릭터, 빨간색 손가락 인형 — 옮긴이

그러나 붙을 리 없는 종이냅킨이 자꾸 떨어지는데도, 데이빗은 포기하지 않고 여러 번 같은 시도를 해 봅니다. 그리고 컵을 다시 찾아와서 엘모의 입에 가져다가 대주며, "우유 마셔."라고 말합니다. 이러한 매우 복잡한 장면들은 데이빗이 계획을 짜고 논리적인 순서를 밟아 그 계획을 실행에 옮긴다는 것을 우리에게 알려줍니다. 특정한 순서로 진행되는(엘모를 앉혀 놓은 다음 턱받이를 해준 후에 먹이는) 이러한 놀이를 하는 데이빗과 같은 아이들은 더욱 수준 높은 언어 능력을 갖춘 것으로 보이고 있습니다. 이들은 두세 가지 단어들이 들어간, 좀 더 긴 문장들을 더 자주 사용하는 경향이 있습니다.

이 연구에서 특히 흥미로운 점은, 맥큔 교수가 관찰한 아이들 모두가 놀이를 할 때 반드시 같은 시기에 일어나지 않더라도 이 연속적인 단계들을 밟아나가는 것으로 보였다는 것입니다. 아이들이 단계를 건너뛰는 것은 보이지 않았습니다. 그녀가 관찰한 모든 아이들의 상상놀이 수준과 언어 수준의 발달이 정확히 같은 비율로 진행되지는 않았으나, 일반적으로 이러한 연관성들이 발견되었습니다. 그렇다면 아이들의 언어와 상상놀이의 수준 사이에 어째서 연관성이 존재해야 하는 걸까요? 어쩌면 **근본적인 기능은 같을지도** 모릅니다. 앞서 언급한 바와 같이 여기에서 논의되고 있는 기능은 상징물을 다룰 수 있는 능력입니다. 상상놀이는 아이들에게 상징물을 다룰 수 있는 연습을 하게 해줍니다. 모든 포유동물들이 놀이를 할 수 있는 가운데, 인간의 아기들 이외의 어떠한 동물들도 상상놀이를 한다는 근거를 발견해낸 바가 없습니다. 상상놀이에는 자신을 현재로부터, 그리고 지금 있는 장소로부터 분리시키는 일이 포함됩니다. 마치 진짜인 것처럼 연기하는 행동을 수반합니다. 이것은 인간의 일부이며 다른 상징적 사고를 위한 발판 역할을 합니다. 심지어 언어의 영역을 초월하여 산수, 물리, 문학, 경제, 그리고 미술까지 확장됩니다. 아이들이 상상놀이의 세계에 들어서고 나면, 자신이 만들고 조절할 수 있는 새로운 세계의 왕과 왕비가 되는 것과 같습니다. 실제 물건들을 있는 그대로 필요로 하는 대신 이제 그들에게는 그것들을 다른 어떤 것으로 **탈바꿈시켜** 각자의 목적을 이루기 위한 역할을 지니게 할 힘이 생긴 것입니다. 이것은 최고 단계의 창의적 사고입니다. 또한 상상놀이는 아이들이 상징물을 다루는 데 필요한 최고의 연습 방법입니다.

발달과 함께 상상놀이가 변화하는 또 다른 형태는 아이가 다른 물건들을 상징하기 위해 선정하는 물건들에서 볼 수가 있습니다. 자라면 자랄수록, 데이빗은 점점 더 실제 물건과 덜 비슷하게 생긴 물건들을 상징물로

< 숨은 재능 확인하기 > 상상놀이와 언어발달

나이 : 생후 8개월~2세

당신 아이의 놀이는 상상놀이의 몇 번째 단계에 도달해있습니까? 상상놀이하기에 좋을 만한 실제 물건의 축소 모형 몇 가지를 꺼내 놓아봅시다. 맥큔 교수는 아기인형들과 동물인형들, 그리고 머리빗이나 겉병과 같은 인형 크기의 물건들, 거기에 더하여 덤프트럭, 스펀지, 그리고 장난감 전화기 같은 물건들이 상상놀이를 끌어낸다는 것을 알게 되었습니다. 이 실험은 몇 개월에 한 번씩 시도해보며 아이의 상상놀이와 언어 발달 과정을 기록해놓을 수 있기 때문에 더 즐거울 것입니다. 아기 성장일기를 관리하면, 아기의 나이와, 당신이 준 물건들로 아기가 무엇을 하는지, 아기가 보여주는 상상놀이 수준은 어느 정도인지, 그리고 언어 수준은 어느 정도인지(한 가지 단어, 단어들만을 이용한 복합문장, 완성된 짧은 문장)에 대해 기록해놓을 수 있습니다. 지금 아이가 보여주는 상상놀이의 수준이 가장 높여져있다고 생각하십시오. 나중에 보게 되는 상상놀이의 수준과 비교해보며 아이가 얼마나 발전하였는지 확인하는 것이 즐거울 것입니다. 또한, 아이가 다른 물건들을 상징하기 위해 어떤 물건들을 선정하는지에 대해서도 기록해 보십시오. 그 상징물들은 실물과 비슷한 물건들인가요? 아니면 상징물들과 실물들이 전혀 유사하지 않습니까? 만약 후자라면, 당신의 아이는 더 높은 수준의 상상놀이를 보여주고 있는 것입니다.

선정하여 사용하는 데 더욱 능숙해집니다.[266] 예를 들면 데이빗이 생후 18개월 즈음 되었을 때에는, 만일 그가 장난감 더미 속에서 전화기를 대체할 만한 물건을 찾고 싶으면 직사각형의 블록과 같이 뭔가 기능이 불명확한 물건을 선정하고는 했습니다. 자동차처럼 확실한 기능을 갖춘 물건은 선정하지 않았습니다. 구체적인 기능을 가진 물건이 제공하는 상충되는 의미를 극복하려면 데이빗은 상징물의 작용에 대한 더 많은 인식을 필요로 했습니다. 이것은 부분적으로, 다른 대부분의 어린 아이들과 마찬가지로, 데이빗이 동시에 두 가지 방향으로 생각하는데 어려움이 있었기 때문입니다.[267] 거의 세 살이 되면, 데이빗은 젖병을 머리빗으로, 자동차를 전화기로, 혹은 인형을 책으로 이용할 수 있게 될 것입니다. 데이빗은 자신이 가지고 노는 물건들의 지각적인 특징들로부터 자유로워진 것입니다. 이것은 크나큰 발전입니다. 다음단계인 보육원에서의 놀이에서, 아이들은 결국 무엇이 진짜이고 무엇이 실제 상황이라고 주장하기 위한 소도구조차 필요하지 않게 될 것입니다. 이제 그들은 실전에 투입된 것입니다!

또래 아이들과 함께하는 상상놀이는 사교성을 높인다

놀이는 아이들에게 많은 혜택을 제공합니다. 그중 지적 능력의 강화와 관련이 되는 것은 단지 일부일 뿐입니다. 놀이를 하며 우리는 물건들과 그것들의 관계에 대해서도 배우지만, 사람들과 그 관계들에 대해서도 배웁니다. 놀이는 우리의 아이들이 두려움을 이겨내고 정서적 문제들을 헤쳐 나갈 수 있게 해주는 안식처입니다. 실제로, 아이들에게 적용할 수 있는 오직 하나의 치료법이 바로 놀이 치료법입니다. 아이들은 아무런 신체적 위험 없이 의사, 소방관, 그리고 슈퍼히어로가 되는 법을 배울 수도 있습니다. 놀이는 아이들이 자신의 세계에 대해서, 그리고 그 세상 속의 자신의 위치에 대해서 알아갈 수 있는 아무런 근심걱정 없는 공간입니다. 놀이는 아이들이 빡빡한 일상을 소화해낼 수 있도록 도와주는 공간이기도 합니다. 터프트대학Tufts University의 데이빗 엘킨드David Elkind 교수는 다음과 같이 기술했습니다. "놀이는 아이들에게 뿐만 아니라 어른들에게도 마찬가지로 스트레스를 다룰 수 있게 해주는 자연스러운 방법입니다."[268]

공주 역할이나 아기돼지 삼형제중의 한 역할을 하기 위해 꼭두각시 인형들을 이용하는 세 살 난 아이들은 자신과는 다른 관점으로 세상을 보는 방법을 배웁니다.(5, 6세가 되면 이것에 더욱 능숙해집니다.) 아이들은 놀이를 통하여 정서적 안정을 얻습니다. 가장 아끼는 담요나 곰돌이 인형에 집착하게 됩니다. 동물인형들은 아이들과 함께 감기약을 먹어야 할 수도 있으며, 혹은 우유가 든 잔을 넘어뜨린 데에 대한 책임을 공동으로 져야 하기도 합니다.

사회적 교류가 전혀 없는 곳에서의 학습이란 아이들에게 존재하지 않습니다. 두 살 반 정도가 지나면, 다른 아이들과 함께 상상놀이를 하기 시작하고, 만약 운이 좋은 아이라면, 부모나 보육자와도 함께 합니다. 처음에는, 아이들이 다른 사람과 함께 하는 상상놀이는 거의가 눈앞에 있는 물건들에 의해 펼쳐지게 될 것입니다. 눈앞에 앞치마가 있어서 그것을 몸에 두르면, '엄마'가 됩니다.[269] 다른 어떤 말이나 무대도 필요하지 않습니다. 그러나 세 살이 끝나갈 무렵이나 네 살, 다섯 살이 되면, 아이들은 매우 긴 시간동안 이어지는 정교한 상상놀이 시나리오를 만들어낼 수 있게 됩니다. 어떤 경우에는 한 아이가 "아름다운 호텔로 휴양 가는 놀이를 하자!"라고 말하는 것처럼 놀이 시나리오의 테마를 다른 아이에게 알려주면 다들 즉시 시작하여 놀이가 굴러가게 되는 경우도 있습니다. 또한 우리들 대부분이 해보았던 놀이 시나리오도 있습니다.(아름다운 호텔에서의 화려한 휴양을 할 만한 형편이 되지 않는 가정들이라면) 그것은 바로 경찰놀이, 소꿉

장난, 그리고 학교놀이 등입니다.[270] 우리가 역할들을 맡고 갈등을 일으키고 해결책을 찾아야 한다는 것을 알았던 것처럼, 우리의 아이들도 마찬가지입니다. 그러나 오늘날 심리학자들은 하찮은 놀이들이 많은 중요한 기능을 한다는 사실을 인정하고 있습니다.

상상놀이의 더 많은 효과

피아제 이외에 우리에게 놀이를 보는 시각에 대해 가장 많은 영향을 미친 이론가는, 지금은 고인이 된 훌륭한 러시아의 심리학자인 레프 S 비고스키Lev S. Vygotsky입니다. 비록 38세에 불행한 죽음을 맞기는 하였지만, 우리에게 있어 비고스키 교수의 유산은 아이들 발달의 가장 중심부에 '놀이'를 두게 하는 핵심적인 놀이 이론입니다. 비고스키 교수는 아이들이 놀고 있을 때야말로 발달상의 가장 높은 수준에 도달해있다고 주장했습니다. 예를 들면, 다섯 살 난 제시카Jessica는 교실에서 아무리 많은 도움을 주는 교사와 함께라도 3분 이상을 가만히 앉아있지 못합니다. 하지만 학교를 주제로 한 상상놀이를 할 때에는, 또래 친구들과 더불어 착한 학생 역할을 하며 10분 이상씩이나 앉아서 집중할 수가 있는 것입니다![271] 비고스키 교수는 다음과 같이 말했습니다. "놀이를 할 때, 아이는 자신의 평균 나이보다, 일상적인 행동보다 더 성숙해집니다. 놀이 속에서 아이는 자신보다 머리 하나는 더 큰 사람이 되는 것입니다."[272]

비고스키 교수는 놀이가 세 가지 기능을 한다고 믿었습니다. 첫째로, 놀이는 아이의 '근접발달영역zone of proximal development'을 만들어냅니다. 우리가 제 6장에서 논한 바와 같이 이 영역이 바로 아이가 또래들과 어른의 도움에 힘입어 혼자서 달성해낼 수 있는 것보다 조금 더 멀리 갈 수 있는 부분입니다. 또 다른 놀이의 기능은 아이들로 하여금 생각과 행동을 분리할 수 있게 해 주는 것입니다. 이것은 우리가 앞서 논의했던 아이들이 눈앞에 놓여 진 사물들의 본질을 초월하여 상상놀이를 할 수 있게 해 주는 것에 관련된 것입니다. 비고스키 교수는 이 부분에 대해 다음과 같은 훌륭한 요약을 했습니다. "아이는 어떤 한 가지를 보고는, 자신이 본 사물과 관련이 없는 별개의 행동을 합니다. 이처럼 아이는 눈에 보이는 것으로부터 독립적인 행동을 하기 시작하는 상태에 이르게 되는 것입니다." 마지막으로, 비고스키 교수는 놀이는 **자기 절제** 발달을 가능케 하는 것으로 보았습니다. 제 7장에서 우리는 아기가 울음을 그치는 것에서부터 당신이 기분 나쁠 때 남에게 부정적인 발언을 내뱉지 않는 것까지 자기 절제가 얼마나 핵심적인 것인지에 대해 이야기했습니다. 성공적인 삶을 살고 또래들과 잘 지내기 위해서 이것은 필수적인 기술입니다. 놀이 속에서 자기 절제 연습이 어떻게 이루어지는지에 대한 훌륭한 예로, 소꿉놀이에서 아기 역할을 맡은 두 살 반짜리 루이스Louis가 있습니다. 루이스는 2살 반밖에 되지 않았어도 자신이 우는 시늉을 하고 있을 때, '아빠'라는 존재가 다독여주면 울음을 그쳐야 한다는 것을 알고 있습니다. 몸을 다쳤거나 어디가 불편해서 나오는 진짜 울음이 아니기 때문에, 듣는 사람으로 하여금 믿게 만들고 싶은 이러한 우는 시늉은 목적과 그에 따른 계획이 필요한 것입니다.[273] 놀이가 어린 아이들에게 이런 종류의 자기 조절을 필요로 하는 것은, 자신의 행동을 스스로 제어하는 능력을 키우는 데 있어 매우 중요합니다.

아이들이 자기 절제를 하는 또 다른 방법으로 혼잣말이 있습니다. 여러분도 뭔가 어려운 과제를 달성하려고 할 때 스스로에게 말을 하고 있는 자신을 발견한 적이 있지 않습니까? 비고스키 교수 또한 아이들이 상상놀이를 할 때 혼잣말을 많이 한다는 사실을 발견했습니다. 다른 사람과 함께 놀 때마저 말입니다. 그는 이것을 혼자 하는 대화private speech라 불렀는데, 이것을 통하여 아이들은 자신이 무엇을 원하는지, 어떤 방식으로 행동해야 하는지를 이해하게 된다는 사실을 알게 됩니다. 이것이 바로 아이들이 놀이를 할 때에 말로 표현할 수 있는 환경 속에 있어야만 하는 이유들 중 하나입니다.

비고스키 교수는 아이의 놀이가 사실은 **문화**의 놀이라는 것을 깨달은 최초의 인물들 중 한 명이었습니다. 우리는 우리가 속한 사회 속에서 어떻게 행동해야 하는지에 대한 '모범 답안'을 체득하는 동안, 그 문화에 대해서도 배우게 됩니다. 비고스키 교수는 놀이를 하는 두 자매에 대한 귀여운 사례를 들었습니다.[274] 이 사례에서 이들은 서로 언니와 동생이 되는 역할 놀이를 하고 있었으며 자매라는 것이 도대체 어떤 의미인지를 알아내려 노력하였습니다. 놀이에서, 이들은 "자매는 서로 때리지 않는 거야." 와 같이 자신의 행동 안에 내포되어 있는 규칙들을 명백히 말합니다. 아이들은 상상놀이를 할 때면 항상 규칙을 만들어 놓고 그것을 지켜야 한다고 고집합니다!

이러한 새로운 유형의 상상놀이들은 복잡한 형태로 되어있으며 아이들이 자신이 사는 세상을 어떻게 체득해 가는지 우리에게 알려줍니다. 가끔씩, 아이들은 요새를 지어놓고 나쁜 사람들을 붙잡아 세계를 구하는 상황을 연출해내기도 합니다. 그리고 어떤 때에는 별의 요정이 되기도 합니다. 가끔은 우리에게 있어서 너무나도 흔히 있는 일상적 상황들을 아이들은 그저 흉내내어봅니다. 필라델피아*Philadelphia*에 있는 어린이 체험 박물관*Please Touch Museum*에서는, 아이들 놀이를 위해 만든 가짜 슈퍼마켓으로 썰물처럼 밀려들어가 플라스틱 캔과 선반에서 물건들을 주워 담고, 장난감 쇼핑카트를 밀고, 그들의 '구매품'들을 가지고 가게를 나가기 전에 '지불'도 합니다. 시장을 볼 때, 아이들은 사회의 규칙들을 충실히 지켜내는 흉내를 냅니다.

놀이 속에서 자신만의 규칙을 세우는 것은 흥미를 유발시키는 재미있는 일입니다. 아이들이 노는 것을 가만히 듣고 있으면 그들이 알고 있는 많은 것들에 깜짝 놀라게 될 것입니다. 그들은 오직 놀이를 통해서만 가능한 몇몇의 매우 흥미로운 원칙들을 개발했습니다. 여자아이들이 건설 노동자 역할을 해낼 수 있을까요? 엄마와 변호사 역할을 한꺼번에 해낼 수 있을까요? 놀랍게도 아이들은 사람들이 다양한 역할들을 맡을 수 있다는 사실에 확신을 갖지 못하는 경우도 있습니다. 4, 5세가 되기 전에는, 그들은 사람들이 여러 역할을 맡을 수 있다는 사실에 대해 확신을 가지지 못합니다. 비고스키 교수는 우리들에게, 상상놀이에서 가상적인 상황은 **명시적**明示的, explicit이며, 놀이의 규칙들은 종종 **암시적**暗示的, implicit이라 했습

< 숨은 재능 확인하기 > 놀이의 '모범 답안'

나이 : 3세~5세

살짝 엿들어봅시다. 물론 엿듣는 것이 좋지 않다는 것은 알지만, 당신의 아이가 하는 놀이의 복잡한 특징들을 인식하려면 조금은 교활한 방법을 사용해야 합니다. 아이가 상상놀이에 심취해 있을 때 가만히 엿들어보되, 듣고 있다는 것을 들키지는 말아야 합니다. 아이가 소리 내어 이야기합니까? 뭐라고 말합니까? 자신의 계획에 대해 이야기합니까? 자신만의 이익을 위해 이야기합니까, 아니면 상상놀이에 등장하는 인물들을 위해 이야기합니까? 사회적 상호작용의 규칙들을 나열합니까? 예를 들어 맥도날드에 가는 놀이를 한다면, 모범 답안대로 제대로 하고 있는지 가만히 들어보십시오. 우리가 맥도날드에 가면 어떤 일들이 생길까요? '공항'놀이의 모범 답안은 무엇일까요? '버스 타기'의 모범 답안은? 아이가 상상 속의 인물들과 상호 작용을 하며 당신을 완벽하게 모방하는 소름 돋는 순간들을 확인해보시길 바랍니다!

상상놀이 속의 이런 상황들의 구조를 만들어내는 일은 기억력과 복합적인 행동들을 한꺼번에 할 수 있는 능력, 그리고 그것들을 문화와 관련된 줄거리로 구성할 수 있는 능력을 필요로 합니다. 이렇게 연속성 있는 하나의 주제로 연결되는 상황들의 상상놀이 자체가 사회성 발달과 지능 발달이 서로 영향을 주며 교차하게 만드는 중요한 무대인 것입니다.

니다. 아이들은 우리가 하는 개괄적인 행동들을 모방할 때마저도, 자신만의 독특한 방식으로 이해하여 모방하는 것입니다.

놀이는 정서적, 사회적 발달을 향상시킨다

놀이가 주는 또 다른 중요한 혜택은 아이들이 어려운 정서적 상황들을 극복하도록 도와준다는 것입니다. 아이들은 상상놀이에 매우 진지하게 임하며 가끔은 놀이를 방해하는 어른들은 쫓아내버리기도 합니다. 상상놀이가 그들에게 왜 그리도 중요한 걸까요? 며칠 전 학교에서 친구와 마찰이 있었던 일을 재현해내는 것과 같이 가끔은 본인이 통제하고 싶어 하는 것들이 테마가 될 수도 있습니다. 세계적으로 유명한 유아 놀이 전문가인 그레타 페인Greta Fein 교수는, 사회적 활동과 관련된 상상놀이는 아이들이 극복하고 싶은 정서적 경험들을 터득하려는 마음이 동기가 된다고 주장했습니다.[275] 하지만 상상놀이와 현실 사이에는 현저한 차이가 있습니다. 상상놀이 속에서 아이들은 상황의 끊임없는 변화와 흐름을 자신이 원하는 대로 조종할 수가 있습니다.[276] 현실 속에서는, 자신의 의도와는 상관없는 상황들이 아이들에게 **발생**합니다. 상상놀이 속에서 아이들은 어른들과 나누기에는 아직 너무 어려운 이야기들을 표현해낼 수가 있습니다. 최근 이혼한 네 살 된 아이의 엄마인 로리Laurie는 아이의 놀이를 관찰하면서 아이가 무엇을 불안해하는지 알게 되었다고 이야기했습니다. 이혼 후 남편이 이사를 나갔을 때에도, 심지어는 그녀가 아들을 데리고 더 작은 새로운 거처로 옮겼을 때마저도 그녀는 아들이 그것을 순조롭게 잘 받아들이고 있다고 믿었었습니다. 그러나 아이의 상상놀이 속에서 그녀는 아이가 가슴깊이 지니고 있던 걱정을 들었습니다. 동물인형들과 소리 내어 이야기하며 자기 엄마까지도 어디론가 떠나버릴 거라는 시나리오를 만들었던 것입니다. 그녀는 자신의 아들이 무엇을 걱정하는지 알 수 있도록 짧게나마 상상놀이를 엿들은 것을 다행스럽게 생각했습니다. 그 후로 그녀는 기회가 있을 때마다 아들에게 자신이 언제나 곁에 있을 거라는 확신을 주려고 조심스럽게 노력했습니다.

그리고 마지막으로, 사회극 놀이는 이야기하기의 연습도 되기 때문에 글을 읽고 쓸 줄 아는 능력에 반영됩니다. 아이들이 듣기 좋아하는 이야기들과 상상놀이에서 자신이 또래 아이들과 함께 연극하듯 구연해 보이는 이야기들에는 많은 공통점들이 있습니다. 이러한 유형의 놀이는 우리로 하여금 현실을 떠나, 보이는 것만이 전부가 아니라는 점을 인식하게 해줍니다. 오로지 손으로 쥐거나 만질 수 있는 것보다는 일단 마음으로부터 우러나오는 장소들과 이야기들을 생각해낼 수 있게 되고 나면, 우리는 생각을 감각적인 인지로부터 분리시키게 됩니다. 내면세계를 개발하기 시작하는 것입니다. 이것이 바로 우리가 책을 읽을 때 일어나는 일입니다. 우리는 실제로 경험해볼 수 있는 것을 훨씬 뛰어넘는 새로운 세계에서의 모험에 빠지기 위해 책을 펼칩니다. 다른 사람들을 통하여 배움을 얻기 위해 마음을 엽니다. 따라서 안전한 보금자리인 자신의 침실 안에서 새로운 환경들을 창조해내고 상상해내는 이러한 능력은 말하기, 읽기, 그리고 문제 해결을 위한 준비과정이라 할 수 있습니다.

어린 아이들이 기억하고, 상징물을 이용하고, 규칙을 만들고, 또 연출하는 능력은 학교 입학 준비에 필수적입니다. 이런 것에서 바로 더욱 풍부한 언어와, 이야기의 줄거리와, 기억력과, 집중력과, 또 계획 능력이 싹트는 것입니다. 사회성이 지능을 만나는 교차점에서, 행복한 아이들은 영리한 아이들이 됩니다. 놀이를 통하여 아이들은 창의적인 방법들을 이용해 배움을 시작하기 위한 용기와 자신감을 쌓습니다.

나이에 맞는 사회적 연극 놀이

아이들이 자라면서 물건들을 가지고 노는 방식이 바뀌는 것과 마찬가지로, 다른 아이들과 함께 노는 방식 또한 바뀝니다. 생후 첫 해가 끝나갈 무렵에, 아이들은 서로를 물건처럼 느끼고 대하는 듯이 보입니다. 서로를 찔러보거나, 그러지도 않는다면 서로가 같은 방에 있다는 사실조차 인식하지 못한 채 그저 나란히 앉아 따로 노는 듯합니다. 이것을 평행놀이Parallel play라 부릅니다. 이런 아이들이 같은 카펫위에 나란히 앉아 오로지 서로 각자의 관찰만 하면서도 완벽하게 만족스러워하는 것을 당신은 목격하게 될 것입니다!

생후 13개월에서 14개월 즈음이 되면, 아이들은 협력하며 놀기 시작합니다. 서로를 찾거나, 장난감을 서로 뺏을 수도 있습니다. 이 나이에 나눔이란 것은 그들에게 있어 쉬운 일이 아닙니다. 하지만 다른 사람이 그 곳에 있다는 것은 인식하고 있습니다. 그리고 아이들이 집에 놀러 오면 처음 만난 아이들보다는 낯익은 아이들과 더 수준 높은 놀이를 합니다. 놀이 학교에 가면, 아이들이 서로 어느 정도 익숙하기 때문에 실제로 놀이터에서보다 더 높은 수준의 놀이를 목격할 수 있습니다.

약 두 살이 되면, 아이들은 또래들과의 놀이에서 큰 도약을 합니다. 처음으로, 아이들은 버스 운전사나 동물원 관리인과 같은 역할을 맡기 시작합니다. 아이들은 그런 놀이에 다른 아이들을 참여시킬 수도 있습니다. 세 살, 네 살 때에는, 놀이의 순서와 방법을 규칙적으로 정해놓기도 합니다. 쥴리Julie와 마지Marge는 플라스틱 전화기를 들고 서로 말을 나누기 시작하기도 합니다. 혹은 옷을 차려 입고 가짜 식탁 앞에 함께 앉아서 플라스틱 컵과 컵 받침을 들고 '차 마시는 시간'을 가질지도 모르겠습니다. 두 살 때는 이러한 놀이 상황들은 겨우 몇 분밖에 지속되지 못한 채 다른 놀이로 바뀝니다. 이 똑같은 아이들이 세 살이나 네 살이 되고 나면, 놀이는 훨씬 더 정교해지고 몇 시간씩이나 계속될 수 있습니다. "내가 엄마 할 테니까 네가 아기 해." 이때가 바로 놀이에 필요한 인형을 구하기 위해 거실을 슈퍼맨처럼 휙 날아가듯이 가로질러가는 아이들을 우리가 만나게 되는 전형적인 순간입니다.

아이들은 더 놀고 싶은 의욕이 생김에 따라, 성공적으로 놀 수 있게 해주는 사회적 기술도 개발해내야 합니다. 이것은 어떤 의미일까요? 아이들은 놀이가 어떻게 작용하는지 깨달을 수 있어야 합니다. 놀이터에서의 한 장면을 상상해봅시다. 쥴리는 소꿉놀이를 하고 있는 네 명의 다른 친구들을 보고는, 그 놀이에 몹시도 끼고 싶어 합니다. 하지만 조금 늦게 나왔기 때문에, 그 곳에 도착하였을 때는 이미 놀이가 한창 진행된 상태입니다. 그래서 쥴리는 그 주변에 서서, 자신을 끼워주기를 바라며 기다립니다. 자, 이 상황은 두 가지 방향으로 매듭지어질 수 있습니다. 긍정적인 상황으로 마무리된다면, 어떤 수준 높은 네 살짜리 아이가 쥴리를 발견하고는 활기찬 목소리로, "와서 같이 놀래?" 하고 말할 수도 있습니다. 그런 일이 벌어질 수도 있지만, 마찬가지로 아무도 쥴리가 그 곳에 서 있는지조차 깨닫지 못할 수도 있습니다. 쥴리는 어떻게 해야 할까요? 배워야 합니다. 무례하게 불쑥 끼어들 수도 있지만, 그렇게는 아마도 받아들여지지 않을 것이고 다른 아이들이 화를 낼 지도 모를 일입니다. 쥴리는 이 상황을 아이들에게 사교성에 대한 의식을 심어주는 교육적인 시간으로 활용할 수 있는 선생님에게로 달려갈 수도 있습니다. 혹은 최고의 시나리오로, 쥴리는 이 놀이의 흐름이 잠시 끊겼을 때를 기다렸다가, 아주 좋은 역할을 맡기는 힘들 거라는 사실을 인식한 채 은근히 그리고 교묘히 낄 수도 있습니다.

여러분도 이제 알 수 있듯이, 상상놀이에 얽힌 이러한 상황들은 자기 자신과 다른 이들에 대해 배울 수 있는 기회들로 가득 차있습니다. 만약 지미가 아기역할을 싫어한다면? 만약 세라는 차 마시는 놀이를 하고 싶어 하는데 제시는 시장 놀이를 하고 싶어 한다면? 협상하고, 타협하며, 모든 요구에 응하는 책임자 역할을 배우는 것은 매우 중요한 사교 기술입니다. 이런 순간들은 교사와 부모인 우리들에게 아이들이 감정 조절을 할 수 있도록 돕는 기회를 주기도 합니다. 원하는 것을 갖지 못할 때, 짜증을 내며 성질을 부립니까? 토라져서 다른 이들의 마음을 불편하게 만듭니까? 아니면 "그럼 네가 하고 싶어 하는 것을 먼저 하고 그 다음에 시장 놀이를 하자."며 협상합니까?

놀이는 사교 기술을 가르치는 역할뿐만 아니라 아이들의 감성을 채워주는 역할도 해줍니다. 놀이는 아이들이 복잡한 세계에 대응할 수 있도록 도와줍니다. 놀이의 이런 역할은 심리학 분야에서 깊은 역사를 가지고 있습니다. 그리고 우리 저자들 중 대부분이 이것을 직접 경험했습니다. 마이키Mikey, 저자인 캐시의 아들가 자의식을 만들어내고 불안한 마음을 진정시키는 데 있어서 놀이의 힘이 얼마나 강력한지 깨닫게 되는 과정을 지켜봅시다.

심바Simba가 왔을 때 마이키는 두 살이었습니다. 그 유명한 디즈니 영화 라이언킹The Lion King에 나오는 마이키의 영웅이 된 심바는 이제 침대 위에 마이키 옆에 앉아있습니다. 너무나도 신이 나서 무어라 표현키도 힘든 듯, 아이는 상자에서 심바를 조심스레 꺼내고는 꼭 껴안습니다. 심바는 자신의 것이었고, 아이가 믿기로는, 가짜가 아닌 진짜 심바의 주인이 된 것입니다. 심바는 곧 마이키가 집에서 가지고 돌아다니는 또 하나의 낡아빠지고 사랑받는 물건인 블랭키Blankie, 마이키가 붙인 담요의 이름를 만나게 됩니다. 단 3개월 만에, 심바는 가족여행에 동참하게 되었고, 자동차에도 탑승하였으며, 심지어는 마이키가 엄마의 자전거 뒷좌석에 앉아 갈 때도 함께 하는 영광을 누렸습니다. 마이키는 심바를 믿었습니다. 마이키는 잠을 청하기 직전에, 심바에게 책을 읽어주고 그날 있었던 일들에 대해 이야기하며 많은 나날을 보냈습니다. 마이키가 형들과 다툴 때, 심바가 마이키를 지켜줬습니다. 마이키가 겁에 질려있을 때면, 심바가 앞장서서 지켜주었습니다. 마이키의 부모는 심바가 절대로 무시할 수 없는 존재라는 것을 알고 있었습니다. 마이키가 자라남과 동시에, 모든 나쁜 행동을 하는 존재는 바로 **심바**가 되어버렸습니다. 놀랍게도, 침실에서 그 동물인형들을 여기저기에 던져놓은 것은 **심바**였습니다. 그리고 마이키가 먹고 싶지 않았던 파스타를 쓰레기통 속으로 던져버린 것도 마이키가 아닌 **심바**입니다. 마이키가 그런 짓을 했을 리는 없는 거죠!

놀이를 할 때, 아이는 어른들에게 허락을 받지 않고도 자신에게 편리하도록 자신의 세계를 꾸며낼 수 있는 것입니다.

친구들과 놀기 – 하지만 상상속의 친구들과?

아이들이 놀이를 통하여 협력하는 것을 배우는 방법들 중 하나는 바로 상상 속에서 생성된 친구들을 통한 것이 있습니다. 연재만화인 「캘빈과 홉스Calvin and Hobbes」에서 우리가 볼 수 있듯이, 홉스호랑이 인형는 캘빈에게 있어 진정한 친구입니다. 캘빈은 단지 창의력이 상당히 뛰어난 비교적 정상적인 어린 소년일 뿐입니다. 상상속의 친구들은 일반적으로 훌륭한 상상력을 가진 3~5세의 비교적 정상적인 아이들에게 자주 나타납니다. 마르조리 테일러Marjorie Tayler 교수가 쓴 『상상속의 친구들과 그들의 창조자Imaginary Companions and the Children Who Create Them』에서 그녀는 상상속의 친구들이 있는 아이들이 그런 친구가 없는 아이들에 비해 더 지능이 높고 더 창의적이라고 말합니다.[277] 그렇다고 해서 우리가 아이들의 마음속에 가상의 친구를 어떻게든 주입시켜야 한다는 뜻은 아닙니다. 우리 아이들이 놀이를 통하여 더 영리하고 더 창의적이 될 수 있도록 도울 수 있는 다른 방법들이 얼마든지 있으니까요. 그저 우리 아이들이 가끔씩 걸어 다니면서 허공에 대고 이야기를 한다고 해서 걱정할 필요는 없다는 말입니다. 언젠가 캘빈의 엄마가 만화에서 말하였듯이, 아이들에 대해 의문을 가질 바에는 함께 어울리는 편이 낫습니다.(연재만화의 한 편에서, 그녀는 어느 날 실제로 인형인 홉스를 실제로 존재하는 호랑이 친구인양 큰소리로 불렀습니다. 물론, 그녀의 남편은 그녀가 실성했다고 생각했습니다.)

보육원에 다니는 시기에, 아이들은 무한한 가능성의 세계에 대해 그저 배워갈 뿐, 환상과 현실 사이의 경계선은 모호할 수 있습니다. 우리들 중 누군가는 부모님이 영화관에 데리고 갔을 때 영화가 시작하기 직전에 로고로 나오는 사자MGM Lion를 보고 공포에 떨었던 것을 기억하고 있을 것입니다. 사자가 거대한 스크린에 나타났을 때, 아이는 언젠가 부모님이 가르쳐주셨던 주문, "저건 가짜야. 저건 가짜야. 저건 가짜야."를 외우고 또 외우며, 부모님의 재미있어하는 표정과 차분한 태도를 보고 안정을 얻었습니다. 많은 아이들이 옷장 속의 괴물에 대해 불안해하는데, 그 곳에 '사는 것'은 오직 옷들뿐이라고 아무리 말해줘도 어쩔 수가 없습니다. 여기에서도 놀이가 도움이 될 수 있습니다. 두 살 난 벤지Benji가 괴물에 대한 심한 불안감을 표현했을 때, 우리는 고스트바스터즈ghost busters와 맞먹을만한 괴물 퇴치 부대로 변신했습니다. 우리는 회의를 한 다음, 특정 날짜의 특정 시간에 괴물을 뒤쫓아서, 변기에 빠진 괴물 위로 물을 내려버렸습니다. 다행히도 그 뒤로 괴물은 다시 돌아오지 않았습니다.

사교 놀이의 혜택은 참으로 많습니다. 그러나 아마도 그 중 가장 큰 혜택이 다른 것들을 가리고 있는지도 모릅니다. 더 많이 노는 아이들일수록 더 행복합니다. 아이들이 더 행복하면, 또래들과 더 잘 지내며 인기도 더 많은 경향이 있습니다. 사교 놀이는 아이를 행복하고 **또한** 지적으로 만들어주는 것뿐만 아니라, 장래를 위한 사교 기술을 쌓도록 도와줍니다. 어

린 시절 많이 놀았던 이들은 어른이 되어서도 놀이를 통하여 스트레스를 더 잘 해소합니다.[278)]

부모들은 자식의 놀이에 영향을 미칠까요? 당연하죠!

아이들은 혼자서 혹은 친구들과 함께 아무 문제없이 잘 놀 수 있지만, 사실은 부모 역시 매우 중요한 놀이동무가 되어줄 수 있습니다. 놀이 중에는 아이들이 스스로 할 수 있는 것보다 아주 조금 더 어려운 것에 도전해보도록 부모가 이끌어주는 '학습찬스teachable moments'가 있습니다. 길잡이가 있는 놀이야말로 배움의 지름길이라고 많은 과학자들이 말합니다. 이러한 교육적인 순간들을 우리는 어떻게 발견하여 놀이의 기반으로 할 수 있을까요? 우리가 아이들에게 옛날이야기들을 들려주고 그 이야기들 속의 역할들을 아이들에게 배정해주어 재현해보도록 한다면, 아이들은 더

| 학습 찬스 | 연극하기 |

글 읽기와 쓰기의 기초가 되는 능력들을 아이가 개발하도록 도우려면, 자식이 한 명밖에 없을 경우, 다른 아이 한 명을 '빌려' 오십시오! 모두 함께 가보았던 장소에서 있었던 일에 대해 각자 차례대로 당신에게 이야기하게 하십시오. 이야깃거리는 당신이 시장을 보는 동안 누군가가 쇼핑용 카트를 엄마의 승용차에 부딪히고 간 것과 같은 단순한 일이 될 수도 있고, 혹은 그랜드 캐니언으로 캠핑을 가서 겪었던 신나는 일이 될 수도 있습니다. 아이가 이야기를 들려주는 동안 그 내용을 받아 적으며, 이야기 속의 연속적인 사건들 속에서 빠뜨린 부분을 채워야 하거나 추가로 구체적인 내용을 부가시킬 필요가 있을 때마다 기억을 상기시켜줍니다. 그러고 나서는 아이들에게 금방 들었던 이야기를 연극으로 재현해보도록 합니다.

욱 열의를 보이고, 줄거리를 더 잘 이해할 수 있게 되며, 글을 읽고 쓰기 이전의 능력들을 개발하게 됩니다. 그러나 리하이대학 Lehigh University의 아지리키 니콜로폴로 Ageliki Nicolopoulou 교수는 우리가 지어낸 이야기들 속에서 너무 지배권을 쥐고 있지 말 것을 당부합니다.[279] 언어가 그러하듯, 우리는 아이들의 **파트너**가 되어줘야 하며, 이야기 속에 아이들이 원하는 주제를 끼워 맞춤으로써 그들에게 소유권이 있도록 해줘야만 합니다.

아이들은 놀이의 법칙을 언제쯤 지킬 수 있을까요?

피아제가 제안했던 바와 같이, 놀이의 훌륭한 완성은 아이들이 규칙을 만들어내는 것뿐만 아니라, 그것을 지킬 수도 있을 때 가능해집니다. 상상놀이에서 아이들은 친구들과 함께 규칙들을 만들고 또 협상합니다. 이런 식으로 함께 노는 법을 배우는 것입니다. 그러나 보드게임이나 스포츠는 아이들에게 마음대로 규칙을 만들 수 있는 기회를 마련해주지 않습니다. 세 살 난 아이와 카드놀이를 시도해본 사람이라면 이 사실을 알 것입니다! 아이들은 규칙들을 만든 후에 그저 자신이 원하는 쪽으로 따라줄 것을 바라는 듯 보입니다. 결국 아이는 놀이를 마음대로 통제하는 기막힌 전략을 사용함으로써 언제나 우승하고 맙니다.

그러나 현실에 존재하는 놀이들은 훨씬 더 복잡하며, 규칙들 하나하나가 기존의 규칙들과 어우러져 거대한 시스템을 이룹니다. 실제로 우리 아이들이 축구팀에서 뛰는 것을 수년간 보아왔건만, 우리중의 몇몇은 아직도 복잡한 코너킥의 원칙을 이해하려 노력하고 있습니다. 아이들은 발달상에 있어서 언제쯤 팀이나 규칙에 대한 개념을 제대로 배울 준비가 될까요? 이러한 복잡한 게임들에서, 핵심은 자신이 해야 할 일뿐만 아니라, 옆에 있는 사람이 무엇을 하고 있으며 앞으로 무엇을 할 것 같은지도 이해하는 것입니다. 상대 팀에 있는 사람이 바로 다음에 무엇을 할 것 같은지 반드시 예상할 수 있어야 합니다. 때문에 아이로써는 공을 앞으로 차야 한다는 것은 알 수 있을지 모르지만 만약 계속 그것만 한다면, 진짜 축구 게임을 하는 거라 말할 수 없습니다. 사실, 네 살 혹은 다섯 살 난 아이들이 축구장에 있는 것을 본 사람이라면 누구나, 공이 필드 안으로 들어오기만 하면 양쪽 팀의 아이들이 모두 떼를 지어 달려와 한꺼번에 공을 차려 한다는 사실을 증언해줄 수 있을 것입니다. 가장 재미있는 일은 어린 아이들이 공을 차서 자기 팀의 골대 안으로도 넣는다는 것입니다. 골대로 공을 넣는 것도 규칙이긴 하니까 말입니다. 아이들이 진정으로 규칙을 이해하고 전략과 계획을 가지고 놀 수 있는 것은 일곱, 여덟 살이 되어야 가능해집니다. 보드게임도 마찬가지입니다. 기초적으로 시작해볼 수 있는 캔디랜드Candy Land*와 같은 게임은, 그저 주사위를 던져서 앞으로나 뒤로 움직이기만 하면 됩니다. 우리 아이들은 이것은 이해할 수 있기에, 몇 번이고 계속해서 더 놀고 싶어 하며, 그러다가 우리가 하품으로 눈물이 나도록 지루해하면 "마지막으로 딱 한번만 더 놀아요."라고 말합니다.

몸을 이용한 놀이 : 뛰어노는 것이 주는 이득

놀이에 대하여 생각하면 가장 먼저 떠오르는 것이 무엇입니까? 야외의 태양 아래서, 어쩌면 놀이터에서 뛰어노는 것이 아닐까요. 이것이 바로 우리들 대부분이 유년 시절에 했던 것입니다. 안전상의 우려 때문에(법적인 소송에 대해서는 말할 것도 없고) 공원에서 정글짐과 시소가 없어지기 전이긴 하지만 말입니다. 우리들 중 대부분은 자유를 만끽했습니다. 비록

---

* Candy Land: 미국 Hasbro사에서 만든 유아용 보드게임. 주사위를 굴려서 나온 숫자대로 말을 움직여 목적지까지 빨리 가는 것을 목표로 한다. - 옮긴이

도시에서 자랐다고 해도 친구들과 이곳저곳을 산책하고 사방치기 놀이나 다양한 공놀이들을 했습니다. 당신은 어린 시절에 혹시 어떻게 모든 아이들이 같은 놀이들을 알고 있을까 하고 궁금했던 적은 없었습니까? 우리는 그랬습니다. 심지어는 할머니 집에 놀러 가도, 그 곳에 있는 아이들은 모두 어떻게 당신이 집에서 했던 '쎄쎄쎄' 놀이를 알고 있었던 것일까요? 놀이는 아이들의 생각과 운동 능력을 반영하기 때문에, 같은 나이에 같은 놀이들을 많이 합니다. 놀이는 시간이 흐름에 따라 변화하며, 아이들의 신체적, 그리고 정신적 역량이 변화함에 따라 예측 가능한 방식으로 복잡성을 더해갑니다. 세 살 된 아이가 아직 한쪽 발로만 뜀을 뛰거나 사방치기 놀이를 할 수 없는 것과 마찬가지로, 다섯 살 난 아이도 아직은 많은 연습 없이는 쎄쎄쎄 놀이의 긴 일련의 의미를 이해할 수 없는 말과 동작들을 반복해서 할 수 있는 정신적 기술이 없습니다. 세 살배기 아이가 규칙이 정해진 야외 놀이들을 할 능력이 없는 것도 마찬가지 이유에서입니다.

물론, 놀이는 많고 다양합니다. 기차놀이 세트를 가지고 놀며 재미있는 기찻길을 만들어보려고 여러 조각들을 연결하고 있는 네 살 된 질^w을 관찰해봅시다. 아이는 섬세한 운동기능(손가락 사용)을 연습하고 있습니다. 그리고 그 뒤쪽에는 두 살 난 질의 언니, 사만다^{Samantha}가 탁자 위로 올라가며 자신의 전반적인 운동기능(가슴, 다리, 팔)을 시험해보고 있습니다. 이러한 신체적 놀이들은 우리 아이들의 세계 속에서 매우 풍부하며, 자신들의 싹트기 시작하는 운동기능이 얼마나 잘 작동되는지 배울 수 있고 그것들의 다양한 이용법들을 연습하며 실험하는 즐거움을 맛볼 수 있기 때문에 그들의 발달상에 있어 대단히 중요합니다. 그들은 이렇게 혼잣말을 할지도 모릅니다. "만약에 내가 페달을 아주 아주 빨리 밟는다면, 저 의자에 부딪힐 때 꽝 하고 아주 요란한 소리가 날까? 우와! 이거 재미있는데? 또

해볼래!" 짐보리 _{Gymboree; 사설유아교육기관}, 수영, 미술학원, 또는 근처 체육관에서 제공하는 프로그램 등의 활동들은 모두 신체적인 놀이 기술이 기반으로 되어있습니다. 그러나 꼭 조직적인 활동이 아니어도, 신체적인 놀이를 할 수 있는 기회들은 어니에서든 찾아볼 수가 있습니다. 뒷마당에서, 보행기에서, 그리고 심지어는 아기놀이 울타리 안에서, 그리고 크레용으로 낙서하면서, 찰흙을 만지작거리면서, 퍼즐 조각들을 맞추면서 아이들은 자신의 싹트는 운동기능들을 연습하는 것입니다.

우리가 아이들이 놀 안전한 공간만 제공하여 준다면, 아이들은 훗날 하게 될 스포츠와 글쓰기를 위한 자신의 기능들을 개선시키고 근육을 탄탄히 만들 수가 있습니다. 하지만 그들은 이 '일'이 적절한 수준의 도전일 경우에만 시도하게 될 것입니다. 아이들에게는 이런 역량들을 개발하기 위한 자기만의 속도가 있습니다. 이를테면, 오늘날 대부분의 소아과 의사들은 아기들을 위한 조직적인 운동 학원을 권하지 않는데, 그것은 아기들의 자연적인 한계를 넘어선 수준의 운동의 결과로 골절과 근육 좌상을 초래하는 일들이 늘어나고 있기 때문입니다.[280]

따지고 보면, 야외에서의 자유로운 놀이 시간의 감소와 부모들에 의하여 구성되는 놀이시간들의 증가를 불러일으킨 원인은 아이들의 안전에 대한 부모들의 걱정이 원인이라 할 수 있습니다. 공원* 옆에 사는 한 부모는 이렇게 말했습니다. "내가 다섯 살 때에는, 내가 살던 곳 근처의 공원에서 놀았었고 그것에 대해 아무도 뭐라 하지 않았어요. 그런데 지금 나는 마음 놓고 에린_{Erin}을 친구와 같이 공원에 보내지 못해요. 공원이 바로 옆인데도 말이에요! 오늘날 일어나고 있는 여러 흉악한 사건들 때문이에요." 이런 것은 우리의 부모님들 세대는 비교적 많이 하지 않으시던 걱정입니다. 하지만, 실제로 아이들을 따르는 위험이 증가한 것인지, 아니면

---

* 한국에서는 놀이터, 혹은 공터 정도로 생각 할 수 있다. - 옮긴이

비록 드문 일일지라도 일어난 사건들에 대한 너무 많은 매스컴의 보도량 탓에 필요 이상으로 **민감하게** 반응하고 있는 것이 아닌지 진지하게 고민해 볼 필요가 있습니다. 그러나 중요한 결과는, 아이들이 자주적으로 할 수 있는 놀이들이 감소하여, 어린 시절의 즐거움과 즉흥적인 면들이 다소 없어졌다는 것입니다. 친구들과 같이 노는 것뿐만 아니라 야외에서 혼자 노는 것은 점점 더 드문 일이 되어가고 있습니다. 야외에서의 자유로운 놀이와 대체되는 것들은 우리가 아이들을, 심지어는 아직 네 살밖에 되지 않은 아이들까지 등록해버리는 조직적인 스포츠 활동들입니다. 실제로, 한 연구에서는, 여섯 살에서 여덟 살 사이의 아이들의 노는 시간에서, 조직적인 스포츠 활동 시간이 약 20퍼센트나 차지한다는 사실이 밝혀졌습니다.[281] 하지만 조직적인 스포츠 활동은 야외에서 할 수 있는 안전한 놀이들 중 유일한 것이 아닙니다. 만약 당신이 우려하는 것이 안전에 대한 것이라면, 당신은 아이 친구의 부모들과 스케줄을 맞추어 아이들이 야외에서 놀 때마다 한 명의 어른이 항상 함께 할 수 있도록 교대하면 될 것입니다. 또 다른 선택으로, 당신이 함께 할 수 없을 때에는 신뢰할 수 있을만한 학생에게 부탁하여 당신의 아이가 야외에서 보내는 시간을 감독하게 하는 방법이 있습니다.

가정에서 직접 실천할 수 있는 몇 가지 과제들

놀이는 아이들의 정신 발달에 있어 핵심 요소입니다. 놀이는 아이들이 세상을 마음속에 그려나갈 수 있도록, 자기 자신에 대해 알아갈 수 있도록, 또한 다른 이들과 잘 어울릴 수 있도록 도와주는데 결정적인 역할을 합니다. 그러나 만일 우리가 아이들에게 더 많은 휴식 시간을 줄 것인지, 스포츠나 다른 활동들을 가르치는 최신 수업에 등록시킬 것인지에 대한 선택권에 직면한다면, 성취 지향적인 이 사회의 추세에 저항하기 어려울 수 있을 것입니다. 자녀에게 뿐만 아니라 여러분 스스로에게 있어서도 놀이가 삶의 구심점으로 작용하게 만들 수 있도록 다음의 조언들을 읽어보십시오.

놀이 옹호자가 되십시오. 놀이가 중요하다는 사실을 알고 있다면, 그것을 행동으로 보여야 합니다. 보육원 교실을 놀이 식으로 학습할 수 있도록 격려하고 힘쓰는 실내 놀이터로 탈바꿈시켜봅시다. 우리의 집을 놀이를 위한 열린 공간으로 조성하고, 조직적 활동 사이사이에 놀이를 끼워 넣기보다는 놀이시간이 아닐 때에 할 수 있는 조직적 활동을 계획해 봅시다. 또한, 아이들이 놀이를 계속하기 위해서는 우리가 활기를 주는 환경을 제공해주고 놀이에 함께 참가하여 더 넓은 세계로부터의 중요한 지식을 더해줘야 한다는 사실을 인식하십시오. 그렇게 함으로써, 우리는 놀이야말로 행복하고, 건강하고, 지적인 아이들을 키울 수 있게 해주는 해답이라는 메시지를 전달하게 될 것입니다. 아인슈타인은 그것을 알고 있었습니다. 그리고 당신의 도움으로 주위의 다른 부모들도 알게 될 것입니다.

활기찬 놀이를 위한 자원을 제공하십시오. 단순하게 사물들을 가지고 노는 것이 장래의 지능 발달에 있어서 중요한 요소가 되는 것으로 나타나고 있습니다. 어째서일까요? 장난감들과 놀잇감들은 아이들의 탐구생활에 활기를 불어넣습니다. 아이들은 흥미롭게 느껴지는 것들로부터 더 많은 배움을 얻습니다. 장난감들과 놀잇감들은 상호작용의 구심점입니다. 아이들의 흥미를 끄는 장난감들이 있을 때, 아이들이 모여 같은 놀이를 함께 하기 쉽습니다. 혼자 있을 때보다, 함께 놀 때 우리는 어떻게 합니까? 더 많이 말하고, 더 많이 만들고, 더 깊이 심취합니다. 이것이 배움의 토대입니다.

하지만 몇 가지 주의사항이 있습니다. 첫째로는 거의 모든 것들이 장난감이 될 수 있다는 것입니다. 학습과 사회적 상호작용을 위한 혜택을 얻기 위해 화려한 장난감을 사지 않아도 된다는 것입니다. 한번 변화를 줘서, 저렴한 대체물들을 고려해봅시다. 기지나 텐트를 만들기 위해 이불과 의자를 사용하십시오. 우리 아이들은 이런 종류의 놀이를 매우 좋아하는데, 아마도 그런 것들이 아이들에게 안전한 느낌을 주고 스스로 맡아서 관리할(여느 때와는 달리!) 자신만의 공간이 만들어지기 때문일 것입니다. 일회용 플라스틱 포크들은 장난감 집을 짓기에 안성맞춤인 물품들이며, 일상적인 저렴한 하얀색 일회용 접시들과 짧은 끈들은 가면 같은 것들을 만드는데 유용합니다. 플라스틱 컵들과 서로 다른 양들의 쌀, 콩, 그리고 말린 완두콩들을 사용하여 악기들을 만들어보는 것은 어떨까요? 무엇으로 차 있는지, 그리고 얼마나 차 있는지에 따라 소리가 어떻게 다른지 실험해볼 수 있을 것입니다.

영화 토이스토리Toy Story는 장난감들을 살아있는 것으로 만들었기 때문에 아이들을 매혹시켰습니다. 동물인형들은 당신과 아이가 함께 지어내는 정교한 가상 시나리오의 주인공들이 될 수 있습니다. 이것은 놀이터에서도, 학교에서도, 자동차 안에서도 가능합니다. 어떤 종류의 대본들도 모두 소화해낼 수 있습니다. 여행 가서 주워온 조개껍질들도 훌륭한 장난감이 되고, 마찬가지로 낡은 테니스공들과 오래된 유니폼들(중고시장 등을 이용해보십시오), 여러 가지 저렴한 학용품들(다양한 색깔의 종이클립들만 있어도 대단한 재미를 느낄 수 있습니다.), 이면지들(모자나 종이비행기들을 만들어 본 적 있으시겠죠?), 그리고 더 낡은 것으로는, 동전들을 활용할 수 있습니다. 동전들을 분류하는 것은 무척 재미있습니다. 비결은 당신 아이의 관점으로 주위의 사물을 보는 것입니다. 당신이 항상 자녀에게 멀리 하도록 경고하는 그 모든 것들이 바로 아이들의 마음을 사로잡는 것들입니다. 아이들이 그것들을 가지고 놀 수 있도록 안전하게 조정할 방법을 생각해 내거나, 혹은 비슷한 뭔가를 찾아낼 수 있을까요?

훌륭한 책인 『아이의 마음 일깨우기Awakening Children's Minds』에서 로라 버크Laura Berk는, 부모와 보육자에게 장난감을 살 때 자신에게 물어볼 세 가지 유용한 질문들을 제공합니다.[282] "이 장난감은 어떠한 놀이들을 불러일으킬까요? 그 놀이들은 어떠한 가치를 가르칠까요? 이 장난감을 통해 내 아이들은 어떤 사회적 규칙들을 배우고 따를 수 있을까요?"

우리들은 아이들이 원하는 장난감들이 아이들에게 과연 어떤 영향을 미칠지에 대해서 잠시 생각해 볼 여유조차 갖지 않은 채 너무 자주 사주곤 합니다. 그러나 아이들이 시청하는 텔레비전을 켜고 끄는 것을 우리가 통제하듯, 통제권은 어른들이 쥐고 있습니다. 아이들이 때때로 불만족스러워한다고 해서 우리가 나쁜 부모가 되지는 않습니다.

즐거움을 함께 만끽하십시오. 뉴욕 타임즈New York Times의 인기 있는 칼럼니스트인 제인 브로디Jane Brody는 다음과 같은 글을 기재했습니다. "장난감들은 놀이의 최고 도구로 알려져 있습니다. … 장난감들은 아이들의 놀이에 어른 대신 참여하는 대체물이 아닌, 부모나 보육자와의 상호작용에 필요한 보조물로 쓰여야 합니다."[283]

아이들의 놀이에 참여하는 것은 어쩌면 우리가 맞닥뜨려야 하는 가장 어려운 도전일수도 있습니다. 우리는 보드게임에 한 번이나 두 번쯤은 기꺼이 참여할 수 있으나, 그들의 세계에 참여하는 것은 그리 쉽지 않은 일입니다. 우리는 쉽게 따분해지고 맙니다. 그들이 하는 것들이 중요하다는 것을 진심으로 믿지 않는다면, 우리는 상황을 통제해버리거나 그들의 놀이에 참여하지 않기로 해버리는 경향이 있습니다. 그러므로 가능한 한 언제나, "아, 잘됐다. 아이가 혼자서 잘 노는구나. 친구에게 전화하려고 했던 것을 지금 하면 되겠다."라고 생각하기 보다는, 아이의 놀이에 참여하십시오. 놀이에 참여하는 것의 일부분은 여러분을 다시 어린 시절로 돌아가, 그때의 시각으로 세상을 볼 수 있도록 허락하게 해줍니다. 물웅덩이 속에서 점프하던 너무나도 즐겁던 때와 오레오 쿠키를 갈라서 중간에 있는 하얀 크림을 핥아먹던 순간들을 기억합니까? 그것을 다시 해보십시오. 보상처럼 느껴질 것입니다.

아이가 놀이를 이끌어 가도록 하십시오. 아이가 리드하는 놀이들은 흥미와 배우고 싶은 마음을 자극할 것입니다. 우리가 통제하고 한계를 정함으로써 놀이를 공부로 만들어버릴 때, 아이들은 흥미를 잃고, 우리는 아이들과 유대감을 형성시키고 함께 상상할 수 있는 기회들을 놓쳐버리고 맙니다. 우리는 놀이 소품들을 제공하는 것과 집과 교실 안에서 놀이를 감독하는 것 사이의 미묘한 균형을 찾기 위해 노력해야 합니다. 만약 우리가 우리 아이들에게 미술 과제를 내주고 싶다면, 마무리될 작품이 어떤 모양이 될지 아이들이 결정할 수 있는 과제를 만들어야 합니다. 우리는 아이들이 리더 역할을 할 때에 우리가 생각했던 것 이상으로 잘 할 수 있는 능력이 있다는 사실을 발견하게 될 수도 있습니다. 반드시 기억할 것은, 중요한 것은 **결과**가 아닌 **과정**이라는 사실입니다.

세심한 놀이 파트너가 되려고 노력하십시오. 어른의 참여를 어느 선까지 원하는지 아이들이 보내는 신호를 읽어가면서. 놀이 파트너 역할을 잘 해내는 부모들은 아이들에게 무엇을 하라고 시키거나, 계속해서 질문을 하거나, 혹은 게임을 하는 방법의 힌트를 주지 않습니다.[284]

당신의 아이에게 상상력을 동원하도록 격려하십시오. 아이의 상상력이 계속 이어지게 하는 한 가지 방법은, 상상놀이의 상황을 설정한 후, 아이가 거기서부터 시나리오를 직접 만들어보도록 내버려두는 것입니다. 예를 들어서, 아이와 함께 할머니 댁에 놀러 가는 상황 놀이를 아이의 리드에 맞추어 하는 것입니다. 당신은 상상속의 자동차 속 좌석들을 표현하기 위해 무거운 의자들을 움직여주고, 또 자농차를 운전해 줌으로서 아이의 놀이의 시작을 도울 수도 있습니다. 자동차로 이동하는 동안 여러 종류의 흥미로운 것들을 지나칠 수도 있고 심지어는 눈이 온다며 날씨 걱정을 할 수도 있을 것입니다. 또한 눈송이들이 작은 별님들 모양이라고 할 수도 있고, 소 모양, 그릇 모양 등 원하는 어떤 모양이라고 할 수도 있습니다. 상상속의 해수욕장을 방문하는 것도 또 다른 멋진 놀이입니다. 한겨울에 하는 것이 그 중에서도 최고입니다! 카펫 위에서 헤엄을 치며, 각양각색의 물고기들과 식물들과 동전들을, 그리고 다른 아이들과 가족들을 발견할 수가 있습니다.

우리가 캐시^{Kathy}의 집에서 항상 하던 놀이들 중 하나가 "상상해봅시다."입니다. 우리는 침대 위에 함께 앉아서, 눈을 가리고는 다음과 같이 말합니다. "상상해볼까? 침대 위에 누워서, 눈을 감았다가 다시 뜨면 우리는 어느 다른 곳에 있을 거야." 아이들은 우리를 많은 상상 속의 장소로 안내하였으므로 우리는 동물원에, 정글 속에, 달나라에 도착하였고, 혹은 하늘을 날고 있기도 했습니다. 때때로 우리는 거인이었으며, 때로는 우리가 영화 「아이가 줄었어요^{Honey, I shrunk the Kids}」에 나오는 개미처럼 작은 사람이 되어 세상을 올려다보기도 했습니다. 각 장소에서 우리는 모험을 하였고, 또 다른 여행을 해보고 싶을 때면, 단순히 다음과 같이 말하면 됩니다. "상상해볼까?" 우리는 모두 눈을 가리고는 새로운, 아이의 안내에 의한 장소로 이끌려 갈 뿐이었습니다. 상상놀이는 아이들에게만 즐거운 것이 아니라, 어른들에게도 마찬가지입니다.

아이의 체계적인 과외활동을 평가해 보십시오. 당신의 아이들이 참여하고 있는 모든 체계적인 과외활동들을 그만둬야 할 필요는 분명히 없습니다. 하지만 당신이 아이들을 위해 선택을 할 때에는, 가장 재미가 있어보이는 쪽을 택하십시오. 교실을 몇 군데 방문해보고 아이들이 무엇을 하는지 관찰하십시오. 그곳은 과연 아이들이 주도적인 역할을 맡을 수 있으며 자신의 창의력을 보여줄 수 있는 장소인가요? 수업은 **아이들 중심**으로 돌아가나요? 상상놀이와 사회적 상황극에 심취합니까? 기쁜 분위기이며, 아이들은 교실을 자유로이 어질러도 되나요? 활동이 구조적이고 조직화되어 있는 것은 좋지만, 지나친 통제는 좋지 않습니다. 그리고 그 활동의 목적이 무엇인지에 대해 자신에게 물어보십시오. 첫 번째로는 즐거움을 위한 것이어야 하며, 학습은 오직 부차적이어야만 합니다. 우리가 자신의 동기와 선택들에 대해 질문하면 할수록, 더욱 더 아이들에게 무엇이 좋은지 우리가 알고 있는 것들과 우리가 실제로 아이들의 시간을 채우고 있는 것들 사이의 거리를 좁힐 수 있을 것입니다.

10 장

특별한 육아를 위한 새로운 공식

"증인보호 프로그램 Witness Protection Program *을 피해 갈 아이들을 키우는 곳에는 언제나 조화와, 희망과, 사랑과, 행운이 함께 합니다. … 그곳에는 절대적인 혹은 상대적인 규칙들도 없습니다. 한 가지 원칙이 있다면 그건 바로 '모자란 것이 오히려 풍족할 수 있다는 것 less is more'입니다. 선구자적인 방법으로 아이들을 키운다는 것은 강요와 압박에 의존하는 것이 아니라, 저속 기어나 때로는 중립 기어를 사용하여 운전을 하는 것과 같습니다."

– 『나의 아이는 우등생, 당신의 아이는 열등생 : 완벽한 아이로 키우기를 열망하는 조바심 많은 부모들을 위한 지침서 My kid's an Honor Student, Your Kid's a Loser: The Pushy Parent's Guide to Raising a Perfect Child』의 저자, 랄프 스코엔스타인 Ralph Schoenstein [285)]

알버트 아인슈타인Albert Einstein은 뛰어난 사람이었습니다. 하지만 그것은 그의 두뇌가 어마어마한 양의 지식을 소화하였기 때문이 아니라, 그가 위대한 사상가였기 때문입니다. 그의 위대함은 모두 결과가 아닌 과정에 관련된 것이었습니다. 알버트 아인슈타인의 어머니는 피아니스트였고, 그가 여섯 살이었을 때부터 그를 위해 음악 레슨 시간을 마련했습니다. 수년간 그는 아주 약간의 진전만을 보였을 뿐이었습니다. 그러나 열세 살이 되었을 때, 그는 갑자기 모차르트의 소나타에 대한 열정을 가지게 되었으며, 바이올린 연주의 진정한 전문 기술을 개발하게 됩니다. 아인슈타인은 이

---

* 주변 부모들의 유행이나 염려에 아랑곳 않고 마음이 시키는 대로 정직하게 아이들을 키우면 손해를 보게 되는 경우를 빗대어 표현. - 옮긴이

러한 음악적 달성에 대해서 "사랑이 의무감보다 더 나은 선생님입니다."
라는 말을 남겼습니다.

　반면에, 아인슈타인의 사고력의 힘을 개발하고 증진시키기 위해서 그
가 필요로 했던 깃은 단지 조금의 격려뿐이었습니다.[286] 어린 시절, 그는
정답을 얻기 위한 열의를 보였고, 대단한 인내심을 가지고 과제들에 임했
습니다. 그는 퍼즐들이나 수수께끼나 문제 해결과 관련된 놀이 활동에 종
종 심취했습니다. 그는 나무 블록들로 정교한 구조들을 만들어내고, 나중
에는 카드들로 집을 지어내면서 이미 빈틈없이 노력하는 모습을 보였습
니다. 알버트는 나이가 차서 학교에 입학하여서도 남들보다 뛰어났습니
다. 그리고 학교에 있지 않을 때에는, 친척에게서 받은 쇠로 만들어진 건
축놀이 세트와 증기 기관 모델과 같이 두뇌를 자극하는 놀이들을 하며 시
간 보내기를 좋아했습니다. 열한 살이 되자, 알버트는 대부분의 아이들의
이해력을 초월하는 과학과 철학에 관한 책들을 읽는 것을 즐겼습니다. 그
와 동시에, 그는 수학에 빠졌으며, 피타고라스의 정리를 입증하기로 마음
먹었습니다.

　우리는 아인슈타인의 어린 시절을 잠깐 동안 들여다봄으로써 어떠한
교훈을 얻을 수 있을까요? 간단히 말하자면, 아인슈타인 자신이 스스로
앞서 나아갔습니다. 아이로써 배웠던 것들의 대부분이 놀이를 통해서 이
루어졌습니다. 그의 부모와 가족은 그가 관심 갖는 것에 주의를 기울였고
그것들을 가르침과 장난감과 책으로 살찌웠습니다. 그리고 자신이 하고
싶은 것을 할 수 있는 자유를 누렸습니다. 아인슈타인은 혼자 있을 수 있
는 자유를 만끽할 때, 그 자유 속에서 자신의 관심을 끄는 문제들을 파고
들었습니다.

　만일 아인슈타인의 어머니가 한 번도 그에게 그림 암기카드를 사용하
지 않았다면, 현대의 부모들은 어째서 자신의 유아원에 다니는 자식들에

게 알기 어려운 지식에 대해 반복 연습을 시키고, 유치원에 입학하기 전에 읽기를 가르치고, 세 살이 되기도 전에 셈을 가르쳐야 한다고 믿게 된 것일까요? 어째서 그 많은 유아원 교사들과 관리자들은 아이들이 스스로 놀 수 있는 시간을 아주 조금만 남게 만드는 학구적인 교육 과정을 확장시키는 것일까요? 또한 국가 공무원들은 어째서 유아원생들이 배우고 있는 것들을 수치화시켜서 그것을 아이들의 장래의 잠재적인 가능성을 예측할 수 있는 공식을 만들 방법을 찾으려 애쓰는 걸까요?

이러한 노력들은 좋은 의도에서 나온 것입니다. 부모들과, 교사들과, 그리고 새로 뽑힌 공무원들은 육아에 대한 과학적 근거 없는 미신과도 같은 이야기들을 덥석 붙잡아 최신 참고자료로 활용하여 실행에 옮깁니다. 그러나 그 '최신 참고자료'는 가장 우수한 과학적 연구 결과에 의거한 것이 아닙니다. 이번 장의 첫 부분에서 볼 수 있는 유머러스하고 비관적인 인용문에도 불구하고, 과학은 지난 30년간 아이들이 어떻게 자라고 배우는지, 그리고 우리는 부모로써, 또 교육자로써 어떻게 아이들이 지적 가능성에 즐겁게 도달할 수 있도록 도울 수 있는지를 밝혀내는 데 상당한 진전을 보였습니다. 불행히도, 그 메시지들은 뒤얽힌 채 부모들과 교육자들에게 해석되고 있습니다.

일단 문제를 이해하고 나면, 우리는 직접 행동으로 우리와 우리 아이들의 삶을 되찾을 수가 있습니다. 이번 장에서, 우리는 바로 그것을 어떻게 하면 되는지 보여줄 것입니다. 하지만 먼저, 육아와 정책의 결정을 몰아가는 지배적인 결함투성이의 추측들에 대해 아는 것이 중요합니다. 그리고 나서, 행복하고 지능적인 아이들을 키우기 위한 우리의 네 가지 길잡이 원칙을 통해, 당신은 과학이 생산하는 것들을 우리의 집과 학교에 손쉽게 적용시킬 수 있는 방법들을 발견하게 될 것입니다. 이러한 관점을 수용함으로써, 당신은 가족의 삶 속에 더 나은 균형을 잡고, '성공'의 의미를 되짚어 보며, 새로운 시각으로 유아 발달을 보게 될 수 있을 것입니다. 백화점 안을 걸어 다니며 친구들과 최신 수업들, 그리고 아이들이 무조건 가져야만 하는 제품들에 관한 이야기를 나눌 때, 당신은 깊이 생각하고, 참아내고, 다시 중심을 잡을 수 있게 될 것입니다.

뭐가 잘못된 것일까요?

만약 아이들에 대한 연구가 그토록 많이 실행되고 있다면, 도대체 왜 연구 결과를 적용하는 것은 과학에 비해서 훨씬 뒤떨어져 있는 것일까요? 그 연구 결과들은 어째서 우리의 집과 교실에서 더 많이 이용되고 있지 않은 것일까요? 몇 가지 요인들이 모여 천재아기를 만들기 위한 현대의 맹목적인 돌진을 만들었으며, 증거에 기초한 실행으로부터 분리시켜 놓았습니다. 그것은 바로 죄책감, 불안감, 그리고 과학적으로 들리는 몇몇 문구들입니다.

오늘날 대부분의 가정에서는 엄마와 아빠가 맞벌이를 합니다. 그리고 종종, 이전 세대보다 더 긴 시간을 일합니다. 우리가 육아를 위해 우리의 아이들 곁을 지킬 수 없다면, 가장 안심할 수 있는 곳에 맡겨야 하고, 최고의 수업들에 등록시켜서, 우리와 함께 하지 않는 시간들 중 일분이라도 아깝게 보내지 않도록 해야 합니다. 우리는 아빠와 엄마로서 아이 곁에 없는 것에 대한 죄책감을 가지고 있고, '우리'를 대신하여 아이들을 모든 필요한 교육들로 채워주고 싶어 합니다. 우리를 대신하는 보육자가 만족스럽지 못하여 조바심을 내고, 그것을 우리가 아이들과 함께 있을 수 있는 시간을 생산적으로 보내는 것으로 만회하려 합니다. '질적으로 훌륭한' 시간을 제공함으로서 말입니다.

우리는 또한 불안감으로부터 동기를 부여받습니다. 점점 더 예측하기 어려워지는 이 세계의 경제 속에서, 우리는 자식을 실패에 맞설 수 있는 가능한 한 최고의 '무기들'로 무장시키고 싶어 합니다. 우리는 어떠한 직장도 안정적이지 않은 이 세계에서 우리의 자식이 반드시 성공할 수 있기를 바랍니다. 어떠한 진로도 안정적인 것은 없는 것이 사실입니다. 이러한 세계에서, 자신을 방어할 수 있는 방법은 오직 강력한 공격뿐입니다.

마지막으로, 우리는 대중 매체를 통해 듣는 과학적으로 들리는 몇몇 문구에 사로잡힙니다. 지난 수십 년 동안, 과학자들은 아이들이 배우는 방법에 대한 몇몇의 믿기 어려운 사실들을 알아냈습니다. 하지만 과학을 언론으로 옮기려는 성급함에, 기자들은 종종 복잡한 특징들은 생략하고 핵심만을 알려줍니다. 문제는 그 안에 있습니다. 뉴스(그리고 그의 결과물 역시!)가 현상에 그치기만 한다면 주목을 끌지 못합니다. "당신이 아이들과 함께 놀아준다면 아이들은 훌륭하게 자랄 것입니다." 이러한 헤드라인에는 극적이거나 광채가 나는 느낌이 많이 부족합니다. 하지만, '당신의 아기를 더욱 영리하게 만드는 과학적인 방법들'이란 제목은 상상력을 사로잡아 방어적인 부모의 마음을 흔들어 놓을 수 있는 도구가 됩니다.

그릇된 정보 : 사회로 번져가는 전염병

불안감, 죄책감, 그리고 과학적으로 들리는 문구들은 부모들과 교육자들을 공포 속으로 몰아넣었습니다. 이 공포는 전염되는 것이며 문화로 하여금 우리의 육아방법을 이끌어가는 네 가지의 유해한 추측들을 창조케 했습니다. 다음의 추측들이 익숙하게 들리실 것입니다.

우리의 쉬지 않고 달려가는 사회는 무조건 빠를수록 좋다고 여깁니다. 그것이 음식이 되었건, 자동차 급유가 되었건, 혹은 심지어 다이어트가 되었건 간에 말입니다. 우리의 전체 사회는 속도를 중심으로 구성되어 있고 가능한 최대한 짧은 시간 안에 일을 끝내는 것을 목표로 돌아가고 있습니다.

우리와 우리의 공동체는 아이들의 인지발달 및 사회성 발달을 가속화하는 것에 매진할 것을 굳게 다짐한 듯 보입니다. 우리는 아이들에게 더욱 더 어린 나이에 학구적인 내용을 배우도록 강요하는 것뿐만 아니라, 베이비 갭Baby Gap이나 아베크롬비 키드Abercrombie Kids등의 10대들의 패션을 축소해놓은 것 같은 옷들을 입힙니다. 몇몇 인류학자들이 우리에게 알려준 것과 같이, 우리는 아이들과 우리 자신 사이의 역량적인 차이를 불편하게 생각하기 때문에, '어른의 눈높이를 아이에 맞게 낮추는 것'과 '아이의 눈높이를 높여서 어른처럼 대하는 것'의 상호 보완적인 실행에 열중하는 것입니다. 눈높이를 낮출 때, 우리는 아이에게 적합하도록 행동을 조절합니다. 이를테면, 우리가 생각하기에 아이들이 이해할만한 언어 수준에 맞추려고 노력합니다. 우리는 육아에 참여할 때, 아이들의 실제 능력 이상의 것을 기대하고, 아기의 일상적인 신체적 발산(예를 들면 옹알이 같은 것)을 마치 이른 시기에 우리들과 '대화'를 나누기 위해 노력하는 것처럼 해석해버립니다. 이러한 습관들은 아이들의 발달에 있어서 나쁘지도 않고, 어쩌면 아이들의 발달을 도와 줄 수도 있습니다. 문제는, 아이들과 어른들 사이의 격차가 잊혀 감에 따라 이러한 습관들이 통제할 수 없을 정도가 되어버린 것입니다. 우리가 조그마한 아이들의 수준을 높이기 위한 수업들과 남녀가 다 같이 참여하는 사교적인 행사들로 아이들의 시간을 채우는 동안, 우리는 아이들을 어린 시절로부터, 그리고 그 시절에 몰두해야 하는 것들로부터 그 이상의 어떤 것을 향하여 밀어 올리게 되는 것입니다. 우리는 점점 더 열광적으로 조급히 서두르며, 열정적으로 이러한 일을 하고 있습니다.

근거 없는 믿음 2 : 순간순간을 가치 있게 보내야 한다.

"매 순간을 가치 있게 보내야 합니다."라는 말은 해석에 따라 좋은 말도 될 수 있습니다. 그러나 마음이 조급한 부모들이 해석하기에는, 이것은 현실에서 우러나온 깨달음 같은 말이 아니라, 아이들을 최대한으로 가르치고 그들의 삶을 구조화하기 위한 권고일 뿐입니다. 아이들이 성공적인 삶을 살려면 한순간도 낭비되어서는 안 된다는 믿음인 것입니다. 무의식중에, 오늘날 우리의 문화는 부지불식간에 하버드대학Harvard University의 인지학 센터Center for Cognitive Study의 창립자이자 심리학자인 제롬 브루너Jerome Bruner에 의해 부풀려진 오래된 관점을 지지하고 있습니다.[287] 브루너는 우리가 아이들에게 언제든지 어떤 과목이라도 지적으로 완전한 방법을 통하여 가르칠 수 있다고 기술했습니다.

하지만 장 피아제Jean Piaget 와 레브 비고츠키Lev Vygotsky 의 이론에 의해 큰 영향을 받은 발달 심리학에서는, 이것이 잘못된 믿음이라는 것을 입증했습니다.[288] 아이들의 배우는 방법들은 우리의 방법과 비교하면 질적으로 다릅니다. 아이들은 우리와는 다르게 현실에 대한 관점을 스스로 건설해 나가는 매우 적극적인 학습자들입니다. 그들은 우리가 그들의 두뇌를 지식으로 채워주기를 소심하게 기다리지 않습니다. 아이들에 대한 우리의 일반적인 걱정들을 고려해볼 때, 우리는 자연적인 방법이야말로 '숨겨진 진정한 선생님'이라는 오래된 지혜를 인식하지 못한다는 것을 알 수 있습니다. 아이들이 배울 준비가 되면 자연적으로 습득하려고 하는 것은 기본적인 생명력으로부터 발현되는 것입니다. 쾌적하고 좋은 양육환경은 분명히 도움이 됩니다. 그리고 그것은 물론 우리를 놀이로 되돌려놓습니다. 어린 아이들은 중요한 것일수록 더 많은 놀이를 통해 배워나갑니다. 즉 '놀이 = 배움'인 것입니다. 놀이는 결코 시간낭비가 아닙니다. 우리는 아이들 삶의 매 순간을 장래를 위한 큰 계획의 일부분으로 볼 것이 아니라, 아이들이 자신의 삶을 살도록 내버려둬야 합니다. 인생은 예행연습이 아닙니다. 바로 지금의 모습도 인생인 것입니다!

근거 없는 믿음 3 : 부모는 전능하다

많은 부모들은 자신들이 단독으로, 자식의 지능과, 운동 기술과, 예술적 기량과, 정서적 형성과, 사교성에 책임이 있다고 믿고 있습니다. 하지만 사실은, 아이들은 그저 우리의 삶을 거쳐 갈 뿐입니다. 그들은 우리로부터 보살핌과 즐거움을 모두 요구하는 유일무이한 대상으로서 이 세상에 태어납니다. 부모는 전능하지 않습니다. 기껏해야, 발달의 미로를 자식이 잘 통과할 수 있도록 동행해주는 지혜로운 파트너가 될 수 있을 뿐입니다. 아무리 부모가 최선을 다 한다 해도, 그들이 자녀들에게 제공하는 경험들만으로는 아이들의 장래가 결정되지 않습니다.

우리는 분명 어린 시절의 중요성이라든지("소년은 사나이가 된다.The child becomes the man"는 셰익스피어의 말처럼) 부모와 보육자의 중요성을 부인하지는 않지만, 우리의 문화는 너무 도를 넘어섰습니다. 오늘날 어린 시절은 그저 성인이 되기 위한 준비과정으로 여겨지고 있을 뿐입니다. 모든 바보짓들과 우스꽝스러움, 엉망진창, 그리고 어리석음은 인생의 유쾌한 단계라기보다는 이겨내야 할 질병과 같이 여겨지고 있을 뿐입니다! 또한 부모는 그 어린이다운 단계를 최대한 빨리 지나가게 해주어야 할 책임이 있는 존재로 인식되고 있습니다. 어째서일까요? 현대의 부모는 자녀의 지적 능력과 역량의 디자이너로 간주되고 있기 때문입니다. 그러나 우리의 역할은 왜곡된 것입니다. 조각품이 탄생하려면 조각가가 있어야 하는데, 아이들은 조각의 윤곽을 제공하고 모든 것을 가능케 하는 찰흙(인간의 두뇌와 배우고자 하는 막대한 의욕)을 준비한 후 스스로 대부분의 창조를 해냅니다. 부모는 안심해도 됩니다. 자녀가 커서 살게 될 삶의 조각가가 되지 않아도 됩니다. 실제로, 그렇게 생각하면 낭패를 보고 맙니다.

근거 없는 믿음 4 : 아이들은 비어있는 그릇과도 같다

만약 부모가 전능한 존재이며 자식이 장래에 필요로 할 모든 능력과 특성을 알려주고 심어줘야 할 책임이 있다면, 그것은 과연 자식을 어디에 놓아두는 격이 되는 걸까요? 분명 운전석이 아닌, 뒷자리로 밀려나 있어야 하는 역할이 되어서 어디로 데리고 가든 그저 하염없이 기다려야만 할 것입니다. 이 표현은 말 그대로 수많은 과외 활동들에 자식을 실어 나르는데 대부분의 시간을 투자하는 부모에게만 해당되는 것이 아닙니다. 은유적으로 자신의 백지에 누군가가 경험을 써주기만을 간절히 기다리는 소극적인 아이에게도 해당됩니다. 우리 아이들은 하나의 과외 활동에서 또 다른 과외 활동으로, 그리고 또 한 교실에서 다음의 지식을 심어주는 장소까지 급히 이동하는 동안 즐거워 보일지 모르지만, 어쩌면 우리는 이 세상에 대해서 배움을 얻기에는 너무나 소극적인 아이들만이 모인 집단을 만들어가고 있는지도 모릅니다. 이런 것들이 바로 초등학교에서 너무나도 흔히 볼 수 있는 일련의 신드롬을 이끌어가고 있습니다. 바로 "나심심해." 신드롬입니다. 심심한 아이는 항상 뭔가에 참여하고 있을 수 있도록 누군가가 다음 해야 할 놀이를 알려주기까지 그저 기다리고만 있는 아이입니다. 심심한 아이는, 아직까지 한 번도 창의적이 될 수 있도록 배운 적이 없는 아이입니다.

우리가 유아발달에 대해서 배운 것이 한 가지 있다면, 그것은 아이들은 이 세상에 대해서 배우고 적응하기 위해 이 땅에 태어난다는 것입니다. 그들은 자신에게 열려진 모든 지식에 대한 적극적인 소비자입니다. 물론 '소비자'라는 것은 구매자라는 개념에서가 아닌, 음식을 '섭취'한다는 의미에서의 소비자입니다. 아이들에게는 지식에 대한 채울 수 없는 식욕이 있습니다. 당신은 자식이 모든 것을 알고 싶어 하고, 짧고 불충분한 설명에는 만족하지 못한다는 사실을 의식한 적이 있습니까? 아이가 일단 "왜요?"라고 말할 수 있게 되고 나면 당신은 이 세상에 존재한다고 믿었던 질문들보다 더 많은 것들에 대한 답변을 하게 됩니다! 아이들은 우리와 다른 관점으로 세상을 바라보고 있을지도 모르지만, 우리의 관점을 받아들이려고 열심히 노력하고 있고, 차차, 조금씩, 성공하게 될 것입니다.

지식을 흡수하는 데에 있어서 아이들이 스펀지와 같다면, 그들에게 특정 지식을 가르치기 위해 분투하는 장난감들과 놀이 활동들의 무엇이 그리 나쁜 것일까요? 한 가지 문제는, 우리가 주도권을 잡고 아이들을 교육시킨다는 것입니다. 하지만 또 다른 문제는, 장난감들이나 교실 활동들을 통하여 제공되는 '꾸러미로 포장이 잘 된' 학습이 반드시 진정한 학습만은 아니라는 점입니다. 우리의 말을 잘 이해하려면, 여러분은 먼저 진정한 학습과 피상적인 학습의 차이를 구분할 줄 알아야 할 것입니다. 진정한 학습에서, 아이들은 배운 것을 폭넓게 응용할 수가 있습니다. 예를 들어, 아이가 자전거 타는 방법을 배울 때는, 어떤 자전거를 사용해도 배울 수가 있습니다.(적절한 크기의 한도 안에서) 두 개의 작은 숫자를 더하는 법을 배울 때에는 어떠한 종류의 물건에라도 숫자세기 기술을 적용시킬 수가 있습니다. 아이들이 뭔가를 배운 원래의 상황 외에서도 자신의 지식을 적용시킬 수 있을 때, 그 학습은 탄탄하게 이루어진 것입니다. 배운 것을 응용할 수 있는 능력을 전이transfer라 부릅니다. 불행히도, 조기 교육의 움직임은 전이될 수 있는 능력을 가르치는 것이 아니라, 피상적이며, 배운 문맥에만 제한된 기술을 가르칩니다. 또한 만일 우리의 능력이 우리가 배운 상자 속에서 만으로 제한되어 있다면, 독창적이 될 수 있도록 배우는 것이 아닙니다. 우리의 지식을 새롭고 신나는 방향으로 이용하게끔 배우는 것이 아닌 것입니다.

요컨대, 우리가 부모는 뒤로 물러서서 자식이 모든 것을 스스로 깨우치기까지 기다려야만 한다고 주장하는 것이라 오해하지 않기를 바랍니다. 아무것도 가르치지 않았고, "그러면 안 돼!"라고 단 한 번도 말해본 적이 없고, 혹은 무엇이 어떻게 작동한다든지 어째서 그런지에 대해 전혀 설명을 해본 적이 없는 부모는 어떨지 상상해보면 쉽게 이해가 가실 것입니다. 지금 우리가 얘기하고자 하는 것은, 아이들을 비어있는 그릇으로 대우하여 매 시간을 생산적으로 보내려는 것은 아이들에게도, 또 우리에게도 좋지 않다는 것입니다. 만약 매 상황을 교육적인 기회들로 가득 채운다면, 아이들은 이 상황을 벗어나면 스스로는 아무것도 배울 수 없을 것입니다. 이 아이들은 학교에 입학하였을 때 스스로 배울 수 있는 준비가 되지 않았을 것이며, '모범답안'을 맞추지 않으면 실패한 것처럼 느낄 수도 있을 것입니다. 우리들은 종종 모든 정답을 맞혔을 때보다 실패했을 때 더 많은 것을 배웁니다. 우리가 원하는 것은 어린 완벽주의자들을 창조해내는 것이 아닙니다! 우리가 해야 할 일은, 자식을 적극적인 학습자로 인정하고, 이 세상을 흥미로운 배울 거리들로 가득 찬 학교 운동장과 다름없이 여기며, 아이들을 가르치는 동시에 프로그램화 되지 않은 어린 시절의 혜택들도 함께 유지할 수 있는 중용의 해결책을 찾는 것입니다. 이것은 교육이 부수적으로 따르거나 놀이의 한 부분일 때(반복되는 연습과는 대조적인), 그리고 교육이 정서적인 도움을 주는 맥락 안에 내포되어 있을 때 가능합니다.

이 네 가지의 매우 중요한 추측은 우리를 곤란한 입장에 놓이게 합니다. 한편으로는, 우리는 길을 잘못 들어 어린 시절을 성인이 되기 위한 준비과정의 학교로 여기고 있으며, 모든 것이 빨리 진행되고 요구가 많은 이 사회에 소중한 순간들을 빼앗겼다는 사실을 의식할 것입니다. "만약 사회가 빠르게 앞으로 나아가고 있다면, 내 아이가 그 빠른 기차에 타고 있기를 바라는 것이 옳지 않은가?"하고 당신은 의문을 가질 수도 있을 것입니다. 다른 한편으로 우리는, 아이들이 부모의 아무런 개입 없이 스스로 놀 수 있는 놀이터를 물색하며, 손가락 페인팅이나 푸딩 페인팅*pudding painting*등이 계속해서 학교 시간표에 포함되기를 바라는 부모들이나 교사들과 뜻을 같이 하기도 합니다. 아이들에게 어린 시절을 갖게 해주는 동시에 배움 또한 얻을 수 있게 하는 방법이 과연 있을까요? 안심하고 육아를 즐길 수 있도록 부모들을 자유롭게 해줄 수 있는 방법은 있는 것일까요? 교사들이 보육원의 교육과정을 예전으로 되돌려 **놀이 = 배움**으로, 그리고 사회적 기량이 학업적 기량으로 인정받을 수 있게 할 방법은 있을까요? 간단히 답하자면, **있습니다.** 우리가 과학적으로 알고 있는 것들을 적용시킨다면, 우리는 아이들의 발달에 대한 핵심적인 추측들을 바로 잡을 수 있을 것이며, 행복하고, 건전하고, 지능적인 아이들을 키우기 위한 적절한 방정식을 찾아낼 수 있을 것입니다.

---

* 음식이나 소스 등을 이용하여 그림을 그리는 놀이 – 옮긴이

부모가 지키며 살아야 할 네 가지 원칙

다행스럽게도, 일단 우리가 자식을 어린 시절로부터 급하게 몰아내고 지능 발달을 가속화시키는 것이 잘못된 정보에 의해 움직여진 잘못된 행동이라는 것만 인정하고 나면, 우리는 다음의 네 가지 원칙에 따라 건전한 방향으로 나아갈 수가 있습니다.

첫 번째 원칙 : 최고의 학습은 알맞은 수준의 학습입니다.

제 6장의 내용에 나왔듯이, 러시아의 심리학자 레브 비고츠키는 '근접 발달영역zone of proximal development' 또는 ZPD라는 용어를 소개했습니다. 이것은 훌륭한 개념입니다. 그는 아이들이 자신의 역량을 넘어선 수준에 도전할 수 있도록 부모, 보육자, 손위 형제자매, 친구들, 그리고 선생님이 도전의식을 북돋아줘야 한다고 말했습니다. 부모와 보육자는 아이들의 초기 단계의 능력을 최대한 발휘할 수 있게 해줘야 하며, 기본적인 개념조차 파악할 수 없는 영역에 내던져 놓아서는 안 됩니다. 이 견해는 알맞은 수준의 교육을 받는 것이 중요하다는 것입니다. 이 견해는 아이들이 자신의 능력보다 조금 높은 수준의 학습을, 그들의 삶에 있어서 실질적인 가치가 있는 것들을 얻게끔 우리가 도와야 한다는 것을 우리에게 상기시켜줍니다. 아직 구름에 관해서도 모르는 세 살 된 아이들에게 로켓 과학이 웬 말입니까?

예컨대, 아이들은 산수를 배울 때, 그림암기카드를 이용한 반복된 연습이 **아닌**, 놀이를 통하여 가장 잘 배웁니다. 아이들은 물건들을 만지작거리며 배웁니다. "아만다, 숟가락 두 개만 가져다줄래?" "빨래 바구니 안에서 수건 세 장을 찾아줄래?" 그저 땅에 놓인 물건들의 수를 세는 것만으로도 학습을 위한 경험이 될 수 있습니다. 아이들과 보육자 사이의 이러한 평범하고 일상적인 상호작용이 그 어떤 그림암기카드보다도 숫자에 대한 학습을 증진시킵니다. 이것이 바로 알맞은 수준의 학습입니다. 아이들이 이해할 수 있는 범위 내의, 그들의 일상 속의 맥락 안에서 이해가 되는 문제를 제시해야 합니다.

아이들의 근접발달영역ZPD 내에서 성취를 이루기 위해 노력하는 것은, 아이들이 할 수 있는 것을 조금 능가하는 지식을 제시하고, 학습 의욕을 유발하고, 한걸음 더 나아가도록 도전 의식을 북돋는 것을 의미합니다. 그리고 어른으로써, 우리는 종종 조금의 추가적인 도움으로(이를 테면 마지막 블록 때문에 탑이 무너지지 않도록 잡아주는 것) 아이의 지식에 뒷받침을 해주어, 아이의 싹트기 시작하는 능력이 과제가 요구하는 것을 채울 수 있게 해줍니다. 알맞은 수준의 학습은 아이들의 인지 발달에 도움을 줍니다. 그 반면에, 만약 우리가 아이에게 아이의 수준을 훨씬 넘어서는 것을 해보라고 한다면, 좌절감을 안겨줄 뿐만 아니라, 심지어는 무력감까지 줄 수 있습니다. 과제가 아이의 능력의 한계를 훨씬 넘어선 것이라면, 아이는 더 이상 자신을 똑똑하지 않다고 결론 내릴 수도 있습니다. 텅 빈 지식의 빈칸을 보여주고 알고 있는 것들을 꺼내 보도록 아이에게 지나친 압력을 주는 것은 정답을 맞히는 것에 너무 큰 무게를 싣기 때문에 아이들에게 우울함을 느끼게까지 할 수 있습니다.

우리가 아이들의 경험을 훨씬 벗어난 것들을 가르침으로써 알맞은 수준의 학습에 대한 원칙을 어길 때, 아마도 아이들은 우리가 요구하는 것들을 암기하는 일에는 성공할 것입니다. 그러나 진정한 이해는 갖지 못할 것이며, 그보다 더 중요한 건, 지식으로 여겨야 하는 무언가에 대한 진정한 느낌을 가질 수가 없기 때문에 좌절감과 실망감을 느끼게 될 수가 있습니다. 수준에 맞는 학습은 의미 있는 진정한 학습을 보장해줍니다.

두 번째 원칙 : **중요한 것은 결과물이 아니라 과정이라는 것을 강조하면 배움에 대한 사랑이 싹틉니다.**

'결과물보다 과정'이라는 원칙은 아이가 (그리고 부모가) 배움의 과정을 즐기는 것에 대한 (그리고 강조하는 것에 대한) 핵심적인 중요성을 깨닫게 합니다. 우리는 아이들이 **무엇을** 배우는가와 마찬가지로 우리가 아이들에게 **어떻게** 배우게 하는지에 대해서도 고민해보아야 합니다. 우리는 배우는 것을 즐기는 아이들을 원하지, 물개들처럼 어쩔 수 없이 훈련 받는 아이들을 원하지 않습니다. 이것은 모두 배움의 과정에 달려있으며(어떻게 사고하였는지, 어떻게 답이 얻어졌는지), 결과물은 그리 대단한 것이 아닙니다.(정답을 맞추었는지, 못 맞추었는지) 물론, 정답은 중요하며, 세월이 지남에 따라 더욱 중요해질 것입니다. 그러나 아이들이 그저 방향을 찾으려 애쓰는 유아원 시절에는 훨씬 덜 중요합니다. 그리고 우리는 자식들을 첫 번째 시도에서 정답을 얻지 못하였을 때 얼어붙어버리고 마는 아이들로 만들고 싶지는 않을 것입니다. 오직 하나의 정답이 있다는 사실을 주장하는 것보다 아이가 문제에 대해 어떻게 생각하는지를 이해하는 것이 당신에게도, 아이에게도, 훨씬 더 흥미로울 것입니다.

'결과물'의 강조에 관한 잘못된 유아원에서의 경험들에 의해, 학교에 가기 위한 적절한 준비 과정을 거쳤는지 시험을 받게 될 최소 백만 명의 아이들 이제 타격을 받을 것입니다. 죠지 W. 부시George W. Bush 전 대통령의 교육에 대한 의무의 한 부분으로, 예를 들어 '순조로운 출발Head Start' 프로그램은 이제 학교에 입학할 준비가 되었는지를 알아보기 위해 아이들을 테스트할 것입니다. 이론적으로, 이것은 훌륭한 발상입니다. 그러나 실제로는, 여기 거론된 시험은 과정보다 결과물을 더 강조할 확률이 높습니다. '순조로운 출발' 운동의 새로운, 그리고 의회의 법에 규정된 평가 기준은 읽기와 언어에 대한 지식의 13가지 측면을 다루고 있습니다. 유아원생들이 할 줄 알아야 하는 것들 중에는 최소 10가지의 알파벳 글자를 알아보는 것과, 단어를 글자의 구성단위로서 알아보는 것, 그리고 글자와 소리를 연관 짓는 것 등이 있습니다. 그러나 열 가지 알파벳 글자를 아는 것이 도대체 왜 중요합니까? 확실히 이것은 도저히 감당할 수 없이 힘든 과제는 아닙니다. 하지만 아이들에게 책을 읽어주고 읽기 능력을 배우는 데 정말 중요한 발현적인 읽기와 쓰기 활동들에 시간을 쏟는 대신, 교사들이 그저 아이들을 시험대에 올리기 위해 최소 알파벳 열 글자를 반드시 알게 하도록 가르치는 것에 대해 많은 교육자들이 우려하고 있습니다. 글자에 대한 지식이 성공적인 읽기 능력과 연관이 있기는 하지만, 성공적인 읽기 능력의 **원천**이 되지는 않습니다. 책 읽기를 듣고, 많은 글자들을 접하고, 지식을 얻기 위해 일상적으로 글을 읽는 사람들을 보면서 글자에 대한 지식은 자연스러운 결과로 뒤따르기 마련입니다. 따라서 중요한 것은 글자의 이름들이 아닙니다. 중요한 것은 글자단위의 원칙과, 그것이 어떻게 글자와 관련되는지 이해하는 것입니다. 그것이야말로 과정에 집중하는 것이며, 또 그것이야말로 아이들의 읽기 능력에 대한 긍정적인 결과를 예측하게 하는 것입니다.

시험 볼 때의 기분이 어땠었는지 기억나십니까? '불안감'이라는 형용사 정도로 적절한 표현이 됩니까? 그런데도 우리는 점점 더 많은 시험을 치고 있습니다. 그리고 갈수록 더 우리의 자식들에게도 생각을 잘하기보다는 시험을 잘 봐야 한다고 가르치고 있습니다. 더 끔찍한 것은, 그 아이들이 두려움으로 가득 찬 학습자가 될 수 있다는 사실입니다. 결과물보다 과정의 중요성을 강조하는 것은 배우는 것을 향한 사랑을 불러일으킵니다. 과정보다 결과물의 중요성을 강조하는 것은 역효과를 낳아서 교사들과 학생들 모두에게 극도의 피로만을 안겨줍니다.

최근에 초등학교 3학년 교사인 에이미Amy는, 자신이 가르치는 교실에

도입한 새로운 교육과정에 대해서 언급했습니다. "이번 주에 학교에서 뭘 배우는지 맞춰볼래요?" 그녀가 말을 이었습니다. "월요일에는, 첫 번째 시험을 위한 준비를 할 거에요. 화요일에는, 두 번째 시험을 위한 준비를 할 거에요. … " 이 아이들은 학교가 학생의 성적에 대한 책임을 수행하는 것으로 보이는 데 한 몫 하기 위해, 시험에 나올 문제들을 암기하는 방법을 배웁니다. 어쩌면 우리는 학구적, 그리고 사교적 발달을 평가할 수 있는 과정 중심적인 방법들을 고안해내야 할지도 모릅니다.

실제로, 2003년 겨울, 우리들 중 한 명^{Kathy}이 몇 명의 동료들과 함께 템플포럼^{Temple Forum}이라는 회의를 소집했습니다. 우리는 산수, 언어, 읽기, 그리고 사회적 기술에 밝은 각국의 저명한 교수들을 초청했습니다. 이 회의에서 주된 결론 하나가 강한 의견 일치를 불러 일으켰습니다. 학생의 성적에 대한 교사의 책임을 달성하기 위한 지름길로써 정답만을 추구하는 지식을 테스트하는 것은 교사들을 위해서도, 아이들을 위해서도 최선이 아니라는 것입니다. 물론, 각 유아원에서 아이들이 학교에 입학 할 준비를 하기 위해 필요한 것들을 확실히 가르치는 것은 중요합니다. 하지만 가르치고 시험할 수 있는 다른 방법이 있습니다. 어린 아이들이 1대 1의 대응을 하는 것과, 지속적인 대화를 하는 것과, 독서를 위한 준비와 관련된 기본적 기술을 배우고 있는지를 확인할 다른 방법이 있습니다. 그렇다면 이 다른 교육과 평가 방법은 어떤 형태일까요? 그것은 재미있게 노는 경험들을 바탕으로 한 것입니다. 모든 일상적인 일들의 맥락에 맞는 학습에 초점을 맞추는 것입니다. 생일 파티에서 모든 아이들에게 케이크를 나눠주기 위해 필요한 접시들의 숫자를 아이들에게 세어보라고 하는 것, 또는 파티에서 이름표에 자신의 이름을 쓸 수 있는지 물어보는 것 등이 될 것입니다. 우리가 문맥에 맞고 노는 분위기의 학습에 초점을 맞추고 배우는 과정과 함께 결과물을 평가한다면, 우리는 우리의 아이들이 훗날 입학하게 될 학교를 위한 준비가 되어있는지 그렇지 않은지에 대해 훨씬 더 파악하기가 쉬워질 것입니다. 이러한 숨겨진 과정을 찾아 낼 수 있는 사람들에게 있어서, 이렇듯 다른 종류의 학습 방법은 아이들로 하여금 배우는 것을 즐겁게 만들어 주고 시험만을 위한 교육으로부터 교사들을 자유롭게 해줄 것입니다.

세 번째 원칙 : EQ도 IQ와 마찬가지로 중요합니다

미국의 많은 사람들이 어린 시절 프레드 로져스Fred Rogers의 매우 인기 있는 쇼 프로그램인 「로져스씨와 그 이웃들Mister Rogers' Neighborhood」을 보며 자랐습니다.[289] 이 쇼는 어째서 아이들에게 그토록 강력한 영향을 미친 것일까요? 아마도 아이들이 감정을 다룰 수 있도록 도와주는 쇼의 목적 때문이었을 것입니다. 2003년 봄에 프레드 로져스가 세상을 떠났을 때, 그에 대한 사망기사는 아이들을 향한 지속적인 그의 영향력을 칭찬했습니다. 프레드 로져스는 아이들이 이 세상에서 몹시도 갈망하는 것을 제공했습니다. "세상은 항상 좋은 곳만은 아니다."라는 그의 말을 신문은 인용했습니다. "우리가 원하든지 원하지 않든지 간에, 그것은 모든 아이들이 스스로 알아가야 하는 사실이며, 꼭 이해할 수 있도록 우리가 도와줘야만 하는 부분입니다." 그가 진행한 프로그램은 매우 교육적인 것으로 알려져 있습니다. 그럼에도 그 프로그램은 삶의 감정적인 부분에 중점을 둔 것이었습니다. 분명, 성공하기 위해서는 그저 높은 아이큐를 갖는 것만이 전부가 아닌 것입니다.

물론, 학교의 교육 과정에 따라 인지 발달 기준에 도달하는 것도 아이들에게 있어서 중요합니다. 대부분의 사람들이 적절한 양의 자극을 받아 적당한 아이큐를 가지고 있으며, 교육자들이 가르치기로 결정한 과목들로 교육을 받았습니다. 그러나 사회적 지위가 비슷비슷한 사람들 사이에서 뒤떨어지지 않기 위한 비교의 대상으로서의 아이큐에 집착이 생기게 되면, 우리는 잠시 한 걸음 물러서서 아이큐는 성공을 위한 지표가 아님을 인지해야 합니다. 아이큐는 단지 한 부분의 역량만을 반영할 뿐입니다. 감성지능 없이는, 사회적 상식, 실용적인 능력, 심지어는 천재적인 능력을 가진 이들마저도 인생을 살아가는 데 있어 곤란을 겪을 수가 있습니다.

감성지능과 학교에서의 성취 사이의 연관성은 유치원생들에게서까지 찾아볼 수 있었습니다. 연구 결과로 유치원에서 친구들을 쉽게 사귀고 교실 친구들에게 잘 받아들여지는 아이들은 자신의 학업 능력을 자발적인 방법으로 향상시키기 위해 노력하는 아이들이라는 것이 밝혀졌습니다. EQ(감성지능)와 IQ에는 밀접한 관련이 있습니다.

IQ와 EQ를 모두 발전시키는 것들 중 하나가 사회극social play입니다. 사회극에는 정서적, 인지적, 그리고 중요한 사회적 유익함이 있습니다. 아이들이 함께 놀 때에 그들이 연기하는 것은 우리의 문화 속에서 사람들이 맡은 다양한 역할들이 담긴 대본에 따라 리허설을 해보는 것입니다. 두 명의 전형적인 네 살배기들의 대화를 들어봅시다.

질Jil : 내가 버스 운전사를 할게. 너는 건널목지기를 해.
제이크Jake : 여자는 버스 운전사가 될 수 없어.
질 : 될 수 있어. 결혼만 안 했으면 돼.
제이크 : 하지만 터틀Tuttle 선생님은 결혼했잖아.
질 : 아냐, 그렇지 않아. 그 선생님은 이혼했어!

항상 해답을 얻지는 못하더라도 이 아이들은 사회의 법칙들에 대해 이해하려고 노력 중입니다. 놀이를 통해서, 아이들은 사회가 허락하는 다양한 역할들을 탐구하고, 그렇게 함으로써 실제로 엄마나 아빠, 버스 운전사, 혹은 수의사가 되는 시기가 오기 전에 사회가 어떻게 돌아가는지 알게 됩니다. 그리고 누가 어떤 조건 속의 어떤 역할을 맡는 지와 연관된 학습과는 별개로, 당신의 아이가 그런 일상적인 상호작용 속에서 축적시키는 사회적 지식을 고려해보십시오. 이런 식의 유치한 의견 충돌이 작고 하찮아 보일지 모르지만, 당신의 아이는 인생을 겪어내기 위해 근본적으로 필요한 주요 기술인 '협상하는 방법'을 익히고 있는 것입니다.

성공적인 협상에는 무엇이 포함되는지 생각해봅시다. 당신이 나와는 다르게 생각한다는 사실을 반드시 인식해야 합니다. 그리고는 당신이 생각하는 것을 평가해야 하고, 당신이 옳은지 그른지를 결정해야 합니다. 만일 상대방이 옳다고 판단된다면, 내가 가졌던 믿음을 버릴 수도 있습니다. 그러나 상대방이 틀렸다고 판단된다면, 그가 잘못 생각하고 있다는 것을 납득시킬만한 주장을 내놓아야 합니다. 이 모든 머릿속에서 일어나는 책략들이 아이로 하여금 자신의 생각만이 항상 옳다는 믿음으로부터 멀어지게 해줍니다. 다른 사람들의 관점을 고려할 수 있도록, 그리고 다른 믿음을 가지고 있는 다른 생각이 존재한다는 것을 인식할 수 있도록 도와줍니다. 또래들과 사이좋게 지내려면 이것은 매우 중요한 일입니다. 상사들과도 마찬가지 아닙니까! 이것이 바로 감성지능이며, 아이큐 시험이 평가하는 지능만큼이나 성공에 있어 중요한 것입니다.

놀이는 아이들이 감정을 이해하고 조절할 수 있도록 도와주기도 합니다. 혹시 당신의 아이가 인형을 향해 당신이 사용하는 나무라는 목소리를 흉내 내는 것을 들어본 적이 있습니까? "알렉산드라Alexandra! 너 지금 동생을 때렸지? 당장 네 방으로 가지 못 해!" 가장 무서운 점은 당신이 단 몇 분 전에 사용했던 정확히 같은 단어들과 정확히 같은 억양을 알렉산드라가 사용한다는 것입니다! 아이는 화풀이를 함으로써 자신에게도 힘이 있다는 의식과 자존심을 되돌려 받고, 인형에게 큰 소리로 나무란 후에는 기분이 훨씬 나아지는 것이었습니다. 이것이 IQ와 EQ에 어떠한 영향을 미칠까요? 더 많이 노는 아이들일수록 더 행복한 경향이 있습니다. 그리고 더 행복한 아이들일수록 자기 또래들을 더 잘 이해하는 경향이 있고, 그것이 결과적으로 교실에서의 교육 과정에 더욱 완전하게 참여할 수 있게 하는 것으로 보이고 있습니다. 이런 이유로, 학교에서 더 잘해내는 것입니다! EQ와 IQ 모두 놀이에 의해 발달합니다.

네 번째 원칙 : 상황에 맞는 학습이 진정한 학습입니다. 그렇기 때문에 놀이야말로 최고의 선생님인 것입니다

쎄세미 스트리트Sesame Street에서 설명하는 스페인어의 단어들과 문장들을 들은 영어권의 아이는 그 지식들을 얻는데 있어서 큰 흥미를 보일 수도, 그러지 않을 수도 있습니다. 그러나 만약 자신이 다니는 어린이집에 새로운 친구가 도미니카 공화국에서 왔다면, 아이는 그 친구가 하는 말들을 알아들을 수 있게 되어 실제로 사용해보고 싶을 것입니다. 이것은 우정을 이어주는 다리와도 같은 역할을 합니다. 여기에는 아이들이 이해할 수 있는 실생활의 맥락과 유용성이 있습니다. 문제는, 우리가 자식에게 가르치는 것들 중 대부분이 그들의 삶에 아주 약간의 관계가 있거나 아예 관계가 없다는 사실입니다.(사실은 어른들이 배우는 것들의 대부분도) 그렇기 때문에 불협화음이 생겨나는 것입니다. 교육자와 부모로써의 우리의 역할은 학습을 상황의 맥락 속에 넣어주는 것입니다. 그것이 학습을 재미있게 해주고 아이의 자연스러운 호기심과 창의력을 불러일으켜 줍니다. 지금쯤은 이미, 여러분은 이렇게 할 수 있는 최고의(사실은 유일한) 방법은 놀이를 통해서라는 사실을 알고 있을 것입니다.

놀이는 단지 가상적인 상황이기 때문에 현실에서 따르는 결과 없이 모든 것들을 시도해볼 수 있는 무대라고 할 수 있습니다. 당신은 성을 침략할 수도 있고 성벽이 당신 위로 무너져 내릴 수도 있습니다. 아무런 고통

없이 말이죠! 또한 수의사가 된 바비 인형을 가지고 놀며 동물들을 보살 피는 것이 어떤 것인지 연습해볼 수도 있습니다. 놀이의 맥락 속에서의 학습은 모든 과정을 아이가 직접 감독할 수 있는 아이만의 세계로 들어서게 만듭니다. 상상력이 발휘될 때, 배움은 진정한 의미를 갖습니다.

상황에 맞는 학습과 반대되는 학습이란, 의미와 실체가 없는 지식을 배우는 것입니다. 이런 종류의 학습에 대한 동기부여는 부모님이나 선생님을 기쁘게 하기 위함이 되어버립니다. 암기해서 보여줘야 하는 아이들은 배우는 것을 즐기기 보다는 사랑을 얻기 위해 배웁니다. 아이들은 당신을 기쁘게 해주고 싶어 합니다. 그들은 당신이 하라는 대로 하려고 노력할 것입니다. 그리고 당신이 중요하다고 생각하는 활동에 대해서는 흥미로워하는 태도를 보이려 할 것입니다. 그러나 더 깊고 오래 가는 교육은 새로 습득한 지식을 대입할 수 있는 상황이 있을 때야말로 가능해집니다. 상황에 맞는 학습이야말로, 진정하고 확실한 학습입니다.

우리의 어린 아이들에게, 배움은 반드시 즐거운 것이어야 합니다. 아이에게 배움을 강요하거나 그것을 일처럼 느껴지게 하는 상황(훈육을 제외한)이 발생해서는 안 됩니다. 우리 아이들의 놀이란, 학습을 위한 의미 있는 상황의 정수이며, 장래에 학습을 즐겁게 하기 위한 놀이가 필요 없어지는 때가 온다 할지라도 그 영향력이 지속되는, 모든 배움의 기초가 되는 것입니다. 이 원칙은 유태인 아이들이 히브리어를 배울 때 경험하는 전통적인 관습에서도 확인할 수 있습니다. 처음 그들이 히브리어를 접할 때, 사탕을 받게 됩니다. 어째서일까요? 이것은 학습이라는 과정을 더 달콤하게 만들기 위해서입니다. 우리는 사탕을 이용할 필요가 없습니다. 놀이가 바로 그와 같은 역할을 하기 때문입니다!

균형이 가장 중요합니다

이 모든 정보는 자식을 위해 최선을 다 하고 싶어 하는 성실한 부모들에게 어떤 결과를 안겨줄까요? 보육원 교사들과 공무원들에게는 어떤 결과를 안겨줄까요? 만일 그들이 확실한 근거에 기반을 둔 실천을 원한다면, 이 정보들은 그들에게 균형을 얻기 위한 몇 가지 원칙들을 선사할 것입니다.

다음번에 당신이 장난감 가게에 가거나 당신의 아이를 여러 가지 레슨들과 조직 활동들에 등록하도록 강요당한다면, 당신에게는 선택권이 있다는 사실을 기억하십시오. 물론, 가게 안의 모든 장난감들이 나쁜 것만 있는 것은 아닙니다. 모든 레슨들이 시간을 낭비하게 하는 것은 아닙니다. 이제 우리는 어린 시절의 배움은 놀이가 핵심적인 역할을 한다는 사실을 알고 있습니다. 그러므로 이젠 자신에게 물어보십시오. "지금 이것을 사려는 목적이 내 아이에게 어른들의 세상을 가르치기 위해서인가? 아니면 아이 수준에 맞는 흥미와 도전 의식을 불러일으키기 위해서인가?" 강조해야 할 것은 과정이지, 결과물이 아닙니다. 무엇을 하는지가 중요한 게 아니라, 어떻게 하는지가 중요한 것입니다. 주문을 외운 후 구매할 여유를 초과하는 물건을 사는 것을 참을 수 있는지 확인해 보십시오. 당신의 집 안을, 백화점을, 그리고 근처의 패스트푸드점을 둘러보며, 모양, 숫자, 글자, 도덕적인 행동을 경험할 수 있는 다른 방법들이 있는지 살펴보십시오. 당신이 자식을 위해 조금만 돈을 덜 쓴다면, 그리고 조금 더 자식과 함께 시간을 보냄으로써 아이들의 놀이에 참여한다면, 그것은 학습에 도움을 주는 최고의 방법들 중 하나이기 때문에 당신은 큰 보람을 느끼게 될 것입니다. 지나치지도, 모자라지도 않는 균형이 가장 중요합니다.

친구들의 아이들이 조직 활동들에 등록되어 있고 당신 또한 등록하기를 권장 받는다면, 당신과 당신의 아이들에게 어느 정도의 자유 시간이 있는지 잠시 시간을 계산해보십시오. 이제 당신은 아이들이 스스로 어느 정도 선택도 하고, 조직화 되지 않은 시간 속에서 여기저기 돌아다니고, 어울리고, 느긋이 쉬면서 다람쥐들도 발견해야 할 필요가 있다는 사실을 알기 때문에, 조급히 살고 있는 다른 사람들로부터의 압력에 그저 "아니요, 괜찮아요."라고 말할 수 있을 것입니다. 당신의 선택에 매우 교육적인 면이 담겨 있다는 사실을 가슴에 새기고 있다면, 그 안에서 당신은 안전합니다. 또한 인내심도 중요한 역할을 할 것입니다. 당신은 좋은 선택을 하는 훌륭한 본보기가 되는 것입니다! 매 순간이 스케줄로 가득 찬 아이가 어떻게 좋은 선택을 할 수 있는 성인이 될 수 있단 말입니까? 아이들과 부모들 사이의 **균형**이 가장 중요합니다.

북쪽으로 가고 있는 줄 알았는데 사실은 남쪽을 향하고 있다는 사실을 부모로써 어떻게 하면 의식할 수 있을까요? 항상 조급하고 피곤하며 육아를 즐기지 못하게 되면, 당신은 균형을 잃게 됩니다. 조급한 부모들이 모두 다 그런 것은 아니지만, 대부분이 잘못 인도되고 있습니다. 이제 당신은 아인슈타인의 부모가 어째서 그림암기카드를 한 번도 이용하지 않았는지 이해하고 있을 테니, 조금 덜 조급해짐으로써 어깨의 짐을 덜어내십시오. 그렇습니다. 가끔은 모자란 것이 더 충분할 수 있는 것_{less is more}입니다! 만일 아직도 천재를 키우는 것에 열중하고 있다면, 무엇이 당신의 아이의 관심을 끄는지 유심히 관찰하고, 그 관심을 만족시키십시오. 현실과 이상 사이의 **균형**이 가장 중요합니다.

만일 당신이 교사이거나 교장인데 놀이를 줄이고 학구적 교육을 늘려야 한다는 압력을 받는다면, 배움은 과정이라는 사실을 학부모들이 이해할 수 있도록 설득하는 방법들을 생각해보십시오. 모든 활동을 통제하지 않고도 가르치고 싶은 지식을 아이들이 배울 수 있도록 놀이 활동을 구성하는 방법은 없을까요? 어떻게 하면 그럴듯한 과학적인 어구들로 포장된 압력을 걷어내고 아이들을 잘 이해하는 교사들과 교장들에게 유아원의 교육적 책임을 되돌려 줄 수 있을까요? 학부모와 교사 사이의 **균형**이 가장 중요합니다.

그리고 당신이 만약 학생 성적 책임에 대한 적절한 수준을 정해야 하는 정책 입안자라면, 과학자들과 입법자들이 어떻게 협력하여 매스컴의 유혹적인 헤드라인이 아닌 최고의 과학을 바탕으로 공공기관의 의무를 충족할 수 있는지 질문해 보십시오. 어떻게 교사들이 이러한 과학적 사실을 배우고, 가르침을 줄 수 있는 순간들^{학습찬스}을 만들어내는 과정들에 관해 인식할 수 있는지 질문하십시오. 학교에 입학할 준비가 되고 배우고 싶은 의욕이 생길 수 있도록, 아이들이 지식을 얻되 즐겁게 노는 환경 속에서 얻을 수 있게 하려면 어떻게 해야 하는지 질문하십시오. 참된 과학과 정책사이의 **균형**이 가장 중요합니다.

균형 잡기 :
새로운 세 가지 실천방법 — 깊이 생각하고^{Reflect},
참아내고^{Resist}, 다시 중심 잡기^{Re-center}

21세기에, 특히나 우리 주위의 종종 엇갈리는 육아 조언들이 난무하는 지금, 아이를 키우는 것은 쉬운 일이 아니라는 것 하나는 확실합니다. 따라서 방금 우리가 설명한 건전한 균형을 잡기 위한 자신의 능력에 대해 조금 걱정이 되는 것은 당연한 일입니다. 다행스럽게도, 이 균형을 잡기 위한 비결은 꽤 간단합니다. 우리가 제 1장에서 소개했던 새로운 세 가지 실천방법^{깊이 생각하기, 참아내기, 다시 중심잡기}입니다.

■ 깊이 생각하기. 자신에게 물어보십시오. 나는 왜 네 살 된 죠니^{Jonny}를 이 학원에 등록시키려 할까? 죠니는 정말로 이러한 것들(미술, 스포츠, 컴퓨터 과학, 음악, 학습지 등등)을 좋아하는 것일까, 아니면 죠니가 또래의 다른 아이들보다 일찍 시작해야 한다는 압박을 나 스스로가 느끼고 있는 것일까? 나는 매 순간을 생산적으로 보내려고 지나치게 애쓰고 있지는 않는가? 내가 마치 아이 두뇌의 설계자라도 되는 듯 행동하고 있지는 않는가? 조직화되지 않은 놀이를 할 시간을 좀 더 갖는다면 우리 모두가 조바심에 쫓기지 않고 더 행복하게 살 수 있지 않을까?

■ 참아내기. 빠를수록 좋다는 말을 참고 견뎌내려면 용기가 필요합니다. 우리는 친구들의 아이들이 사설음악학원 같은 곳에서 새로운 재능을 발견했다고(그만큼의 비용을 들여서) 자랑하는 것을 듣고는 합니다. 우리가 공원에서 시간을 보내고 있을 때, 제니^{Janie}는 랄프^{Ralph}를 미술 교실에 데리고 갔고 수^{Sue}는 필리스^{Phyllis}와 함께 유아 바둑 교실에 있다는 것을 알고 있음으로 인한 불안감을 항상 안고 살아갑니다! 참아내고 견디십시오. 놀이가 곧 배움입니다. 당신의 아이는 랄프나 필리스에 못지않게 배우고 있습니다. 당신이 수고스럽게 아이들을 위해 자동차를 몰고 다니지 않음에도 불구하고 말입니다!

■ 다시 중심 잡기. 유아 발달 과학에 대한 당신의 새로운 초점, 그리고 우리가 앞서 언급한 네 가지 원칙들로 인해, 당신은 균형을 잡았으며 건전한 선택을 하게 되었습니다. 각 장에서 우리가 이야기한 '학습찬스'를 돌이켜보십시오. 그 순간들은 자식뿐만 아니라, 당신을 위한 것이기도 합니다. 당신이 교육적 순간에 가담할 때마다 즉, 당신이 아이와 함께 놀아줄 때마다 당신은 아이가 발달하는 현장을 목격하는 것입니다. 당신은 아

이와 새로운 방법으로 관계를 맺고 있는 것이며, 더욱 세심하고 책임 있는 부모가 된 것입니다.

만약 아이의 진전에 대해, 얼마나 많은 지식을 알고 있는지에 대해 의혹이 생기는 순간이 있다면, 이 책의 '숨은 재능 확인하기' 부분으로 돌아가 아이의 재능들에 대한 새로운 시각을 맛보기 바랍니다. 결과보다 과정이 더 중요하다는 것을 명심하십시오. 산수와, 읽기와, 언어에 있어서의 창의적인 사고와 문제 해결 능력을 쌓아갈 수 있도록 돕기 위해 중요한 것은 당신이 **무엇**(지루한 지식)을 알고 있는가가 아니라, **어떻게** 알게 되었는가 입니다. 또한 당신의 아이들은 당신과, 그리고 그들의 친구들과 관계를 맺을 수 있는 어느 정도의 휴식 시간으로 인하여 더욱 행복하게 느끼기까지 할 것입니다.

가정에 적용하는 네 가지 원칙

가족들은 설령 그것이 어떤 구성방식이건 간에 함께 시간을 보내야만 합니다. 그리고 함께 하는 이 소중한 시간들은 학습적, 그리고 정서적인 나눔의 기회들입니다. 아마도 당신이 만들 수 있는 특별히 의미 있는 변화는, 가족이 모여 저녁식사를 함께 하는 것일 것입니다. 연구 결과에 따르면 저녁식사를 함께 하는 가정에서는 아이들이 청소년기에 접어들었을 때 더 적은 문제를 갖는다고 합니다. 이 효과가 음식을 나누어 먹는 것 자체와 연관된 것은 아닐 것입니다. 부모의 태도를 은연중에 드러나게 하는 그 무언가와 연관이 있을 확률이 훨씬 높습니다. 가족과의 저녁식사를 우선시할 때 당신이 전달하는 메시지는, 가족도 소중하고, 개인도 소중하며, 함께 있고 서로 나누는 행위 역시 중요하다는 것입니다. 이것은 강력한 메시지입니다. 또한 대충 상황을 보아가며 다음 학원으로 이동하는 도중에 해결하는 식의 저녁식사보다 훨씬 중요한 메시지입니다.

저녁식사 시간에 어떤 일들이 벌어지는지 생각해봅시다. 모두가 자리에 앉아서 20분 정도 되는 시간을 대화로 채우게 됩니다. 20분이 그다지 오랜 시간처럼 들리지는 않을 것입니다. 그러나 당신의 아이들이 당신과 자신들에게 무엇이 중요한 지 배우게 해주기에는 충분한 시간일 것입니다. 우리가 저녁상 앞에 함께 앉으면, 갖가지 전화들, 편지와 이메일, 회사에서 끝내지 못한 몇 가지 일들, 이 모든 것들은 아이들이 어른들의 관심을 받는 동안 뒤로 미루어집니다.(이것은 전화벨이 울려도 받지 않아야 한다는 것을 의미합니다.) 우리는 일상적인 일들에 대해 이야기하고, 좋고 나쁜 일들을 나누고, 차례로 말하고 듣습니다. 이러한 적절한 상황들이 배움이 일어나는 상황이 됩니다. 우리는 대화를 나누기 위해 일상적인 일들을 차례대로 배열하고, 기억력과 묘사 능력이 발달할 수 있도록 용기를 북돋습니다. 우리는 서로의 얼굴 표정들을 읽으며 화제에 대한 감정적인 내용을 해석합니다. 가끔씩 조언을 구하거나 주기도 하며, 이런 저런 상황에서 어떻게 행동해야 할지에 대한 의견들을 내놓습니다. 부모가 서로의 의견을 묻는 모습을 아이들이 보는 것은 참으로 멋진 일입니다. 우리가 서로를 믿고 서로에게 도움을 청할 수 있는 관계가 성립되어 있다는 느낌은 이렇게 간접적으로, 그러나 확실하게 전달됩니다. 함께 하는 저녁식사 시간은 그것이 비록 단 20분만의 짧은 시간이라 할지라도 우리 모두가, 그리고 우리가 하는 모든 일들이 소중하다는 메시지를 우리 나름대로의 유일무이한 방식으로 전달합니다.

우리가 아는 한 가족은 대화중에 나오는 정보를 확인하고 즐거움을 더하기 위해 사전과 지구본을 항상 식탁 옆에 준비해 놓습니다. 실제로 우리는, 한 사람씩 단어와 그 단어의 의미를 만들어내서 다른 사람들에게 과연 실제 단어로 존재하는 단어와 의미인지 알아맞히게 하는 '사전놀이'라는 것을 하기도 합니다. 우리는 또한 우리가 서로 동의하여 아이들에게 허락하고 있는 TV와 컴퓨터 사용시간에 대해 의논합니다. 컴퓨터나 TV 주변에서 노는 아이들은 말을 하지 않습니다. 상상놀이를 생각해내지도 않습니다. 서로를 보며 얼굴 표정 읽는 법을 배우려 하지도 않습니다. 따라서 그것들의 사용시간 제한을 완화해 달라는 요구가 나오면, 우리는 보통 간단명료하게 "안돼!"라고 말합니다!

바쁜 일상 속에서 부엌이나 식사 테이블 이외의 다른 곳에서 가족과 함께 할 수 있는 시간을 만드십시오. 가능한 한 모든 가족과 시간을 보내는 일에 "좋아요."라고 말하십시오. 가족이 함께 놀이를 하는 밤을 정하십시오. 독서의 밤을 정하십시오.(잠자리에 들 때마다 하는 독서가 아닌) 산책의 밤을 정하십시오.(동네에서 일어나는 재미난 일들을 보게 될 것입니다. 보도 근처에 피어난 신기한 버섯들과 달팽이들도 만나게 될 것입니다.) 조금 조직적으로 들릴지도 모르겠지만, 처음 시작하는 단계에만 다양한 것들에 시간을 쏟는 밤들을 가지면 됩니다. 그 후에는 자연스러워질 것입니다. 또한 아이들은 익숙한 방식을 좋아하기 때문에 그들이 다양한 활동을 하는 밤들을 유지하고 싶어 한다고 해도 그것을 이상하게 생각하지 마십시오.

우리가 아는 또 다른 가족 중에 야구시즌만 되면 오리올즈Oriols 팀의 경기를 보기 위해 볼티모어Baltimore로 세 시간을 운전해서 가는 가족이 있습니다. 그 부모는 정말 그 야구팀의 광적인 팬일까요? 야구를 좋아하기는 하지만, 꼭 그렇지만은 않습니다. 그렇다면 그 부모는 집 근처 지역 팀의 경기를 보지 않고 다른 야구장에 가며 고생을 사서 하기를 자처하는 사람일까요? 그렇지 않습니다. 그들도 어느 누구하고나 마찬가지로 장시간 운전하는 것을 좋아하지 않습니다. 그렇다면 그들은 왜 그래야만 하는 것일까요? 그들은 둘 다 매우 바쁜 삶을 사는 맞벌이 부부입니다. 그들은 가족이 자동차 안에 세 시간씩 갇혀있을 때 일어나는 일들의 가치를 의식하고 있습니다. 그들은 자동차에 함께 타고 있는 동안, 중단되는 일 없이 이야기할 수 있는 시간을 가지고(물론 핸드폰들을 꺼 놓습니다.), 놀이들을 생각해내고, 함께 좋은 시간을 갖는다고 합니다. 그리고 가족 중에 조금 큰 아이들에게 있어서 야구 타자의 타율을 추정하는 것은 더 없이 훌륭한 상황에 맞는 교육이 아니겠습니까!

조직적이지 않고 자유로운 가족과의 휴식 시간에 대한 요구와 필요성은 너무도 보편화 되어서 최근에는 New Yorker의 만화에 담기기도 했습니다.[290] 두 명의 일곱 살 난 아이들이 이야기하며 함께 보도 위를 걷고 있습니다. 자막에는 이렇게 쓰여 있습니다. "너무 많은 장난감들과 너무 적은 자유 시간." 가족과 함께 하는 시간을 시작하기 위해 자식들이 학교에 입학할 때까지 기다리지 마십시오. 바로 지금, 당신의 아이들이 어릴 때, 그리고 가정생활에 대한 기대치를 쌓아 올릴 수 있을 때 시작하십시오. 우리는 모두 너무나 바쁜 탓에, 종종 평일에 끝내지 못한 일들을 마무리 짓느라 주말을 이용하곤 합니다. 가까운 여행지나 행사장으로 한 달에 한번만이라도 주말에 가족여행을 떠난다면 당신의 어린아이들이 얼마나 행복해할지 상상해보십시오. 동물원, 아이들을 위한 박물관, 영화관, 공연장에서의 체험, 혹은 공원에서의 자유로운 산책! 당신의 아이들이 아직 어릴 때 이러한 스케줄을 실행에 옮긴다면, 예측할 수 있으리만큼 기대되는 기쁨을 맛볼 수 있을 것입니다! 또 다른 주말에는, 정원을 가꾸고 꾸미거나 고급음식을 요리하는 것과 같이 모두가 참여할 수 있는 가족 행사를 만들어봅시다. 어린 아이들이라 해도 음식을 섞고 젓는 것을 도울 수 있습니다. 아이들은 도움을 주는 것과 서로 도와주는 가족구성원의 일원이 되는 것을 무척 좋아합니다. 그리고 부모와의 분명한 능력 차이 탓에 평소에 잘 갖지 못하는, 자신을 필요로 하는 느낌, 자신을 특별히 중요한 사람으로 대우해주는 느낌을 아이들은 매우 좋아합니다. 그리고 물론, 아이들에게 당신과 함께 할 수 있는 질적으로 훌륭한 시간을 허락하십시오. 지식을 주입시키는 것이 아닌, 놀이 속에서 아이들의 리드를 따르는 시간 말입니다.

보육원에 적용하는 네 가지 원칙

우리가 앞서 제안하였던 가정에 적용할 수 있는 그 원칙들은 유치원 교사들에게도 매우 유용합니다. 유치원의 본질은 변화되고 있습니다. 빈곤한 가정에서의 조기 교육에 대한 중요성을 입증하기 위해 시작되었던 연구들로 인해 이 사회의 관심은 높은 수준의 조기 교육의 필요성으로 전환되었습니다. 이를테면 미국에서는 모든 아이들을 위한 유치원의 새로운 변화가 시작되고 있습니다. 각 주들은 이제 유치원 교사들도 초등학교 교사들과 같은 자격을 갖출 것과, 우리의 가장 어린 연령대의 국민들에게 무엇을 가르치는 지에 대한 책임을 학교가 질 것을 요구하고 있습니다.[291] 전혀 다른 종류의 두 유치원을 비교해봅시다. 한 유치원은 '아카데미'라 부르고, 건너편에 위치한 다른 한 유치원의 이름은 '놀이방'이라 가정하여 봅시다.

아카데미에서의 하루의 일과는 매우 바쁘게 돌아갑니다. 수업은 글을 읽기 위한 선행학습, 그리고 미술시간(교사들에 의해 대체로 미리 만들어진 작품들을 아이들이 보기 좋게 완성하여 집에 가지고 갈 수 있게 해주는 시간)과 함께 오전 여덟시에 본격적으로 시작되고, 스페인어 수업에 이은 간식시간, 그리고는 아이들의 손이 어른들의 손에 의해 조종을 당하며 컴퓨터에 여러 가지 흥미로워 보이는 그림들을 선택하여 프린트할 수 있도록 마우스를 사용하는 방법을 배우는 '컴퓨터 공학'수업 시간(믿기 어려우시겠지만,

제대로 읽으신 게 맞습니다!)입니다. 아이들이 셈을 배우고 양을 인식하게 되는 산수 수업시간이 끝나고 나면 점심시간, 그리고는 낮잠시간입니다. 그리고는 자유로이 노는 시간 혹은 이야기 시간, 간식시간, 그 후에 마지막으로 자식이 어떻게 작용하는지 보게 되거나 자연에 대한 공부를 하는 등의 과학시간이 옵니다. 그들은 실력 향상을 표시하기 위해 일 년에 세 번씩 시험을 보게 됩니다. 아이들이 즐거워 보이기는 하지만 교실 안이 몹시 조용하여 아이들은 가끔씩 마치 "공부 그만 할래요! 놀 시간도 필요하다구요!"라고 말하는 듯이 교실 구석을 배회하기도 합니다.

건너편에 있는 놀이방에서는, 모든 것들이 그다지 정돈되어 있지는 않습니다. 게시판에는 아이들의 이름이 새겨진 꾀죄죄해 보이는 미술 작품들이 걸려있습니다. 미술작품들은 그 작품을 만든 장본인이 아니고는 도대체 무엇을 만든 것인지 알아볼 수 없는 것들이 대부분입니다. 그러나 누군가가 물어보면, 그 예술가(당신의 아이라고 가정해 보십시오)는 그 시퍼런 색의 동그라미가 엄마 얼굴이며(엄마, 미안해요) 빨간색 줄 하나가 엄마의 승용차임을 아주 자세히 설명하여 줄 것입니다. 지켜보다 보면, 우리는 아이들이 여러 활동들에 참가할 수 있는 다양한 영역들을 볼 수가 있습니다. 변장을 할 수 있는 놀이 공간, 블록 놀이 공간, 미끄럼틀이 있고 두꺼운 매트가 깔려있는 운동 공간, 그리고 소형 옷들과 가구들, 그리고 이것들을 이용하여 놀 수 있는 작은 인형들과 봉제완구들이 자리를 차지하고 있는 공간이 있습니다. 그런데 독서하는 공간이 가장 인상적입니다! 그 곳은 책들과 여러 종류의 베개들, 그리고 어린이 크기에 맞는 낮은 의자들과 작고 폭신폭신한 의자들이 마련되어 있습니다. 만약 가구들만 조금 더 크다면, 어른들도 시간을 보내고 싶어 할 만한 장소로 보입니다. 칠판, 그리고 물감, 크레용, 덧옷이 있고, 아이들 키에 맞는 커다란 싱크대 안에는 물놀이를 위한 보트, 플라스틱 용기, 잘 깨지지 않는 컵들과 병들로 가득합니다. 아이들은 또한 날씨가 화창한 날에는 밖으로 나가 그네를 타거나 커다란 장난감 집 안에 들어가 놀거나 미끄럼틀을 타기도 합니다.

때로는, 동물원이나 어린이 체험 박물관Please Touch Museum으로 견학을 가기도 합니다. 동물원에서, 한 아이가 돌멩이 하나를 집어 드니 선생님도 호기심 가득한 눈으로 그 모습을 바라봅니다. "이 돌은 왜 이렇게 매끄러운 거예요? 우리 학교에 있는 뻐죽뻐죽한 돌멩이들이랑은 달라요." 이때가 바로 돌을 침식시킬 수 있는 물의 힘에 대한 몇 가지 생각들을, 그리고 물리학과 지질학의 기초를 소개해 줄 수 있는 순간입니다. 교육은 아이에게 흥미를 주는 것에서부터 비롯됩니다. 그러나 선생님은 아이가 얻는 정보가 너무 벅차지 않도록 아이를 유심히 관찰합니다. 너무 많은 정보를 주지는 않되, 싹트기 시작하는 아이의 흥미를 북돋아주는 데에 중점을 둡니다.

놀이방에서의 선생님들은 이야기책을 읽어줄 때, 아이들과 내용에 대해 이야기를 나누며 독서의 즐거움 속으로 아이들과 함께 빠져듭니다. "샘은 '초록색 달걀과 햄이 좋아'라고 말했어요!" 교사 한 명이 외칩니다. 그리고는 이렇게 말합니다. "이 말에 맞춰 드럼스틱을 두들겨볼까요? 모두 동시에 두들기는 거예요! 꼭 노래 같지 않아요? 여러분이나 가족들 중에서도 뭔가 특이한 음식을 좋아하는 사람 있나요?" 아이들이 너무 열중한 나머지 음식 이름들을 마구 외쳐대는 통에, 교사는 모두 한꺼번에 말하는 대신 한 번에 한 명씩 자기 차례를 갖게 될 것이며, 다른 아이가 말할 때에는 모두 경청하는 것이 규칙이라고 가르쳐 줍니다.

아이들은 자신이 원하는 선택을 몇 가지 할 수 있을 정도로 충분히 자유롭습니다. 그들은 실수해도 좋습니다. 어른들이 해결할 수 있는 적절한 방법들을 보여주면 되기 때문에 얼마든지 아이들끼리 충돌할 수도 있습니다. 시험 같은 것은 없습니다. 교육 과정이라는 것 자체가 사실 배우는 과정을 즐기고 또 바른 행동을 하도록 배우는 것 아니겠습니까?

　다른 나라들과 비교했을 때, 미국은 육아휴직을 한 부모 밑의 어린 아이들, 높은 수준의 보육시설, 그리고 신축성 있는 근무시간을 위한 지원을 제대로 하지 못하고 있습니다. 최신 연구 결과에 따르면 이 나라에서는 높은 수준의 보육시설이 충분하지 않다고 합니다. 새로운 연구에 의해, 사회복지 지원을 받고 있는 엄마들이 복직하여 열심히 근무하는 동안 그녀들의 자식들을 돌보아줄 적절한 보육시설이 없다는 사실이 밝혀졌습니다. 이 아이들이 우리들의 가장 소중한 천연 자원임에도 불구하고 말입니다!

　그렇다면 여러분의 아이들을 맡기려고 고려하고 있는 보육시설이나 유치원에서 이 네 가지 원칙이 지켜지고 있는지 어떻게 하면 알 수 있을까요? 이것을 평가하려면, 그 학교에 직접 가서 관찰해야 합니다. 이 원칙을 허용하지 않는 시설이라면 무조건 제외시켜야 합니다. 당신의 친구들은 자기 자식을 위해 원하는 것들이 당신과 다를 수도 있기 때문에 대신 시설들에 대해 평가해주기를 바래서는 안 됩니다. 직접 관찰할 때, 당신은 그 장소의 정서적 분위기를 금방 파악할 수 있을 것입니다. 놀이를 중요시하는 곳인가요? 장난감들은 아이들의 손이 닿는 곳에 있나요, 아니면 접근하기 어려운 높은 곳에 마련되어 있나요? 교사들은 아이들과 대화를 나누고 있나요? 함께 놀기도 하나요? 주위에는 필요한 만큼의 어른들이 있나요?(네 명의 아기 당 한 명의 보육자, 유아기부터 네 살까지 열 명당 보육자 한 명) 교사들은 어떤 교육을 받은 사람들인가요? 아이들은 원래 더 높은 학년의 아이들이 대상이었던 교육과정을 미리 통과해야 하나요? 일상적인 하루 일과는 어떤가요? 네 살, 그리고 다섯 살 난 아이들은 글자를 낱개로 개별적으로 외우나요, 아니면 쓰기와 읽기의 문맥 안에서 배워 나가나요? 책들과 퍼즐들이 있나요? 그 곳은 아동 중심인가요, 아니면 선생님

중심인가요? 기억하시기 바랍니다. 아동이 중심이 되는 환경에는 나름대로의 원칙이 있습니다. 바로 어른의 간섭이 적다는 원칙 말입니다.

자식을 보육시설에 맡기게 된다면, 전국아동교사협회National Association for the Educators of Young Children가 지침으로 선정한 다음의 여섯 가지 기준에 관심을 기울이십시오.

1. 이 시설의 아이들은 일반적으로 편안하고, 안정되어있고, 즐거우며, 놀이에 참여하며 또한 다른 활동들에도 참여하고 있습니까?
2. 유아발달과 유아교육 분야에서 특별 교육을 받은 어른들의 인원수는 충분합니까? (아이가 어리면 어릴수록, 더욱 개별화된 보살핌이 필요합니다. 아기들은 한 그룹 당 여섯 명에서 여덟 명을 초과해서는 안 되며, 두 살과 세 살 난 유아들은 열 명에서 열네 명을 초과해서는 안 되며, 네 살과 다섯 살 난 아이들은 한 그룹 당 열여섯 명에서 스무 명을 초과해서는 안 됩니다.)
3. 다양한 연령과 관심사에 따라 어른들이 바라는 기대치도 적절히 조절됩니까?
4. 인지발달, 정서적, 사회적 발달, 그리고 신체발달에 시간과 관심을 쏟으며 아이의 모든 발달분야를 똑같이 중요시합니까?
5. 직원들은 이 프로그램을 계획하고 평가하기 위해 자주 회의를 갖습니까?
6. 학부모들은 얼마든지 프로그램을 관찰하고, 규칙에 대해 의논하고, 제안을 하고, 교내활동에 참여할 수가 있습니까?

만약 당신이 유치원 교사나 관리자라면? 학교를 변화시켜가며 이 모든 원칙들을 적용시킬 수 있을까요? 물론입니다! 이탈리아 북부의 고풍스러운 도시이자 국제적으로 호평을 받고 있는 지방 자치제로 유명한 레지오 에밀리아Reggio Emilia에서는 지난 25년 동안 6세 미만의 아이들을 위한 높은 수준의 보육 제공에 지역 전체 예산의 12퍼센트를 써왔습니다.[292] 이러한 프로그램이 차별화되는 주요한 요인은 바로 아이들의 그림, 조각품, 연극 놀이, 그리고 글쓰기와 같은 '상징적 언어'에 주안점을 두었다는 것입니다. 이러한 아동 중심적인 접근방법의 한 부분으로써, 교육 과정에는 현실생활에서의 또래들과의 문제 해결법이 포함되어 있고 이 과정에서는 수많은 창의적인 생각과 탐구를 해 볼 수 있는 기회를 제공합니다. 교사들이 소그룹의 아이들과 많은 시간을 필요로 하는 장기적인 프로젝트에 임하고 있는 동안 교실의 나머지 아이들은 스스로 선택한 각양각색의 활동들에 매진합니다. 레지오의 교사들은 예기치 않은 상황을 즐기는 아이들의 성향에 즉흥적으로 반응할 줄 아는 능력을 높게 평가합니다. 성공적인 프로젝트란 아이들로부터 충분한 양의 흥미를 자아낼 수 있고 또한 충분히 불확실해서 아이들로 하여금 창의적인 생각과 문제 해결 능력을 이끌어 낼 수 있게 해 주는 것입니다. 프로젝트는 교사들이 특정 주제에 대해 아이들에게 질문도 하고 관찰도 하면서 시작됩니다. 아이들의 반응에 따라, 교사들은 교재들과, 질문들과, 아이들이 주제를 더욱 탐구해볼 수 있는 기회들을 마련합니다.

이러한 지역사회를 기반으로 한 프로젝트에서는, 부모들도 학교 규칙과, 유아발달, 그리고 교육과정의 계획에 대한 회의에 참여하게 되어 있습니다. 교사들은 아이들을 이해하는 것이 목표인 학습자로 여겨집니다. 교장 선생님도 없거니와, 교사들 간에 계급에 따른 관계도 존재하지 않습니다. 같은 그룹의 아이들과 교사들은 3년간 함께 하며, 아이들로 하여금 공동체와 인간관계에 대한 개념을 배우고 발전시켜 나갈 수 있도록 도와줍니다. 각 센터는 한 교실 당 두 명의 교사가 맡고 있습니다. (아기 교실에 12명의 아이들, 유아 교실에 18명의 아이들, 그리고 유치부 교실에 24명의 아이들). 교사 한 명은 미술 교육을 받았으며, 몇 명의 보조원들이 있습니다. 레지오의 시스템은 국제적으로 높이 평가되는 유아원 프로그램으로 호평을 받고 있습니다. 어쩌면 이러한 아동중심적인 과정이야말로 우리가 우리 아이들과 함께 시행해야 할 접근법일지도 모릅니다. 최소한 그들의 방법에 근접할 수 있을 것입니다. 적어도 이 원칙들을 집과 학교에서 적용시켜 보는 것은 가능할 것입니다. 그렇게 하려는 의지가 중요한 것입니다.

네 가지 원칙을 우리가 사는 사회 속에 적용시키기

우리의 문화는 아기들과 어린 아이들을 향한 정신 분열증적인 태도를 가지고 있습니다. 우리는 한편으로는 아동 중심적 사회를 표방하기도 합니다. 또 반면에는, 직장에 다녀야만 하거나 다니기를 선택한 부모들에게 자식을 돌볼 수 있는 충분한 시간을 갖기 힘들게끔 만듭니다. 이를테면, 미국의 가족 구성원을 돌보기 위한 휴가와 병가에 대한 법령FMLA, Family and Medical Leave Act,1993은 복직했을 때 당신이 담당하였던 업무 또는 그 비슷한 업무를 맡을 수 있도록 보장해주는 대신 단 12주간의 휴가를, 그것도 무급으로 허가해 줄 뿐입니다. 그럼에도 불구하고 우리는 연구로부터 얻은 증거들로 아기들은 부모와 시작부터 관계를 쌓아나가며 그 관계는 아이들의 정서적, 사회적, 그리고 지능적 발달에 있어 필수적이라는 사실을 오랜 세월동안 알고 있습니다.

우리가 앞서 설명한 네 가지 원칙들에 맞는 삶을 살려면 근본적인 사회의 변화가 일어나야만 합니다. 육아와 어린이들에 대한 가치가 말 뿐이 아닌 실제 행동으로 존중되어 부모로 하여금 안심하고 자식을 위한 양질의 보육을 제공할 수 있게 되어야 합니다. 정책 입안자들과 입법자들은 부모가 됨을 가치 있게 여기며 존중하는 인도적인 정책의 부재로 인해 가정들, 특히 풍족하지 못한 가정들이 고통 받고 있다는 사실에 주목해야만 합니다. 그렇다면 가장 고통 받는 것은 누구일까요? 물론, 아이들입니다.

우리는 변화를 일으킬 수 있습니다. 단지 그러기 위해 실천해야 할 뿐입니다. 이 책에서, 우리는 경적을 울렸습니다. 우리가 첫 번째는 아닙니다. 그러나 우리는 경고를 넘어서 증거에 기초한 해결책을 제안하였습니다. 우리는 우리가 아이들에 대해 더 알면 알수록(우리는 이미 많은 것을 알고 있습니다), 그들이 잘 자라나게 도울 수 있는 준비가 더 잘 되어있어야 한다고 생각합니다.

어린 시절을 다시 아이들에게로 : 방어적인 육아에서 자유로운 육아로

부모들, 교사들, 그리고 정책 입안자들은 과학이 실제로 무엇을 증명하는지 확인할 기회도 갖지 못한 채 과학적 발견들에 대한 문화적이고 신화적인 믿음들의 포로가 되어버렸습니다. 이 책은 늘어나고 있는 우리 아이들의 발달에 대한 이 믿음들을 파헤치고 진실을 밝혀냈습니다. 왜곡된 이야기들에 대해 과학을 근거로 한 평가를 함으로써 우리는 이러한 논의를 새로운 장소로 옮겨놓았습니다. 아이들의 발달에 정말로 중요한 것이 무엇인지, 그리고 이러한 믿음들이 우리를 어떻게 잘못된 길로 인도하는지 알게 되고 나면, 우리는 부모로써, 그리고 교육자로써 더욱 안정된 마음을 가질 수 있고, 또 우리 아이들이 지능적인 자극들을 제대로 받고 있으며 사회적으로 뛰어나다는 사실을 쉽게 확신할 수 있게 됩니다.

지난 30년 동안, 과학자들은 아기들과 어린 아이들이 그들의 세계 속에서 어떤 식으로 생각하고 활동하는지 발견하기 위한 새로운 기술들을 개발해내었습니다. 아이들은, 심지어 아기들과 태아들까지도 우리가 인식하고 있는 것보다 훨씬 많은 것들을 알고 있습니다. 물론 이 급증하는 연구결과들은 중요한 뉴스거리가 될 만합니다. 그러나 더 나은 세상을 만들고

자 하는 우리들의 열정 속에서, 그리고 자극적이며 축약된 어구로 새로운 것을 공유하고 싶은 미디어의 욕망 속에서, 이 발견들은 종종 오역되고 상품판매를 위한 길로 잘못 흘러 들어갔습니다. 불행하게도, 과학은 몇몇 단어들만으로 축약되기엔 그리 적합하지 않습니다. 그렇기 때문에 이 발견들을 잘 이해해서 적재적소에 배치하는 것이 중요합니다. 연구와 적용 사이의 간격을 줄이는 것이 중요합니다. 이 책에서, 우리는 연구실에서의 발견을 실생활에 적용시키는 것에 전념하고 있는 많은 동료들을 합류시키고 있습니다. 이 책은 자신의 발견들을 공유하기를 희망하는 연구자들, 그리고 아이들에게 가장 좋은 것을 주기를 희망하는 부모들, 교육자들, 그리고 정책 입안자들에게 바칩니다. 이 책은 과학과 실용 사이의 소통을 위해 노력하는 대열에 참여하고 있습니다. 이렇게 연구와 적용이라는 다른 분야들이 서로 만나게 될 때, 우리는 아이들에게 놀이를 돌려줄 수 있을 것입니다. 오직 그때야말로 우리는 삶과 학교에서의 균형을 되찾아, 모든 아이들이 자신의 완전한 잠재성을 깨닫게 할 수 있을 것입니다.

지금이 바로 깊이 생각하고, 참아내고, 다시 중심을 찾을 때입니다.

– 끝 –

참고문헌

참 고 문 헌

1 장

1) [Flash cards] Baby Doolittle, Baby Van Gogh, Baby Webster, etc. Baby Einstein Company: Small fry Productions, Atlanta, GA.

2) [Videotapes] Brainy Baby Vols. 1 and 2: Right Brain/Left Brain.

3) Werth, F. (2001). *Prenatal Parenting.* New York, NY: Regan Books.

4) CIVITAS Initiative, Zero to Three, Brio Corporation (2000) .What grown-ups understand about child development. Published by CIVITAS Brio, and Zero to Three.

5) Baby Einstein to launch juvenile products, toys, preschool TV show. (2003, April) *Home Accents Today,* 18, 4, ss28.

6) Kantrowitz, B., and Wingert, P. (2001, January) The parent trap. *Newsweek,* 29~49.

7) Berk, L. (2001) *Awakening Children's Minds.* New York, NY: Oxford University Press.

8) Lang, S. (1992, Spring): Mother's time. *Human Ecology Forum,* 27~29.

9) Lang, 5. (1992) op. cit.

10) Kantrowitz, B., and Wingert, P. (2001) op. cit.

11) Newman, M. (2002, March 27).A town calls a timeout for overextended families. The *New York Times,* Bi +.

12) Rousseau, J. (1957). *Emile.* New York, NY: Dutton.

13) Toffler, A. (1980). *The Third Wave.* New York, NY: Bantam.

14) Elkind, D. (2001). *The Hurried Child.* Cambridge, MA: Perseus.

15) Spock, B. (1946). *Baby and Child Care.* New York, NY: Dutton.

16) Cohen, P (2003, April 5) .Visions and revisions of child- raising experts. *The New York Times.*

17) Adams, K. (1997). *Bring Out the Genius in Your Child.* London: Sterling Publications.

18) Burton, M. R., MacDonald, S. G., and Miller, 5. (1999). *365 Ways to a Smarter Preschooler.* Publications International.

19) Elkind, D. (2001) op. cit.

20) Berk, L. (2001) op. cit.

21) Schoenstein, R. (2002). *My Kid's an Honor Student, Your Kid's a Loser* Cambridge, MA: Perseus.

22) Chua-Eoan, H. (1999, May 31). Escaping from the darkness. *Time, 153,* 44~49.

23) McDonald, A. (2001, March). The prevalence and effects of test anxiety in school children. *Educational Psychology, 1,* 89+.

24) Weingarden J. D. (2001, May/June). More than a mood. *Psychology Today,* 34, 26+.

25) Goleman, D. (1997). *Emotional Intelligence: Why It Can Matter More Than IQ.* New York, NY: Bantam.

26) Weingarden, J. D. (2001) op. cit.

27) Elkind, D. (2001) op. cit.

28) Shonkoff, J., and Phillips, D. (Eds.) (2001). *Neurons to Neighborhoods: The Science of Early Childhood Development.* Washington, DC: National Academy Press.

29) Hart, C. H., Burts, D. C., Durland, M., Charlesworth, R., DeWolf, M., and Fleegon, P 0. (1998). Stress behavior and activity type participation of preschoolers in more or less developmentally appropriate classrooms: SES and sex differences. Journal *of Research on Child Education, 12,* 176~196.

2 장

30) Werth, E (2001). *Prenatal Parenting.* New York, NY: Regan Books.

31) Campbell, D. (2000). *The Mozart Effect for Children.* New York, NY: William Morrow, flyleaf, 4; *The Mozart Effect: Music for Babies,* (1998); *The Mozart Effect: Musk for Children* (1997), compiled by Don Campbell, produced by The Children's Group, Inc.

32) Pope, K. (2001, March). Marketing Mozart. *Parenting, 15,* 24+.

33) Steele, K. M., Bass, K. E., and Crook, M. D. (1999,July). The mystery of the Mozart effect: failure to replicate. *Psychological Science, 10,* 366~69.

34) (1998, March). Childhood's harsh deadlines. Joining *Forces: The Magazine,* 4~5.

35) Begley, S. (1996, February 19).Your child's brain. *Newsweek,* 52.

36) Shatz, C. White House Conference in Early Childhood Development and Learning: What New Research on the Brain Tells Us about Our Youngest Children. Retrieved from http://npin.org/library/2001/n00530/IIEarlychildhood.html on 5/1/02.

37) Shatz, C. (2002) op. cit.

38) Shatz, C. *Early Childhood Development and Learning: What New Research on the Brain Tells Us about Our Youngest Children.* White House Conference, April, 1997. Report found at http://www.ed.gov/pubs/How-Children/ foreword.html.

39) Fox, N., Leavitt, L., and Warhol, J. (1999). *The role of early experience in infant development: pediatric roundtable.* Johnson and Johnson Pediatric Institute, 12~13.

40) Huttenlocher, P. R. (1979). Synaptic density in human frontal cortex-developmental changes of aging, *Brain Research,* 163: 195~205; Huttenlocher, P. R. and Dabholkar, A. S. (1997). Regional differences in synaptogenesis in human cerebral cortex, *Journal of Comparative Neurology,* 387, 167~178.

41) [TV Series] WNET 5-part series on the brain. 2001. "Secret Life of the Brain," Part 1: Dr. Heidelise Als, Harvard Medical School.

42) Hebb, D. (1947).The effects of early experience on problem solving at maturity. *American Psychologist,* 2, 737~745.

43) Renner, M.J., and Rosenzweig, M. R. (1987). *En riche and Impoverished Environments: Effects on Brain and Behavior.* New York, NY: Springer-Verlag.

44) Greenough, W.T., and Black, J. E. (1992). Induction of brain structure by experience: substrates for cognitive development. In Gunnar, M., and Nelson, CA., (Eds.) *Developmental Behavioral Neuroscience.* Hillsdale, NJ: Erlbaum.

45) Greenough, WT., Black, J. E., and Wallace, C. S. (1987). Experience and brain development, *Child Development,* 58, 539~559; Greenough and Black. (1992) op. cit.

46) Bruer, J. (1999). *The Myth of the First Three Years: A New Understanding of Early Brain Development and Lifelong Learning.* New York, NY: The Free Press.

47) Shonkoff, J., and Phillips, D. (Eds.) (2001). *Neurons to Neighborhoods: The Science of Early Childhood Development.* Washington, DC: National Academy Press, 188.

48) Huttenlocher, P. R. (2002) op. cit., 204.

49) Huttenlocher, P. R. (2002) op. cit.

50) Zigler, E. E, Finn-Stevenson, M., and Hall, N.W. (2002). *The First Three Years and Beyond.* New Haven, CT: Yale University Press.

51) Johnson, J. S., and Newport, E. L. (1989). Critical period effects in second language learning: the influence of maturational state on the acquisition of English as a second language. *Cognitive Psychology,* 21, 60~99.

52) Hakuta, K., Bialystok, E., and Wiley, E. (2003). Critical evidence: a test of the critical period hypothesis for second language acquisition. *Psychological Science,* 14,

31~38.

53) Thompson, R., and Nelson, C. (2001). Developmental science and the media: early brain development. *American Psychologist,* 56, 5~15.

54) Sigel, I. E. (1987). Does hothousing rob children of their childhood? *Early Childhood Research Quarterly,* 2, 211~225.

55) Bruer, J. (1999). *The Myth of the First Three Years: A New Understanding of Early Brain Development and Lifelong Learning* New York, NY: The Free Press.

56) Hoberman, M.A. (1982). *A House Is a House for Me.* London, UK: Puffin.

3 장

57) Wynn, K. (1998). Psychological foundations in number: numerical competence in human infants. *Trends in Cognitive Sciences,* 2, 296~303.

58) Hauser, M. D. (1996, May). Monkey see, monkey count. *Scient jficAmerican,* 274 (5), 18.

59) Mix, K. S., Levine, S. C., and Huttenlocher, J. (1997). Numerical abstraction by infants: another look. *Developmental Psychology,* 33, 423~428. Mix, K. S., Huttenlocher, J., and Levine, S. C. (2001). *Quantitative Development in Infancy and Early Childhood.* New York, NY: Oxford University Press.

60) Pfungst, 0. (1965). *Clever Hans, the Horse of Mr. Von Osten.* New York, NY: Holt, Rinehart and Winston.

61) Bruer, J. (1999). *The Myth of the First Three Years: A New Understanding of Early Brain Development and Lifelong Learning* New York, NY: The Free Press, 84.

62) Gelman, R. (1969). Conservation acquisition: a problem of learning to attend to relevant attributes. Journal *of Experimental Child Psychology,* 7, 67~87. See also: Gelman, R. (1998). *Annual Review;* Gelman, R., and Brenneman, K. (1994). Domain specificity and cultural variation are not inconsistent. In Hirschfeld, L.A., and Gelman, S. (Eds.) *Mapping the Mind: Domain Specificity in Cognition and Culture.* New York, NY: Cambridge University Press.

63) Dehaene, S. (1997). *The Number Sense: How the Mind Creates Mathematics.* New York, NY: Oxford University Press.

64) Ginsberg, H. P., Klein, A., and Starkey, P (1997).The development of children's mathematical thinking. In Sigel, I. E., and Renninger, K. A. (Eds.) *Handbook of*

Child Psychology (5th ed., 4). New York, NY: Wiley; Ginsberg, H. P (1989). *Children's Arithmetic: How They Learn It and How You Teach It.* Austin, TX: Pro Ed.

65) Saxe, G. B., Guberman, S. R., and Gearhart, M. (1987). Social processes in early number development. *Monographs of the Society for Research in Child Development,* 52 (Serial No. 216).

66) Vygotsky, L. 5. (1978). *Mind in Society.* Cambridge, MA: Harvard University Press.

67) Freund, L .S. (1990). Maternal regulation of children's problem solving behavior and its impact on children's performance. *Child Development,* 61, 113~126.

(4 장)

Golinkoff, R. M. and Hirsh-Pasek, K. (1999). How Babies Talk: The Magic and Mystery of Language Development in the First Three Years of Life. New York, NY: Penguin/Dutton.

68) Golinkoff, R. M. (1986). I beg your pardon?: the preverbal negotiation of failed *messages. Journal of Child Language,* 13, 455~476.

69) Pinker, S. (1994). *The Language Instinct: How the Mind Creates Language.* New York, NY: William Morrow and Company.

70) Holowka, S., and Petitto, L.A. (2002). Left hemisphere cerebral specialization for babies while babbling. *Science,* 297, 1515.

71) Goldin-Meadow, S., and Mylander, C. (1984). Gestural communication in deaf children: the effects and noneffects of parental input on early language development. *Monographs of the Society for Research in Child Development,* 49 (Nos. 3~4).

72) Bickerton, D. (1995). *Language and Human Behavior.* Seattle, WA: University of Washington Press; Bickerton, D. (1984). The language bioprogram hypothesis. *Behavioral and Brain Science,* 7, 173~188.

73) Fifer, W, and Moon, C. (1995).The effects of fetal experience with sound. In Lecanuet, J., Fifer, W. P., Krasnegor, N., and Smotherman, W. P. (Eds.), *Fetal Development: A Psychobiological Perspective.* Hillsdale, NJ: Erlbaum.

74) Mehier, J., Jusczyk, P., Lambertz, G., Halstead, N., Bertoncini, J., and Amiel-Tison, C. (1988).A precursor of language acquisition in young infants. *Cognition,* 29, 143~178.

75) Hirsh-Pasek, K., Kemler-Nelson, D. G., Jusczyk, P. W, Wright-Cassidy, K., Druss,

B., and Kennedy, L. (1987). Clauses are perceptual units for young infants. *Cognition,* 26,269~286.

76) Mandel, D. R., Jusczyk, P.W, and Pisoni, D. B. (1995). Infants' recognition of the sound patterns of their own names. *Psychological Science,* 6, 315~318.

77) Rathbun, K., Bortfeld, H., Morgan, J., and Golinkoff, R. M. (2002, November).What's in a name: using highly familiar items to aid segmentation. Paper presented at Boston Child Language Conference, Boston, MA.

78) Jusczyk, P., and Aslin, R. (1995). Infants' detection of the sound patterns of words in fluent speech. *Cognitive Psychology,* 23, 1~29.

79) Saffran, J., Aslin, R., and Newport, E. (1996). Statistical learning by 8-month-old infants. *Science,* 274, 1926~1928.

80) Adamson, L. (1995). *Communication Development during Infancy.* Madison, WI: Brown and Benchmark.

81) Morales, M., Mundy, P., and Rojas, J. (1998). Following the direction of gaze and language development in 6-month-olds. *Infant Behavior and Development,* 21,373~377.

82) Acredolo, L., and Goodwyn, S. (1998). *Baby Signs.* Chicago, IL: Contemporary Books.

83) Brown, R. (1973). *A First Language.* Cambridge, MA: Harvard University Press.

84) Bloom, L. (1970). *Language Development: Form and Function in Emerging Grammars.* Cambridge, MA: MIT Press.

85) Coplan, J. (1993). *Early Childhood Milestone Scale: Examiner's Manual* (2nd ed.).Austin, TX: Pro-Ed.

86) Marcus, G. F., Pinker, S., Ullman, M., Hollander, M., Rosen, T.J., and Xu, F. (1992). Overregularization in language acquisition. *Monographs of the Society for Research in Child Development,* 57 (4, Serial No. 428).

87) Berko-Gleason, J. (1958).The child's learning of English morphology. *Word,* 14, 150~177.

88) Ely, R., and Gleason, J. B. (1995). Socialization across contexts. In Fletcher, P., and Mac Whinney, B. (Eds.), *The Handbook of Child Language.* Cambridge, MA: Blackwell.

89) Stein, N. L. (1988).The development of children's story telling skill. In Franklin, M. B., and Barten, S. (Eds.), *Child Language: A Book of Readings.* New York, NY: Oxford University Press.

90) Roberts, J., and Wallace, L. (1976). Language and otitis media. In Roberts, J. E.,

Wallace, I. E, and Henderson, F.W. (Eds.), *Otitis Media in Young Children.* Baltimore, MD: Brookes.

91) Hart, B., and Risley, T. R. (1999). *Learning to Talk.* Baltimore, MD: Paul Brookes Publishing.

92) Hoff, E. (2002). Language development in childhood. In Lerner, R. M., Easterbrooks, M.A., and Mistoi, J. (Eds.), *Comprehensive Handbook of Psychology, Vol. 6: Developmental Psychology.* New York, NY: Wiley.

93) Hart and Risley (1999) op. cit.

94) National Institute of Child Health and Human Development Early Child Care Research Network. (2000).The relation of child care to cognitive and language development. *Child Development,* 71, 960~980.

95) DeTemple, J., and Snow, C. (in press). Learning words from books. In van Kleeck, A., Stahl, S.A., and Bauer, E.B. (Eds.), On *Reading to Children: Parents and Teachers.* Mahwah, NJ: Erlbaum.

96) Weizman, Z., and Snow, C. (2001). Lexical input as related to children's vocabulary acquisition: effects on sophisticated exposure and support for meaning. *Developmental Psychology,* 17, 265~279.

97) Fernald, A. (1991). Prosody in speech to children: prelinguistic and linguistic functions. In Vasta, R. (Ed.), *Annals of Child Development (Vol. 8).* London: Kingsley.

98) Fernald, A. (1989). Intonation and communicative intent in mothers' speech to infants: is the melody the message? *Child Development,* 60, 1497~1510.

99) Huston, A., and Wright, J. (1998). Mass media and children's development. mW. Damon (Ed.), *Handbook of Child Psychology.* New York, NY: Wiley.

100) Bredekamp, S. (1999). *Developmentally appropriate practice in early childhood programs.* National Association for Education of Young Children.

5 장

101) Adams, M. (1990). *Beginning to Read: Thinking and Learning about Print.* Cambridge, MA: MIT Press.

102) Scarborough, H. S. (2001). Connecting early language and literacy to later reading (dis)abilities: evidence, theory, and practice. In Neuman, S. B., and Dickinson, D. K. (Eds.), *Handbook of Early Literacy Research.* New York, NY: Guilford Press.

103) Neuman, S. B., and Dickinson, D. K. (2001) Introduction. In Neuman, S. B., and Dickinson, D. K. (Eds.), *Handbook of Early Literacy Research.* New York, NY: Guilford Press. p. 3.

104) Clay, M. M. (1966). *Emergent reading behavior.* Unpublished doctoral dissertation, University of Auckland, New Zealand.

105) Whitehurst, G.J., and Lonigan, C.J. (2001). Emergent literacy: development from prereaders to readers. In Neuman, S. B., and Dickinson, D. K. (Eds.), *Handbook of Early Literacy Research.* NY: Guilford Press.

106) Venezky, R. (1998). *Reading to children in the home: practices and outcomes.* Unpublished paper, U.S. Department of Education.

107) Campbell, E, Miller-Johnson, S., Burchinal, M., Ramey, M., and Ramey, C. T. (2001). The development of cognitive and academic abilities: growth curves from an early childhood educational experiment. *Developmental Psychology,* 37, 23 1~242.

108) Ramey, S. L., and Ramey, C.T. (1999).What makes kids do well in school? *Work and Family Life,* 13,2~6; Ramey, S. L., and Ramey, CT. (in press) Intelligence and experience. In Sternberg, R.J. (Ed.) *Environmental Effects on Intellectual Functioning* New York, NY: Cambridge University Press.

109) Chall, J. S., Jacobs, V.A., and Baldwin, L. E. (1990). *The Reading Crisis: Why Poor Children Pall Behind.* Cambridge, MA: Harvard University Press.

110) Moerk, E. (1983). *The Mother of Eve-As a First Language Teacher.* Norwood, NJ: Ablex.

111) Engel, S. (1999). *The Stories Children Tell.* New York, NY: WH. Freeman

112) Berman, R.A., and Slobin, D. (1994). *Relating Events in Narrative: A Cross Linguistic Developmental Study.* Hillsdale, NJ: Erlbaum.

113) Snow, C. E. (1983). Literacy and language: relationships during the preschool years. *Harvard Educational Review,* 53, 165~1 89.

114) Mayer, M. (1969). *Frog, Where Are You?* New York, NY: Dial Press.

115) Juel, C., Griffith, P. L., and Gough, PB. (1986).Acquisition of literacy: a longitudinal study of children in first and second grade. *Journal of Educational Psychology,* 78, 243~255.

116) Liberman, I.Y, Shankweiler, D., Fischer, F W, and Carter, B. (1974). Explicit syllable and phoneme segmentation in the young child. *Journal of Experimental Child Psychology,* 18,201~212.

117) Adams, M. (1990) op. cit.

118) DeLoache, J. S., Pierroutsakos, S. L., Utall, D. H., Rosengren, K., and Gottlieb, A. (1998). Grasping the nature of pictures. *Psychological Science, 9*, 205~210.

119) Beilin, H., and Pearlman, E. G. (1991). Children's iconic realism: object versus property realism. In Reese, H.W. (Ed.), *Advances in Child Development and Behavior (Vol. 23).* New York, NY: Academic Press.

120) Friedman, S. L., and Stevenson, M. B. (1975). Developmental changes in the understanding of implied motion in two-dimensional pictures. *Child Development, 46*, 773~778.

121) Clay, M. M. (1979). *The Early Detection of Reading Difficulties* (3rd ed.). Portsmouth, NH: Heinemann.

122) Baghban, M. (1984). *Our daughters learn to read and write.* Newark, DE: International Reading Association.

123) Lavine, L. 0. (1977). Differentiation of letter like forms in prereading children. *Developmental Psychology, 13*, 89~94.

124) [Speech] President Bush speaking at Pennsylvania State University; April 2002.

125) Retrieved from *Education Week, 20* (22) online, on 2/14/01.

126) Adams, M. (2001).Alphabetic anxiety and explicit, systematic phonics instruction: a cognitive science perspective. In Neuman, S. B., and Dickinson, D. K., (Eds.), *Handbook of Early Literacy Research.* New York, NY: Guilford Press.

127) Kantrowitz, B. and Wingert, P. (2002, April 29). The right way to read. *Newsweek.*

128) Snow, C. (2002,August). Personal communication.

129) Gibson, J.J., and Yonas, P. (1968).A new theory of scribbling and drawing in children. In *The analysis of reading skill.* Final report, project 5-1213. Cornell University and Office of Education, 355~370.

130) Read, C. (1975). *Children's categorization of speech sounds in English.* (NCTE Research Report 17). Urbana, IL: National Council of Teachers of English.

131) Shivers, *Invented spelling.* Retrieved from http://hall. gresham.k12.or.us/Shspell.html on 1/17/03.

132) Sénéchal, M., and Lefevre, J. (2002) Parental involvement in the development of children's reading skill: a five-year longitudinal study. *Child Development, 73*, 2,445~460.

133) Dougherty; D. (2001). *How to Talk to Your Baby:A Guide to Maximizing Your Child's Language and Learning Skills.* New York, NY: Perigee.

134) Pikulski, J., and Tobin, A. W. (1989). Factors associated with long-term reading

achievement of early readers. In McCormick, S., Zutell, J., Scharer, P., and O'Keefe, P. (Eds.), *Cognitive and social perspectives for literacy research and instruction.* Chicago, IL: National Reading Conference.

135) Silverstein, S. (1981). *A Light in the Attic.* New York: Harper and Row.

6 장

136) Goode, E. (2002, March 12).The uneasy fit of the precocious and the average. *The New York Times,* 1.

137) Retsinas, G. (2003,June 1) The marketing of a superbaby formula. *The New York Times.*

138) Gross, J. (2002, November 15). No talking out of preschool. *The New York Times,* 1 Metro Sec.

139) *Webster's Ninth New Collegiate Dictionary.* (1991). Springfield, MA: Merriam-Webster, 629.

140) Rescorla, L., Hyson, M., Hirsh-Pasek, K., and Cone, J. (1990). Academic expectations in parents of preschool children. *Early Education and Development,* 1, 165~184.

141) Berk, L. E. (2003). *Child Development.* Boston, MA: Longman, 454.

142) About Alexandra Nechita. Biographical sketch supplied by Lewis and Bond Fine Art. Retrieved from www.lewisbond.com/nechita/about on 1/22/03.

143) [TV Program] 1984. Investigation of IQ in "The IQ Myth" with Dan Rather.

144) Fagan, J., and Detterman, D. K. (1992).The Fagan Test of Infant Intelligence: a technical summary. *Journal of Applied Developmental Psychology,* 13, 173~193.

145) Fagan, J. (1989). Commentary. *Human Development,* 32, 172~176.

146) Fagan, J. and Detterman, D. K. (1992) op. cit.

147) Jacobson, S.W, Jacobson, J. L., Dowler, J. K., Fein, G. G., and Schwartz, P.M. (1983). *Sensitivity of Pagan's Recognition Memory Test to subtle intrauterine risk.* Paper presented at the American Psychological Association Meetings, Los Angeles.

148) Bradley, R. H. (198 1).The HOME Inventory: a review of findings from the Little Rock Longitudinal Study. *Infant Mental Health Journal,* 2, 198~205.

149) Berk, L. E. (2003) op. cit.

150) Jensen, R. (1972). *Genetics and Education.* New York: Harper and Row.

151) Head Start Bureau. 2000, Head Start Fact Sheet. Retrieved from

www2.acf.dhhs.gov/programs/hsb/research/00-hsfs.htm on 1 / 13/03.

152) Royce, J. M., Darlington, R. B., and Murray, H.W. (1983). Pooled analyses: findings across studies. In Consortium for Longitudinal Studies (Ed.), *As the Twig Is Bent: Lasting Effects of Preschool Programs* (pp. 411~459). Hillsdale, NJ: Erlbaum.

153) Gardner, H. (1993). *Multiple Intelligences.* New York, NY: Basic Books.

154) Goleman, D. (1995). *Emotional Intelligence.* New York, NY: Basic Books.

155) Sternberg, R.J. (2002). Beyond g: the theory of successful intelligence. In Sternberg, R.J., and Grigorenko, F. L. (Eds.), *The General Factor of Intelligence.* Mahwah, NJ: Erlbaum; Sternberg, R. J. (1997). Educating intelligence: infusing the Triarchic Theory into school instruction. In Sternberg, R. J., and Grigorenko, E. L. (Eds.), *Intelligence, Heredity, and Environment.* New York, NY: Cambridge University Press.

156) Piaget, J. (1929). *The Child's Conception of the World.* London: Routledge and Kegan Paul.

157) Piaget, J. (1952). *The Origins of Intelligence in Children.* NY: International Universities Press.

158) Arterberry, M. E., and Bornstein, M. H. (2001).Three- month-old infants' categorization of animals and vehicles based on static and dynamic attributes. *Journal of Experimental Child Psychology,* 80, 333~346.

159) Golinkoff, R. M., Harding, C. G., Carlson-Luden, V., and Sexton, M. E. (1984). The infant's perception of causal events: the distinction between animate and inanimate objects. In Lipsitt, L. P. (Ed.), *Advances in Infancy Research* (Vol. 3), Norwood, NJ: Ablex.

160) Gelman, R. (1969). Conservation acquisition: a problem of learning to attend to relevant attributes. *Journal of Experimental Child Psychology,* 7, 67~87.

161) Mandler, J. M., and McDonough, L. (1998). Studies in inductive inference in infancy. *Cognitive Psychology,* 37, 60~96.

162) Mandler, J. M. and McDonough, L. (1996). Drinking and driving don't mix: inductive generalization in infancy. *Cognition,* 59, 307~335.

163) Vygotsky, L. S. (1978). *Mind in Society.* Cambridge, MA: Harvard University Press.

164) Bruner, J. (1983). *Child's Talk: Learning to Use Language.* New York, NY: Norton.

165) Hopkins, G. (2000, February 7). How can teachers develop students' motivation-and success? Interview with Carol Dweck. *Education World;* Dweck, C.

(1989). Motivation. In Lesgold, A., and Glaser, R. (Eds.), *Foundations for a Psychology of Education.* Hillsdale, NJ: Erlbaum.

7 장

166) Watson, J. B. (1928). *Psychological care of infant and child.* As cited in Beekman, D. (1977). *The Mechanical Baby.* New York, NY: New American Library 145~146.

167) Harter, 5. (1999). *The Cognitive and Social Construction of the Developing S4[* New York, NY: Guilford Press.

168) Ruble, D. N., Grosovsky, E. H., Frey, K. S., and Cohen, R. (1992). Developmental changes in competence assessment. In Boggiano, A. K., and Pittman, T. S. (Eds.), *Achievement and Motivation: A Social Developmental Perspective.* New York, NY: Cambridge University Press.

169) Seligman, M., Reivich, K, Jaycox, L., and Gillham, J. (1995). *The Optimistic Child.* New York, NY: Houghton Muffin.

170) Rochat, P., and Hespos, S. J. (1997), Differential rooting response by neonates: evidence for an early sense of self. *Early Development and Parenting,* 6, 105~112; Rochat, P (2001). *The Infant's World.* Cambridge, MA: Harvard University Press, 40.

171) Bahrick, L. E., Moss, L., and Fadil, C. (1996). Development of visual self-recognition in infancy. *Ecological Psychology,* 8, 189~208.

172) Lewis, M., and Brooks-Gunn, J. (1979). *Social Cognition and the Acquisition of S4f* New York, NY: Plenum Press.

173) Condry, J., and Condry, S. (1976). Sex differences: a study of the eye of the beholder. *Child Development, 47,* 812~819.

174) Caldera, Y. M., Huston, A. C., and O'Brien, M. (1989). Social interaction and play patterns of parents and toddlers with feminine, masculine, and neutral toys. *Child Development,* 60, 70~76.

175) Rheingold, H. L., and Cook, K. C. (1975).The contents of boys' and girls' rooms as a function of parents' behavior. *Child Development,* 46,445~463.

176) Ruble, D. N., Alvarez, J., Bachman, M., Cameron, J., Fuligni, A., Coil, C. G., and Rhee, E. (in press).The development of a sense of a "we": the emergence and implications of children's collective identity. In Bennett, M., and Sani, F. (Eds.),

The Development of the Social S4f East Sussex, England: Psychology Press; Katz, PA., and Kofkin, J.A. (1997). Race, gender, and young children. In Luthar, S. S., Burack, J. A., Cicchetti, D., and Weisz,J. (Eds.), *Developmental Psychopathology: Perspectives on Adjustment, Risk, and Disorder.* New York, NY: Academic Press; Martin, C. L., Eisenbud, L., and Rose, H. (1995). Children's gender-based reasoning about toys. *Child Development,* 66, 1453~1471.

177) Cole, M. and Cole, S. R. (1996). *The Development of Children* (3rd ed.). New York, NY:W. H. Freeman, 62; Slaby, R. G., and Frey, K. S. (1975). Development of gender constancy and selective attention to same-sex models. *Child Development,* 46, 849~856.

178) Ruble, D. N., and Martin, C. L. (1998). Gender development. In Damon, D.W. (Overall ed.), *Handbook of Child Psychology* (5th ed.,Vol. 3). New York, NY: Wiley.

179) Katz, PA., and Kofkin, J.A. (1997) op. cit.

180) Ruble, D. N., and Martin, C. L. (1998) op. cit.

181) Ruble, D. N. et al. (in press)

182) Katz, PA., and Kofkin, J.A. (1997) op. cit.

183) Condry, J., and Condry, S. (1976) op. cit.

184) Rhee, E., Cameron, J. A., and Ruble, D. N. (2002). Development of racial and gender constancy in European American and racial minority children. Unpublished manuscript, University of Delaware; Leinbach, M. D., and Fagot, B. I. (1986).Acquisition of gender labeling: a test for toddlers. *Sex Roles,* 15,655~666.

185) Eisenberg, N., Cumberland, A., and Spinrad, T. L. (1998). Parental socialization of emotion. *Psychological Inquiry,* 9,241~273.

186) Weill, B.C. (1930).Are you training your child to be happy? Lessons Material in Child Management. *Infant Care* Bulletin, Washington, D.C.: U. S. Government Printing Office, 1; Watson, J. B. (1928). *Psychological Care of Infant and Child.*

187) Bell, S., and Ainsworth, M. (1972). Infant crying and maternal responsiveness. *Child Development,* 43, 1171~1190.

188) Rothbart, M. K., and Bates, J. E. (1998).Temperament. In Eisenberg, N. (Ed.) *Handbook of Child Psychology,* (Vol. 3). Social, emotional, and personality development (5th ed., pp. 105~176). New York, NY: Wiley.

189) Thomas, A., and Chess, S. (1977). *Temperament and Development.* New York, NY: Brunner/Mazel.

190) The beginnings of moral understanding: development in the second year. In Kagan, J., and Lamb, S. (Eds.), *The Emergence of Morality in Young Children.* Chicago,

IL: University of Chicago Press.

191) Stipek, D., Rosenblatt, L., and DiRocco, L. (1994). Making parents your allies. *Young Children,* 49, 4~9.

192) Thompson, R.A. (1994). Emotion regulation: A theme in search of definition. In Fox, N. A. (Ed.) The development of emotion regulation. *Monographs of the Society for Research in Child Development,* 59 (2~3, Serial No. 240).

193) Stern, D. (1985). *The Interpersonal World of the Infant.* New York, NY: Basic Books, 101~106; Lagattuta, K. H., and Wellman, H. (2002). Differences in early parent-child conversations about negative versus positive emotions: implications for the development of psychological understanding. *Developmental Psychology,* 38, 564~580.

194) Burhans, K. K., and Dweck, C. C. (1995). Helplessness in early childhood: the role of contingent worth. *Child Development,* 66, 1719~1738; Heyman, G. D., Dweck, C. C., and Cain, K. M. (1992).Young children's vulnerability to self-blame and helplessness: relationship to beliefs about goodness. *Child Development,* 63,401~415.

195) Bear, G. G., Minke, K. M., Griffin, S. M., and Deemer, S.A. (1997). Self-concept. In Bear, G. G., Minke, K. M., and Thomas, A. (Eds.), *Children's Needs II: Development, Problems, and Alternatives.* Bethesda, MD: National Association of School Psychologists.

196) Dweck, C. S., and Mueller, C. M. (1996). *Implicit Theories of Intelligence: Relation of Parental Beliefs to Children c Expectations.* Presented at the Third National Research Convention of Head Start, Washington, D.C.

197) Dweck, C. S. (1999, Spring). Caution-praise can be dangerous. *American Educator,* 4~9.

198) Dweck, C. 5. (1999) op. cit.

199) Berk, L. E. (2002). *Infants and Children* (4th ed.). New York, NY: Allyn and Bacon, 266~267, 370~386.

200) Kamins, M., and Dweck, C. S. (1999), Person versus process praise and criticism: implications for contingent self-worth and coping. *Developmental Psychology,* 35, 835.

201) Berk, *L.* E. (2000) op. cit 370.

202) Dweck, C. S. (1999) op. cit.

203) Bronson, M. (2000). *S4f-Regulation in Early Childhood.* New York, NY:The Guilford Press, 74~75.

204) Pellegrini, A. S. (1992). Kindergarten children's social cognitive status as a

predictor of first-grade success. *Early Childhood Research Quarterly,* 7, 565~577; Lazar, I., and Darlington, R. (1982). Lasting effects of early education: a report from the Consortium for Longitudinal Studies. *Monograph of the Society for Research in Child Development,* 47 (2~3, Serial No. 195); Bronson, M. B., Pierson, D. E., and Tivnan, T. (1984).The effects of early education on children's competence in elementary school. *Evaluation Review,* 8,615~629.

205) Ladd, G., Price, J,, and Hart, C. (1988). Predicting preschoolers' peer status from their playground behaviors. *Child Development,* 59, 986~992; Pellegrini, A. S. (1992). Kindergarten children's social cognitive status as a predictor of first-grade success. *Early Childhood Research Quarterly,* 7, 565~577; Bronson, M. B., Pierson, D. E., and Tivnan, T. (1984). The effects of early education on children's competence in elementary school. *Evaluation Review,* 8, 615~629.

206) Gibson, E.J. (1969). *Principles of Perceptual Learning and Development.* New York, NY: Appleton-Century-Crofts.

207) Meltzoff, A. N., and Moore, M. K. (1977). Imitation of facial and manual gestures by human neonates. *Science,* 198, 75~78.

208) Golinkoff, R. M., and Hirsh-Pasek, K. (2000). *How Babies Talk: The Magic and Mystery of Language in the First Three Years of Life,* New York, NY: Dutton, 30-31.

209) Zahn-Waxler, C., Radke-Yarrow, M., and King, R. M. (1979). Childrearing and children's prosocial initiations toward victims of distress. *Child Development,* 50, 319~330.

210) Harlow, H. E (1958).The nature of love. *American Psychologist,* 13, 673~685.

211) Bowlby, J. (1969). *Attachment and Loss. Vol. 1:Attachment.* New York: Basic Books; Bowlby, J. (1973). *Attachment and Loss. Vol. 2: Separation.* New York, NY: Basic Books.

212) Elicker, J., Englund, M., and Sroufe, L.A. (1992). Predicting peer competence and peer relationships in childhood from early parent-child relationships. In Parke, R. D., and Ladd, G.W. (Eds.), *Family-Peer Relationships: Modes of Linkage.* Hillsdale, NJ: Erlbaum.

213) Lamb, M. E., Thompson, R. A., Gardner, W, Charnov, E. L., and Connell, J. P. (1985). *Infant-Mother Attachment: The Origins and Developmental Significance of Individual Differences in Strange Situation Behavior.* Hillsdale, NJ: Erlbaum.

214) Vaughn, B. E., Egeland, B., Sroufe, L.A., and Waters, E. (1979). Individual differences in infant-mother attachment at 12 and 18 months: stability and change in families under stress. *Child Development,* 50, 971~975.

215) Eyer, D. (1996). *Motherguilt: How Our Culture Blames Mothers for What's Wrong with Society*. New York, NY: Random House, 8.

216) NICHD Early Child Care Research Network. (1997).The effects of infant child care on infant-mother attachment security: results of the NICHD Study of Early Child Care. *Child Development.*

217) NICHD Early Child Care Research Network (in press). Does amount of time spent in child care predict socioemotional adjustment during the transition to kindergarten? *Child Development.*

218) Morris, A. S., and Silk, J. Parental influences on children's regulation of anger and sadness. Paper presented at the biennial meeting of the Society for Research in Child Development, Minneapolis, MN, April, 2001.

219) CIVITAS Initiative, Zero to Three, Brio Corporation. (2000). What grown-ups understand about child development. Published by CIVITAS, Brio, and Zero to Three.

220) Repacholi, B. M., and Gopnik, A. (1997).Early reasoning about desires: evidence from 14- and 18-month-olds. *Developmental Psychology,* 33, 12~21.

221) Dunn, J., Brown, J., and Beardsall, L. (1991). Family talk about feeling states and children's later understanding of others' emotions. *Developmental Psychology,* 27, 448~455.

222) Gopnik, A., Meltzoff, A. N., and Kuhl, P. K. (1999). *The Scientist in the Crib.* New York, NY: Morrow.

223) *Zero to Three* (2000) op. cit.

224) Gopnik, A., Meltzoff, A. N., and Kuhl, P. K. (1999) op. cit.; Burk, L. (2002). *Infants and Children* (4th ed.). (1989) New York, NY: Allyn and Bacon, 500.

225) Shure, M. B. Preschool Interpersonal Problem Solving (PIPS) Test: Manual, 1974.2nd edition, 1989 (revised, 1992).Alternative solutions for 4- to 6-year-olds.

226) Greenberg, M.T. (2003). Schooling for the good heart. In Coleman, D. (Ed.), *Destructive Emotions: How Can We Overcome Them?* New York, NY: Bantam Books.

227) Dunn, J., Brown, J., and Beardsall, L. (1991). op. cit; Shure, M. (1992). *I Can Problem Solve (ICPS) : An Interpersonal Cognitive Problem Solving Program.* Champaign, IL: Research Press.

228) Rubin, K., with Thompson, A. (2002) *The Friendship Factor.* New York, NY: Viking, 142~153; Perry, D. G., Williard, J. C., and Perry, L. C. (1990). Peers' perceptions of the consequences that victimized children provide aggressors. *Child Development,* 61, 1310~1325; Hodges, E.V. E. et al., (1999).The power of

friendship: protection against an escalating cycle of peer victimization. *Developmental Psychology*, 35,94~101.

229) Gottman, J. M., Katz, L. F., and Hooven, C. (1996). *Meta-Emotion: How Families Communicate Emotionally.* Mahwah, NJ: Erlbaum, 23; Pellegrini, A. S. (1992) op. cit.

230) Hodges et al. (1999) op. cit.

231) Coalition for Children, Inc.; Sherryll Kraizer, Ph.D.; and the Levi Company (1996~2000). Retrieved from wwwsafecbild.org/buffies.htm on 2/23/03.

232) Raver, C. (2002). Emotions matter: Making the case for the role of young children's emotional development for early school readiness. *Society for Research in Child Development: Social Policy Report.* (Vol. XVI, no. 3).

┌─────────┐
│ 9 장   │
└─────────┘

Singer, D., and Singer, J. (Eds.). (2002). *Handbook of Children and the Media.* New York, NY: Sage. Singer, D., and *Singer, J.* (Eds.) (1992). *The House of Make Believe.* Cambridge, MA: Harvard University Press.

233) Rubin, K., Fein, G., and Vandenberg, B. (1983). Play. In Mussen, P. *d.),Handbook of Child Psychology, Vol. 4: Socialization, Personality, and Social Development.* New York, NY: Wiley; Berk, L. E. (2001). *Awakening Children's Minds: How Parents and Teachers Can Make a Difference.* New York, NY: Oxford University Press; Collins, W. A. (Ed.). (1984). *Development during Middle Childhood: The Years from Six to Twelve.* Washington, DC: National Academy Press.

234) Sylva, K. (1977). Play and learning. In Tizard, B., and Harvey, D. (Eds.), *Biology of Play.* London, England: Heinemann; Cheyne, J. A., and Rubin, K. H. (1983). Playful precursors of problem solving in preschoolers. *Developmental Psychology, 19,* 577~584; Hughes, F. P. (1999). *Children, Play, and Development.* Boston, MA: Allyn and Bacon; Jarrell, R. H. (1998). Play and its influence on the development of young children's mathematical thinking. In Fromberg, D. P., and Bergen, D. (Eds.), *Play from Birth to Twelve and Beyond.* New York, NY: Garland Publishing.

235) Athey, I. (1984). Contributions of play to development. In Yawkey, T. D., and Pellegrini, A. D. (Eds.), *Child's Play: Developmental and Applied.* Hillsdale, NJ: Erlbaum; Rubin, K. (1982). Nonsocial play in preschoolers: necessarily evil? *Child Development,* 53, 651~657.

236) O'Connell, B., and Bretherton, I. (1984).Toddlers' play, alone and with mother: the role of maternal guidance. In Bretherton, I. (Ed.), *Symbolic Play: The Development of Social Understanding.* Orlando, FL: Academic Press.

237) Friese, B. (1990). Playful relationships: a contextual analysis of mother-toddler interaction and symbolic play. *Child Development,* 61, 1648~1656; Moyles, J. R. (1994). *The Excellence of Play.* Buckingham, UK: Open University Press; Manning, K. and Sharp, A. (1977). *Structuring Play in the Early Years at School.* London, England: Ward Lock Educational.

238) McCune, L. (1995). A normative study of representational play at the transition to language. *Developmental Psychology,* 31, 198~206.

239) Garvey, C. (1977). *Play.* Cambridge, MA: Harvard University Press.

240) King, N. R. (1979). Play: the kindergartner's perspective. *Elementary School Journal,* 80, 81~87.

241) Pereira, J. (2002, November 27). Parents turn toys that teach into hot sellers. *The Wall Street Journal.*

242) Marino, G. (2003,January 26). In (self_)defense of the fanatical sports parent. *The New York Times Magazine.*

243) Bredekamp, S. (1999). *Developmentally appropriate practice in early childhood programs.* National Association for Education of Young Children.

244) Rescorla, L., Hyson, M., and Hirsh-Pasek, K. (Eds.) (1991). Academic instruction in early childhood: challenge or pressure? In Damon, W., (Gen. Ed.) *New Directions in Developmental Psychology,* 53, New York: Jossey-Bass.

245) Singer, D. (2003) Personal communication.

246) Azar, B. (2002, March). k's more than fun and games. *Monitor on Psychology,* 50~51.

247) Azar, B. (2002) op. cit.

248) Azar, B. (2002) op. cit.; also see: Ladd, G.W, Birch, S. H., and Buhs, E. S. (1999). Children's social and scholastic lives in kindergarten: related spheres of influence? *Child Development,* 70, 910~929; Ladd, G.W, Kochenderfer, B.J., and Coleman, C.C. (1997). Classroom peer acceptance, friendship, and victimization: distinct relational systems that contribute uniquely to children's school adjustment? *Child Development,* 68, 1181~1197.

249) Piers, M. (Ed.)(1973). *Play and Development.* New York, NY: Norton.

250) CIVITAS Initiative, Zero to Three, Brio Corporation. (2000). What grown-ups understand about child development. Published by CIVITAS, Brio, and Zero to Three.

251) Ruff, H. (1984). Infants' manipulative exploration of objects: effects of age and object characteristics. *Developmental Psychology, 20*, 9~20.

252) Hughes, F P. (1999) op. cit.

253) Hughes, F. P. (1999) op. cit.

254) Vondra, J., and Belsky; J. (1989). Exploration and play in social context: developments from infancy to childhood. In Lockman, J.J., and Hazen, N. L. (Eds.), *Action in Social Context: Perspectives on Early Development.* New York, NY: Plenum.

255) Baldwin, D.A., Markman, E. M., and Melartin, R.L. (1994). Infants' ability to draw inferences about nonobvious object properties: evidence from exploratory play. *Child Development, 64*, 711~728.

256) Hughes, F. p (1999) op. cit; Rubenstein, J. L. (1976). Concordance of visual and manipulative responsiveness to novel and familiar stimuli: a function of test procedures or of prior experience? *Child Development, 47*, 1197~1199.

257) Bradley, R. (1986). Play materials and intellectual development. In Gottfried, A., and Brown, C. C. (Eds.) *Play Interactions: The Contribution of Play Material and Parental Involvement to Children's Development.* Lexington, MA: Lexington Books; Rheingold, H., and Cook, K.V. (1975).The contents of boys' and girls' rooms as an index of parents' behavior. *Child Development, 46*, 459~463; Hartup, W. W. (1999). Peer experience and its developmental significance. In Bennett, M. (Ed.), *Developmental Psychology: Achievements and Prospects.* Philadelphia, PA: Psychology Press.

258) Bradley, R. (1986) op. cit.

259) Hughes, F. P. (1999) op. cit.

260) epler, D.J., and Ross, H. S. (1981).The effects of play on convergent and divergent problem-solving. *Child Development, 52*, 1202~1210.

261) Hughes, F. P. (1999) op. cit.

262) Pepler, D.J., and Ross, H. S. (1981) op. cit.

263) Dansky, J. L. (1980). Make-believe: a mediator of the relationship between play and associative fluency. *Child Development*, 51,576~579.

264) Rubin et al., (1983) op. cit.

265) McCune, L. (1995). A normative study of representation play at the transition to language. *Developmental Psychology, 31*, 198~206; Spencer, P. E., and Meadow-Orlans, K. P. (1996). Play, language, and maternal responsiveness: a longitudinal study of deaf and hearing infants. *Child Development, 67*, 3176~3191.

266) Unger, J.A., Zelazo, P. P., Kearsley, R. B., and O'Leary, K. (1981). Developmental changes in the representation of objects in symbolic play from 18 to 34 months of age. *Child Development*, 52, 186~195.

267) Flavell, J. H., Green, F. L., and Flavell, F. R. (1987). Development of knowledge about the appearance-reality distinction. *Monographs of the Society for Research in Child Development*, 51, serial no. 212.

268) Elkind, D. (2001). *The Hurried Child*. Cambridge, MA: Perseus.

269) Bodrova, E., and Leong, D.J. (1998).Adult influences on play. In Fromberg, D. P., and Bergen, D. (Eds.), *Play from Birth to Twelve and Beyond*. New York, NY: Garland.

270) Garvey, C. (1977). *Play*. Cambridge, MA: Harvard University Press.

271) Bodrova, E., and Leong, D.J. (1996). *Tools of the Mind: The Vygotskyan Approach to Early Childhood Education*. Englewood Cliffs, NJ: Prentice Hall.

272) Vygotsky, L. S. (1967). Play and its role in the mental development of the child. *Soviet Psychology*, 12,6-18; Vygotsky, L. S. (1978). *Mind and Society: The Development of Higher Mental Processes*. Cambridge, MA: Harvard University Press.

273) Bodrova and Leong (1996) op. cit.

274) Vygotsky, L. S. (1967) op. cit.

275) Goncu, A., and Klein, E. L. (2001). Children in play, story, and school: a tribute to Greta Fein. In Goncu, A., and Klein, E. L. (Eds,), *Children in Play, Story, and School*. New York: Guilford.

276) Vygotsky, L. S. (1967), op. cit.

277) Taylor, M. (1999). *Imaginary Companions and the Children Who Create Them*. New York, NY: Oxford University Press.

278) Quereau, T., and Zimmerman,T. (1992). *The New Game Plan for Recovery: Rediscovering the Positive Power of Play*. New York, NY: Ballantine.

279) Nicolopoulou, A. (1993). Play, cognitive development and the social world: Piaget, Vygotsky, and beyond. *Human Development*, 36, 1~23.

280) Santrock, J. (2001). *Life-Span Development*. New York, NY: McGraw Hill, 142.

281) Coffins, WA. (Ed.) (1984). *Development during Middle Childhood: The Years from Six to Twelve*. Washington, DC: National Academy Press.

282) Berk, L. (2001). *Awakening Children's Minds*. New York, NY: Oxford University Press.

283) Brody, J. (1992, October 21). Personal health. *The New York Times*.

284) Hughes, E P. (1999) op. cit.

10 장

285) Schoenstein, R. (2002). *My Kid's an Honor Student, Your Kid's a Loser.* Cambridge, MA: Perseus.

286) Retrieved from www.einstein-website.de/biography on 5/28/03.

287) Bruner, J. (1961). *The Process of Education.* Cambridge, MA: Harvard University Press.

288) Ginsburg, H., and Opper, S. (1988). *Piaget's Theory of Intellectual Development* (3rd ed.). Englewood Cliffs, NJ: Prentice Hall.

289) Rothbart, D. (2003, February 28).A friend in the neighborhood. *The New York Times.*

290) Cheney. (2002, September 23). *The New Yorker.*

291) National Association for the Education of Young Children (NAEYC) position statement. Early learning standards: creating the conditions for success. Retrieved from wwwnaeyc.org. on 3/13/03.

292) Reggio Emilia: Some Lessons for U.S. Educators by Rebecca S. New Retrieved from http://ericeece.org/puhs/digests/l993/new93.htrni on 3/14/03.

아인슈타인 육아법

2013년 9월 30일 초판 1쇄 발행
2014년 1월 21일 재판 1쇄 발행

지은이 · 캐시 허쉬 파섹 · 로버타 미치닉 골린코프
옮긴이 · 이화정
발행인 · 장원석
발행처 · 도서출판 너럭바위
　　　　서울특별시 강남구 역삼로65길 20 ⑦135-840
　　　　e-mail; twsjang@gmail.com
　　　　전화 02)563-4538　팩스 02)556-2218
　　　　출판등록 · 1989. 12.14. 제16호-301호
　　　　계좌번호 · 농협 366-02-011872 장원석
인쇄처 · ㈜광문당 02) 2265-3513

ISBN 978-89-86403-11-4 03590　　　　　　값 16,500원